华章图书

一本打开的书，一扇开启的门，

通向科学殿堂的阶梯，托起一流人才的基石。

www.hzbook.com

Python网络爬虫技术与实战

赵国生　王健 ◎ 编著

WEB CRAWLER TECHNIQUE
AND ACTUAL APPLICATION
BASED ON PYTHON

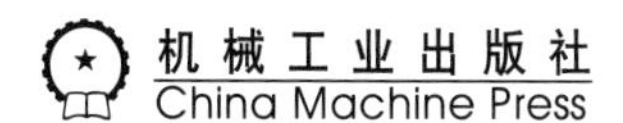

图书在版编目（CIP）数据

Python 网络爬虫技术与实战 / 赵国生，王健编著．—北京：机械工业出版社，2021.1（2021.12 重印）

ISBN 978-7-111-67411-5

I. P… II. ①赵… ②王… III. 软件工具 – 程序设计 IV. TP311.56

中国版本图书馆 CIP 数据核字（2021）第 009282 号

Python 网络爬虫技术与实战

出版发行：机械工业出版社（北京市西城区百万庄大街 22 号 邮政编码：100037）

责任编辑：栾传龙　　责任校对：殷 虹

印　　刷：北京市荣盛彩色印刷有限公司　　版　　次：2021 年 12 月第 1 版第 2 次印刷

开　　本：186mm × 240mm 1/16　　印　　张：29.5

书　　号：ISBN 978-7-111-67411-5　　定　　价：89.00 元

客服电话：（010）88361066 88379833 68326294　　投稿热线：（010）88379604

华章网站：www.hzbook.com　　读者信箱：hzjsj@hzbook.com

版权所有 · 侵权必究

封底无防伪标均为盗版

本书法律顾问：北京大成律师事务所 韩光 / 邹晓东

Preface 前　言

为什么写作本书

大数据时代已经到来，网络爬虫技术已成为这个时代不可或缺的一项技术，企业需要数据来分析用户行为、产品的不足之处以及竞争对手的信息等，而这一切的首要条件就是数据的采集。在互联网社会中，数据是无价之宝，一切皆为数据，谁拥有了大量有用的数据，谁就拥有了决策的主动权。如何有效地采集并利用这些信息成了一个巨大的挑战，而网络爬虫是自动采集数据的有效手段。网络爬虫是一种按照一定的规则，自动抓取互联网海量信息的程序或脚本。网络爬虫的应用领域很广泛，如搜索引擎、数据采集、广告过滤、大数据分析等。

笔者多年来一直从事网络爬虫相关课程的讲授及科学研究工作，有着丰富的教学和实践经验。在内容编排上，本书采用梯度层次化结构，由浅入深地介绍爬虫的知识点、原理及应用，并结合大量实例讲解操作步骤，使读者能够快速地理解网络爬虫的核心技术。

内容介绍

全书共 14 章，具体内容如下：

第 1 章主要介绍 Python 的安装、配置和基础语法，以及 Python 的字符串、数据结构、控制语句和函数等；

第 2 章主要介绍爬虫的类型、爬虫的抓取策略以及深入学习爬虫所需的网络基础等相关知识；

第 3 章主要对爬虫技术中经常使用到的 urllib、request、lxml 和 Beautiful Soup 库等进行详细介绍，最后展示了 4 个利用 Python 爬取数据的实例；

第 4 章主要对 Python 中正则表达式的语法、匹配规则和 re 模块常用函数进行详细阐述，并给出了实例；

第 5 章主要对 3 种主流库（PIL 库、Tesseract 库和 TensorFlow 库）的语法、类型、识别方法和案例进行介绍；

第 6 章详细介绍 Fiddler 的安装与配置、捕获会话、QuickExec 命令行的使用和 Fiddler 的断点功能等；

第 7 章主要介绍数据存储在文件中和存储在数据库中这两种存储方式；

第 8 章重点介绍 Scrapy 框架的 Selector 用法，以及 Beautiful Soup 库和 CrawlSpider 的使用，然后介绍了 Scrapy Shell 和 Scrapyrt 的使用；

第 9 章主要介绍多线程和 Threading 模块的基本概念；

第 10 章主要介绍如何对动态网页进行信息爬取，首先介绍了浏览器开发工具的使用，然后介绍了异步加载技术、AJAX 技术和 Selenium 模拟浏览器；

第 11 章主要介绍分布式爬虫的原理及实现过程，然后介绍了 Scrapy-redis 分布式组件的工作机制和安装配置；

第 12 章主要介绍如何利用 Selenium 抓取并用 pyquery 解析电商网站的商品信息，然后将其保存到 MongoDB；

第 13 章主要介绍静态网页和动态网页的爬取方法，并对请求 – 响应关系进行了介绍，然后介绍了请求头和请求体；

第 14 章主要讲解如何通过 urllib 模块和 Scrapy 框架实现图片爬虫项目，以及利用 TensorFlow、KNN 和 CNN 等机器学习框架进行训练的方法与过程。

主要特点

本书针对网络爬虫学习的特点，结合作者多年使用网络爬虫的教学和实践经验，由浅入深、从简到繁、图文并茂地介绍了 Python 基础语法、爬虫原理、爬虫常用库模块、正则表达式、验证码识别、抓包工具 Fiddler、数据存储、Scrapy 爬虫框架、多线程爬虫、动态网页爬虫和分布式爬虫等方面的内容。本书内容条理清晰、针对性强，语言通俗易懂，在讲解的过程中配合大量的实例操作，符合读者的学习习惯。每章都是从基础知识开始介绍，然后是实例分析，最后附以练习题巩固学习效果，将理论与实践紧密结合。

具体来讲，本书具有以下鲜明的特点：

- 内容系统，由浅入深；
- 案例讲解，通俗易懂；
- 综合实战，注重实践。

读者对象

本书适合网络爬虫初学者，以及具有一定网络爬虫基础，但希望更深入了解、掌握爬虫原理与应用的中级读者阅读。

本书可以作为本科或者大专院校网络安全、电子信息、数据科学、网络工程等相关专业的教材，也可作为从事网络爬虫相关工作的科研或者工程技术人员的参考书。

致谢

本书由哈尔滨师范大学的赵国生和哈尔滨理工大学的王健编写。其中，赵国生主要负责第1～11章的编写，王健负责第12～14章的编写。参与本书大量辅助性工作的研究生有邹伊凡、刘冬梅、张婧婷、廖玉婷、晁绵星、谢宝文等，在此表示感谢。

特别感谢以下项目对本书的支持：国家自然科学基金项目“可生存系统的自主认知模式研究”（61202458）、国家自然科学基金项目“基于认知循环的任务关键系统可生存性自主增长模型与方法”（61403109）、高等学校博士点基金项目（20112303120007）、哈尔滨市科技创新人才研究专项（2016RAQXJ036）和黑龙江省自然科学基金（F2017021）。

感谢您选择本书，虽然笔者在编写过程中力求叙述准确、完善，但由于水平有限，书中仍可能存在欠妥之处，希望您可以把对本书的意见和建议告诉我们。

最后，再次希望本书能够对您的工作和学习有所帮助！

目　录 Contents

第 11 章 分布式爬虫

第 12 章 电商网站商品信息爬虫项目

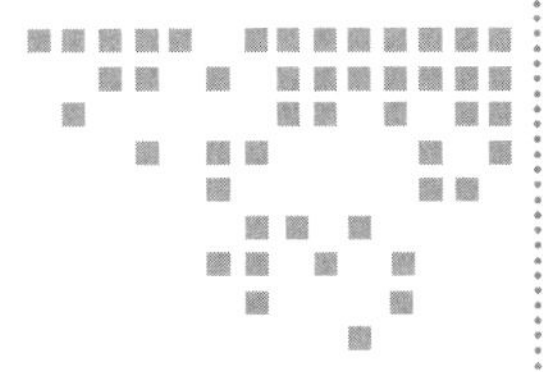

第 1 章 Chapter 1

Python 环境搭建及基础学习

Python 是一种跨平台的计算机语言，也是一种解释型的、面向对象和动态数据类型的高级程序设计语言。Python 由吉多·范罗苏姆在 1989 年发明，第一个公开发行的版本出现于 1991 年。近年来，由于 Python 在人工智能和云计算领域的应用，其热度越来越高。自从 Facebook 开源了 PyTorch，Python 在 AI 时代登上“第一语言”的位置已成定局。Google 的 TensorFlow 大部分代码都是由 Python 语言编写的，目前最流行的云计算框架 OpenStack 也是基于 Python 开发的。Python 热度很高的另一个主要原因是 Python 拥有强大到无法想象的标准库和第三方库，无论想进行哪个方向的编程，几乎都能找到相应库的支持。本章将首先介绍 Python 的安装、配置和基础语法，然后介绍 Python 的字符串、数据结构、控制语句和函数等，最后介绍文件读写操作和 Python 面向对象的知识。

1.1 Python 3.6 的安装与配置

Python 官方同时发行和维护着 Python 2.x 和 Python 3.x 两个不同系列的版本，这两个系列的版本之间的很多用法是不兼容的，除了基本的输入、输出方式有所不同，很多内置函数和标准库的用法也有非常大的区别。Python 3.x 的设计理念更加合理、高效和人性化，代码开发和运行效率更高，2015 年底就已经出现 Python 3.x 全面普及和应用的趋势。

本节将分别介绍 Windows、Linux 和 macOS 下的 Python 3.6.x 的安装方法。

1.1.1 Windows 下的安装

1）在网站 https://www.python.org/downloads/windows/ 中找到需要的 Python 版本，本书选择的版本是 3.6.5，版本信息如图 1-1 所示。

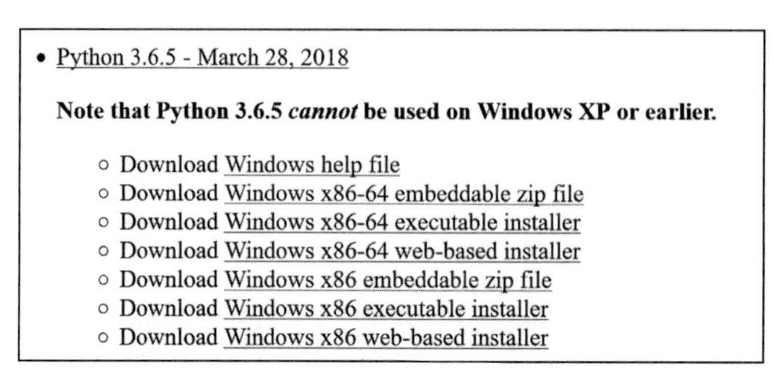

图 1-1 Python 3.6.5 版本信息

2）运行下载的文件，出现初始安装界面如图 1-2 所示，在安装界面中选择 Customize installation 选项。

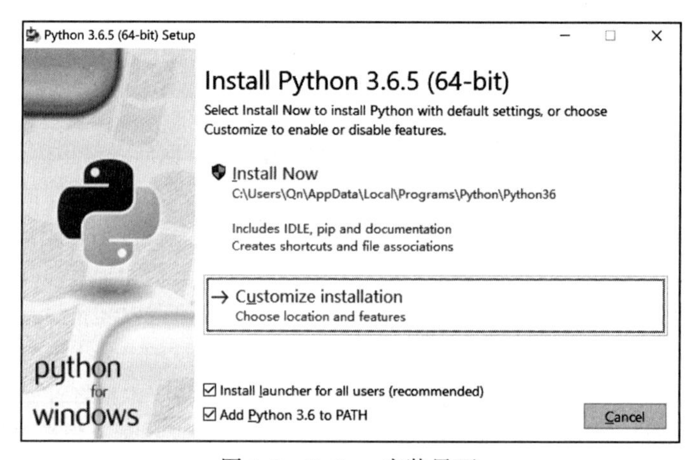

图 1-2 Python 安装界面

具体安装过程如图 1-3、图 1-4 和图 1-5 所示。

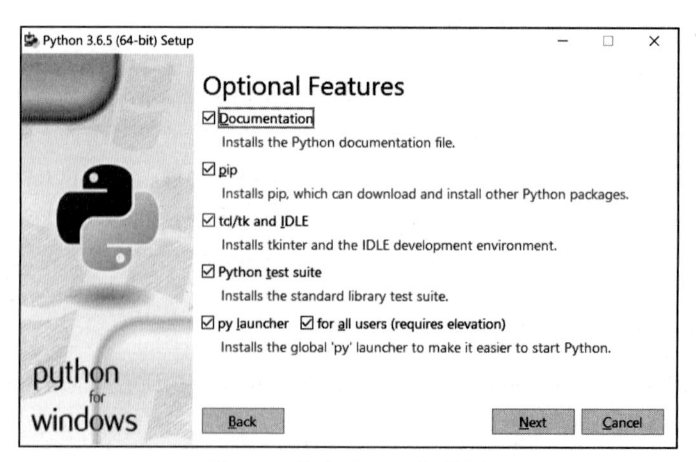

图 1-3 单击“Next”按钮

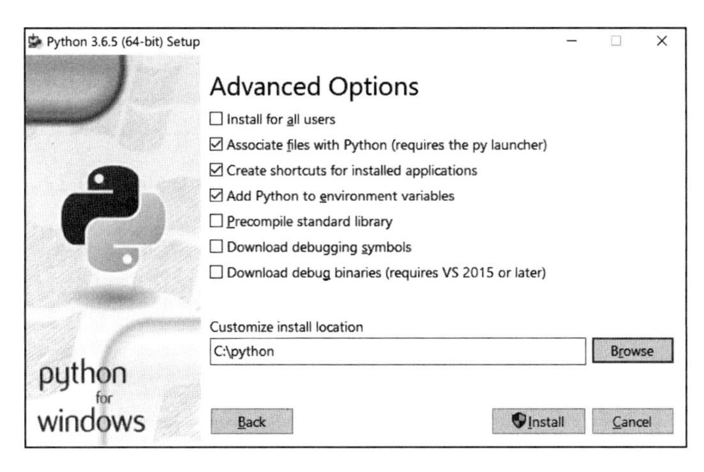

图 1-4　单击“Install”按钮

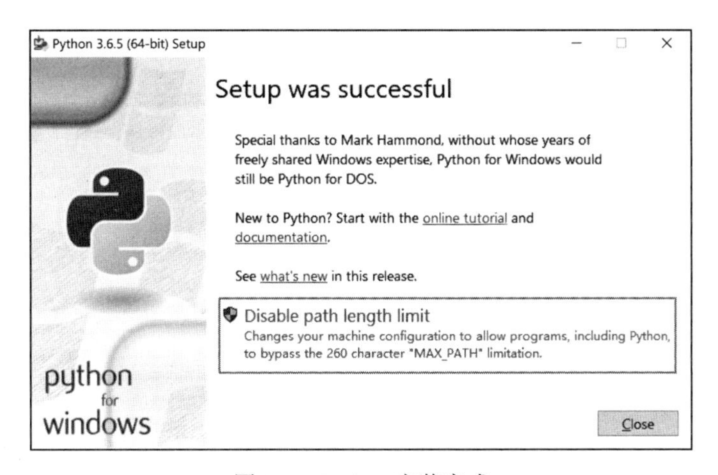

图 1-5　Python 安装完成

3）运行软件。单击“开始”按钮，在弹出的输入框中输入“cmd”后按 Enter 键，如图 1-6 所示。

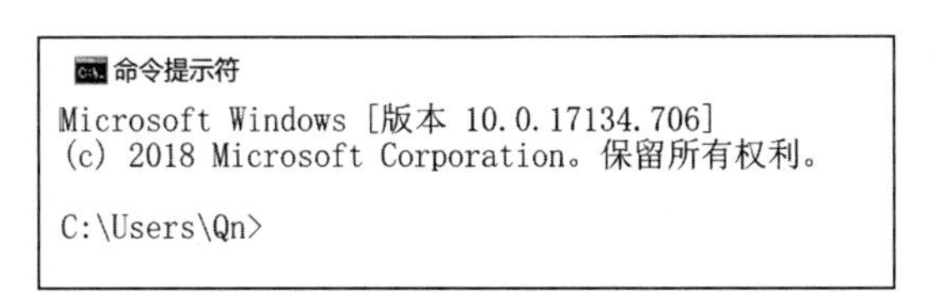

图 1-6　cmd 界面

在 cmd 命令界面中输入“python”后按 Enter 键，成功安装界面如图 1-7 所示。

4）若没有在初始安装界面（图 1-2）中选择“Add Python 3.6 to Path”，那么程序在 cmd 命令框中就无法正常运行。此时可以手动配置环境变量。鼠标右键单击桌面“计算机”图标，在菜单中选择“属性”命令，打开计算机属性界面如图 1-8 所示。

```
命令提示符 - python
Microsoft Windows [版本 10.0.17134.706]
(c) 2018 Microsoft Corporation。保留所有权利。

C:\Users\Qn>python
Python 3.6.5 (v3.6.5:f59c0932b4, Mar 28 2018, 17:00:18) [MSC v.1900 64 bit (AMD64)] on win32
Type "help", "copyright", "credits" or "license" for more information.
>>> 
```

图 1-7　Python 安装成功界面

图 1-8　计算机属性界面

单击“高级系统设置”选项，在弹出的“系统属性”界面选择“高级”选项卡，单击右下角的“环境变量”按钮，如图 1-9 所示。

在弹出的“环境变量”界面中，双击系统变量中的“Path”，如图 1-10 所示。

在弹出的“编辑环境变量”界面，单击“新建”按钮，在输入框中输入 Python 的安装路径（如 C:\Python\），如图 1-11 所示。单击“确定”按钮以保存添加的环境变量，之后重复第 3 步验证即可。至此，在 Windows 上安装 Python 的操作已完成。

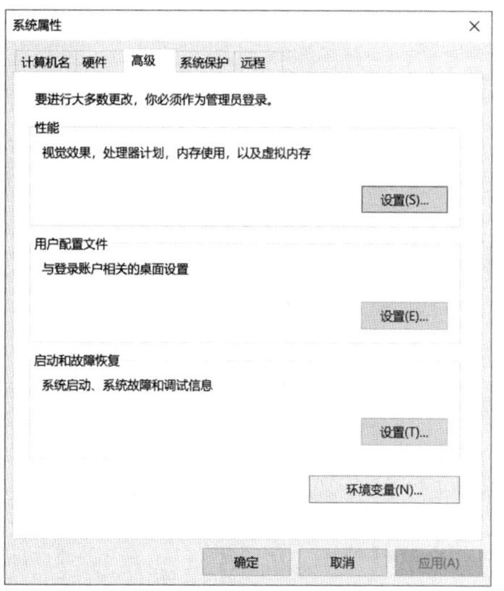

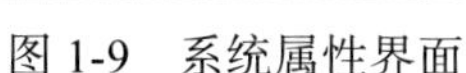
图 1-9　系统属性界面

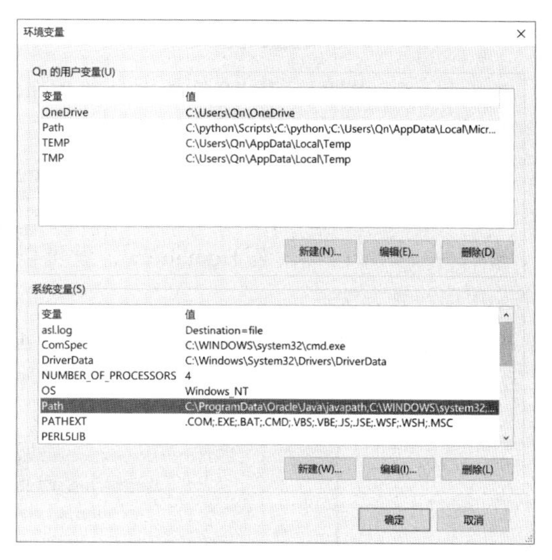

图 1-10　环境变量界面

1.1.2　Linux 下的安装

1）准备编译环境 GCC。

2）去官网下载要安装的对应版本的 Python 的源代码。下载地址为 https://www.python.org/downloads/source/，本书选择 Python 3.6.5 版本。

3）解压下载的代码包。

4）配置。

① 查找 configure 文件。

```
find . -name configure
cd /usr/local/python-3.6.5/
```

② 进行配置。

```
./configure
```

5）编译。

```
make
make install
```

图 1-11　编辑环境变量界面

6）替换以前的 Python 默认版本（创建新的软链接）。

```
cd /usr/bin/
rm -rf python
ln -s /usr/local/Python-3.6.5/bin/python ./python
```

至此，在 Linux 下安装 Python 的操作已完成。

1.1.3 macOS 下的安装

由于 macOS X10.8～10.10 版本中自带 Python 2.7，因此需要安装 Python 3.6.5，可以使用如下两种方法。

第一种：从 Python 官方网站上下载 Python 3.6 的安装程序，双击运行并安装，网址为 https:// www.python.org/downloads/mac-osx/。

第二种：如果已经安装 Homebrew，就可以直接通过命令 brew install python3 进行安装。本书采用第一种方法。

1）在官网下载 Python 对应 macOS 的安装包。

2）双击安装包进行安装，弹出界面如图 1-12 所示。

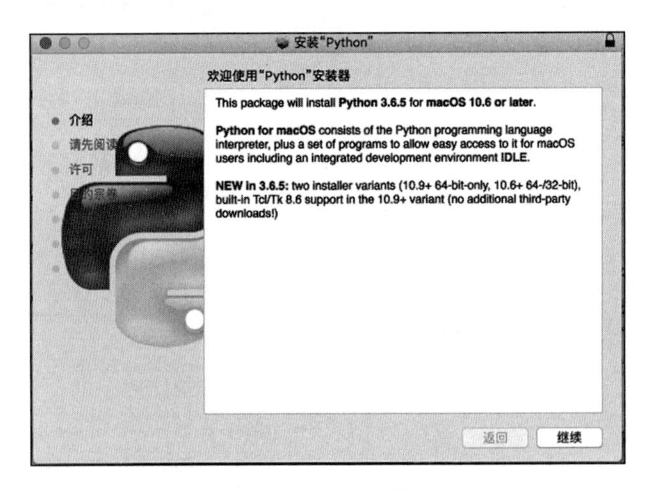

图 1-12 Python 安装界面

单击“继续”按钮即可安装，安装完成界面如图 1-13 所示。

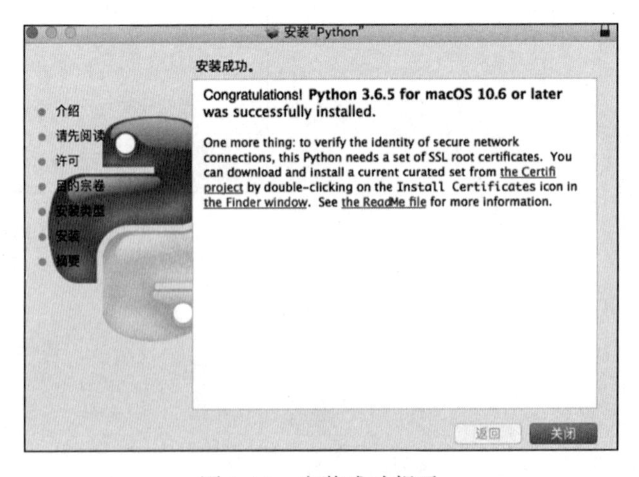

图 1-13 安装成功提示

安装完成后，在 langchpad 上出现了两个图标，如图 1-14 所示。

图 1-14　Python 启动图标

第一个图标 IDLE 是 Python 3.6.5 的 Shell 工具，打开后如图 1-15 所示。

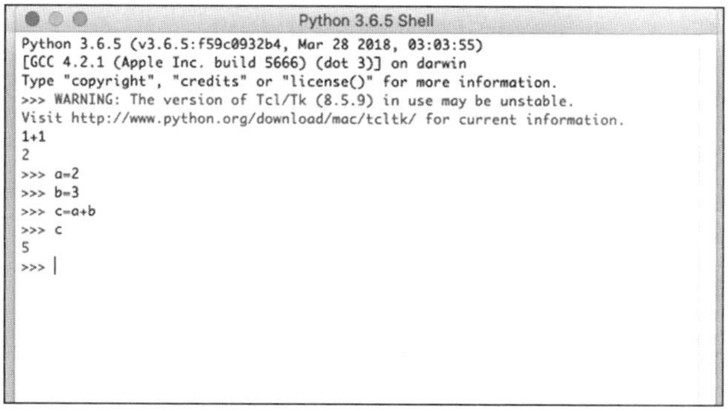

```
Python 3.6.5 Shell
Python 3.6.5 (v3.6.5:f59c0932b4, Mar 28 2018, 03:03:55)
[GCC 4.2.1 (Apple Inc. build 5666) (dot 3)] on darwin
Type "copyright", "credits" or "license()" for more information.
>>> WARNING: The version of Tcl/Tk (8.5.9) in use may be unstable.
Visit http://www.python.org/download/mac/tcltk/ for current information.
1+1
2
>>> a=2
>>> b=3
>>> c=a+b
>>> c
5
>>> |
```

图 1-15　Shell 工具

由于 Mac 中自带的 Python 是 2.7 版本，当在 Mac 终端命令行中输入 Python 命令时启动的是 2.7 版本，如果要使用 3.6.5 版本，则需要输入命令 Python 3.6.5。至此，在 macOS 下安装 Python 的操作已完成。

1.2　IDE 工具：PyCharm 的安装

PyCharm 是由 JetBrains 打造的一款 Python IDE，其带有一整套可以帮助用户在使用 Python 语言进行开发时提高效率的工具，比如调试、语法高亮、Project 管理、代码跳转、智能提示、自动完成、单元测试、版本控制等。此外，该 IDE 提供了一些高级功能，以支持 Django 框架下的专业 Web 开发，同时支持 Google App Engine 和 IronPython。PyCharm 的下载网址为 http://www.jetbrains.com/pycharm，根据计算机系统选择 32 位或 64 位进行下载，如图 1-16 所示。

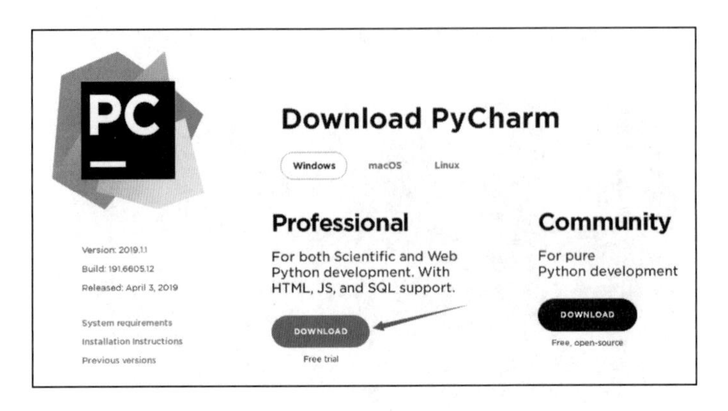

图 1-16 下载界面

具体安装过程如下。

1）运行下载的 PyCharm 安装程序，点击“Next”按钮进入选择软件安装位置的界面，如图 1-17 所示。PyCharm 需要的内存较多，建议将其安装在非系统盘（例如 D 盘）。

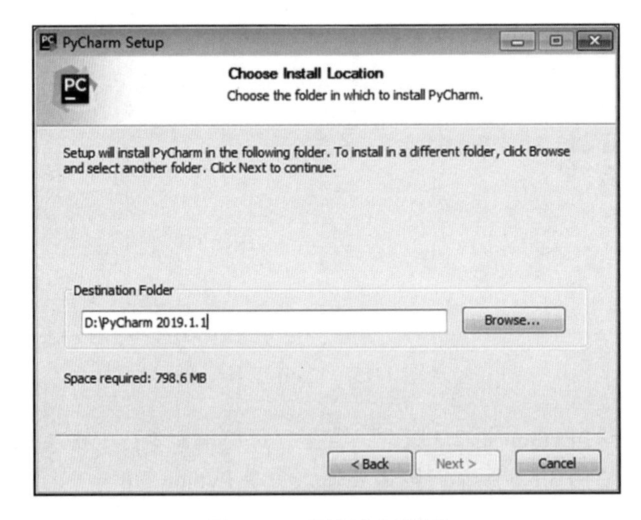

图 1-17 安装路径界面

2）选择好路径后，点击“Next”按钮进入安装选项界面，如图 1-18 所示。其中，Create Desktop Shortcut 选项区域可设置是否创建桌面快捷方式，Create Associations 选项区域可设置是否需要关联文件，若要打开以 .py 为后缀的文件，则默认使用 PyCharm 打开。

3）保持默认开始文件不变，点击“Install”按钮。默认文件如图 1-19 所示。

4）安装结束后，点击“Finish”按钮完成 PyCharm 安装，完成界面如图 1-20 所示。

5）使用 PyCharm 写出我们的第一个程序。

① 新建一个 Python 工程。单击“File”菜单，在弹出的菜单栏中选择“New Project”命令，弹出“Creat Project”界面，如图 1-21 所示。在该界面中，上面的箭头指示修改项目名，下面的箭头指示选择 Python 语言，一般为默认。

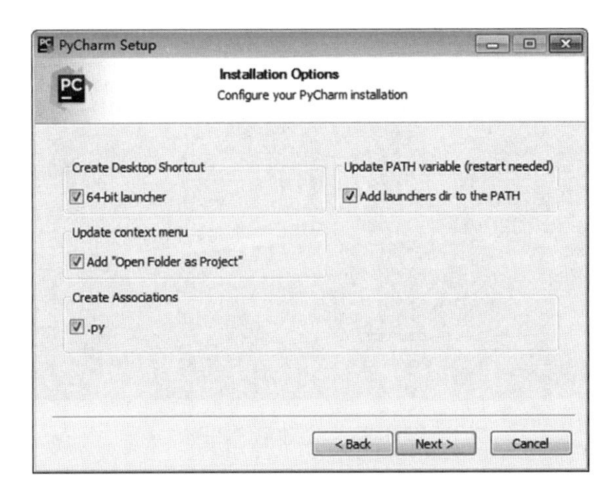

图 1-18　安装选项界面

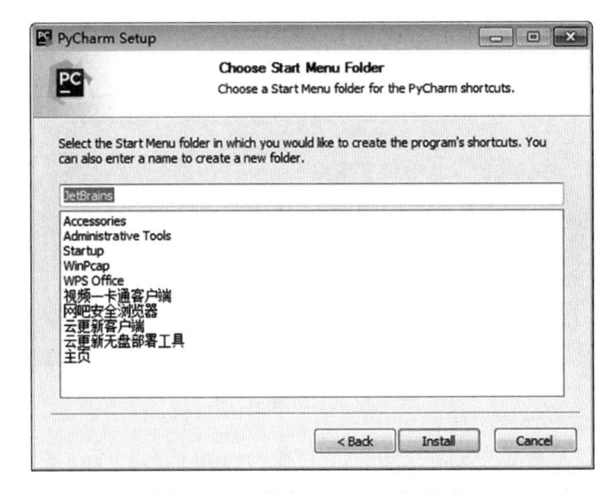

图 1-19　单击“Install”按钮

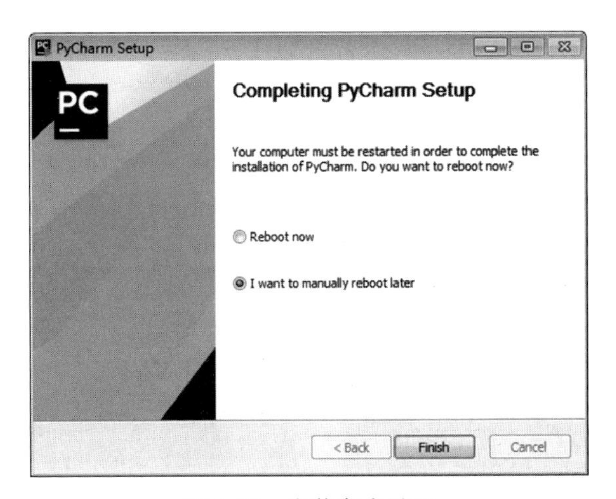

图 1-20　安装完成界面

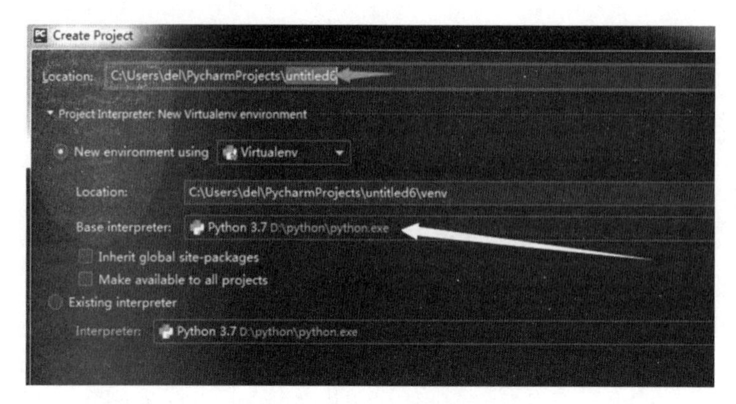

图 1-21　创建新项目

② 新建一个文件。右键单击刚建好的项目，在弹出的快捷菜单中选择“New”菜单栏下的“Python File”命令，如图 1-22 所示。

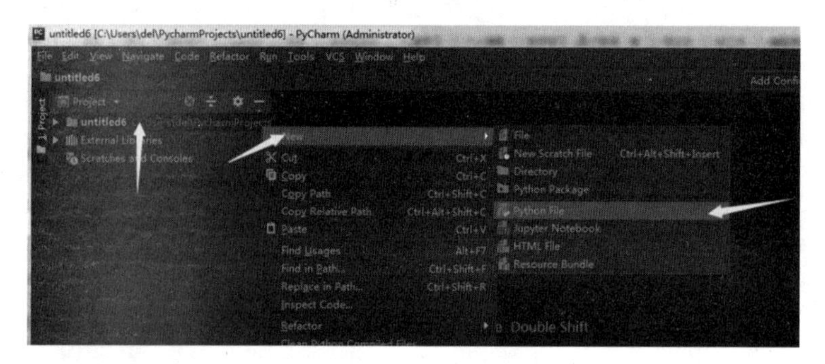

图 1-22　新建文件

③ 输入文件名 Hello World，在新建的文件中输入 print ('Hello World')，右击后在弹出的快捷菜单中选择“Run 'HelloWorld'”或者使用快捷键“Ctrl+Shift+F10”运行程序，如图 1-23 所示。

④ 输出运行结果如图 1-24 所示。

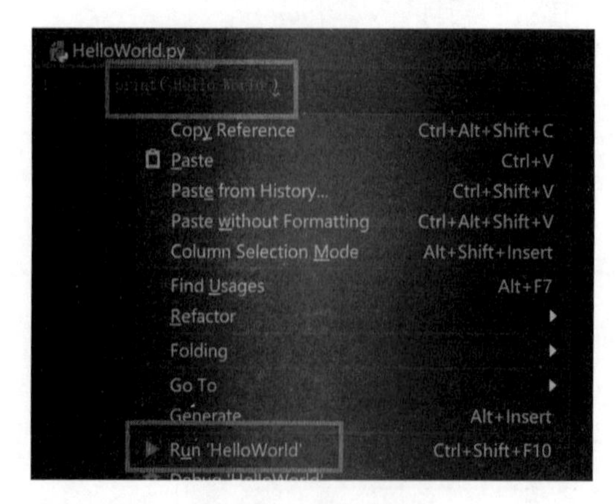

图 1-23　运行程序

图 1-24　运行结果

1.3　基础语法

Python 具有简练的语法，其所编写的程序可读性强、容易理解。本节将详细阐述 Python 的基础语法，包括命名规范、代码缩进、代码注释和输出等。

1.3.1　第一个 Python 程序

本节将介绍两种编译 Python 语句的方法。

1. 使用 IDLE 编译 Python

完成 Python 环境的配置后，我们开始编写第一个 Python 程序。在 Python 目录下有 4 个子目录：IDLE、Python 3.6、Python 3.6 Manuals 和 Python 3.6 Module Docs，分别具有如下功能。

- IDLE 是 Python 集成开发环境，也称交互模式，具备基本的 IDE 功能，是不错的非商业 Python 开发选择。
- Python 3.6 是 Python 的命令控制台，窗口跟 Windows 下的命令窗口一样，不过只能执行 Python 命令。
- Python 3.6 Manuals 是帮助文档，单击后会弹出全英文的帮助文档。
- Python 3.6 Module Docs 是模块文档，单击后会跳转到一个可以查看目前集成模块的网址。

在 IDLE 中编辑第一个 Python 程序，IDLE 界面如图 1-25 所示。

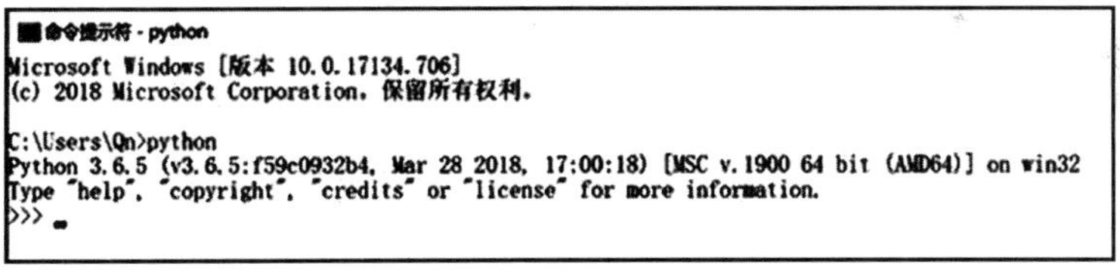

```
命令提示符 - python
Microsoft Windows [版本 10.0.17134.706]
(c) 2018 Microsoft Corporation。保留所有权利。

C:\Users\Qn>python
Python 3.6.5 (v3.6.5:f59c0932b4, Mar 28 2018, 17:00:18) [MSC v.1900 64 bit (AMD64)] on win32
Type "help", "copyright", "credits" or "license" for more information.
>>> 
```

图 1-25　IDLE 界面

“>>>”表示此时在 IDLE 中输入 Python 代码只能立刻执行。下面完成 Python 的第一个程序，输出“Hello World !”。

在“>>>”后输入 print("Hello,World!")，按下 Enter 键后，就可以看到输出结果。至此，我们编写了一个简单的 Python 语言程序，如图 1-26 所示。

```
命令提示符 - python
Microsoft Windows [版本 10.0.17134.706]
(c) 2018 Microsoft Corporation。保留所有权利。

C:\Users\Qn>python
Python 3.6.5 (v3.6.5:f59c0932b4, Mar 28 2018, 17:00:18) [MSC v.1900 64 bit (AMD64)] on win32
Type "help", "copyright", "credits" or "license" for more information.
>>> print ("Hello world!")
Hello world!
>>> 
```

图 1-26　输出“Hello World !”

Python 在需要打印指定的文字时会用到 print() 函数，将待打印的文字用单引号或双引号括起来，但单引号和双引号不能混用。

2. 使用 PyCharm 编译 Python

1）打开 PyCharm Editor。单击“Create New Project”选项创建新项目，如图 1-27 所示。

图 1-27 创建新项目

2）选择项目的保存位置，如图 1-28 所示。下一步单击“Create”按钮。

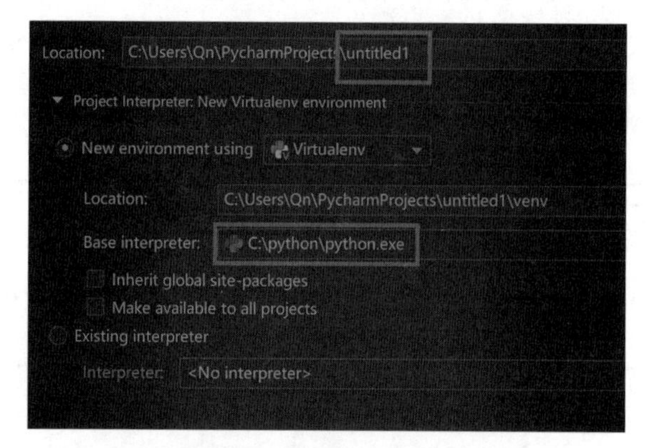

图 1-28 选择保存位置

3）单击“File”选项并在弹出菜单栏中选择“New”命令，继而在弹出的窗口中选择“Python File”选项，如图 1-29 所示。

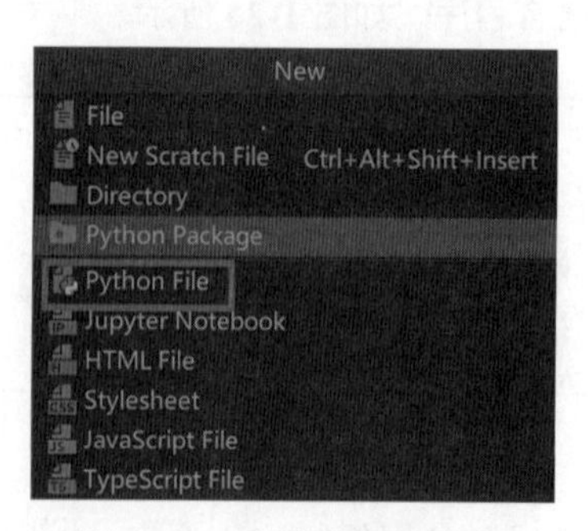

图 1-29 选择 Python File

4）在弹出的窗口中输入文件名，在这里以“HelloWorld”命名文件，单击“OK”按钮即可创建一个新的 Python file，如图 1-30 所示。

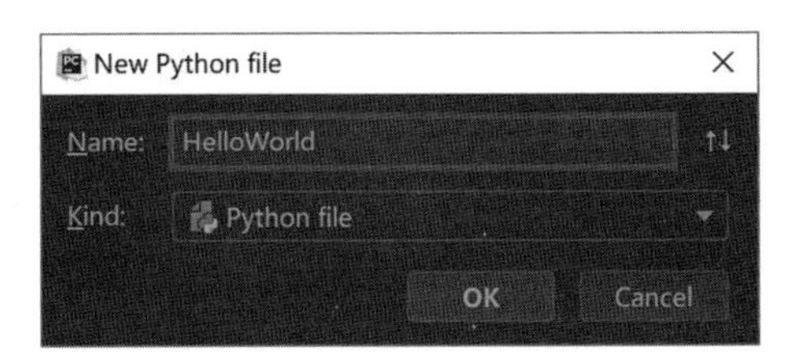

图 1-30　创建 Python 文件

5）现在输入一个简单的程序 print（'Hello World'），单击右键并在快捷菜单中选择“Run 'HelloWorld'”命令运行代码，如图 1-31 所示。

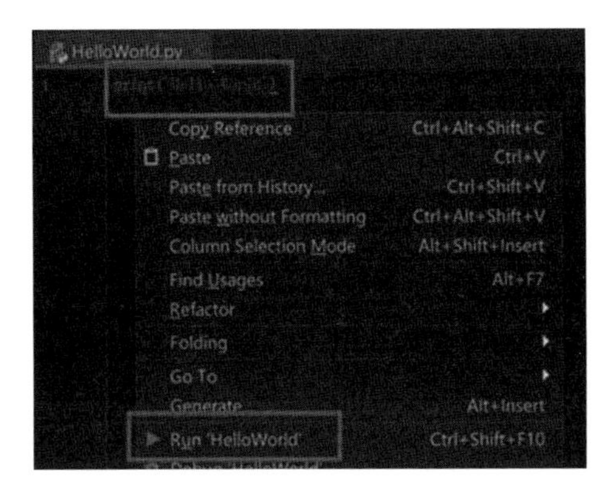

图 1-31　输入程序代码

6）运行结果如图 1-32 所示。

图 1-32　运行结果

1.3.2　Python 命名规范

在代码编写过程中，命名规则格外重要。命名规则并不是规定，只是一种习惯性用法。常见的命名方式有两种：

- 驼峰命名法，除了第一个单词外，其他单词的第一个字母均大写，例如 nameID、firstBook、girlName；

- 下划线命名法，单词的首字母均小写，使用下划线间隔单词，例如 name_id、first_book、girl_name。

在 Python 中，标识符由字母、数字和下划线组成。标识符可由字母和下划线开头，而不能以数字开头，且标识符区分大小写。

以下划线开头的标识符是有特殊意义的，例如：以单下划线开头的 _foo 代表不能直接访问的类属性，需通过类提供的接口进行访问，不能用 from xxx import * 导入；以双下划线开头的 __foo 代表类的私有成员；以双下划线开头和结尾的 __foo__ 代表 Python 里特殊方法专用的标识，如 __init__() 代表类的构造函数。

1. 模块名

模块名通常采用小写字母命名，首字母保持小写，尽量不要用下划线（除非多个单词，且数量不多的情况）。

【例 1-1】正确的命名格式

```
# 正确的命名
import nameID
import girl_name
# 不推荐的命名
import Decode
```

2. 类名

类名使用驼峰命名风格，私有类可用一个下划线开头。

【例 1-2】类名定义示例

```
class Zoo():
    pass
class AnimalZoo(Zoo):
    pass
class_PribateZoo(Zoo):
    pass
```

将相关的类和顶级函数放在同一个模块中。不同于 Java，没必要限制一个类对应一个模块。

3. 函数名

函数和类方法的命名规则同模块名类似，也是全部使用小写字母，但多个单词之间用下划线分割。私有函数在函数前面加一个下划线。

【例 1-3】函数名定义示例

```
def run():                   # 小写字母
    pass
def run_with_env():          # 使用下划线
    pass
class Person():
    def_private_function(): # 私有函数加下划线
        pass
```

4. 变量名

变量使用小写字母，如果一个名字包含几个单词，那么将这几个单词连接在一起构成一个变量名，使用驼峰命名法，例如 numberOfStudents。

除了驼峰命名法，也可以采用下划线隔开的方式，但是在编写代码时，推荐尽量使用同一种风格。

【例 1-4】变量名定义示例

```
if__name__=='__main__':
    count=0
    schoolName="                # 驼峰法
    school_name="               # 下划线法
```

5. 常量

常量命名时全部使用大写字母，如果有多个单词，则使用下划线隔开。

【例 1-5】常量名定义示例

```
MAX_CLIENT=100
MAX_CONNECTION=1000
CONNECTION_TIMEOUT=600
```

1.3.3　行和缩进

Python 不像其他语言用大括号（{}）分隔代码块，而是采用代码缩进来区分代码之间的层次。缩进可以使用空格或 Tab 键实现：使用空格时，通常 4 个空格为一个缩进量；而使用 Tab 键时，则一个 Tab 键为一个缩进量。缩进的空白数量是可变的，但是所有代码块语句必须包含相同的缩进空白数量，因此建议在每个缩进层次使用单个制表符、两个空格或四个空格，必须严格执行，如下所示。

【例 1-6】缩进一个 Tab 位

```
if True:
    print  ("True")      # 缩进一个Tab的占位
else:
    print  ("False")     # 缩进一个Tab的占位
```

以下代码为错误示范。

【例 1-7】缩进错误示范

```
if  True:
    print  ("Answer")
    print  ("True")
else:
 print  ("False")        # 此处没有严格缩进，在执行中会出现错误
```

1.3.4　注释和续行

注释起解释说明作用，常用来标注该程序的用途及构建方式，也可帮助理解代码实现的功

能、采用的算法、代码的编写者以及代码的创建和修改时间等信息。Python 中单行注释用 # 开头，多行注释使用三个单引号（'''）或三个双引号（"""）。注释可放在语句或表达式行末。

【例 1-8】单行和多行注释示例

```
# 第一个注释
print ("Hello, Python!") # 第二个注释

'''
这是多行注释，使用单引号。
这是多行注释，使用单引号。
'''


"""
这是多行注释，使用双引号。
这是多行注释，使用双引号。
"""
```

Python 语句中一般以新行作为语句的结束符。一个长的语句可以通过在行尾使用反斜杠（\）将一行的语句分为多行显示，具体示例如下。

【例 1-9】利用“\”续行示例

```
>>>num1=1
>>>num2=2
>>>num3=3
>>>total=num1+\
...num2+\
...num3
>>>print("total is :%d"%total)
total is :6
```

若语句中包含 [ ]、{ } 或 ( )，那么就无须使用多行连接符，见如下示例。

【例 1-10】利用“[ ]”续行示例

```
>>>days=['Monday', 'Tuesday', 'Wednesday',
...   'Thursday', 'Friday']
>>>print(days)
['Monday', 'Tuesday', 'Wednesday', 'Thursday', 'Friday']
```

1.3.5 Python 输出

Python 的基本输出语句是 print() 函数，其基本输出语法如下。

```
print(*objects, sep=' ', end='\n', file=sys.stdout)
```

各参数含义如下。

- objects：复数，表示可以一次输出多个对象。输出多个对象时，需要用逗号（,）分隔。
- sep：用来分隔多个对象，默认值是一个空格。
- end：用来设定以什么结尾。默认值是换行符 \n，可以换成其他字符串。

- file：要写入的文件对象。

基本输出中的数据对象可以是数值、字符串，也可以是列表、元组、字典或者集合。输出时会将逗号间的内容用空格分隔开。

print() 函数会触发一个换行操作，下一个 print() 函数的输出将从新的一行开始。下面介绍 print() 函数可以输出的数据类型。

1. 字符串和数值类型

字符串和数值类型可以直接输出，示例如下。

【例 1-11】字符串和数值类型输出示例

```
>>> print(0)
0
>>> print("Hello Python!")
Hello Python!
```

2. 变量

无论什么类型（包括数值、布尔、列表、字典等）的变量都可以直接输出。变量输出示例如下所示。

【例 1-12】变量输出示例

```
>>> a = 1
>>> print(a)
1
>>> b = 'Python'
>>> print(b)
Python
>>> list=[1,2,3]
>>> print(list)
[1, 2, 3]
>>> tuple=(1,1.0,'a')
>>> print(tuple)
(1, 1.0, 'a')
>>> dict={1:'a',2:'b'}
>>> print(dict)
{1: 'a', 2: 'b'}
```

3. 格式化输出

Python 的格式化输出语法类似于 C 语言中的 printf，示例如下。

【例 1-13】格式化输出示例

```
>>> b
'Python'
>>> x = len(b)
>>> print("The length of %s is %d" %(b,x))
The length of Python is 6
```

字符串格式化转换类型有很多，如表 1-1 所示。

表 1-1 字符串格式化转换类型表

转换类型	含 义
d、i	带符号的十进制整数
o	不带符号的八进制
u	不带符号的十进制
x	不带符号的十六进制（小写）
X	不带符号的十六进制（大写）
e	科学计数法表示的浮点数（小写）
E	科学计数法表示的浮点数（大写）
f、F	十进制浮点数
g	如果指数大于 -4 或者小于精度值则和 e 相同，其他情况和 f 相同
G	如果指数大于 -4 或者小于精度值则和 E 相同，其他情况和 F 相同
C	单字符（接受整数或者单字符字符串）
r	字符串（使用 repr 转换任意 Python 对象）
s	字符串（使用 str 转换任意 Python 对象）

在 Python 中，print() 函数总是默认换行的，如果不想换行，则需要将 print() 函数写成 print(x,end= ' ')。

1.4 字符串

字符串是 Python 中最常见的一种基本数据类型。字符串是由许多单个子串组成的序列，主要用来表示文本。字符串是不可变数据类型，也就是说，如果你要改变原字符串内的元素，只能新建另一个字符串。即便这样，Python 中的字符串还是有许多很实用的用法。本节主要讲解字符串运算符及 Python 常用的字符串内置函数。

1.4.1 字符串运算符

字符串运算符的作用就是将两个字符串进行拼接，从而形成一个新的字符串。Python 语言支持的字符串运算符如表 1-2 所示。

表 1-2 Python 字符串运算符表

操作符	描 述
+	字符串连接
*	重复输出字符
[]	通过索引获取字符串中的字符
[:]	截取字符串中的一部分
in	成员运算符，如果字符串中包含给定的字符则返回 True
not in	成员运算符，如果字符串中不包含给定的字符则返回 True
r/R	原始字符串：所有的字符串都是直接按照字面意思来使用，没有转义特殊或者不能打印的字符。原始字符串除了在字符串的第一个引号前加上字母“r”(可以大小写) 以外，与普通字符串有着几乎完全相同的写法

字符串运算符的使用示例如下所示。

【例 1-14】字符串连接“+”的用法示例

```
>>> mystr='hello'+' world'+' chuancy'
>>> print(mystr)
```

执行结果：

```
hello world chuancy
```

【例 1-15】重复输出字符“*”的用法示例

```
>>> mystr=3*' hello'
>>> print(mystr)
```

执行结果：

```
hello hello hello
```

【例 1-16】索引“[]”的用法示例

```
>>> str='hello'
>>> str[3]
```

执行结果：

```
'l'
```

【例 1-17】字符串截取“[:]”的用法示例

```
>>> str='hello'
>>> str[1:3]
```

执行结果：

```
'el'                               # 索引从0开始，顾头不顾尾，不包含索引3的对象
```

【例 1-18】成员运算符“in”的用法示例

```
>>> str='hello'
>>> 'e' in str
```

执行结果：

```
True
```

1.4.2　字符串内置函数

字符串内置函数是指不需要导入任何模块就可以直接使用的函数，Python 常用的字符串内置函数及其功能如表 1-3 所示。

表 1-3 字符串内置函数表

序号	函数及描述
1	capitalize()：将字符串的第一个字符转换为大写
2	center(width, fillchar)：返回一个指定宽度为 width 的居中字符串，fillchar 为填充的字符，默认为空格
3	count(str, beg= 0,end=len(string))：返回 str 在 string 里面出现的次数，如果 beg 或者 end 指定，则返回指定范围内 str 出现的次数
4	bytes.decode(encoding="utf-8", errors="strict")：Python3 中没有 decode 方法，但我们可以使用 bytes 对象的 decode() 方法来解码给定的 bytes 对象，这个 bytes 对象可以由 str.encode() 来编码返回
5	encode(encoding='UTF-8',errors='strict')：以 encoding 指定的编码格式编码字符串，如果出错，则默认报一个 ValueError 的异常，除非 errors 指定的是 'ignore' 或者 'replace'
6	endswith (suffix, beg=0, end=len (string))：检查字符串是否以 obj 结束，如果 beg 或者 end 的值指定，则检查指定的范围内是否以 obj 结束，如果是则返回 True，否则返回 False
7	expandtabs(tabsize=8)：把字符串 string 中的 tab 符号转为空格 tab 符号，默认的空格数是 8
8	find(str, beg=0, end=len(string))：检查 str 是否包含在字符串中，如果指定了 beg 和 end 的值，则检查是否包含在指定值范围内，如果是则返回开始的索引值，否则返回 -1
9	index(str, beg=0, end=len(string))：跟 find() 方法一样，只不过如果 str 不在字符串中，则会报一个异常
10	isalnum()：如果字符串至少有一个字符并且所有字符都是字母或数字，则返回 True，否则返回 False
11	isalpha()：如果字符串至少有一个字符并且所有字符都是字母，则返回 True，否则返回 False
12	isdigit()：如果字符串只包含数字，则返回 True，否则返回 False
13	islower()：如果字符串中包含至少一个区分大小写的字符，并且所有这些（区分大小写的）字符都是小写，则返回 True，否则返回 False
14	isnumeric()：如果字符串中只包含数字字符，则返回 True，否则返回 False
15	isspace()：如果字符串中只包含空白，则返回 True，否则返回 False
16	istitle()：如果字符串是标题化的，则返回 True，否则返回 False
17	isupper()：如果字符串中包含至少一个区分大小写的字符，并且所有这些（区分大小写的）字符都是大写，则返回 True，否则返回 False
18	join(seq)：以指定字符串作为分隔符，将 seq 中所有的元素合并为一个新的字符串
19	len(string)：返回字符串长度
20	ljust(width[, fillchar])：返回一个原字符串、左对齐，并使用 fillchar 填充至长度为 width 的新字符串，width 为指定字符串长度，fillchar 为填充字符，默认为空格
21	lower()：将字符串中所有大写字符转换为小写
22	lstrip()：截掉字符串左边的空格或指定字符
23	maketrans(intab, outtab)：创建字符映射的转换表，intab 参数表示字符串中要替代的字符所组成的字符串，outtab 参数表示相应的映射字符的字符串
24	max(str)：返回字符串 str 中最大的字母
25	min(str)：返回字符串 str 中最小的字母
26	replace(old, new [, max])：将字符串中的 old 替换成 new，如果指定了 max 的值，则替换不超过 max 次

（续）

序　号	函数及描述
27	rfind(str,beg=0,end=len(string))：类似于 find() 函数，不过是从右边开始查找
28	rindex(str, beg=0, end=len(string))：类似于 index() 函数，不过是从右边开始索引
29	rjust(width[, fillchar])：返回一个原字符串、右对齐，并使用 fillchar 填充至长度为 width 的新字符串，width 为指定字符串长度，fillchar 为填充字符，默认为空格
30	rstrip()：删除字符串末尾的空格
31	split(str="", num=string.count(str))num=string.count(str))：以 str 为分隔符截取字符串，如果 num 有指定值，则仅截取 num+1 个子字符串
32	splitlines([keepends])：按照行 ('\r', '\r\n', \n') 分隔，返回一个包含各行作为元素的列表，如果参数 keepends 为 False，则不包含换行符，如果为 True，则保留换行符
33	startswith(substr, beg=0,end=len(string))：检查字符串是否是以指定子字符串 substr 开头，如果是则返回 True，否则返回 False。如果指定了 beg 和 end 的值，则在指定范围内检查
34	strip([chars])：在字符串上执行 lstrip() 和 rstrip() 函数
35	swapcase()：将字符串中的大写转换为小写，小写转换为大写
36	title()：返回“标题化”的字符串，即所有单词都是以大写开始，其余字母均为小写
37	translate(table, deletechars="")：根据 str 给出的表来转换 string 的字符，要过滤掉的字符则放到 deletechars 参数中
38	upper()：将字符串中的小写字母转换为大写
39	zfill (width)：返回长度为 width 的字符串，原字符串右对齐，前面填充 0
40	isdecimal()：检查字符串是否只包含十进制字符，如果是则返回 True，否则返回 False

字符串内置函数的应用示例如下所示。

【例 1-19】首字母大写的 capitalize() 用法示例

```
>>> a='ab' print(a.capitalize())
```

执行结果：

```
>>> Ab
```

【例 1-20】返回字符串长度的 len() 用法示例

```
>>> a='adsf'
>>> print(len(a))
```

执行结果：

```
4
```

【例 1-21】字符重复次数的 count() 用法示例

```
>>> a='asassddfghjas'
>>> print(a.count('as'))
```

执行结果：

```
3
```

【例 1-22】检测字符串的 find() 用法示例

```
>>> str1 = "Runoob example....wow!!!exam"
>>> str2 = "exam"
>>> print(str1.find(str2))
```

执行结果：

```
7
```

1.5 数据结构

Python 中常见的数据结构可以统称为容器。序列（如列表和元组）、映射（如字典）以及集合是三类主要的容器。Python 提供的数据结构类型可以说是所有程序设计语言中最灵活的，也是功能最强大的。大量经验表明，熟练掌握 Python 基本数据结构可以更加快速有效地解决实际问题。本节将通过列举大量案例来介绍列表、元组、字典、集合等几种基本数据结构的用法。

1.5.1 列表

列表是一个与任意类型对象位置相关的有序集合，它没有固定的大小。和字符串类型一样，列表类型也是序列式的数据类型，可以通过下标或者切片操作来访问某一个或者某一系列连续的元素。但是，列表是可变的，这是它区别于字符串和元组的最重要的特点，用一句话来概括：列表可以修改，而字符串和元组不能。

在形式上，列表的所有元素放在一对方括号中，相邻元素之间使用逗号分隔。在 Python 中，同一列表内元素的数据类型各不相同，可以同时包含整数、实数、字符串等基本类型的元素，也可以包含列表、元组、字典、集合、函数以及其他任意对象。如果只有一对方括号而没有任何元素，则表示空列表。与字符串的索引一样，列表索引从 0 开始。列表可以进行截取、组合等。

如下示例给出了合法的列表对象。

【例 1-23】列表对象示例

```
[1,3,5,7,9]
[123, 'abc',3.6,['a','b']]
[{3.6},(1,2,3)]
```

下面讲解列表的操作。

1. 列表的创建与删除

1）使用赋值操作符“=”直接将一个列表常量赋值给变量即可创建列表对象，可将多种

Python 支持的数据放到同一个列表中，示例如下。

【例 1-24】创建列表示例

```
list1 = ['Google', 'Runoob', 1997, 2000]
list2 = [1, 2, 3, 4, 5 ]
list3 = ["a", "b", "c", "d"]
```

2）使用 del 命令删除列表，示例如下。

【例 1-25】删除 list1 列表

```
>>> list1=[1,2,3,4,5]                        # 创建列表list1
>>> del list1                                # 删除列表list1
>>> list1
NameError: name 'list1' is not defined       # 列表删除后无法访问，抛出异常
```

2. 访问列表中的元素

使用下标索引来访问列表中的值，也可以使用方括号的形式来截取字符，示例如下。

【例 1-26】访问 list1 和 list2 列表

```
>>> list1 = ['Google', 'Runoob', 1997, 2000];
>>> list2 = [1, 2, 3, 4, 5, 6, 7 ];
>>> print ("list1[0]: ", list1[0])
list1[0]:  Google                            # 输出list1[0]的值
>>> print ("list2[1:5]: ", list2[1:5])
list2[1:5]:  [2, 3, 4, 5]                    # 输出list2[1:5]的值
```

3. 更新列表元素

更新列表包含添加、修改和删除列表元素。

（1）添加元素

可用“+”运算符、append() 等方法向列表中添加元素。

通过“+”运算符连接列表创建一个新列表。列表可包含任何数量的元素，没有大小限制（除了可用内存的限制）。列表可包含任何数据类型的元素，单个列表中的元素无须全为同一类型。关于“+”运算符的用法示例如下所示。

【例 1-27】利用“+”运算符向 list 列表中添加元素

```
>>> list=[1]
>>> list=list+['a',1.0]
>>> list
[1, 'a', 1.0]
```

append() 方法可在列表的尾部添加一个新的元素，示例如下。

【例 1-28】利用 append() 方法向 list 列表中添加元素

```
>>> list.append('python')
>>> list
[1, 'a', 1.0, 'python']
```

（2）修改元素

修改列表很容易，只需要使用普通赋值语句，使用索引表示法给特定位置的元素赋值，示例如下。

【例 1-29】修改 list 列表中的第二个元素

```
>>> list[1]=2
>>> list
[1, 2, 'a', 1.0, 'python', 'b']
```

（3）删除元素

用 del 语句删除列表中的元素，示例如下。

【例 1-30】使用 del 删除列表元素

```
list[1,2,'a',1.0]
print("原始列表: ",list)
del list[1]
print("删除第二个元素: ",list)
```

4. 列表脚本操作符

列表对“+”和“*”的操作符与字符串相似，“+”用于组合列表，“*”用于重复列表，如表 1-4 所示。

表 1-4 脚本操作符

Python 表达式	结　果	描　述
len([1,2,3])	3	长度
[0,1]+[2,3]	[0,1,2,3]	组合
['a']*4	['a','a','a','a']	重复
0 in [0,1]	True	元素是否存在于列表中
for x in [1,2,3]:print(x,end="")	123	迭代

5. 列表的截取与拼接

Python 的列表截取与字符串操作类型如下述代码及表 1-5 所示。

```
list=['I','Love','Python']
```

表 1-5 截取与拼接举例

Python 表达式	结　果	描　述
list[2]	'Python'	读取第三个元素
list[-2]	'Love'	从右侧开始读取倒数第二个元素
list[1:]	['Love','Python']	输出从第二个元素开始后的所有元素

列表还支持拼接操作，示例如下。

【例 1-31】拼接操作示例

```
>>> squares = [1, 4, 9, 16, 25]
>>> squares += [36, 49, 64, 81, 100]
>>> squares
[1, 4, 9, 16, 25, 36, 49, 64, 81, 100]
>>>
```

6. 列表常用方法

列表对象常用的方法如表 1-6 所示。append() 方法在上文中已举例说明。

表 1-6　列表常用方法表

方　法	说　　明
append(x)	将 x 追加至列表尾部
extend(L)	将列表 L 中的所有元素追加至列表尾部
insert(index,x)	在列表 index 位置处插入 x
remove(x)	在列表中删除第一个值为 x 的元素，如果列表中不存在 x，则抛出异常
pop([index])	删除并返回列表中下标为 index 的元素，index 则默认为 -1
index(x)	返回列表中第一个值为 x 的索引值，若不存在值为 x 的元素，则抛出异常
count(x)	返回 x 在列表中的出现次数
reverse(x)	对列表中的所有元素进行原地逆序，首尾交换
sort(key=None, reverse=False)	对列表中的元素进行原地排序，key 用来指定排序规则，reverse 为 False 表示升序，为 True 表示降序

1.5.2　元组

Python 的元组与列表类似，不同之处在于元组的元素不能修改。元组使用小括号，列表使用方括号。元组的创建很简单，只需要在括号中添加元素，并使用逗号隔开。元组的元素都有确定的顺序，元组的索引也是以 0 为基点的。

1. 元组的创建与删除

在 Python 中创建元组有两种方法，即“直接以赋值操作符创建元组”和“创建数值元组”。下面分别介绍。

（1）直接以赋值操作符创建元组

通常创建元组可使用圆括号将数据括起来，也可以将一些值用逗号隔开，这样就能自动创建一个元组。与其他类型的变量一样，创建元组时也可使用赋值操作符“=”将元组赋值给变量。需要注意的是，当元组中只有一个元素时，需要在最后加一个逗号，以防止跟普通的分组操作符混淆，创建元组的示例如下所示。

【例 1-32】创建元组示例

```
>>> 'a','b','c'                      # 将一些值用逗号隔开，自动创建元组
('a', 'b', 'c')
```

```
>>> ('a','b','c')                          # 用圆括号创建元组
('a', 'b', 'c')
>>> a = (0,1,2)                            # 用 "=" 将元组赋值给变量a
>>> a[1]                                   # 元组支持使用下标访问特定位置的元素
1
>>> a[-1]                                  # 元组支持双向索引
2
>>> a[0]=2                                 # 元组不可变
TypeError: 'tuple' object does not support item assignment
>>> b = (4,)                               # 元组中只有一个元素，在最后加上一个逗号
>>> b
(4,)
>>> c = ()                                 # 创建空元组
>>> d = tuple()
```

（2）创建数值元组

Python 提供的 tuple() 函数可以将 range() 函数循环出来的结果转换成数值元组。

【例 1-33】创建数值元组示例

```
>>> tuple(range(10))                       # 将迭代对象转换为元组
(0, 1, 2, 3, 4, 5, 6, 7, 8, 9)
```

2. 访问元组元素

元组可以使用下标索引来访问元组中的值，示例如下。

【例 1-34】访问元组元素示例

```
>>> aTuple=(1,'a',2.0,['i','love','python'])
>>> aTuple[0:3]                            # 访问前三个元素
(1, 'a', 2.0)
>>> aTuple[1:3]                            # 访问特定位置的元素
('a', 2.0)
>>> aTuple[:4]
(1, 'a', 2.0, ['i', 'love', 'python'])
>>> aTuple[3][2]
'python'
```

3. 修改元组元素

元组是不可变类型，即不能更新或者改变元组中的元素，也无法在元组中添加和删除元素。但是，可以通过对元组重新赋值或拼接来修改元组中的元素。在元组连接时，连接的内容必须都是元组，如果要连接的元组只有一个元素，那么一定不要忘了后面的逗号，参考如下示例中的使用方法。

【例 1-35】修改元组元素示例

```
>>> aTuple = aTuple[0],aTuple[1],aTuple[2] # 对元组进行重新赋值
>>> aTuple
(1, 'a', 2.0)
>>> a = ('i',)
>>> b = ('love',)
```

```
>>> c = ('python',)
>>> aTuple = a+b+c                          # 对元组进行连接组合
>>> aTuple
('i', 'love', 'python')
```

4. 删除元组

元组中的元素值是不允许删除的，但我们可以使用 del 语句来删除整个元组。

【例 1-36】删除元组示例

```
>>> tup = ('physics', 'chemistry', 1997, 2000)
>>> del tup
>>> tup
NameError: name 'tup' is not defined
```

5. 元组运算符

与字符串一样，元组之间可以使用“+”和“*”来进行运算。这就意味着它们可以组合和复制，运算后会生成一个新的元组。常见的元组运算符如表 1-7 所示。

表 1-7　元组运算符表

Python 表达式	结　果	描　述
len([1,2,3])	3	计算元素个数
[0,1]+[2,3]	[0,1,2,3]	连接
['a']*4	['a', 'a', 'a', 'a']	复制
0 in [0,1]	True	元素是否存在
for x in [1,2,3]:print(x,end="")	1 2 3	迭代

6. 元组的索引和截取

元组也是一个序列，所以我们可以访问元组中指定位置的元素，也可以截取索引中的一段元素。

```
tuple=('a', 'b', 'c')
```

元组的索引和截取示例如表 1-8 所示。

表 1-8　元组的索引和截取举例

Python 表达式	结　果	描　述
tuple[2]	'c'	读取第三个元素
tuple[-2]	'b'	从右侧开始读取倒数第二个元素
tuple[1:]	['b','c']	截取元素

1.5.3　集合

本节将介绍一个无序存储容器——集合。集合不同于列表，集合中的元素是不重复的，并且不按任何特定顺序放置。

集合有两种不同的类型，即可变集合（set）和不可变集合（frozenset）。可变集合可以添加和删除元素，不可变集合则不允许。本节介绍的可变集合是无序可变序列，关于集合最常用的操作是创建、添加、删除集合，以及交集和差集等运算。

1. 创建集合

集合使用一对花括号 {} 作为定界符，元素之间使用逗号分隔，且集合中的元素不允许重复，集合中只能包含数字、字符串、元组和布尔变量等不可变类型的数据，而不能包含列表、字典、集合等可变类型的数据。

集合可以使用 set() 函数将列表、元组、字符串、range 对象等其他可迭代对象转换为集合，如果原来的数据中存在重复元素，则在转换为集合的时候只保留一个。如果原序列或迭代对象中有不可散列的值，则无法转换成集合，且会抛出异常。

【例 1-37】创建集合示例

```
>>> s1 = set()                        # 创建空集合
>>> s2 = {0,1,2}                      # 创建数值集合
>>> s3 = set(('a','b'))               # 从元组创建集合
>>> s4 = set(range(6,18))
>>> s4
{6, 7, 8, 9, 10, 11, 12, 13, 14, 15, 16, 17}
>>> s5 = set([5,7,3,6,8,4,3,7])
>>> s5
{3, 4, 5, 6, 7, 8}
```

2. 集合的添加和删除

集合是可变序列，所以在创建集合后，还可以对其进行添加或者删除元素的操作。

向集合中添加元素可以使用 add() 方法实现。要添加的元素内容，只能是字符串、数字及布尔类型的 True 和 False 等，不能是列表、元组等迭代对象。

【例 1-38】使用 add() 方法向集合中添加元素

```
>>> s6 = {1.0,2.0}
>>> s6.add(3.0)
>>> s6
{1.0, 2.0, 3.0}
```

要删除集合中的元素，可以使用 del 命令删除整个集合，也可以使用集合的 pop() 方法或者 remove() 方法删除某一个元素，也可以使用集合对象的 clear() 方法清空集合，删除所有元素。三种删除集合或元素的方法的使用示例如下所示。

【例 1-39】使用 del 命令、remove() 方法和 clear() 方法删除集合或元素

```
>>> del s6
>>> s6
NameError: name 's6' is not defined
>>> s6.remove(2.0)
>>> s6
```

```
{1.0, 3.0}
>>> s6.clear()
>>> s6
set()
```

3. 集合运算

Python 提供了求并集“|”、交集“&”和差集“-”的运算方法。内置函数 len()、max()、min()、sum()、sorted()、map()、filter() 和 enumerate() 等也可以应用于集合。

【例 1-40】集合运算方法示例

```
>>> a_set = set([1,2,3,4,6,9])
>>> b_set = {11,56,2,7,10}
>>> a_set | b_set                    # 并集
{1, 2, 3, 4, 6, 7, 9, 10, 11, 56}
>>> a_set & b_set                    # 交集
{2}
>>> a_set - b_set                    # 差集
{1, 3, 4, 6, 9}
```

1.5.4　字典

字典是包含若干“键 : 值”元素的无序可变序列，字典中的每个元素都包含用冒号分隔的“键”和“值”两部分，表示一种映射或对应关系，也称关联数组。定义字典时，每个元素的“键”和“值”之间用冒号分隔，不同元素之间用逗号分隔，所有元素都放在一对大括号“{ }”内。

字典中元素的“键”可以是 Python 中的任意不可变数据，例如整数、实数、复数、字符串、元组等类型的可散列数据，但不能使用列表、集合、字典或其他可变类型作为字典的“键”。另外，字典中的“键”不允许重复，而“值”是可以重复的。使用内置字典类型 dict 时不要太在意元素的先后顺序。

1. 字典的创建和删除

字典的创建应当指定“键值对”的条目而不是值。可以通过一对花括号“{ }”将这些条目括起来创建一个字典，每一个条目都有一个关键字，然后跟着一个冒号，再跟着一个值。每一个条目都用逗号分隔开。创建两条目字典，字典中的每一个条目的形式都是 key:value。可以使用 del 删除字典。

【例 1-41】创建字典示例

```
>>> dict = {'name':'joe','age':18}  # 通过键值对创建dict字典

>>> a_dict = {}                      # 创建空字典
>>> a_dict=dict()
```

dict() 方法除了可以创建一个空字典外，还可以通过已有数据快速创建字典。主要有以下两种形式。

（1）通过映射函数创建字典

通过映射函数创建字典的语法如下：

```
dictName=dict(zip(list1,list2))
```

- zip() 函数：用于将多个列表或元组对应位置的元素组合为元组，并返回包含这些内容的 zip 对象。如果想获取元组，可以使用 tuple() 函数将 zip 对象转换成元组；如果想获取列表，可以使用 list() 函数将其转换成列表。
- list1：列表，指定要生成字典的键。
- list2：列表，指定要生成字典的值。如果 list1 和 list2 列表长度不同，则值与最短的列表长度相同。

利用映射函数创建字典的方法示例如下。

【例 1-42】利用映射函数创建字典示例

```
>>> name = ["Joe","Mary"]
>>> age = [23,18]
>>> dictionary = dict(zip(name,age))
>>> print(dictionary)
{'Joe': 23, 'Mary': 18}
```

（2）通过给定的“键值对”创建字典

通过给定“键值对”创建字典的语法如下：

```
dictName=dict(key1=value1,key2=value2,...,keyn=valuen)
```

- key：表示元素的键，必须唯一，并且不可变。
- value：表示元素的值，可以是任何数据类型，不必是唯一的。

利用给定“键值对”创建字典的方法示例如下。

【例 1-43】利用“键值对”创建字典示例

```
>>> dictionary = dict(Joe=23,Mary=18)
>>> print(dictionary)
{'Joe': 23, 'Mary': 18}
```

2. 字典元素的访问

字典中的每个元素都表示一种映射关系或对应关系，以提供的“键”为下标就可以访问对应的“值”，如果字典中不存在这个“键”，则会抛出异常。字典对象提供了一个 get() 方法用来返回指定“键”对应的“值”，并且允许在指定的“键”不存在时返回特定的“值”。

【例 1-44】访问字典中的元素示例

```
>>> a_dict = {'name': 'Joe','age': 23,'sex': 'male'}
>>> a_dict['name']                    # 指定的“键”存在，返回对应的值
'Joe'
>>> a_dict['score']                   # 指定的“键”不存在，抛出异常
KeyError: 'score'
```

3. 元素的添加和修改

当以指定“键”为下标来为字典元素赋值时，有两种含义：一种是该“键”存在，则表示修改该“键”对应的值；另一种是该“键”不存在，则表示添加一个新的“键值对”，也就是添加一个新元素。向字典中添加和修改元素的示例如下。

【例 1-45】向字典中添加和修改元素示例

```
>>> a_dict = {'name': 'Joe','age': 23,'sex': 'male'}
>>> a_dict['age']=24                    # 修改元素值
>>> a_dict
{'name': 'Joe', 'age': 24, 'sex': 'male'}
>>> a_dict['score'] = 98                # 添加新元素
>>> a_dict
{'name': 'Joe', 'age': 24, 'sex': 'male', 'score': 98}
```

1.6 控制语句

Python 是一种动态的、面向对象的脚本语言。一般情况下程序是按顺序执行的，但 Python 语言提供了各种控制结构，允许程序执行复杂的路径。本节将主要介绍条件表达式、选择结构（包括单分支结构、双分支结构、多分支结构）和循环结构。程序员可以通过编程语言中特殊的关键字来控制程序的执行过程，这些关键字所组成的就是流程控制语句。

1.6.1 条件表达式

在选择结构和循环结构中，都要使用条件表达式来确定下一步的执行流程，Python 条件语句通过一条或多条语句的执行结果（True 或者 False）来决定执行的代码块。条件表达式中所用到的运算符可在 1.4.1 节中查询。图 1-33 简单介绍了条件语句执行的过程。

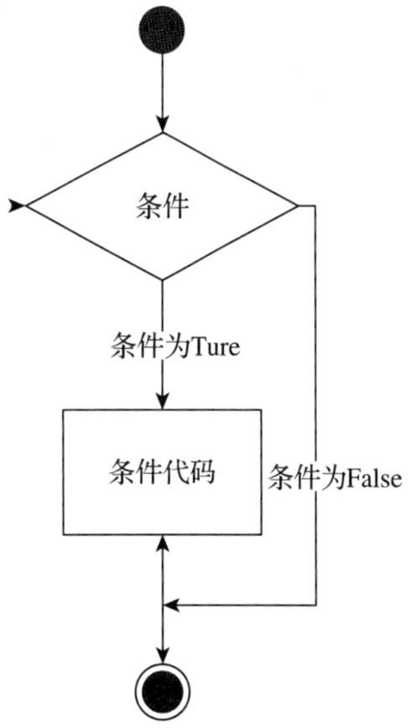

图 1-33 条件语句执行流程图

1. 关系运算符

Python 中的关系运算符可以连续使用，这样做不仅符合我们平时的思考方式，也可减少代码量。值得注意的是，Python 语法中，条件表达式不允许使用赋值运算符“=”。

【例 1-46】关系运算示例

```
>>> print(5>4>3)
True
>>> print(6<2>5)
False
```

2. 逻辑运算符

逻辑运算符有 and、or、not，分别表示逻辑与、逻辑或、逻辑非。and 表示当表达式两侧都为 True 时整个表达式才等价于 True；or 表示表达式两侧只要有一个表示 True，则整个表达式等价于 True；not 表示当后面的表达式等于 False 时，整个表达式等价于 True。

【例 1-47】逻辑运算示例

```
>>> 2 and 4
4
>>> 2 or 4
2
>>> 0 and 4                    # 0等价于False
0
>>> 0 or 4
4
>>> not [1,3,5]                # 非空列表等价于True
False
>>> not {}                     # 空字典等价于False
True
>>>
```

1.6.2 选择结构

选择结构通过判断某些特定条件是否满足来决定下一步的执行流程，是一种重要的控制结构。本节将主要介绍单分支选择结构、双分支选择结构以及多分支选择结构，其表现形式比较灵活，具体选择何种结构取决于所要实现的业务逻辑。

1. 单分支结构

单分支选择结构语法如下：

```
if 表达式:
    语句块
```

其中表达式后面的冒号“:”是不可缺少的，表示一个语句块的开始。当表达式值为 True 或其他与 True 等价的值时，表示条件满足，语句块被执行，否则将跳过该语句块，去执行后面的语句，如图 1-34 所示。

关于单分支选择结构用法的示例如下所示。

【例 1-48】输入两个整数，按降序输出

```
x=input ('input numbers:')
a, b=map (int, x.split())
if a<b:
a, b=b, a
print (a, b)
```

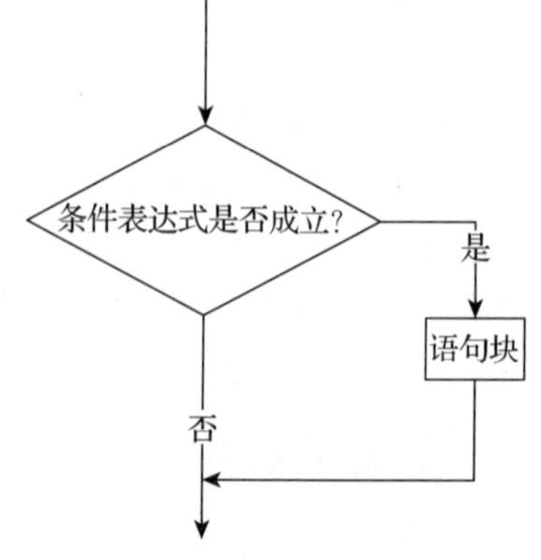

图 1-34 单分支选择结构

2. 双分支结构

双分支选择结构语法如下：

```
if 表达式:
   语句块1
else:
   语句块2
```

当表达式为等价于 True 时，执行语句块 1，否则执行语句块 2，流程图如图 1-35 所示。

关于双分支选择结构用法的示例如下所示。

【例 1-49】输入两个整数，求最大值

```
a, b=eval(input("put into a, b"))
if(a>b):
    max=a
else:
    max=b
print('max={0}'.format(max))
put into a,b, 4,9
max=9
```

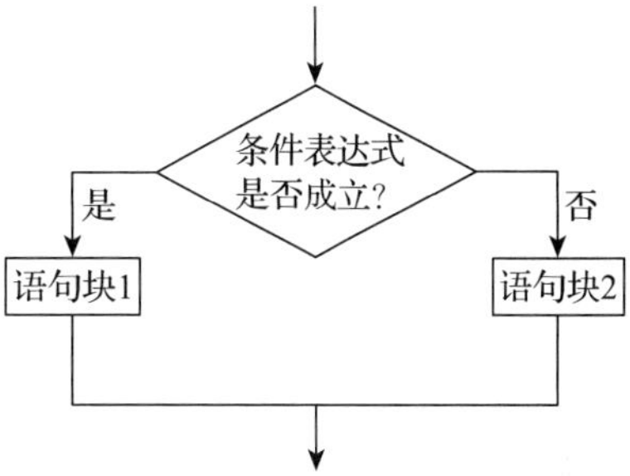

图 1-35　双分支选择结构

3. 多分支结构

多分支选择结构语法如下：

```
if   条件表达式1:
     语句块1
elif 条件表达式2:
     语句块2
elif 条件表达式3:
     语句块3
[else:
     语句块n]
```

关于多分支选择结构用法的示例如下所示。

【例 1-50】输入三个整数，求最大值

```
a,b,c=eval(input("input a,b,c:"))
if a>b:
    max=a
    if max<c:
        max=c
elif a<b:
    max=b
    if max<c:
        max=c
print("max=",max)
input a,b,c:23,66,+54
max=66
```

1.6.3　循环结构

1. for 循环与 while 循环

for 循环执行末尾循环体后将再次进行条件判断，若条件还成立，则继续重复上述循环，若条件不成立则跳出当前 for 循环。在 while 循环中，当条件满足时进入循环，之后当条件不满足时，执行完循环体内全部语句后再跳出（而不是立即跳出循环）。

（1）for 循环

Python 的 for 循环可以遍历任何序列的元素，如一个列表或者一个字符串。具体的 for 循环结构图如图 1-36 所示。

关于 for 循环结构用法的示例如下所示。

【例 1-51】遍历集合

```
>>>languages = ["C", "C++", "Perl", "Python"]
>>> for x in languages:
...     print (x)
C
C++
Perl
Python
```

（2）while 循环

值得注意的是，在 Python 中没有 do...while 循环。具体的 while 循环结构图如图 1-37 所示。

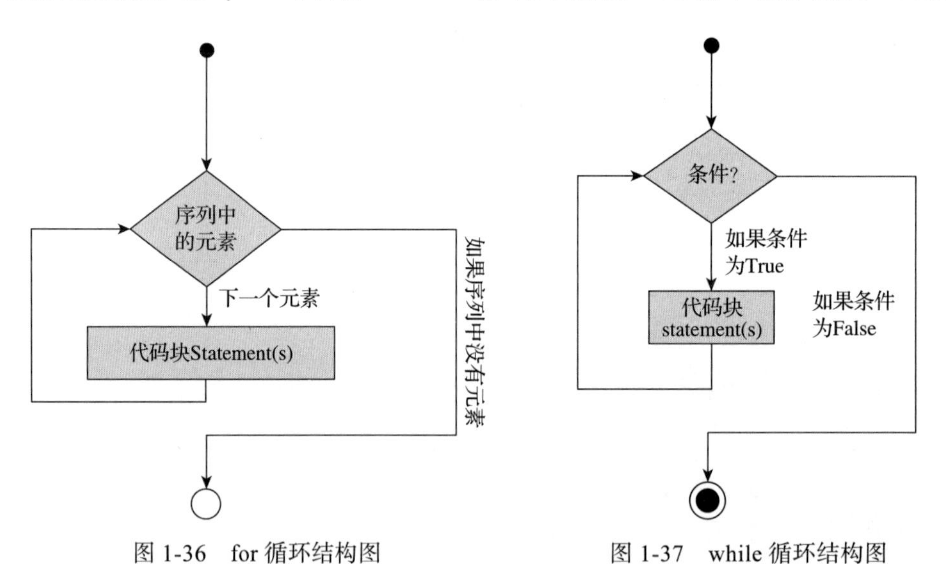

图 1-36 for 循环结构图

图 1-37 while 循环结构图

关于 while 循环结构用法的示例如下所示。

【例 1-52】求 1 到 100 的和

```
n = 100
sum = 0
counter = 1
while counter <= n:
    sum = sum + counter
    counter += 1
print("1 到 %d 之和为: %d" % (n,sum))
```

执行结果如下：

```
1 到 100 之和为: 5050
```

2. break 语句与 continue 语句

while 循环中的 break 用于永久终止循环，即不执行本次循环中 break 后面的语句，直接跳出循环；而 while 循环中的 continue 则用于终止本次循环，即本次循环中 continue 后面的代码不执行，进行下一次循环的入口判断。

（1）break 语句

break 语句可以跳出 for 和 while 的循环体。如果你从 for 或 while 循环中终止，那么任何对应的循环 else 块将不执行。

【例 1-53】使用 break 跳出循环

```
    for letter in 'Runoob':                 # 第一个实例
        if letter == 'b':
break
print ('当前字母为 :', letter)
var = 10                                    # 第二个实例
while var > 0:
        print ('当期变量值为 :', var)
        var = var -1
        if var == 5:
            break
print ("Good bye!")
```

执行以上脚本，输出结果为：

```
当前字母为 : R
当前字母为 : u
当前字母为 : n
当前字母为 : o
当前字母为 : o
当期变量值为 : 10
当期变量值为 : 9
当期变量值为 : 8
当期变量值为 : 7
当期变量值为 : 6
Good bye!
```

（2）continue 语句

continue 语句用来跳过当前循环块中的剩余语句，继续进行下一轮循环。

【例 1-54】使用 continue 跳出循环

```
for letter in 'Runoob':               # 第一个实例
   if letter == 'o':                  # 字母为 o 时跳过输出
      continue
   print ('当前字母 :', letter)
var = 10                              # 第二个实例
while var > 0:
```

```
    var = var -1
    if var == 5:                    # 变量为 5 时跳过输出
        continue
    print ('当前变量值 :', var)
print ("Good bye!")
```

执行以上脚本，输出结果为：

```
当前字母 : R
当前字母 : u
当前字母 : n
当前字母 : b
当前变量值 : 9
当前变量值 : 8
当前变量值 : 7
当前变量值 : 6
当前变量值 : 4
当前变量值 : 3
当前变量值 : 2
当前变量值 : 1
当前变量值 : 0
Good bye!
```

1.7 函数、模块和包

函数是具有一定特殊功能的代码块。模块是包含 Python 定义和声明的文件，文件名为模块名字加上 .py 的后缀。包是一种通过使用“. 模块名”来组织 Python 模块名称空间的方式。

函数、模块和包的关系图如图 1-38 所示。

1.7.1 函数

在实际开发中，把可能需要反复执行的代码封装为函数，然后在需要执行该段代码功能时调用封装好的函数，这样不仅可以实现代码的复用，更重要的是可以保证代码的一致性，只需要修改该函数代码便可使所有调用位置均得到体现。同时，把大任务拆分成多个函数也是分治法和模块化设计的基本思路，这样有利于将复杂问题简单化。

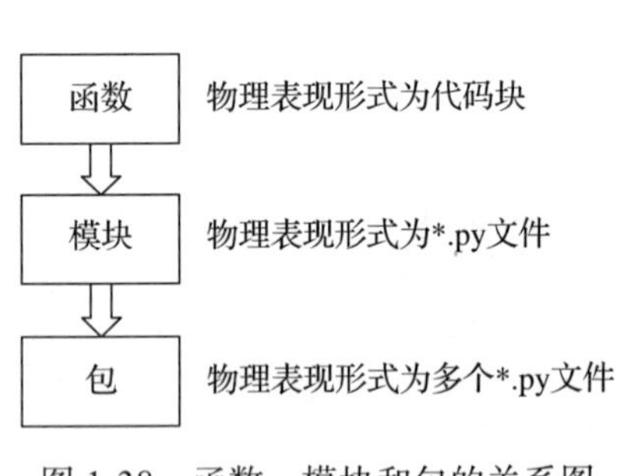

图 1-38 函数、模块和包的关系图

1. 基本语法

关于函数的基本语法如下：

```
def 函数名([参数列表]):
    ''' 注释 '''
    函数体
```

其中，def 是用来定义函数的关键字。定义函数时在语法上需要注意的主要问题如下。

1）不需要说明形参类型，Python 解释器会根据实参的值自动推断形参类型。

2）不需要指定函数返回值类型，这由函数中 return 语句返回的值来确定。

3）即使该函数不需要接收任何参数，也必须保留一对空的圆括号。

4）函数头部括号后面的冒号必不可少。

5）函数体相对于 def 关键字必须保持一定的空格缩进。

下面举一个简单的 Python 函数定义的例子，它将一个字符串作为传入参数，再打印到标准显示设备上。

【例 1-55】定义一个简单的 Python 函数

```
def printme( str ):
    "打印传入的字符串到标准显示设备上"
    print str
    return
```

【例 1-56】编写函数，计算并输出斐波那契数列中小于参数 n 的所有值，并调用该函数。

```
def fib(n):
    a,b = 1,1
        while a < n:
            print(a,end='')
            a,b = b,a+b
fib(1000)
```

2. 函数嵌套

在 Python 中，函数的用法多种多样，但我们平时使用的大多数是一些基本算法，对于那些复杂的函数，嵌套必不可少。所谓函数嵌套，就是指在函数中定义的函数。函数嵌套保证了代码的模块化、复用性和可靠性。

【例 1-57】函数嵌套

```
def fun1():
    m=3
        def fun2():
            n=4
            print(m+n)
        fun2()
fun1()
```

在上述程序运行后，编译器会将函数 fun1() 的函数体存放到内存中，先不去执行，直到程序的最后一行，这时发现函数 fun1() 被调用，于是运行函数，令 m=3，然后发现了新定义的函数 fun2()，于是将 fun2() 放在内存中，在后续调用时，再去运行其中的赋值及打印操作。需要注意，函数内定义的函数只能在函数内调用，就像函数内定义的变量，无法在外面调用。

3. lambda 函数

lambda 函数又被称为匿名函数，它没有复杂的函数定义，仅由一行代码构成。

lambda 函数的语法如下：

```
result = lambda arg1,arg2,arg3,...,argN:expression
```

其中，result 用于接收 lambda 函数的结果，arg1,arg2, arg3, ... , argN: 指的是可选参数，用于指定要传递的参数列表，参数间使用“,”分隔。expression 为必选参数，它是一个表达式，用于描述函数的功能。如果函数有参数，那么将在这个表达式中使用。

【例 1-58】lambda 函数的使用示例

```
>>> lambda x, y : x+y
```

x 和 y 是函数的两个参数，冒号后面的表达式是函数的返回值，你能一眼看出这个函数是在求两个变量的和，但作为一个函数，没有名字如何使用呢？根据例 1-59 中所示的调用方式，我们给这个匿名函数绑定一个名字，使调用匿名函数成为可能。

【例 1-59】result 应用

```
add= lambda x, y:x+y
result = add(1,2)
print(result)
```

需要注意的是，在使用 lambda 函数时，参数可以有多个，但表达式只能有一个。而且在表达式中不能出现 if、while 这种非表达式语句。lambda 函数使用起来很方便。

4. 递归函数

如果在一个函数中直接或间接地调用了该函数自身，那么便称这个过程为递归调用。函数的递归调用是函数调用的一种特殊情况，函数调用自己，自己再调用自己，如此反复调用至某个条件得到满足，此时便不再调用，最后再一层一层地返回，直到该函数的第一次调用。

递归函数的调用过程如图 1-39 所示。

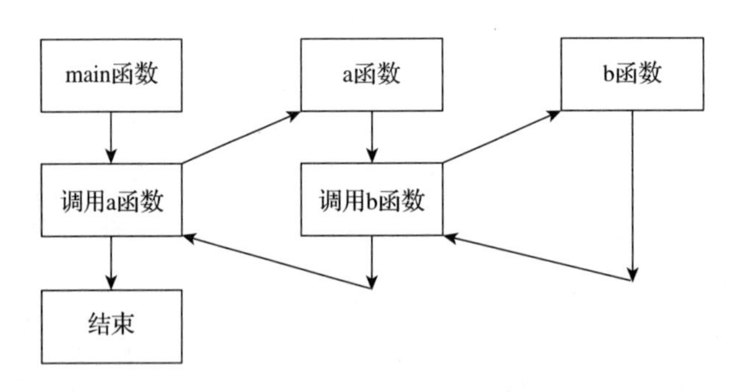

图 1-39 递归函数的调用

需要注意的是，递归函数必须有一个明确的结束条件。每当进入更深一层的递归时，问题的规模相对于上一次递归都应减少，而且相邻两次调用要有紧密的联系，通常前一次的输出是后一次的输入。如下所示的便是一个简单的递归计算示例。

【例 1-60】使用递归计算 5 的阶乘

```
def fact(n):
    If n == 1:
        return 1
```

```
    return n*fact(n-1)
print(fact(5))
```

上面的程序运行结果为 120，在这个过程中，fact() 函数调用了自身 return n*fact(n-1)，重复的调用，最后直到 n 等于 0，递归结束。

5. 函数参数

定义函数时圆括弧内是使用逗号分隔开的形参列表，函数可以有多个参数，也可以没有参数，但定义和调用函数时一对圆括弧必须要有，表示这是一个函数并且不接受参数。调用函数时向其传递实参，将实参的引用传递给形参的时候，我们把参数的名字和位置确定下来，函数的接口定义就完成了。对于函数的调用者来说，只需要知道如何传递正确的参数，以及函数将返回什么值就够了，函数内部的复杂逻辑被封装起来，调用者无须了解。

6. 位置参数

实参位置和形参保持一致，按形参声明的先后顺序一一赋值。

7. 关键字参数

关键字参数主要指调用函数时的参数传递方式，调用函数的时候以形参 = 实参的方式来传参，此时实参的顺序无所谓。这样可以避免用户需要牢记参数位置和顺序的麻烦，使得函数的调用和参数的传递更加灵活。

关于调用函数时的关键字参数的用法示例如下所示。

【例 1-61】编写关键字参数

```
def func1(a, b, c):
    print(a, b, c)
func1(10, 20, 30)        # 通过位置参数传参
func1(c=30, a=10, b=20) # 通过关键字参数传参
     # 通过位置参数和关键字参数结合传参（注意关键字参数必须在位置参数的后面）
func1(10, 20, c=30)
```

8. 默认值参数

声明函数的时候，可以给参数赋默认值。如果一个形参有默认值了，那么调用函数时这个参数就可以不用传参。如果有的形参有默认值，有的形参没有默认值，那么有默认值的形参要放在没有默认值的形参之后。值得注意的是，调用函数要保证每个参数都有值。

【例 1-62】编写默认值参数

```
# 参数c有默认值，调用函数时c不必传参
def func2(a, b, c=0):
     print(a, b, c)   # a=100, b=200
func2(100, 200, 300)
func2(100, 200)
func2(a=100, c=200, b=150)
func2(b=110, a=220)
```

9. 可变长度参数

声明函数的时候，在参数名前加 *，可以用来同时获取多个实参的值。实质是将带 * 的参

数变成元组，将多个实参的值作为元组的元素。

注意 如果函数中既有可变长度参数又有普通参数，那么可变长度参数必须放在普通参数后边。

【例 1-63】编写可变长度参数

```
def yt_sum(*nums):
    print(nums)
yt_sum()
yt_sum(1)
yt_sum(1, 2)
yt_sum(1, 2, 3)
yt_sum(1, 2, 3, 4, 5)
def func5(name, age, *scores):
    print(name, scores)
func5('夏明', 18, 209)
func5('小花', 10, 20, 30)
```

1.7.2 模块

在 Python 中，一个以“.py”为后缀名的文件便是一个模块，每个模块在 Python 里都被看作一个独立的文件。模块可以被项目中的其他模块、一些脚本甚至是交互式的解析器使用，也可以被其他程序引用，以便使用该模块里的函数等功能。Python 中的标准库也是通过这种方法来使用的。

1. Python 中模块的分类

1）系统内置模块，例如 sys、time、json 等模块。

2）自定义模块，即编程者自己写的模块，对某段逻辑或某些函数进行封装后可供其他函数调用。

注意 自定义模块的命名不能和系统内置的模块重名，否则将不能再导入系统的内置模块了。例如，自定义一个 sys.py 模块后，便无法使用系统的 sys 模块了。

3）第三方的开源模块，这部分模块具有开源的代码，可以通过 pip install 进行安装。

2. 模块的引入

模块定义好后，我们可以使用 import 语句来引入模块，语法如下：

```
import module1[, module2[,... moduleN]]
```

比如要引用模块 math，就可以在文件最开始的地方用 import math 来实现。在调用 math 模块中的函数时，必须这样引用：模块名 . 函数名。

【例 1-64】模块的定义

```
def print_func(par):
    print "Hello: ", par
    return
```

下例是一个简单的模块 support.py。

【例 1-65】引入模块并调用其中的函数

```
#!/usr/bin/python
# 导入模块
import support
# 现在可以调用模块里包含的函数了
support.print_func("Runoob")
```

以上实例的输出结果为：

```
Hello: Runoob
```

当解释器遇到 import 语句时，如果模块位于当前的搜索路径，则会被导入。搜索路径是解释器先搜索所有目录的列表。如想要导入模块 support.py，则需要把命令放在脚本的顶端。无论执行了多少次 import，一个模块只会被导入一次，这样可以防止导入模块的操作被一遍又一遍地执行。

【例 1-66】引入模块后起别名

```
# 导入模块
import support as su
print(su.print_func("Runoob"))
```

以上实例的输出结果为：

```
Hello: Runoob
```

3. from...import 语句

Python 的 from 语句让你从模块中导入一个指定的部分到当前命名空间。

【例 1-67】from...import 语句

```
from modname import name1[, name2[, ... nameN]]
```

例如，要导入模块 fib 的 fibonacci 函数，可使用如下语句：

```
from fib import fibonacci
```

这个声明不会把整个 fib 模块导入当前的命名空间中，它只会将 fib 里的 fibonacci 单独引入执行这个声明的模块的全局符号表。

4. from...import* 语句

from...import* 语句可以把一个模块的所有内容全都导入当前的命名空间。

【例 1-68】from...import* 语句

```
from modname import *
```

这提供了一个简单的方法来导入一个模块中的所有项目，但不推荐过多地使用。

【例 1-69】一次性引入 math 模块中所有的东西

```
from math import *
```

5. 模块的属性

一个模块被另一个程序第一次引入时，其主程序将运行。如果我们希望在模块被引入时不执行模块中的某一程序块，那么我们可以用 __name__ 属性来使该程序块仅在该模块自身运行时执行。

【例 1-70】用 __name__ 属性来使该程序块仅在该模块自身运行时执行

```
# Filename: using_name.py
if __name__ == '__main__':
    print('程序自身在运行')
else:
    print('我来自另一模块')
```

运行输出如下：

```
python using_name.py
程序自身在运行
python
import using_name
我来自另一模块
```

说明 每个模块都有一个 __name__ 属性，当其值是'__main__'时，表明该模块自身在运行，否则是被引入。

内置的函数 dir() 可以找到模块内定义的所有名称，以字符串列表的形式返回。

【例 1-71】编写函数 dir()

```
a = [1, 2, 3, 4, 5]
    import fibo
    fib = fibo.fib
    dir()      # 得到一个当前模块中定义的属性列表
['__builtins__', '__name__', 'a', 'fib', 'fibo', 'sys']
a = 5 # 建立一个新的变量a
    dir()
['__builtins__', '__doc__', '__name__', 'a', 'sys']
del a       # 删除变量名a
    dir()
['__builtins__', '__doc__', '__name__', 'sys']
```

1.7.3 包

一个包（package）就是放在一个文件夹里的模块集合。包的名字就是文件夹的名字。我们需要做的是告诉 Python 这个文件夹是一个包，并且把一个名为 __init__.py 的文件（通常是空的）放在这个文件夹里，如图 1-40 所示。包是一种管理 Python 模块命名空间的形式，采用“点模块名称”。比如一个模块的名称是 package_a.module_a1，那么它表示一个包 package_a 中的子模块 module_a1。

```
package_a
|---- __init__.py
|---- module_a1.py
|---- module_a2.py
|____ ...
```

图 1-40　包与模块的结构图

【例 1-72】一种可能的包结构（在分层的文件系统中）

```
sound                          # 顶层包
    __init__.py                # 初始化sound包
formats                        # 文件格式转换子包
    __init__.py
    wavread.py
    wavwrite.py
    aiffread.py
    aiffwrite.py
    auread.py
    auwrite.py
    ...
effects                        # 声音效果子包
    __init__.py
    echo.py
    surround.py
    reverse.py
    ...
filters                        # filters子包
    __init__.py
    equalizer.py
    vocoder.py
    karaoke.py
    ...
```

1. 包的导入

在导入一个包的时候，Python 会根据 sys.path 中的目录来寻找这个包中包含的子目录。目录只有包含一个名为 __init__.py 的文件才会被认作一个包，主要是为了避免一些常见的名字（比如 string）不小心影响了搜索路径中的有效模块。最简单的情况，放一个空的 :file:__init__.py 就可以了。当然，这个文件中也可以包含一些初始化代码，或者为（将在后面介绍的）__all__ 变量赋值。

【例 1-73】导入一个包中的特定模块

```
import sound.effects.echo
```

这将会导入子模块 :sound.effects.echo，其必须使用全名去访问。

【例 1-74】使用全名访问

```
sound.effects.echo.echofilter(input, output, delay=0.7, atten=4)
```

【例 1-75】导入子模块

```
from sound.effects import echo
```

这同样会导入子模块 :echo，并且它不需要那些冗长的前缀。

【例 1-76】导入子模块 :echo

```
echo.echofilter(input, output, delay=0.7, atten=4)
```

【例 1-77】直接导入一个函数或者变量

```
from sound.effects.echo import echofilter
```

同样，这种方法会导入子模块 :echo，并且可以直接使用它的 echofilter() 函数。

【例 1-78】导入子模块 :echo 并使用 echofilter() 函数

```
echofilter(input, output, delay=0.7, atten=4)
```

注意 当使用 from package import item 这种形式的时候，对应的 item 既可以是包里面的子模块（子包），也可以是包里面定义的其他名称，比如函数、类或者变量。

import 语法会首先把 item 当作一个包定义的名称，如果没找到，再试图按照一个模块去导入，如果还没找到，那么便会抛出一个 :exc:ImportError 异常。反之，如果使用形如 import item.subitem.subsubitem 的导入形式，那么除了最后一项，其余项都必须是包，而最后一项则可以是模块或者包，但不可以是类、函数或者变量的名字。

2. 导入包中所有子模块

Python 会进入文件系统，找到这个包里面所有的子模块，并把它们都导入进来。

注意 导入语句遵循如下规则：如果包定义文件 __init__.py 存在一个名为 __all__ 的列表变量，那么在使用 from package import * 时就会把这个列表中的所有名字作为包内容导入。

【例 1-79】file:sounds/effects/__init__.py 中包含的代码

```
__all__ = ["echo", "surround", "reverse"]
```

这表示当使用 from sound.effects import * 这种语法时，只会导入包中的这三个子模块。如果 __all__ 真的没有定义，那么使用 from sound.effects import * 这种语法的时候，就不会导入包 sound.effects 里的任何子模块。它只是把包 sound.effects 和它里面定义的所有内容导入进来（可能运行 __init__.py 里定义的初始化代码）。这会把 __init__.py 里面定义的所有名字都导入进来，并且它不会破坏我们在这句话之前导入的所有明确指定的模块。

【例 1-80】包的导入

```
import sound.effects.echo
import sound.effects.surround
from sound.effects import *
```

这个例子中，在执行 from...import 前，包 sound.effects 中的 echo 和 surround 模块都被导入当前的命名空间中了。通常我们并不主张使用 * 这种方法来导入模块，因为这种方法经常会导致代码的可读性降低，不过这样导入的确可以省去不少敲代码的功夫。

注意 使用 from Package import specific_submodule 这种方法永远不会有错。事实上，这也是一般推荐使用的方法，除非你要导入的子模块有可能和其他包的子模块重名。如果在结构中包是一个子包（比如在这个例子中，对于包 sound 来说），而你又想导入兄弟包（同级别的包），那么你就需要使用绝对的路径来实现导入。比如，如果模块 sound.filters.vocoder 要使用包 sound.effects 中的模块 echo，那么你就要写成 from sound.effects import echo。

【例 1-81】from...import 应用

```
from . import echo
from .. import formats
from .. filters import equalizer
```

无论是隐式的还是显式的相对导入，都是从当前模块开始的。主模块的名字永远是 __main__，一个 Python 应用程序的主模块应当总是使用绝对路径引用。包还提供一个额外的属性 __path__。这是一个目录列表，里面每一个包含的目录都有为这个包服务的 __init__.py，需要在其他 __init__.py 被执行前定义。可以修改这个变量，以影响包含在包里面的模块和子包。这个功能并不常用，一般可用来扩展包中的模块。

1.8　文件的读写操作

文件读写就是一种常见的 I/O 操作，所以在学习读写操作之前，我们先了解一下 I/O 操作。

1. I/O 操作概述

I/O 在计算机中是指 Input/Output，也就是 Stream（流）的输入和输出。这里的输入和输出是相对于内存来说的，Input Stream（输入流）是指数据从外（磁盘、网络）流进内存，Output Stream（输出流）则是指数据从内存流到外面（磁盘、网络）。程序运行时，数据都在内存中驻留，并由 CPU 这个超快的计算核心来执行，涉及数据交换的地方（通常是磁盘、网络操作）就需要 I/O 接口。

I/O 接口是由操作系统提供的。操作系统屏蔽了底层硬件，向上提供通用接口。因此，操作 I/O 的能力也是由操作系统提供的，每一种编程语言都会把操作系统提供的低级 C 接口封装起来供开发者使用，Python 也是如此。

2. 文件读写实现原理

通过上文的描述，我们知道了文件读写就是一种常见的 I/O 操作，那么可以推断 Python 也会封装操作系统的底层接口，以直接提供文件读写相关的操作方法。

我们要操作的对象是什么呢？我们又如何获取要操作的对象呢？

1）由于操作 I/O 的能力是由操作系统提供的，且现代操作系统不允许普通程序直接操作磁盘，所以读写文件时需要请求操作系统打开一个对象（通常被称为文件描述符，即 file descriptor，简称 fd），这就是我们要在程序中操作的文件对象。

2）通常高级编程语言中会提供一个内置的函数，通过接收“文件路径”以及“文件打开模式”等参数来打开一个文件对象，并返回该文件对象的文件描述符。因此，通过这个函数我们就可以获取要操作的文件对象了。这个内置函数在 Python 中叫 open()。

1.8.1 文件读写步骤与打开模式

1. 文件读写操作步骤

不同编程语言读写文件的操作步骤大体都是一样的，分为以下几个步骤：

1）打开文件，获取文件描述符；

2）操作文件描述符——读 / 写；

3）关闭文件。

然而，不同的编程语言提供的读写文件的 API 是不一样的，有些提供的功能比较丰富，有些则比较简单。

注意 文件读写操作完成后，应该及时关闭。一方面，文件对象会占用操作系统的资源；另一方面，操作系统对同一时间能打开的文件描述符的数量是有限制的，在 Linux 操作系统上可以通过 ulimit -n 来查看这个显示数量。如果不及时关闭文件，还可能会造成数据丢失。因为将数据写入文件时，操作系统不会立刻把数据写入磁盘，而是先把数据放到内存缓冲区异步写入磁盘。当调用 close 方法时，操作系统会保证把没有写入磁盘的数据全部写到磁盘上，否则可能会丢失数据。

---

2. 文件打开模式介绍

我们先来看一下通过 Python、PHP 和 C 语言打开文件的函数定义。

Python：

```
open(name[, mode[, buffering]])# Python3
open(file, mode='r', buffering=-1, encoding=None, errors=None, newline=None,
    closefd=True, opener=None)
```

PHP：

```
resource fopen ( string $filename , string $mode [, bool $use_include_path =
    false [, resource $context ]] )
```

C：

```
int open(const char * pathname, int flags);
```

在上面 3 种编程语言内置的打开文件的方法所接收的参数中，除了都包含一个“文件路径名称”外，还会包含一个 mode 参数（与 C 语言的 open 函数中的 flags 参数作用相似）。这个 mode 参数定义的是打开文件时的模式，常见的文件打开模式有：只读、只写、可读可写、只追加。

例如，我们来读取这样一个已有的文本文件：song.txt。该文件的字符编码为 utf-8。具体操作如下例所示。

【例 1-82】Python 文件操作步骤示例

```
# 第一步：（以只读模式）打开文件
f = open('song.txt', 'r', encoding='utf-8')
# 第二步：读取文件内容
```

```
print(f.read())
# 第三步：关闭文件
f.close()
```

不同编程语言中对文件打开模式的定义有些微小的差别，我们来看一下Python中的文件打开模式，如表1-9所示。

表1-9 文件打开模式

文件打开模式	描述
r	以只读模式打开文件，并将文件指针指向文件头；如果文件不存在则会报错
w	以只写模式打开文件，并将文件指针指向文件头；如果文件存在则将其内容清空，如果文件不存在则创建新文件
a	以只追加可写模式打开文件，并将文件指针指向文件尾部；如果文件不存在则创建新文件
r+	在r的基础上增加了可写功能
w+	在w的基础上增加了可读功能
a+	在a的基础上增加了可读功能
b	对于非文本文件，我们只能使用b模式，“b”表示以字节的方式操作读写。通常需要与上面几种模式搭配使用，如rb(r+b)、wb(w+b)和ab(a+b)

【思考1】r+、w+和a+都可以实现对文件的读写，那么它们有什么区别呢？

1）r+会覆盖当前文件指针所在位置的字符，如原来文件内容是“Hello，World”，打开文件后写入“hi”则文件内容会变成“hillo, World”。

2）w+与r+的不同是，w+在打开文件时就会先将文件内容清空。

3）a+与r+的不同是，a+只能写到文件末尾，如表1-10所示。

表1-10 r+、w+与a+的模式对比

描述	r+	w+	a+
当前文件不存在时	抛出异常	创建文件	创建文件
打开后原文件内容	保留	清空	保留
初始位置	0	0	文件尾
写入位置	标记位置	标记位置	写入时默认跳至文件尾

【思考2】为什么要定义这些模式呢？为什么不能像我们用word打开一篇文档一样既可以读，又可以写，还可修改呢？

主要有两种观点：

1）跟安全有关，有这种观点的大部分是做运维的读者，他们认为这就像Linux上的rwx（读、写、执行）权限。

2）跟操作系统内核管理I/O的机制有关，有这种观点的大部分是做C语言开发的读者，特别是与内核相关的开发人员。为了提高读写速度，要写入磁盘的数据会先放进内存缓冲区，之后再回写。由于可能会同时打开很多文件，因此当回写数据时，需要遍历已打开的文件从而判断是否需要回写。他们认为如果打开文件时指定了读写模式，那么需要回写时，只要去查找以“可写模式”打开的文件就可以了。

1.8.2 文件的基本操作

1. 打开文件

Python open() 方法用于打开一个文件，并返回文件对象，在对文件进行处理的过程中都需要使用到这个函数，如果该文件无法被打开，则会抛出 OSError。

注意，使用 open() 方法一定要保证使用文件后关闭文件对象，即调用 close() 方法。

【例 1-83】open() 函数的常用形式是接收两个参数：文件名（file）和模式（mode）

```
open(file, mode='r')
```

完整的语法格式为：

```
open(file, mode='r', buffering=-1, encoding=None, errors=None, newline=None,
    closefd=True, opener=None)
```

参数说明：

- file：必需，文件路径（相对或者绝对路径）。
- mode：可选，文件打开模式，详情如表 1-11 所示。
- buffering：设置缓冲。
- encoding：一般使用 utf8。
- errors：报错级别。
- newline：区分换行符。
- closefd：传入的 file 参数类型。

表 1-11 open() 的 mode 模式

模 式	描 述
t	文本模式（默认）
x	新建一个文件并且可以写入，如果该文件已存在则会报错
b	二进制模式
+	打开一个文件进行更新（可读可写）
U	通用换行模式（不推荐）
r	以只读方式打开文件，文件指针将会放在文件的开头；这是默认模式
rb	以二进制格式打开一个文件用于只读，文件指针将会放在文件的开头；这是默认模式；一般用于非文本文件（如图片等）
r+	打开一个文件用于读写，文件指针将会放在文件的开头
rb+	以二进制格式打开一个文件用于读写，文件指针将会放在文件的开头；一般用于非文本文件（如图片等）
w	打开一个文件只用于写入；如果该文件已存在，则打开文件并从开头开始编辑，即原有内容会被删除；如果该文件不存在，则创建新文件

（续）

模　式	描　　述
wb	以二进制格式打开一个文件只用于写入；如果该文件已存在，则打开文件并从开头开始编辑，即原有内容会被删除；如果该文件不存在，则创建新文件；一般用于非文本文件（如图片等）
w+	打开一个文件用于读写；如果该文件已存在，则打开文件并从开头开始编辑，即原有内容会被删除；如果该文件不存在，则创建新文件
wb+	以二进制格式打开一个文件用于读写；如果该文件已存在，则打开文件并从开头开始编辑，即原有内容会被删除；如果该文件不存在，则创建新文件；一般用于非文本文件（如图片等）
a	打开一个文件用于追加；如果该文件已存在，文件指针将会放在文件的结尾，也就是说，新的内容将会写入已有内容之后；如果该文件不存在，则创建新文件进行写入
ab	以二进制格式打开一个文件用于追加；如果该文件已存在，文件指针将会放在文件的结尾，也就是说，新的内容将会写入已有内容之后；如果该文件不存在，则创建新文件进行写入
a+	打开一个文件用于读写；如果该文件已存在，文件指针将会放在文件的结尾，文件打开时会是追加模式；如果该文件不存在，则创建新文件用于读写
ab+	以二进制格式打开一个文件用于追加；如果该文件已存在，文件指针将会放在文件的结尾；如果该文件不存在，则创建新文件用于读写

2. 文件对象

Python 中的文件对象 file 使用 open 函数来创建，表 1-12 列出了 file 对象常用的函数。

表 1-12　file 对象常用的函数

序　号	方法及描述
1	file.close()：关闭文件，关闭后文件不能再进行读写操作
2	file.flush()：刷新文件内部缓冲，直接把内部缓冲区的数据立刻写入文件，而不是被动地等待输出缓冲区写入
3	file.fileno()：返回一个整型的文件描述符（file descriptor FD 整型），可以用在如 os 模块的 read 方法等一些底层操作上
4	file.isatty()：如果文件连接到一个终端设备则返回 True，否则返回 False
5	file.next()：返回文件下一行
6	file.read([size])：从文件读取指定的字节数，如果未给定或为负则读取所有
7	file.readline([size])：读取整行，包括“\n”字符
8	file.readlines([sizeint])：读取所有行并返回列表，若给定 sizeint>0，返回总和大约为 sizeint 字节的行，实际读取值可能比 sizeint 大，因为需要填充缓冲区
9	file.seek(offset[, whence])：设置文件当前位置
10	file.tell()：返回文件当前位置
11	file.truncate([size])：从文件的首行首字符开始截断，截断文件为 size 个字符，无 size 表示从当前位置截断；截断之后，后面的所有字符被删除，其中 Windows 系统下的换行代表 2 个字符大小
12	file.write(str)：将字符串写入文件，返回的是写入的字符长度
13	file.writelines(sequence)：向文件写入一个序列字符串列表，如果需要换行则要自己加入每行的换行符

3. 读取文件

我们知道，对文件的读取操作需要将文件中的数据加载到内存中，而上面所用到的 read() 方法会一次性把文件中的所有内容全部加载到内存中。这明显是不合理的，当遇到一个几 G 的文件时，必然会耗光机器的内存。这里介绍一下 Python 中读取文件的四种方法，如表 1-13 所示。

表 1-13 Python 中读取文件的相关方法

方 法	描 述
read()	一次读取文件所有内容，返回一个 str
read(size)	每次最多读取指定长度的内容，返回一个 str；在 Python2 中 size 指定的是字节长度，在 Python3 中 size 指定的是字符长度
readlines()	一次读取文件所有内容，按行返回一个 list
readline()	每次只读取一行内容

我们来读取这样一个文本文件：song.txt，该文件的字符编码为 utf-8，内容如下。

```
匆匆那年我们 究竟说了几遍 再见之后再拖延
可惜谁有没有 爱过不是一场 七情上面的雄辩
匆匆那年我们 一时匆忙撂下 难以承受的诺言
只有等别人兑现
```

下面的例子，都是基于上面的 song.txt 文件。

【例 1-84】读取指定长度的内容

Python3：

```
with open('song.txt', 'r', encoding='utf-8') as f:
    print(f.read(12))
```

输出结果：

```
匆匆那年我们 究竟说
```

说明 Python3 中 read(size) 方法的 size 参数指定的是要读取的字符数，这与文件的字符编码无关，就是返回 12 个字符。

【例 1-85】读取文件中的一行内容

Python2：

```
with open('song.txt', 'r', encoding='utf-8') as f:
    print(f.readline())
```

Python3：

```
with open('song.txt', 'r') as f:
    print(f.readline().decode('utf-8'))
```

输出结果均为：

```
匆匆那年我们 究竟说了几遍 再见之后再拖延
```

【例 1-86】遍历打印一个文件中的每一行

这里我们只以 Python3 来进行实例操作，Python2 仅是需要在读取到内容后进行手动解码而已，上面已经有示例。

方式一：先一次性读取所有行到内存，然后再遍历打印。

```
with open('song.txt', 'r', encoding='utf-8') as f:
    for line in f.readlines():
        print(line)
```

输出结果：

```
匆匆那年我们 究竟说了几遍 再见之后再拖延

可惜谁有没有 爱过不是一场 七情上面的雄辩

匆匆那年我们 一时匆忙撂下 难以承受的诺言

只有等别人兑现
```

这种方式的缺点与 read() 方法是一样的，都会消耗大量的内存空间。

方式二：通过迭代器一行一行地读取并打印。

```
with open('song.txt', 'r', encoding='utf-8', newline='') as f:
    for line in f:
        print(line)
```

输出结果：

```
匆匆那年我们 究竟说了几遍 再见之后再拖延

可惜谁有没有 爱过不是一场 七情上面的雄辩

匆匆那年我们 一时匆忙撂下 难以承受的诺言

只有等别人兑现
```

另外，我们发现上面的输出结果中行与行之间多了一个空行，这是因为文件每一行的末尾都有换行符，而 print() 方法也会输出换行。去掉空行比较简单：可以用 line.rstrip() 去除字符串右边的换行符，也可以通过 print(line, end='') 避免 print 方法造成的换行。

文件对象 file 类的其他方法如表 1-14 所示。

表 1-14 file 类的其他方法

方 法	描 述
flush()	刷新缓冲区数据，将缓冲区中的数据立刻写入文件
next()	返回文件下一行，这个方法也是 file 对象实例可以被当作迭代器使用的原因

（续）

方 法	描 述
truncate([size])	截取文件中指定字节数的内容，并覆盖保存到文件内，如果不指定 size 参数则文件将被清空；Python2 无返回值，Python3 返回新文件的内容字节数
write(str)	将字符串写入文件，没有返回值
writelines(sequence)	向文件写入一个字符串或一个字符串列表，如果字符串列表中的元素需要换行，则要自己加入换行符
fileno()	返回一个整型的文件描述符，可以用在一些底层 I/O 操作上（如 os 模块的 read 方法）
isatty()	判断文件是否被连接到一个虚拟终端，是则返回 True，否则返回 False

1.8.3 文件写入操作

1. 读取键盘输入的 input() 方法

Python 提供的 input() 方法从标准输入（键盘）读入一行文本。input 可以接收一个 Python 表达式作为输入，并将运算结果返回，示例如下。

【例 1-87】读取键盘输入的内容

```
#!/usr/bin/python3
str = input("请输入: "/n);print ("你输入的内容是: ", str)
```

如输入 xx 则会产生如下的对应结果：

```
请输入: xx
你输入的内容是:  xx
```

2. write() 方法

write() 方法用于向文件中写入指定字符串。write() 方法的语法如下：

```
fileObject.write( [ str ])     # 参数str为要写入文件的字符串
```

关于 write() 方法的使用示例如下所示。

【例 1-88】将字符串写入文件 foo.txt 中

```
#!/usr/bin/python3
# 打开一个文件
f = open("/tmp/foo.txt", "w")
f.write( "Python是一个非常好的语言。\n是的，的确非常好!!\n" )
# 关闭打开的文件
f.close()
```

注意 open 函数的第一个参数表示文件名和路径，第二个参数 mode 描述文件的打开模式。mode 可以是“r”，表示文件只读，“r”是默认值。“w”只用于写；“a”用于追加文件内容，所写的任何数据都会被自动增加到末尾；“r+”同时用于读写。

此时打开文件 foo.txt，显示如下：

```
$ cat /tmp/foo.txt
Python是一个非常好的语言。
是的，的确非常好!!
```

如果要写入一些不是字符串的东西，那么需要先进行转换。

【例 1-89】转换字符后写入文件

```
#!/usr/bin/python3
# 打开一个文件
f = open("/tmp/foo1.txt", "w")
value = ('www.runoob.com', 14)
s = str(value)
f.write(s)

# 关闭打开的文件
f.close()
```

执行以上程序，打开 foo1.txt 文件：

```
$ cat /tmp/foo1.txt
 ('www.runoob.com', 14)
```

1.9　面向对象

Python 从设计之初就已经是一门面向对象的语言，正因为如此，在 Python 中创建一个类和对象是很容易的。本节我们将详细介绍 Python 的面向对象编程。如果你以前没有接触过面向对象的编程语言，那你可能需要先了解一些面向对象的编程语言的基本特征，在头脑中形成一个基本的面向对象的概念，这样有助于你学习 Python 的面向对象编程。

1. 面向对象编程

面向对象编程（Object Oriented Programing，OOP）是一种编程范式，而编程范式是按照不同的编程特点总结出来的编程方式。面向对象编程的步骤如下：

1）把构成问题的事务分解、抽象成各个对象；

2）结合这些对象的共有属性，抽象出类；

3）类层次化结构设计——继承和合成；

4）用类和实例进行设计和实现，从而解决问题。

2. 面向对象编程的特点

通过三个特点实现软件工程的 3 个目标：重用性、扩展性、灵活性。

1）**封装**：将对象的属性和行为封装起来，不需要让外界知道具体实现细节，使代码模块化，实现软件工程的重用性。

2）**继承**：主要描述的是类与类之间的关系，通过继承，可以在无须重新编写原有类的情况下，对原有类的功能进行扩展，实现软件工程的扩展性。

3）**多态**：指的是在程序中允许重名现象，即在一个类中定义的属性和方法被其他类继承后，它们可以具有不同的数据类型或表现出不同的行为，这使得同一个属性和方法在不同的类中具有不同的语义，实现软件工程的灵活性。

3. 面向对象的基本概念

1）**类**：用来描述具有相同的属性和方法的对象的集合，它定义了该集合中每个对象所共有的属性和方法，对象是类的实例。

2）**方法**：类中定义的函数。

3）**类变量**：类变量在整个实例化的对象中是公用的，它定义在类中且在函数体之外，通常不作为实例变量使用。

4）**数据成员**：类变量或者实例变量用于处理类及其实例对象的相关的数据。

5）**方法重写**：如果从父类继承的方法不能满足子类的需求，那么可以对其进行改写，这个过程叫作方法的覆盖（override），也称为方法的重写。

6）**局部变量**：定义在方法中的变量，只作用于当前实例的类。

7）**实例变量**：在类的声明中，属性是用变量来表示的，这种变量被称为实例变量，是在类声明的内部、类的其他成员方法之外声明的。

8）**继承**：一个派生类（derived class）继承基类（base class）的属性和方法，继承也允许把一个派生类的对象作为一个基类对象对待。

9）**实例化**：创建一个类的实例，类的具体对象。

10）**对象**：通过类定义的数据结构实例；其包括两个数据成员（类变量和实例变量）和方法。

1.9.1 类和对象

面向对象的思想中提出了两个概念，即类和对象。类是对某一类事物的抽象描述，是一种抽象的数据类型，一种模板。而对象用于表示现实中该类事物的个体，也就是具体化了类的描述。它们的关系是，对象是类的具体实例，类是对象的模板。对象根据类创建，一个类可以创建多个对象。比如定义了一个学生类，那么通过类创建出来的小明、小王就叫对象。

1. 类的定义

在 Python 中使用 class 关键字定义一个类，类的主体由属性（变量）和方法（函数）组成。首先，通过定义一个学生类来学习一下 Python 类的定义方法。

【例 1-90】用 Python 定义一个学生类

```
# -*- coding:utf-8 -*-
# 类的创建
class Student(object):
    count = 0                          # 类属性

    def __init__(self, name, age):     # __init__为类的构造函数
        self.name = name               # 实例属性
        self.age = age                 # 实例属性
```

```
    def output(self):                    # 实例方法
        print self.name
        print self.age
```

上述例子中 Student 是类名，__init__() 函数是构造函数，count、name、age 是类中定义的属性，output(self) 是类中定义的方法。

2. 对象的创建和使用

定义完 Student 类之后，就可以创建对象。一个对象被创建后，会包含 3 个方面的特性：对象的句柄、属性和方法。对象的句柄用于区分不同的对象，当对象被创建后，该对象会获取一块存储空间，存储空间的地址即为对象的标识。Python 创建对象的方法是通过类名加圆括号的方式。

【例 1-91】Student 类的实例化

```
#类的创建
class Student(object):
    count = 0                            # 类属性

    def __init__(self, name, age):       # __init__为类的构造函数
        self.name = name                 # 实例属性
        self.age = age                   # 实例属性

    def output(self):                    # 实例方法
        print self.name
        print self.age

if __name__ == '__main__':
    stu1 = Student('Zhangsan',18)        # 使用Student类对象stu1
    print "stu1.name = %s" % (stu1.name,) # 输出stu1.name = Zhangsan
    print "stu1.age = %d" % (stu1.age,)  # 输出stu1.age = 18
    stu1.output()                        # 利用对象stu1调用output方法
```

实例化对象之后，就可以通过对象直接调用对象的属性和方法。但需要注意的是，对象调用方法时，不需要给参数 self 赋值，self 参数用于表示指向实例对象本身。上述的例子中仅介绍了类的基本实例属性和实例方法的定义，实际上实例变量还区分私有属性和公有属性，还有类变量等概念。同时类中的方法还包括静态方法、类方法。

3. 类属性和实例属性

类的属性是对数据的封装，类中定义的属性包括实例属性、类属性两种。上述例 1-91 中 count 变量属于类属性，name、age 属于实例属性。类变量可以在该类的所有实例中被共享。二者在定义和使用上的区别主要如下：

1）类属性定义在类中，实例属性通常定义在构造函数 __init__ 内。

```
class Student(object):
    count = 0                            # 类属性

    def __init__(self, name, age):       # __init__为类的构造函数
        self.name = name                 # 实例属性
        self.age = age                   # 实例属性
```

2）类属性属于类本身，可以通过类名进行访问 / 修改。

```
# 类的创建
class Student(object):
    count = 0    # 类属性

if __name__ == '__main__':
    Student.count = 100
    print "Student.count = %d" % (Student.count,) # 输出Student.count = 100
```

3）类属性也可以被类的所有实例访问 / 修改。

```
# -*- coding:utf-8 -*-
# 类的创建
class Student(object):
    count = 0                                   # 类属性

    def __init__(self, name, age):              # __init__为类的构造函数
        self.name = name                        # 实例属性
        self.age = age                          # 实例属性

if __name__ == '__main__':
    stu1 = Student('Zhangsan',18)               # 使用Student类对象stu1
    stu1.count = 100
    print "stu1.count = %s" % (stu1.count,)     # 对象stu1获取类属性，stu1.count = 100
```

4）实例属性只能通过实例访问。

```
# -*- coding:utf-8 -*-

# 类的创建
class Student(object):
    count = 0                                   # 类属性

    def __init__(self, name, age):              #__init__为类的构造函数
        self.name = name                        # 实例属性
        self.age = age                          # 实例属性

if __name__ == '__main__':
    stu1 = Student('Zhangsan',18)               # 使用Student类对象stu1
    print "stu1.age = %d" % (stu1.age,)         # 利用stu1获取实例属性，stu1.age = 18
    #print "Student.age = %d" % (Student.age,) # 报错，不能通过类直接访问实例属性
```

5）当类属性与实例属性名称相同时，如果一个实例访问这个属性，那么实例属性会覆盖类属性，而当类访问时则不会。

```
# -*- coding:utf-8 -*-

# 类的创建
class Student(object):
    name = "Xiaoming"                           # 类属性

    def __init__(self, name, age):              # __init__为类的构造函数
        self.name = name                        # 实例属性
        self.age = age                          # 实例属性
```

```
if __name__ == '__main__':
    stu1 = Student('Zhangsan',18)                     # 使用Student类对象stu1
    print "stu1.name = %s" % (stu1.name,)             # 输出Zhangsan
    print "Student.name = %s" % (Student.name,)       # 输出Xiaoming
```

4. 实例方法、类方法和静态方法

自定义的一个类中，可能出现三种方法，即实例方法、静态方法和类方法，下面来看一下三种方法的定义和使用区别。

（1）实例方法

实例方法的第一个参数必须是“self”，实例方法只能通过对象调用。

```
# -*- coding:utf-8 -*-

# 类的创建
class Student(object):
    count = 0                                         # 类属性

    def __init__(self, name, age):                    # __init__为类的构造函数
        self.name = name                              # 实例属性
        self.age = age                                # 实例属性

    def output(self):                                 # 实例方法
        print self.name, self.age

if __name__ == '__main__':
    stu1 = Student('Zhangsan',18)                     # 使用Student类对象stu1
    stu1.output()                                     # 利用对象stu1调用output方法
```

其中，output() 方法即为实例方法，必须带一个参数 self，调用时不必给该参数赋值。

（2）类方法

类方法是将类本身作为操作对象的方法。类方法可以使用函数 classmethod() 或 @classmethod 修饰器定义。与实例方法不同的是，其将类作为第一个参数（cls）传递。类方法可以通过类名调用，也可以通过对象调用。代码如下：

```
# -*- coding:utf-8 -*-

# 类的创建
class Student(object):
    count = 0                                         # 类属性

    def __init__(self, name, age):                    # __init__为类的构造函数
        self.name = name                              # 实例属性
        self.age = age                                # 实例属性

    @classmethod                  # 方法一，定义类方法，调用类变量，getPrice中不带self参数
    def getCount(cls):
print cls.count

    def getCount2(cls):
        print cls.count
```

```
    tran_getCount2 = classmethod(getCount2)     # 方法二，定义类方法，调用类变量

if __name__ == '__main__':
    Student.getCount()                          # 使用类名直接调用类方法
    stu1 = Student('Zhangsan',18)               # 使用Student类对象stu1
    stu1.getCount() # 利用对象stu1调用类方法
```

可见，类方法的使用和静态方法十分相似。如果某个方法需要被其他实例共享，同时又需要使用当前实例的属性，则定义为类方法。

（3）静态方法

静态方法使用函数 classmethod() 或 @classmethod 修饰器定义。定义和使用方式如下：

```
# -*- coding:utf-8 -*-

# 类的创建
class Student(object):
    count = 0                                   # 类属性

    def __init__(self, name, age):              # __init__为类的构造函数
        self.name = name                        # 实例属性
        self.age = age                          # 实例属性

    @staticmethod                # 方法一，定义类方法，调用类变量，getPrice中不带self参数
    def getCount():
        print Student.count

    def getCount2():
        print Student.count
    tran_getCount2 = staticmethod(getCount2)    # 方法二，定义类方法，调用类变量

if __name__ == '__main__':
    Student.getCount()                          # 使用类名直接调用静态方法
    stu1 = Student('Zhangsan',18)               # 使用Student类对象stu1
    stu1.getCount()                             # 利用对象stu1调用静态方法
```

这三种方法的主要区别在于参数，实例方法被绑定到一个实例，只能通过实例进行调用；但是对于静态方法和类方法，则可以通过类名和对象两种方式进行调用。

1.9.2 封装性

所谓类的封装是指在定义一个类时，将类中的属性私有化，私有属性只能在它所在的类中被访问。为了能让外界访问私有属性，可以设置公共接口去获取或者修改属性值。

在例 1-90 进行 Student 类设计时，需要对 age、name 属性做一些访问限定，不允许外界随便访问。这就需要实现类的封装。我们通过修改如下代码来实现对 Student 类的封装。

```
# -*- coding:utf-8 -*-

# 类的创建
class Student(object):

    def __init__(self):
```

```
            self.__name = ""
            self.__age = 0

        def setName(self, name):
            self.__name = name

        def setAge(self, age):
            if (age > 0):
                self.__age = age
            else:
                print "input age invalid"

        def getName(self):
            return self.__name

        def getAge(self):
            return self.__age
    if __name__ == '__main__':
        stu1 = Student()
        stu1.setName("Zhangsan")
        stu1.setAge(-1)
        print "stu1.getName() = %s" % (stu1.getName(),)
        print "stu1.getAge() = %d" % (stu1.getAge(),)
```

针对上述代码，这里给出相关说明。

1）name、age 定义实例的私有属性。Python 没有类似 Java 中的 private、procoted、public 的修饰符去区分实例私有属性和实例公有属性，而是通过观察在属性的名字前是否存在两个下划线作为开头，如果存在双下划线则表示其为私有属性；反之，则表示公有属性。

2）setName()、setAge() 方法用于设置属性的值，可以在函数里增加逻辑以对输入的参数进行判断。getName()、getAge() 方法作为外部接口，用于获取属性的值。这样就实现了对属性操作的封装。

1.9.3　继承性

程序中的继承是描述事物之间的所属关系，例如猫和狗都属于动物，程序中便可以描述为猫和狗继承自动物；同理，波斯猫和巴厘猫都继承自猫，而沙皮狗和斑点狗都继承自狗，如图 1-41 所示。子类可以继承父类的公共属性和公共方法，父类中私有的属性和方法不能被继承。

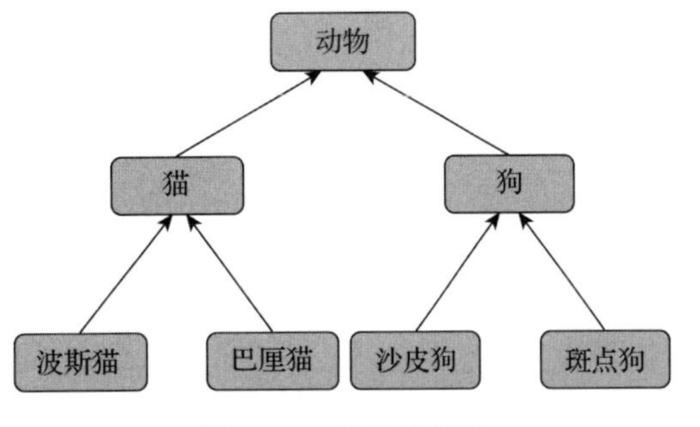

图 1-41　继承示例图

继承是面向对象的重要特性之一。通过继承可以创建新类，目的是使用或修改现有类的行为。原始的类称为父类或超类，新类称为子类或派生类。继承可以实现代码的重用。Python 在类名后使用一对括号表示继承的关系，括号中的类即为父类。如果父类定义了 __init__ 方法，那么子类必须显示调用父类的 __init__ 方法。如果子类需要扩展父类的行为，那么可以添加 __init__ 方法的参数。下面这段代码演示了继承的实现。

```
# -*- coding:utf-8 -*-

# 类的创建
class Fruit(object):
    def __init__(self, color):                          # __init__为类的构造函数
        self.color = color                              # 实例属性
        print "Fruit's color = %s " % (self.color,)

    def grow(self):
        print "Fruit grow()"

class Apple(Fruit):                                     # 继承自Fruit类
    def __init__(self, color, name):                    # 子类的构造函数
        Fruit.__init__(self, color)                     # 显式调用父类的构造函数
        print "Apple's color = %s " % (self.color,)
        self.name = name                                # 新增属性

    def sale(self):
        print "Apple sale()"                            # 改写父类中的grow方法

class Banana(Fruit):                                    # 继承自Fruit类
    def __init__(self, color):                          # 子类的构造函数
        Fruit.__init__(self, color)                     # 显式调用父类的构造函数

    def grow(self):                                     # 新增方法
        print "Banana grow()"

if __name__ == '__main__':
    apple = Apple('red', 'apple')
    apple.grow()                                        # 继承父类的grow方法，可以直接调用
    apple.sale()
    banana = Banana('yellow')
banana.grow()
```

上述代码中的 Apple 类通过继承 Fruit 类而自动拥有了 color 属性和 grow() 方法。通过继承的方式，可以减少代码的重复编写。

1.9.4 多态性

继承机制说明子类具有父类的公有属性和方法，而且子类可以扩展自身的功能，添加新的属性和方法。因此，子类可以替代父类对象，这种特性称为多态性。Python 的动态类型决定了 Python 的多态性。下面展示多态性的代码。

```
# -*- coding:utf-8 -*-

# 类的创建
class Fruit(object):
    def __init__(self, color=None):                     # __init__为类的构造函数
        self.color = color                              # 实例属性

class Apple(Fruit):                                     # 继承自Fruit类
    def __init__(self, color='red'):                    # 子类的构造函数
        Fruit.__init__(self, color)                     # 显式调用父类的构造函数

class Banana(Fruit):                                    # 继承自Fruit类
    def __init__(self, color='yellow'):                 # 子类的构造函数
```

```
        Fruit.__init__(self, color)        # 显式调用父类的构造函数

class Fruitshop(object):
    def sellFruit(self, fruit):
        if isinstance(fruit, Apple):
            print "sell apple"
        if isinstance(fruit, Banana):
            print "sell apple"
        if isinstance(fruit, Fruit):
            print "sell Fruit"
if __name__ == '__main__':
    shop = Fruitshop()
    apple = Apple()
    banana = Banana()
    shop.sellFruit(apple)
    shop.sellFruit(banana)
```

输出结果如下：

```
sell apple
sell Fruit
sell apple
sell Fruit
```

在 Fruitshop 类中定义了 sellFruit() 方法，该方法提供参数 fruit。sellFruit() 根据不同的水果类型返回不同的结果，实现了一种调用方式不同的执行结果；这就是多态。利用多态性，可以增加程序的灵活性和可扩展性。

1.10　本章小结

本章首先讲解了 Python 和 PyCharm 的安装配置；在基础语法中介绍了第一个 Python 程序和命名规范、代码缩进、代码注释和输出等；然后对字符串及其运算符、Python 内置函数进行了介绍；在数据结构中对列表、元组、集合、字典四种结构进行了详细说明；通过实例对控制语句中的条件表达式、选择结构、循环结构进行了描述。在 1.7.1 节，我们了解到函数分治法和模块化设计的基本思路，这样有利于将复杂问题简单化。最后讲述了文件的读写操作和 Python 面向对象的基础知识。

练习题

1. 执行 python 脚本的两种方式。
2. 简述 Python 中的位与字节的关系。
3. Python 单行注释和多行注释分别用什么？
4. 阅读以下代码，请写出执行结果。

   a = "gouguoqi"

   b = a.capitalize()

   print (a)

   print (b)

Chapter 2 第2章

爬虫原理和网络基础

根据We Are Social和Hootsuite的2018年全球数字新报告，全球互联网用户数量超过40亿，比2017年增长7%。人们正在以前所未有的速度转向互联网，我们在互联网上所做的很多行为产生了大量的“用户数据”，比如微博、购买记录等。互联网成了海量信息的载体；互联网目前是分析市场趋势、监视竞争对手或者获取销售线索的最佳场所，数据采集以及分析能力已成为驱动业务决策的关键技能。如何有效地提取并利用这些信息成了一个巨大的挑战，而网络爬虫是一种很好的自动采集数据的通用手段。本章将会对爬虫的类型、爬虫的抓取策略以及深入学习爬虫所需的网络基础等相关知识进行介绍。

2.1 爬虫是什么

网络爬虫（又被称为网页蜘蛛、网络机器人，在FOAF社区中，更经常地称为网页追逐者）是一种按照一定的规则，自动抓取万维网信息的程序或者脚本。另外一些不常使用的名字还有蚂蚁、自动索引、模拟程序或者蠕虫。

网络爬虫通过爬取互联网上网站服务器的内容来工作。它是用计算机语言编写的程序或脚本，用于自动从Internet上获取信息或数据，扫描并抓取每个所需页面上的某些信息，直到处理完所有能正常打开的页面。作为搜索引擎的重要组成部分，爬虫首要的功能就是爬取网页数据（如图2-1所示），目前市面流行的采集器软件都是运用网络爬虫的原理或功能。

2.2 爬虫的意义

现如今大数据时代已经到来，网络爬虫技术成为这个时代不可或缺的一部分，企业需要数据来分析用户行为、自己产品的不足之处以及竞争对手的信息等，而这一切的首要条件就是数据的采集。网络爬虫的价值其实就是数据的价值，在互联网社会中，数据是无价之宝，一切皆为数据，谁拥有了大量有用的数据，谁就拥有了决策的主动权。网络爬虫的应用领域很多，如搜索引擎、数据采集、广告过滤、大数据分析等。

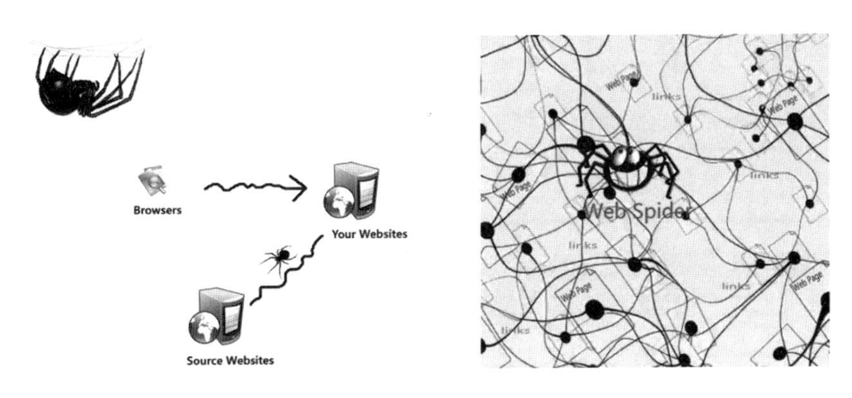

图 2-1　网络爬虫象形图

1）抓取各大电商网站的商品销量信息及用户评价来进行分析，如图 2-2 所示。

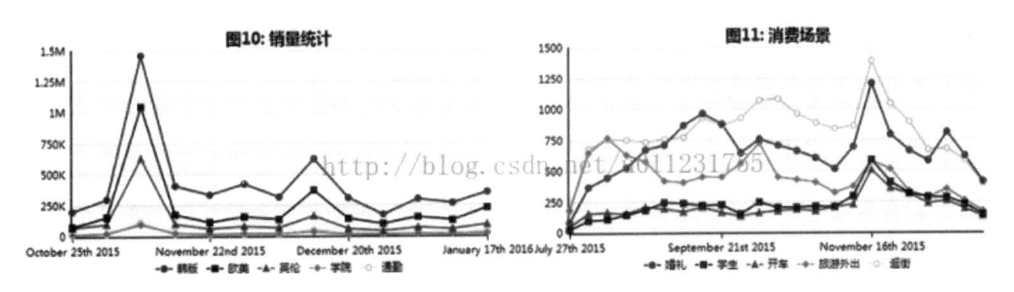

1541	2326	4938568	三星S8	2017/6/16 21:15	非常不错，语音助手有待研究
1542	2327	4938568	三星S8	2017/6/16 21:12	还行，送个充电器。。。
1543	2328	4938568	三星S8	2017/6/16 21:08	科技感十足，最好的安卓机
1544	2330	4938568	三星S8	2017/6/16 21:01	健健康康健健康康健健康康健健康健健康康健健康
1545	2331	4938568	三星S8	2017/6/16 21:00	非常好，感觉飞一样的感觉，快递小哥也很速度。
1546	2333	4938568	三星S8	2017/6/16 20:34	物流快手感不错特别好
1547	2335	4938568	三星S8	2017/6/16 20:16	s 8寸小寸小，建议买s 8+体验不错，满意
1548	2337	4938568	三星S8	2017/6/16 20:10	??????????
1549	2338	4938568	三星S8	2017/6/16 20:02	总体还不错，系统不太行，没有国产符合国情。送货真的是一塌糊涂！
1550	2339	4938568	三星S8	2017/6/16 19:39	总体还可以吧
1551	2342	4938568	三星S8	2017/6/16 19:25	机子5星，京东0星，拉平2.5星，4号下单，弄死没货，早知道要15日才能送到就不会在京东买了，当买个教训吧。
1552	2344	4938568	三星S8	2017/6/16 19:19	不错不错不错，看起来真好看
1553	2346	4938568	三星S8	2017/6/16 19:06	快递很给力，东西也不错
1554	2347	4938568	三星S8	2017/6/16 19:02	之前一直用苹果，后来被S8的曲屏种草，晚上下单 第二天收到。已经开始使用，需要过段时间观察之后再来深评。
1555	2348	4938568	三星S8	2017/6/16 19:02	很好很不错，继续支持
1556	2350	4938568	三星S8	2017/6/16 18:31	还可以吧，刚到手过段时间在评
1557	2351	4938568	三星S8	2017/6/16 18:28	手机手感很好，还没使用呢，用后会追加
1558	2353	4938568	三星S8	2017/6/16 18:13	果然是机皇，对得起这个称号，手机的确不错，就是安装了后竟没法下主题。
1559	2354	4938568	三星S8	2017/6/16 17:51	非常赞的手机，手感一流，屏幕超赞，就是贵了一点。
1560	2355	4938568	三星S8	2017/6/16 17:49	了了了了了了了了了了了了了
1561	2356	4938568	三星S8	2017/6/16 17:44	挺好??????
1562	2358	4938568	三星S8	2017/6/16 17:36	无线充电器没有连接电源的线，手机号注册了三星账户登录了手机一下载东西就提醒更改id，麻烦死了，失望的购买

图 2-2　电商网站的商品销售信息

2）分析大众点评、美团网等餐饮类网站的用户消费、评价和发展趋势，如图 2-3 所示。

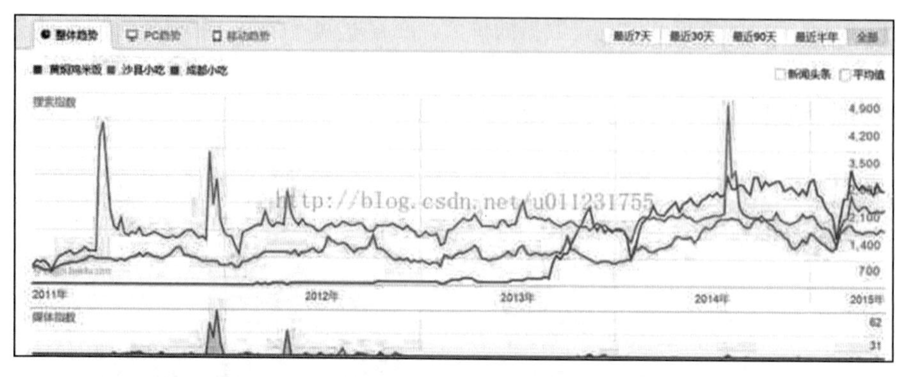

Reclndx	hkey	hospital_name	Comment_number	doctor	facilities	registered
103	2335304596300...	人人乐酒楼添加分店	7条评论	口味：7.3	环境：7.3	服务：7.4
104	-731021651574...	粤家小厨添加分店	22条评论	口味：7.1	环境：7.0	服务：6.7
105	2780381208261...	新史记家常菜添加分店	13条评论	口味：6.7	环境：6.7	服务：6.7
106	7808038169299...	枫林晚小炒王(小炒王)添加分店	16条评论	口味：6.7	环境：6.6	服务：6.5
107	-111781625790...	放心小吃添加分店	1条评论	口味：7.0	环境：7.0	服务：7.0
108	-472295027597...	上海家常菜添加分店	2条评论	口味：7.1	环境：7.1	服务：7.1
109	3279162207211...	上海大学西区食堂三楼添加分店	15条评论	口味：7.0	环境：7.2	服务：7.2
110	-384302279519...	家常小厨添加分店	12条评论	口味：7.0	环境：7.0	服务：7.0
111	1880231960550...	康聚居羊肉馆添加分店	9条评论	口味：6.9	环境：6.7	服务：7.3
112	3128341808810...	都市家常菜添加分店	9条评论	口味：7.2	环境：7.1	服务：7.1
113	-579831191342...	十年家常菜添加分店	1条评论	口味：6.9	环境：6.9	服务：6.9
114	-424901796500...	369家常菜添加分店	1条评论	口味：7.1	环境：7.1	服务：7.1
115	6327706952151...	沪东社区食堂添加分店	2条评论	口味：7.0	环境：7.0	服务：7.0
116	7774965387408...	老五井园家常菜添加分店	62条评论	口味：7.4	环境：7.0	服务：7.1
117	-397047946569...	和记粥馆添加分店	2条评论	口味：6.8	环境：6.7	服务：6.8
118	8584762528134...	新记酒楼添加分店	12条评论	口味：7.2	环境：7.1	服务：7.1
119	-761882025837...	小久村家常菜添加分店	4条评论	口味：6.9	环境：6.9	服务：7.0
120	-835413367793...	金手勺添加分店	16条评论	口味：7.7	环境：7.3	服务：7.5
121	4777132920162...	阿邦家常菜馆添加分店	3条评论	口味：7.6	环境：7.6	服务：7.6
122	-462803161097...	开心农场添加分店	2条评论	口味：7.0	环境：7.0	服务：7.0
123	-591827717113...	苏皖家常菜添加分店	2条评论	口味：6.9	环境：6.9	服务：6.9
124	-754256311496...	晓馨家常菜添加分店	2条评论	口味：7.0	环境：7.0	服务：7.0
125	6959315359869...	小鲜社区食堂添加分店	5条评论	口味：7.5	环境：7.6	服务：7.5
126	-884062812682...	轩宝食堂添加分店	5条评论	口味：7.5	环境：7.5	服务：7.5
127	-434770883775...	[illegible]	[illegible]	口味：7.0	环境：7.0	服务：7.0

图 2-3 餐饮类网站的用户消费信息

3）分析各个城市中学区房的比例，以及学区房比普通二手房价格高出多少，如图 2-4 所示。

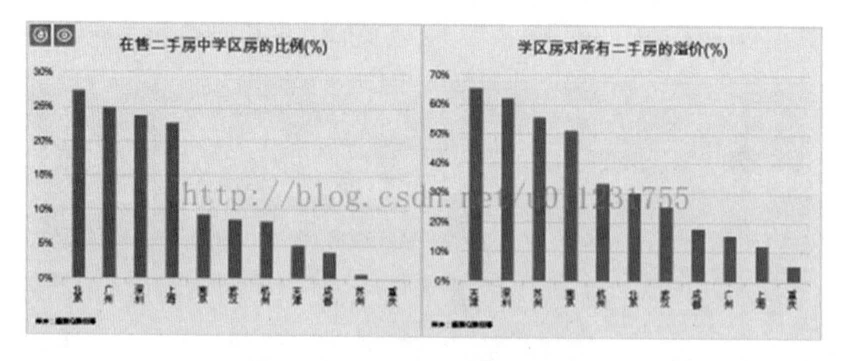

图 2-4 学区房的比例与价格对比

以上数据是通过前嗅 ForeSpider 数据采集软件爬下来的，有兴趣的读者可以尝试自己爬一些数据。

2.3 爬虫的原理

我们通常会将网络爬虫的组成模块分为初链接库、网络抓取模块、网页处理模块、网页分析模块、DNS 模块、待抓取链接队列、网页库等，网络爬虫的各系模块可形成一个循环体系，从而不断地进行分析和抓取。爬虫的工作原理可以很简单地解释为先找到目标信息网，然后页面抓取模块，接着页面分析模块，最后数据存储模块。其具体详情如图 2-5 所示。

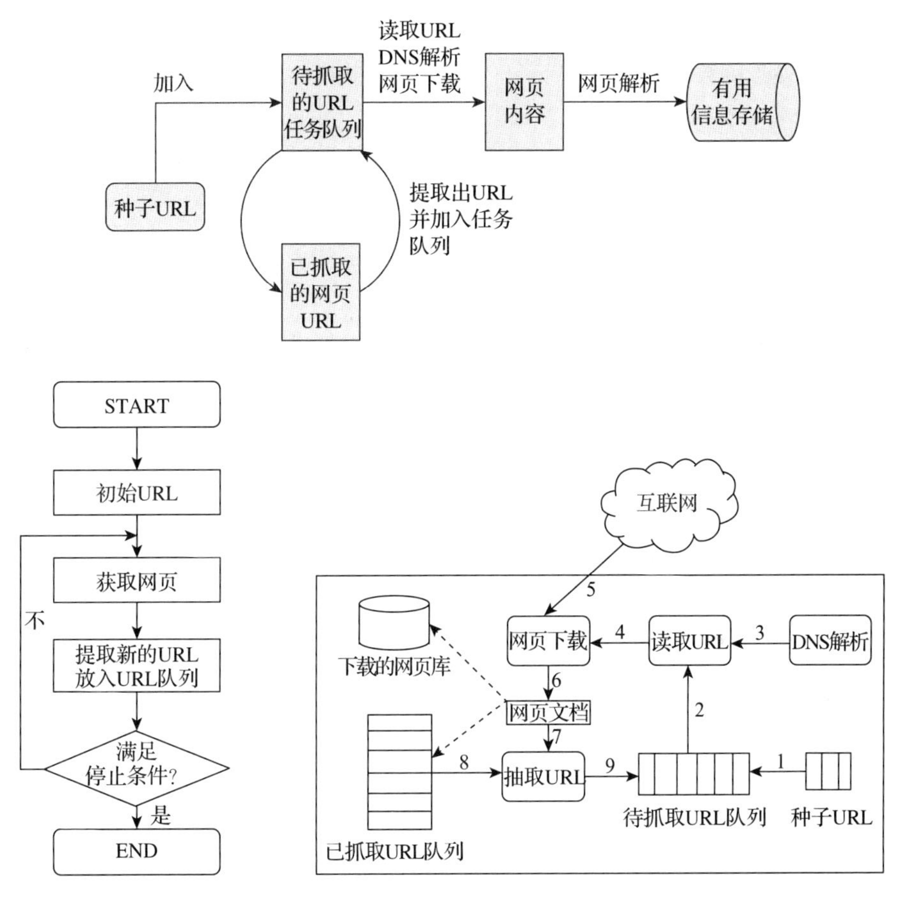

图 2-5　爬虫原理图

爬虫工作基本流程：

1）首先在互联网中选出一部分网页，以这些网页的链接地址作为种子 URL；

2）将这些种子 URL 放入待抓取的 URL 队列中，爬虫从待抓取的 URL 队列依次读取；

3）将 URL 通过 DNS 解析；

4）把链接地址转换为网站服务器对应的 IP 地址；

5）网页下载器通过网站服务器对网页进行下载；

6）下载的网页为网页文档形式；

7）对网页文档中的 URL 进行抽取；

8）过滤掉已经抓取的 URL；

9）对未进行抓取的 URL 继续循环抓取，直至待抓取 URL 队列为空。

2.4 爬虫技术的类型

聚焦网络爬虫是“面向特定主题需求”的一种爬虫程序，而通用网络爬虫则是搜索引擎抓取系统（Baidu、Google、Yahoo 等）的重要组成部分，主要目的是将互联网上的网页下载到本地，形成一个互联网内容的镜像备份。增量抓取意即针对某个站点的数据进行抓取，当网站的新增数据或者该站点的数据发生变化后，自动地抓取它新增的或者变化后的数据。Web 页面按存在方式可以分为表层网页（surface Web）和深层网页（deep Web，也称 invisible Web pages 或 hidden Web）。表层网页是指传统搜索引擎可以索引的页面，即以超链接可以到达的静态网页为主来构成的 Web 页面。深层网页是那些大部分内容不能通过静态链接获取的、隐藏在搜索表单后的，只有用户提交一些关键词才能获得的 Web 页面。

2.4.1 聚焦爬虫技术

聚焦网络爬虫（focused crawler）也就是主题网络爬虫。聚焦爬虫技术增加了链接评价和内容评价模块，其爬行策略实现要点就是评价页面内容以及链接的重要性。基于链接评价的爬行策略，主要是以 Web 页面作为半结构化文档，其中拥有很多结构信息可用于评价链接重要性。还有一个是利用 Web 结构来评价链接价值的方法，也就是 HITS 法，其通过计算每个访问页面的 Authority 权重和 Hub 权重来决定链接访问顺序。而基于内容评价的爬行策略，主要是将与文本相似的计算法加以应用，提出 Fish-Search 算法，把用户输入查询词当作主题，在算法的进一步改进下，通过 Shark-Search 算法就能利用空间向量模型来计算页面和主题相关度大小。

面向主题爬虫，面向需求爬虫：会针对某种特定的内容去爬取信息，而且会保证信息和需求尽可能相关。一个简单的聚焦爬虫使用方法的示例如下所示。

【例 2-1】一个简单的爬取图片的聚焦爬虫

```
import urllib.request
    # 爬虫专用的包urllib，不同版本的Python需要下载不同的爬虫专用包
import re
    # 正则用来规律爬取
keyname=""
    # 想要爬取的内容
key=urllib.request.quote(keyname)
    # 需要将你输入的keyname解码，从而让计算机读懂
for i in range(0,5):   # (0,5)数字可以自己设置，是淘宝某产品的页数
    url="https://s.taobao.com/search?q="+key+"&imgfile=&js=1&stats_click=search_
        radio_all%3A1&initiative_id=staobaoz_20180815&ie=utf8&bcoffset=0&ntoffs
        et=6&p4ppushleft=1%2C48&s="+str(i*44)
# url后面加上你想爬取的网站名，然后你需要多开几个类似的网站以找到其规则
# data是你爬取到的网站所有的内容要解码要读取内容
    pat='"pic_url":"//(.*?)"'
# pat使用正则表达式从网页爬取图片
# 将你爬取到的内容放在一个列表里面
    print(picturelist)
    # 可以不打印，也可以打印下来看看
    for j in range(0,len(picturelist)):
        picture=picturelist[j]
```

```
        pictureurl="http://"+picture
        # 将列表里的内容遍历出来，并加上http://转到高清图片
        file="E:/pycharm/vscode文件/图片/"+str(i)+str(j)+".jpg"
        # 再把图片逐张编号，不然重复的名字将会被覆盖掉
        urllib.request.urlretrieve(pictureurl,filename=file)
        # 最后保存到文件夹
```

2.4.2　通用爬虫技术

通用爬虫技术（general purpose Web crawler）也就是全网爬虫。其实现过程如下。

第一，获取初始 URL。初始 URL 地址可以由用户人为指定，也可以由用户指定的某个或某几个初始爬取网页决定。

第二，根据初始的 URL 爬取页面并获得新的 URL。获得初始的 URL 地址之后，需要先爬取对应 URL 地址中的网页，接着将网页存储到原始数据库中，并且在爬取网页的同时，发现新的 URL 地址，并且将已爬取的 URL 地址存放到一个 URL 列表中，用于去重及判断爬取的进程。

第三，将新的 URL 放到 URL 队列中，在于第二步内获取下一个新的 URL 地址之后，会将新的 URL 地址放到 URL 队列中。

第四，从 URL 队列中读取新的 URL，并依据新的 URL 爬取网页，同时从新的网页中获取新的 URL 并重复上述的爬取过程。

第五，满足爬虫系统设置的停止条件时，停止爬取。在编写爬虫的时候，一般会设置相应的停止条件。如果没有设置停止条件，爬虫便会一直爬取下去，一直到无法获取新的 URL 地址为止，若设置了停止条件，爬虫则会在停止条件满足时停止爬取。详情请参见图 2-5 中的右下子图。

通用爬虫技术的应用有着不同的爬取策略，其中的广度优先策略以及深度优先策略都是比较关键的，如深度优先策略的实施是依照深度从低到高的顺序来访问下一级网页链接。

关于通用爬虫使用方法的示例如下。

【例 2-2】爬取京东商品信息

```
'''
爬取京东商品信息:
    请求url: https://www.jd.com/
    提取商品信息:
        1.商品详情页
        2.商品名称
        3.商品价格
        4.评价人数
        5.商品商家
'''
from selenium import webdriver    # 引入selenium中的webdriver
from selenium.webdriver.common.keys import Keys
import time

def get_good(driver):
    try:
```

```
        # 通过JS控制滚轮滑动获取所有商品信息
        js_code = '''
            window.scrollTo(0,5000);
        '''
        driver.execute_script(js_code)  # 执行js代码

        # 等待数据加载
        time.sleep(2)

        # 查找所有商品div
        # good_div = driver.find_element_by_id('J_goodsList')
        good_list = driver.find_elements_by_class_name('gl-item')
        n = 1
        for good in good_list:
            # 根据属性选择器查找
            # 商品链接
            good_url = good.find_element_by_css_selector(
                '.p-img a').get_attribute('href')

            # 商品名称
            good_name = good.find_element_by_css_selector(
                '.p-name em').text.replace("\n", "--")

            # 商品价格
            good_price = good.find_element_by_class_name(
                'p-price').text.replace("\n", ":")

            # 评价人数
            good_commit = good.find_element_by_class_name(
                'p-commit').text.replace("\n", " ")

            good_content = f'''
                        商品链接: {good_url}
                        商品名称: {good_name},
                        商品价格: {good_price}
                        评价人数: {good_commit}
                        \n
                        '''
            print(good_content)
            with open('jd.txt', 'a', encoding='utf-8') as f:
                f.write(good_content)

        next_tag = driver.find_element_by_class_name('pn-next')
        next_tag.click()

        time.sleep(2)

        # 递归调用函数
        get_good(driver)

        time.sleep(10)

    finally:
        driver.close()
```

```
if __name__ == '__main__':

    good_name = input('请输入爬取商品信息:').strip()

    driver = webdriver.Chrome()
    driver.implicitly_wait(10)
    # 往京东主页发送请求
    driver.get('https://www.jd.com/')

    # 输入商品名称，并回车搜索
    input_tag = driver.find_element_by_id('key')
    input_tag.send_keys(good_name)
    input_tag.send_keys(Keys.ENTER)
    time.sleep(2)

    get_good(driver)
```

2.4.3　增量爬虫技术

某些网站会定时在原有网页数据的基础上更新一批数据。例如某电影网站会实时更新一批最近热门的电影，小说网站会根据作者创作的进度实时更新最新的章节数据等。在遇到类似的场景时，我们便可以采用增量式爬虫。增量爬虫技术（incremental Web crawler）就是通过爬虫程序监测某网站数据更新的情况，以便可以爬取到该网站更新后的新数据。

关于如何进行增量式的爬取工作，以下给出三种检测重复数据的思路：1）在发送请求之前判断这个 URL 是否曾爬取过；2）在解析内容后判断这部分内容是否曾爬取过；3）写入存储介质时判断内容是否已存在于介质中。第一种思路适合不断有新页面出现的网站，比如小说的新章节、每天的实时新闻等；第二种思路则适合页面内容会定时更新的网站；第三种思路则相当于最后一道防线。这样做可以最大限度地达到去重的目的。

不难发现，实现增量爬取的核心是去重。目前存在两种去重方法。第一，对爬取过程中产生的 URL 进行存储，存储在 Redis 的 set 中。当下次进行数据爬取时，首先在存储 URL 的 set 中对即将发起的请求所对应的 URL 进行判断，如果存在则不进行请求，否则才进行请求。第二，对爬取到的网页内容进行唯一标识的制定（数据指纹），然后将该唯一标识存储至 Redis 的 set 中。当下次爬取到网页数据的时候，在进行持久化存储之前，可以先判断该数据的唯一标识在 Redis 的 set 中是否存在，从而决定是否进行持久化存储。

关于增量爬虫的使用方法示例如下所示。

【例 2-3】爬取 4567tv 网站中所有的电影详情数据

```
import scrapy
from scrapy.linkextractors import LinkExtractor
from scrapy.spiders import CrawlSpider, Rule
from redis import Redis
from incrementPro.items import IncrementproItem
class MovieSpider(CrawlSpider):
    name = 'movie'
    # allowed_domains = ['www.xxx.com']
    start_urls = ['http://www.4567tv.tv/frim/index7-11.html']
```

```
    rules = (
        Rule(LinkExtractor(allow=r'/frim/index7-\d+\.html'), callback='parse_
            item', follow=True),
    )
    # 创建Redis链接对象
    conn = Redis(host='127.0.0.1', port=6379)
    def parse_item(self, response):
        li_list = response.xpath('//li[@class="p1 m1"]')
        for li in li_list:
            # 获取详情页的url
            detail_url = 'http://www.4567tv.tv' + li.xpath('./a/@href').extract_first()
            # 将详情页的url存入Redis的set中
            ex = self.conn.sadd('urls', detail_url)
            if ex == 1:
                print('该url没有被爬取过，可以进行数据的爬取')
                yield scrapy.Request(url=detail_url, callback=self.parst_detail)
            else:
                print('数据还没有更新，暂无新数据可爬取！')

    # 解析详情页中的电影名称和类型，进行持久化存储
    def parst_detail(self, response):
        item = IncrementproItem()
        item['name'] = response.xpath('//dt[@class="name"]/text()').extract_first()
        item['kind'] = response.xpath('//div[@class="ct-c"]/dl/dt[4]//text()').extract()
        item['kind'] = ''.join(item['kind'])
        yield it
```

管道文件：

```
from redis import Redis
class IncrementproPipeline(object):
    conn = None
    def open_spider(self,spider):
        self.conn = Redis(host='127.0.0.1',port=6379)
    def process_item(self, item, spider):
        dic = {
            'name':item['name'],
            'kind':item['kind']
            }
        print(dic)
        self.conn.push('movieData',dic)
        # 如果push不进去，那么dic变成str(dic)或者改变redis版本
        pip install -U redis==2.10.6
        return item
```

2.4.4 深层网络爬虫技术

在互联网中，网页按存在方式可以分为表层网页和深层网页两类。所谓的表层网页，指的是不需要提交表单，使用静态的链接就能够到达的静态页面；而深层网页则隐藏在表单后面，不能通过静态链接直接获取，是需要提交一定的关键词后才能够获取到的页面，深层网络爬虫（deep Web crawler）最重要的部分即为表单填写部分。在互联网中，深层网页的数量往往要比表层网页的数量多很多，故而，我们需要想办法爬取深层网页。

深层网络爬虫的基本构成：URL 列表、LVS 列表（LVS 指的是标签 / 数值集合，即填充表单的数据源）、爬行控制器、解析器、LVS 控制器、表单分析器、表单处理器、响应分析器。

深层网络爬虫的表单填写有两种类型：基于领域知识的表单填写（建立一个填写表单的关键词库，在需要的时候，根据语义分析选择对应的关键词进行填写）；基于网页结构分析的表单填写（一般在领域知识有限的情况下使用，这种方式会根据网页结构进行分析，并自动地进行表单填写）。

2.5　爬虫抓取策略

在爬虫系统中，待抓取 URL 队列是很重要的一部分。待抓取 URL 队列中的 URL 以什么样的顺序排列也是一个很重要的问题，因为这涉及先抓取哪个页面，后抓取哪个页面。而决定这些 URL 排列顺序的方法，叫作抓取策略。下面重点介绍几种常见的抓取策略。

2.5.1　深度优先遍历策略

深度优先搜索是一种在开发爬虫的早期使用较多的方法。它的目的是达到被搜索结构的叶结点（即那些不包含任何超链的 HTML 文件）。在一个 HTML 文件中，当一个超链被选择后，被链接的 HTML 文件将执行深度优先搜索，即在搜索其余的超链结果之前必须先完整地搜索一条单独的链。深度优先搜索沿着 HTML 文件上的超链走到不能再深入为止，然后返回到某一个 HTML 文件，再继续选择该 HTML 文件中的其他超链。当不再有其他超链可选择时，说明搜索已经结束。优点是能遍历一个 Web 站点或深层嵌套的文档集合；缺点是因为 Web 结构相当深，有可能出现一旦进去便再也出不来的情况。

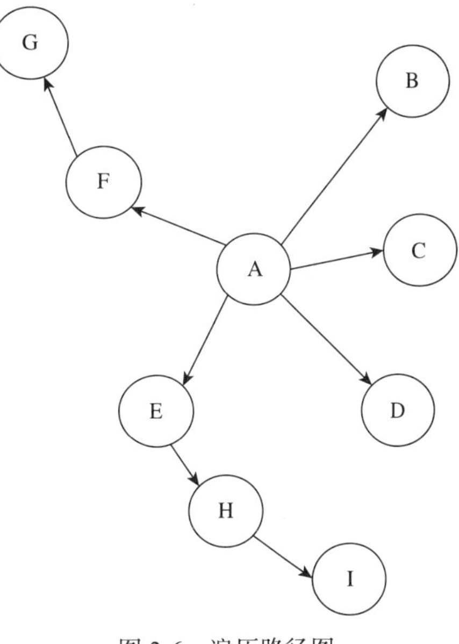

图 2-6　遍历路径图

深度优先遍历测试是指网络爬虫会从起始页开始，一个链接一个链接跟踪下去，处理完这条线路的链接之后，再转入下一个起始页继续跟踪链接；我们以图 2-6 为例，其遍历的路径为：A-F-G、E-H-I、B、C、D。

2.5.2　广度优先遍历策略

广度优先策略是按照树的层次进行搜索，如果此层没有搜索完成，则不会进入下一层搜索。也就是说，首先完成一个层次的搜索，其次再进行下一层次，也称为分层处理。我们还是以上面的图 2-6 为例，其遍历的路径为：第一层遍历 A-B-C-D-E-F，第二层遍历 G-H，第三层遍历 I。

不过，广度优先遍历策略属于盲目搜索，它并不考虑结果存在的可能位置，会彻底地搜索整张图，因而效率较低；但是，如果你要尽可能多地覆盖网页，那么广度优先搜索方法是较好的选择。

2.5.3 Partial PageRank 策略

PageRank 算法的思想：针对已下载的网页和待抓取 URL 队列的 URL 所形成的网页集合，计算每个页面的 PageRank 值（PageRank 是 Google 对网页重要性的评估，PageRank 值的高低是衡量网页在 Google 搜索引擎中排名的重要参数之一），计算完之后，将待抓取队列中的 URL 按照网页级别的值的大小排列，并按照顺序依次抓取网址页面。

如果每次新抓取一个网页，便重新计算其 PageRank 值，那么很明显效率太低。折中的办法是网页攒够 *K* 个计算一次。图 2-7 即为网页级别的策略示意图。设定每下载 3 个网页便计算一次新的 PageRank 值，此时已经有 {1,2,3} 3 个网页下载到本地。这三个网页包含的链接指向 {4,5,6}，即待抓取 URL 队列，那么如何决定下载顺序？

将这 6 个网页形成新的集合，对这个集合计算其 PageRank 值，这样 4,5,6 就获得自己对应的网页级别值，由大到小排序，即可得出下载顺序。假设顺序为 5,4,6，在下载页面 5 后抽取出链接，指向页面 8，此时赋予 8 临时的 PageRank 值，如果这个值大于 4 和 6 的 PageRank 值，则接下来优先下载页面 8，如此不断循环，即形成了非完全的网页级别的策略的计算思路。

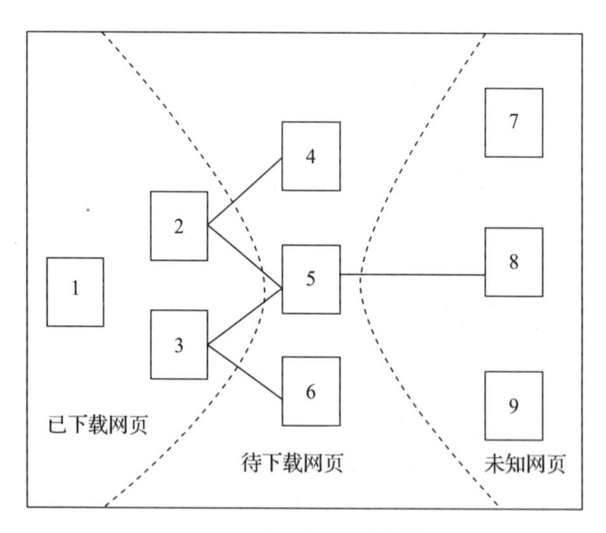

图 2-7　抓取策略过程图

2.5.4 大站优先策略

关于大站优先策略，其思路很简单。被认定为“大站”的网站，一定有着稳定的服务器、良好的网站结构、优秀的用户体验、及时的资讯内容、权威的相关资料、丰富的内容类型和庞大的网页数量等特征，当然也会相应地拥有大量高质量的外链。对于待爬取 URL 队列中的网页，根据所属网站归类，如果哪个网站等待下载的页面最多，则优先下载这些链接。实验表明这个算法效果也要略优先于广度优先遍历策略。

大站优先抓取的解释 1： 比较贴合字面意思，爬虫会根据待抓取列表中的 URL 进行归类，然后判断域名对应的网站级别。例如，权重越高的网站，其所属域名越应该优先抓取。

大站优先抓取的解释 2： 爬虫将待抓取列表里的 URL 按照域名进行归类，然后计算数量。其所属域名在待抓取列表里数量最多的会优先抓取。

2.5.5　反向链接数策略

反向链接数是指一个网页被其他网页链接指向的数量。反向链接数表示的是一个网页的内容受到其他人的推荐的程度。因此，很多时候搜索引擎的抓取系统会使用这个指标来评价网页的重要程度，从而决定不同网页的抓取先后顺序。例如，网页 A 上有一个链接指向网页 B，则网页 A 上的链接是网页 B 的反向链接。

在真实的网络环境中，由于广告链接、作弊链接的存在，反向链接数不能完全等于重要程度。因此，搜索引擎往往会考虑一些可靠的反向链接数。

2.5.6　OPIC 策略

OPIC（Online Page Importance Computation）即“在线页面重要性计算”，其是 PageRank 的升级版本。它具体的策略逻辑是：爬虫为互联网上所有的 URL 都赋予一个初始的分值，且每个 URL 都是同等的分值。每下载一个网页就把这个网页的分值平均分摊给这个页面内的所有链接。自然这个页面的分值就要被清空了。而在待抓取的 URL 列表里，则是谁的分值最高就优先抓取谁。

区别于 PageRank，OPIC 是实时计算的。这里提醒我们，无论是 OPIC 策略还是 PageRank 策略，都证实了一个逻辑：对于新产生的网页，被链接的次数越多，被抓取的概率就越大。

2.6　反爬虫和反反爬虫

本节将介绍针对爬虫而产生的两个新技术：反爬虫和反反爬虫。通过对四种反爬虫策略的叙述，读者可以更好地了解反爬虫机制，从而更好地编写爬虫代码。了解其基础理论，可以让读者全方位地理解爬虫并且更好地利用爬虫。

2.6.1　反爬虫

反爬虫暂时是一个较新的领域，本书对反爬虫的定义为：使用任何技术手段，阻止别人批量获取自己网站信息的一种方式。反爬虫技术一方面是不让真实的数据被大规模爬取，另一方面也是为爬虫爬到的数据增加处理上的负担。

下面介绍反爬虫的四个基本策略：伪装 User-Agent、登录、使用代理和降低访问频率。

1. 通过 User-Agent 来控制访问

User-Agent 是 HTTP 协议中的一个字段，其作用是描述发出 HTTP 请求的终端的一些信息。服务器通过这个字段就可以知道要访问的是哪个网站。对于各类浏览器，每个正规的爬虫都有其固定的User-Agent，因此只要将这个字段改为某些知名的User-Agent，就可以成功伪装了。不过，不推荐伪装知名爬虫，因为这些爬虫很可能有固定的IP，如百度爬虫。与此相对的，伪装浏览器的User-Agent是一个不错的主意，因为浏览器是任何人都可以用的，换名话说，就是没有固定IP。推荐准备若干个浏览器的User-Agent，然后每次发送请求时就从这几个User-Agent中随机选一个填上去。IE的几个User-Agent如下：

Mozilla/4.0 (compatible; MSIE 8.0; Windows NT 6.0)

Mozilla/4.0 (compatible; MSIE 7.0; Windows NT 5.2)

Mozilla/4.0 (compatible; MSIE 6.0; Windows NT 5.1)

可设置如下代码，这里使用的是JAVA+HttpClient 4.1.2。

```
HttpGet getMethod = new HttpGet("URL");
getMethod.setHeader("User-Agent", "user agent内容");
```

无论是浏览器还是爬虫程序，在向服务器发起网络请求的时候，都会发过去一个头文件headers，下面以百度的headers为例。

【例 2-4】百度 headers 中的 User-Agent 访问控制举例

下述http的headers是通过Fiddler抓包获取的。

```
GET http://www.baidu.com/ HTTP/1.1
Accept-Encoding: identity
Host: www.baidu.com
User-Agent: Python-urllib/3.6
Connection: close
```

浏览器访问的headers信息如下：

```
GET https://www.baidu.com/ HTTP/1.1
Host: www.baidu.com
Connection: keep-alive
User-Agent: Mozilla/5.0 (Windows NT 10.0; Win64; x64) AppleWebKit/537.36 (KHTML,
    like Gecko) Chrome/62.0.3202.62 Safari/537.36
...
```

我们通过爬虫程序来访问第三方服务器时，服务器就能知道你是通过爬虫程序访问的，因为你的http的请求头信息User-Agent字段出卖了你。所以我们需要修改请求头的User-Agent字段信息，防止IP被禁。很多网站都会建立User-Agent白名单，只有属于正常范围的User-Agent才能够正常访问，下面是Python的User-Agent伪装代码。

```
# 定义一个url
url = 'http://www.baidu.com/'

# 定义一个请求头的User-Agent字段，其内容是通过Fiddler抓取的url的header信息
headers = {'User-Agent':'Mozilla/5.0 (Windows NT 10.0; Win64; x64)
    AppleWebKit/537.36 (KHTML, like Gecko) Chrome/62.0.3202.62 Safari/537.36'}

# 自定义请求头信息，返回一个请求的对象request
```

```
request = urllib.request.Request(url,headers = headers)
# 通过urlopen访问url，服务器返回response对象
response = urllib.request.urlopen(request)
# 读取返回结果
result = response.read()

# 写入文件
with open('baidu.html','wb') as f:
    f.write(result)
```

2. 登录

虽然有些网站不登录就能访问，但如果它检测到某 IP 的访问量有异常，那么就会马上提出登录要求。如果是不带验证码的，那么可以直接登录。不过，在登录之前要做些准备：查清楚 POST 登录请求时要附带哪些参数。先用 Badboy 录制登录过程（Badboy 软件的学习地址：https://www.cnblogs.com/Lam7/p/5462536.html），然后将这一过程导出为 Jmeter（Jmeter 软件的学习地址：https://blog.csdn.net/zmeilin/article/details/93860839）文件，最后用 Jmeter 查看登录所需的参数。查完后就可以登录，具体如下所示。

【例 2-5】登录设置示例

```
DefaultHttpClient httpclient = new DefaultHttpClient();
HttpPost postMethod = new HttpPost("http://passport.cnblogs.com/login.aspx");
//注意用post
//登录博客园所需的参数
List nvps = new ArrayList();
nvps.add(new BasicNameValuePair("tbUserName", "风炎"));
nvps.add(new BasicNameValuePair("tbPassword", "zero"));
nvps.add(new BasicNameValuePair("btnLogin", "登录"));
nvps.add(new BasicNameValuePair("__EVENTTARGET", ""));
nvps.add(new BasicNameValuePair("__EVENTARGUMENT", ""));
nvps.add(new BasicNameValuePair("__VIEWSTATE", "/wEPDwULLTE1MzYzODg2NzZkGAEFHl9fQ29udH
    JvbHNSZXF1aXJlUG9zdEJhY2tLZXlfXxYBBQtjaGtSZW1lbWJlcm1QYDyKKI9af4b67Mzq2xFaL9Bt"));
nvps.add(new BasicNameValuePair("__EVENTVALIDATION", "/wEWBQLWwpqPDQLyj/OQAgK3j
    srkBALR55GJDgKC3IeGDE1m7t2mGlasoP1Hd9hLaFoI2G05"));
nvps.add(new BasicNameValuePair("ReturnUrl", "http://www.cnblogs.com/"));
nvps.add(new BasicNameValuePair("txtReturnUrl", "http://www.cnblogs.com/"));
postMethod.setEntity(new UrlEncodedFormEntity(nvps, HTTP.UTF_8));
HttpResponse response = httpclient.execute(postMethod);
```

如果一个固定的 IP 在短暂的时间内快速大量地访问一个网站，那自然会引起注意，管理员可以通过一些手段来禁止该 IP 的访问，即可限制反爬虫。

（1）通过 JavaScript 脚本来防止爬虫

这个办法可以非常有效地解决爬虫，爬虫终归只是一段程序，它不能像人一样去应对各种变化，例如验证码、滑动解锁等。有很多网站都采用了这种方式来避免爬虫，当请求量大了以后就会要求输入验证码的情况，我们平时使用的 12306 采用的便是验证码机制，可以在一定程度上防止非正当请求的产生。

（2）通过 robots.txt 来限制爬虫

世界上做爬虫最大最好的就是 Google 了，搜索引擎本身就是一个超级大的爬虫，Google

开发出来的爬虫24小时不间断地在网上爬取着新的信息，并返回给数据库，但是这些搜索引擎的爬虫都遵守着一个协议——robots.txt。

robots.txt是一种存放于网站根目录下的ASCII编码的文本文件，它通常会告诉网络搜索引擎的漫游器（又称网络蜘蛛），此网站中的哪些内容是不应被搜索引擎的漫游器获取的，而哪些是可以被漫游器获取的。因为一些系统中的URL是大小写敏感的，所以robots.txt的文件名应统一为小写。robots.txt协议并不是一个规范，而只是约定俗成的。

3. 使用代理

如果对方用某段时间内某IP的访问次数来判定爬虫，然后将这些爬虫的IP都封掉的话，以上伪装就失效了。对方的这个思路隐含着一个假设，即爬虫的访问量必然比正常用户的大很多，因而只要使这个假设不成立就可以。这时该代理就发挥了其作用。所谓代理就是介于用户与网站之间的第三者：用户先将请求发给代理，然后代理再发给服务器，这样看起来就像是代理在访问那个网站。这时，服务器会将这次访问算到代理头上。若同时使用多个代理的话，单个IP的访问量就降下去了。不过，这个方法最大的问题就是找到稳定的代理。

假设找到或买到了多个代理，那么要如何管理这些代理呢？我们可以做一个类似于内存池的IP池。这样做的好处是便于管理以及易于扩展。当只有一个代理时，其用法如下所示。

【例2-6】管理代理示例

```
DefaultHttpClient httpclient = new DefaultHttpClient();
    //此代理不保证你看到的时候还存活
HttpHost proxy = new HttpHost("u120-227.static.grapesc.cz", 8080);
httpclient.getParams().setParameter(ConnRoutePNames.DEFAULT_PROXY,proxy);
    //记得将网址拆成以下形式
HttpHost targetHost = new HttpHost("www.cnblogs.com");
    //网站名前面不要加http://
HttpGet httpget = new HttpGet("/FengYan/");
HttpResponse response = httpclient.execute(targetHost, httpget);
```

4. 降低访问频率

如果说找不到稳定的代理呢？那只好使用“降低访问频率”。这样做可以达到与使用代理一样的效果，以防止对方从访问量上看出来。当然，在抓取效率上会差很多。此外，降低访问频率只是一个指导思想，在这个思想下，可以得到很多具体的做法，例如，每抓取一个页面就休息随机秒、限制每天抓取的页面数量等。

由于爬虫在抓取网站数据的时候，对网站访问过于频繁，给服务器造成过大的压力，容易使网站崩溃，因此网站维护者会通过一些手段来避免爬虫的访问，以下是几种常见的反爬虫策略，如表2-1所示。

表2-1 反爬虫应对策略

	爬　虫	反　爬　虫
应对策略	对网站发送请求，获取数据	监控发现某段时间访问陡增，IP相同，User-Agent都是Python，限制访问（不能封IP）
	模拟User-Agent，获取代理IP	访问量仍然异常，要求登录后才能继续访问

（续）

	爬　虫	反　爬　虫
应对策略	注册账号，访问时带 Cookie 或 Token	健全账号体系，即只能访问账号下的好友的信息
	注册多个账号，联合爬取	请求过于频繁，进一步限制 IP 访问频率
	模仿用户操作，限制请求速度	弹出验证码识别
	通过相应的验证码识别手段（如云打码、OpenCV 识别等）	动态加载网站，数据通过 JavaScript 脚本加载，增加网络分析难度
	通过 Selenium 完全模拟浏览器操作	

2.6.2 反反爬虫

反反爬虫是在反爬虫的基础上提出的一个新概念，也是用于防止爬虫被反的一项技术。下面介绍反反爬虫，更详细的内容可以参考 https://me.csdn.net/zupzng。

1. 禁用 Cookie

部分网站会通过用户的 Cookie 信息对用户进行识别与分析，所以要防止目标网站识别我们的会话信息。

在 Scrapy 中，默认是打开 Cookie 的（#COOKIES_ENABLED = False）。设置为：COOKIES_ENABLED = False（Cookie 启用：no），对于需要 Cookie 的情况可以在请求头 headers 中加入 Cookie，示例如下。

【例 2-7】设置 Cookie 示例

```
class LagouspiderSpider(scrapy.Spider):
    name = "lagouspider"
    allowed_domains = ["www.lagou.com"]
    url = 'https://www.lagou.com/jobs/positionAjax.json?'# city=%E6%B7%B1%E5%9C
        %B3&needAddtionalResult=false'
    page = 1
    allpage =0
    cookie = 'JSESSIONID=ABAAABAAAFCAAEG34858C57541C1F9DF75AED18C3065736; Hm_
        lvt_4233e74dff0ae5bd0a3d81c6ccf756e6=1524281748;  04797acf-4515-11e8-
        90b5- LGSID=20180421130026-e7e614d7-4520-PRE_SITE=https%3A%2F%2Fwww.
        lagou.com%2Fjobs%2Flist_python%3Fcity%3D%25E6%25B7%25B1%25E5%259C
        %25B3%26cl%3Dfalse%26fromSearch%3Dtrue%26labelWords%3D%26suginpu
        t%3D; PRE_LAND=https%3A%2F%2Fwww.lagou.com%2Fjobs%2F4302345.html;
        LGRID=20180421130208-24b73966-4521-11e8-90f2-525400f775ce; Hm_lpvt_4233
        e74dff0ae5bd0a3d81c6ccf756e6=1524286956'
    headers = {'Content-Type': 'application/x-www-form-urlencoded; charset=UTF-
        8','Referer': 'https://www.lagou.com/jobs/list_python?city=%E6%B7%B1%E
        5%9C%B3&cl=false&fromSearch=true&labelWords=&suginput=','User-Agent':
        'Mozilla/5.0 (Windows NT 6.1; Win64; x64) AppleWebKit/537.36 (KHTML,
        like Gecko) Chrome/65.0.3325.181 Safari/537.36','cookie': cookie }
    def start_requests(self):
        yield scrapy.FormRequest(self.url, headers=self.headers, formdata={'first':
            'true','pn': str(self.page),'kd': 'python','city': '深圳'}, callback=self.parse)
```

2. 设置下载延时

在 Scrapy 中，默认是关闭请求下载延时的（#DOWNLOAD_DELAY = 3）；去掉 #，或者在 spider 的请求中间加入 time.sleep(random.randint(5, 10))，详情可参考如下示例。

【例 2-8】设置下载延时示例

```
def parse(self, response):
    # print(response.text)
    item = LagouItem()
    data = json.loads(response.text)
    totalCount = data['content']['positionResult']['totalCount']# 总共多少条信息
    resultSize = data['content']['positionResult']['resultSize']# 每页多少条信息
    result = data['content']['positionResult']['result']# 得到一个包含15条信息的列表
        for each in result:
            for field in item.fields:
                if field in each.keys():
                    item[field] = each.get(field)
            yield item
        time.sleep(random.randint(5, 10))
        if int(resultSize):
            self.allpage = int(totalCount) // int(resultSize) + 1
            if self.page < self.allpage:
                self.page += 1
                    yield scrapy.FormRequest(self.url, headers=self.headers,
                        formdata={'first': 'false','pn': str(self.page),'kd':
                        'python','city': '深圳'}, callback= self.parse)
```

3. 设置 User-Agent 和代理 IP

可以设置一下 User-Agent，或者从一系列的 User-Agent 中随机选择一个符合标准的来使用。在 settings 中加入如下设置 User-Agent 的示例代码。

【例 2-9】设置 User-Agent 示例

```
DOWNLOADER_MIDDLEWARES = {
    'doubanMongo.middlewares.RandomUserAgent': 300,
    'doubanMongo.middlewares.RandomProxy':400
}
USER_AGENTS = [
    'Mozilla/4.0 (compatible; MSIE 8.0; Windows NT 6.0)',
    'Mozilla/4.0 (compatible; MSIE 7.0; Windows NT 5.2)',
    'Opera/9.27 (Windows NT 5.2; U; zh-cn)',
    'Opera/8.0 (Macintosh; PPC Mac OS X; U; en)',
    'Mozilla/5.0 (Macintosh; PPC Mac OS X; U; en) Opera 8.0',
    'Mozilla/5.0 (Linux; U; Android 4.0.3; zh-cn; M032 Build/IML74K)
        AppleWebKit/534.30 (KHTML, like Gecko) Version/4.0 Mobile Safari/534.30',
    'Mozilla/5.0 (Windows; U; Windows NT 5.2) AppleWebKit/525.13 (KHTML, like
        Gecko) Chrome/0.2.149.27 Safari/525.13'
]
PROXIES=[{'ip_port':'117.48.214.249:16817','user_passwd':'632345244:4tf9pcpw'}
        #{'ip_port':'117.48.214.249:16817','user_passwd':''},
        #{'ip_port':'117.48.214.249:16817','user_passwd':''},
        #{'ip_port':'117.48.214.249:16817','user_passwd':''}
    ]
```

2.7 网络基础

作为全球信息资源的汇总，Internet（因特网）是由许多小的网络（子网）互联而成的一个逻辑网，每个子网中都连接着若干台计算机（主机）。Internet 以相互交流信息资源为目的，基于一些共同的协议，通过许多路由器和公共互联网组合而成，它是一个信息资源和资源共享的集合。本节将从网络体系结构、网络协议和 Socket 编程等方面来介绍网络基础知识。

2.7.1 网络体系结构

计算机网络体系结构是网络协议的层次划分与各层协议的集合，同一层中的协议根据该层所要实现的功能来确定。各对等层之间的协议功能由相应的底层提供服务来完成。计算机网络是一个非常复杂的系统。为了设计复杂的计算机网络，人们采取分层的方法，将庞大复杂的问题转换为若干个小的局部问题。图 2-8 是目前公认的三种网络分层体系结构。

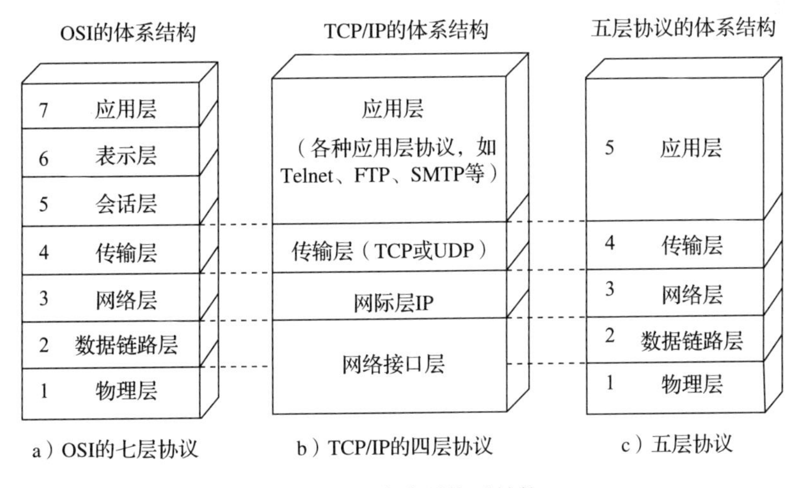

图 2-8 网络分层体系结构

网络分层体系结构的优点。

1）各层之间是独立的。某一层不需要知道它的下一层如何实现，只需调用层间的接口。

2）灵活性好。改变其中任一层，只要接口保持不变，则其他层不会受到影响。

3）易于实现和维护。

4）能促进标准化工作。每一层的功能都有了精确的说明。

2.7.2 网络协议

国际标准化组织（International Standard Organization，ISO）公布了开放系统互连参考模型（OSI/RM）。OSI/RM 是一种分层的体系结构，参考模型共有 7 层。作为 Internet 的核心协议，TCP/IP（Transmission Control Protocol/Internet Protocol）是个协议族，包含多种协议。分层的基本想法是每一层都在它的下层所提供的服务基础上提供更高级的增值服务，而最高层提供能运行分布式应用程序的服务。TCP/IP 协议与 ISO 协议的对比如表 2-2 所示。

表 2-2 TCP/IP 协议与 ISO 协议的对比

	ISO/OSI 模型	协议数据单位	TCP/IP 协议	TCP/IP 模型
主机层	7. 应用层	Data	DotNetFtpLibrary、SMTP Web API、SSH.NET、SnmpSharpNet、HTML Class、HTTP API Server	应用层
	6. 表示层		CSS、GIF、HTML、XML、JSON、S/MIME	
	5. 会话层		RPC、SCP、NFS、PAP、TLS、FTP、HTTP、HTTPS、SMTP、SSH、Telnet	
	4. 传输层	Segment(TCP)/Datagram(UDP)	NBF、TCP、UDP	传输层
媒介层	3. 网络层	Packet	IP(IPv4, IPv6)、AppleTalk、ICMP、IPsec	网际层
	2. 数据链路层	Frame	ARP、RARP、IEEE802.2、L2TP、LLDP、MAC、PPP、ATM、MPLS	网络接口层
	1. 物理层	Bit	DOCSIS、DSL、Ethernet physical lave、ISDN、RS-232	

1. TCP

TCP（Transmission Control Protocol，传输控制协议）是一种面向连接（连接导向）的、基于字节流的、可靠传输层通信协议。TCP 将用户数据打包成报文段，并在发送后启动一个定时器，另一端对收到的数据进行确认、对失序的数据重新排序并丢弃重复数据。

TCP 的特点如下所示。

- TCP 是面向连接的传输层协议。
- 每一条 TCP 连接只能有两个端点，即只能是点对点的。
- TCP 提供可靠交付的服务。
- TCP 提供全双工通信。数据在两个方向上独立地进行传输。因此，连接的每一端都必须保持每个方向上的传输数据序号。
- 面向字节流。TCP 是一种流协议，意味着数据是以字节流的形式传递给接收者，它不具备固有的“报文”或“报文边界”的概念。如果应用进程传送到 TCP 的数据块太长，TCP 就可以把它划分短一些，分几次传送，而如果数据块太短，那么也可以一次传送。

（1）TCP 头格式

如图 2-9 所示，TCP 标志位（flag）的每个标志长度均为 1bit。

- CWR：压缩，TCP 标志值为 0x80。
- ECE：拥塞，0x40。
- URG：紧急，0x20。URG=1 表示报文段中有紧急数据，应尽快传送。
- ACK：确认，0x10。ACK = 1 代表这是一个确认的 TCP 包，若取值 0 则不是确认包。
- PSH：推送，0x08。当发送端 PSH=1，接收端会尽快交付给应用进程。

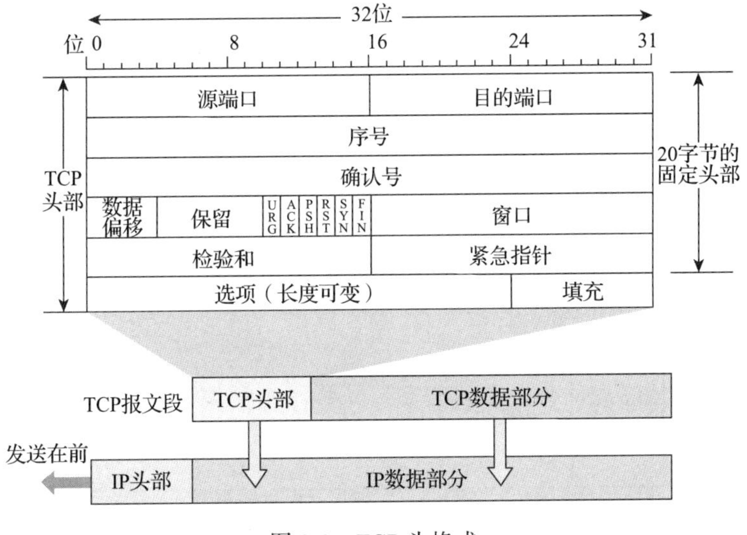

图 2-9　TCP 头格式

- RST：复位，0x04。RST=1 表明 TCP 连接中出现严重差错，必须再重新建立连接。
- SYN：同步，0x02。在建立连接时用来同步序号。SYN=1、ACK=0 表示一个连接请求报文段。SYN=1、ACK=1 表示同意建立连接。
- FIN：终止，0x01。FIN=1 表明此报文段的发送端的数据已经发送完毕，并要求释放传输连接。

（2）TCP 协议中的三次握手和四次挥手

TCP 协议中的握手与挥手过程如图 2-10 所示。

- Seq：发送方当前报文的顺序号码。
- ack：发送方期望对方在下次返回报文中给回的 Seq。

1）建立连接需要三次握手。

第一次握手：客户端（client）向服务端（server）发送连接请求包，标志位 SYN（同步序号）置为 1，顺序号码为 X=0。

第二次握手：服务端收到客户端发过来的报文，由 SYN=1 知道客户端要求建立联机，故而为这次连接分配资源，并向客户端发送一个 SYN 和 ACK 都置为 1 的 TCP 报文；设置初始顺序号码 Y=0，将确认号码（ack）设置为上一次客户端发送过来的顺序号码（Seq）加 1，即 X+1 = 0+1=1。

第三次握手：客户端收到服务端发来的包后检查确认号码是否正确，即第一次发送的 Seq 加 1（X+1=1）以及标志位 ACK 是否为 1。若正确，则服务端再次发送确认包，ACK 标志位为 1，SYN 标志位为 0。确认号码 =Y+1=0+1=1，发送的顺序号码为 X+1=1。服务端收到后确认号码值与 ACK=1 则连接建立成功，可以传送数据了。

2）断开连接需要四次挥手。

中断连接端可以是客户端，也可以是服务端；只要将两角色互换即可。

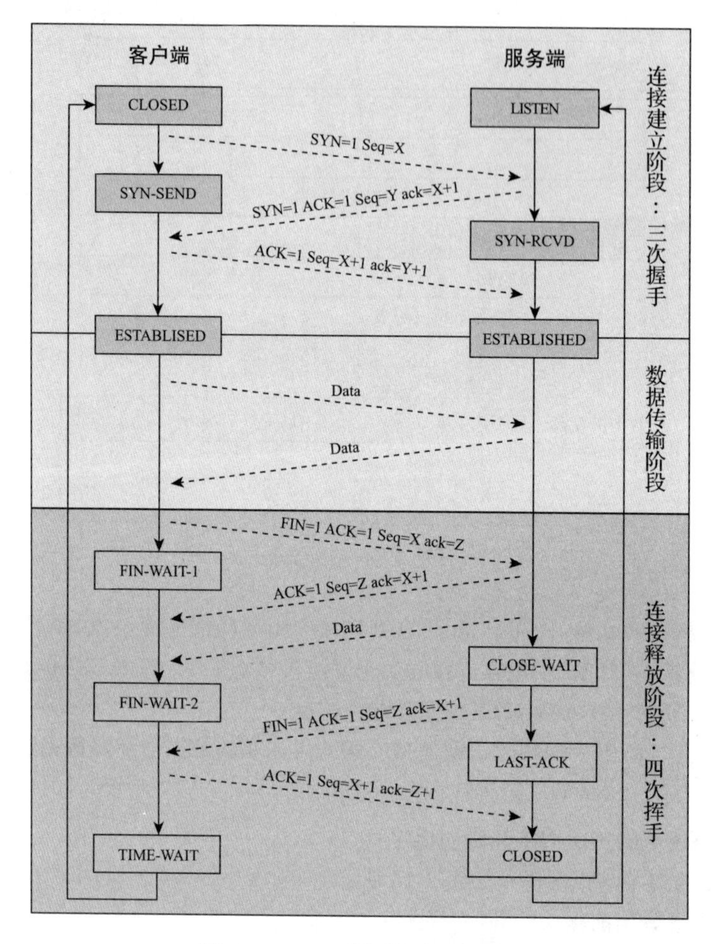

图 2-10　TCP 握手与挥手过程

第一次挥手：客户端给服务端发送 FIN 报文，用来关闭客户端到服务端的数据传送。将标志位 FIN 和 ACK 置为 1，顺序号码为 X=1，确认号码为 Z=1。意思是说“我（客户端）没有数据要发给你了，但如果你还有数据未发送完成，则不必急着关闭 Socket，可以继续发送数据。所以，你先发送 ACK 过来。”

第二次挥手：服务端收到 FIN 后，发回一个 ACK（标志位 ACK=1），确认号码为收到的顺序号码加 1，即 X=X+1=2。顺序号码为收到的确认号码 =Z。意思是说“你（客户端）的 FIN 请求我收到了，但是我还没准备好，请你继续等我的消息。”这个时候客户端就会进入 FIN_WAIT 状态，继续等待服务端的 FIN 报文。

第三次挥手：当服务端确定数据已发送完成，则会向客户端发送 FIN 报文，关闭与客户端的连接。标志位 FIN 和 ACK 置为 1，顺序号码为 Y=1，确认号码为 X=2。意思是告诉客户端：“好了，我（服务端）这边数据发完了，准备好关闭连接了。”

第四次挥手：客户端收到服务器发送的 FIN 之后，发回 ACK 确认（标志位 ACK=1），确认号码为收到的顺序号码加 1，即 Y+1=2。顺序号码为收到的确认号码 X=2。意思是“我（客户端）知道可以关闭连接了，但我还是不相信网络，怕你不知道要关闭。”所以，客户端在发送 ACK 后进入 TIME_WAIT 状态，如果服务端没有收到 ACK 则可以重传。客户端等待了 2MSL 后依然没有收到回复，则证明服务端已正常关闭，于是客户端也可以关闭连接了。

（3）TCP 报文抓取工具：Wireshark

在捕获过滤器中填入表达式 host www.cnblogs.com and port 80（80 等效于 http）。当存在多个 TCP 流时，在显示过滤器中填入表达式 tcp.stream eq 0，筛选出第一个 TCP 流（包含完整的一次 TCP 连接：三次握手和四次挥手），如图 2-11 所示。

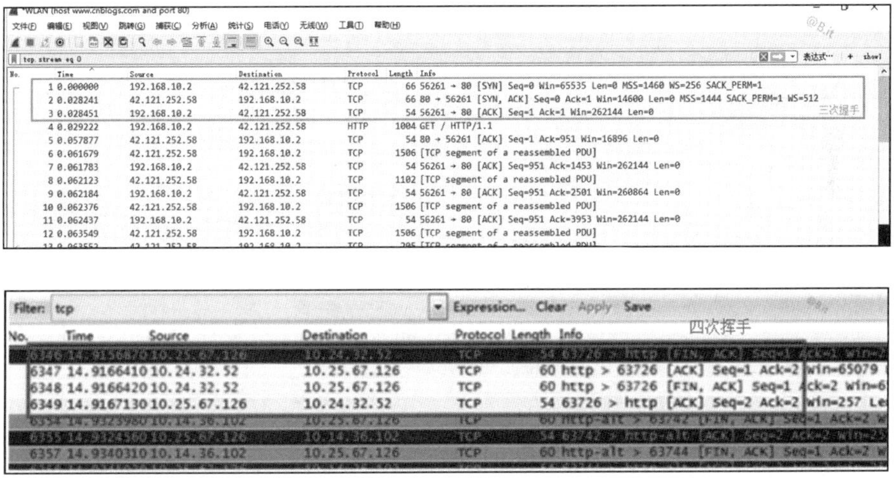

No.	Time	Source	Destination	Protocol	Length	Info
1	0.000000	192.168.10.2	42.121.252.58	TCP	66	56261 → 80 [SYN] Seq=0 Win=65535 Len=0 MSS=1460 WS=256 SACK_PERM=1
2	0.028241	42.121.252.58	192.168.10.2	TCP	66	80 → 56261 [SYN, ACK] Seq=0 Ack=1 Win=14600 Len=0 MSS=1444 SACK_PERM=1 WS=512
3	0.028451	192.168.10.2	42.121.252.58	TCP	54	56261 → 80 [ACK] Seq=1 Ack=1 Win=262144 Len=0
4	0.029222	192.168.10.2	42.121.252.58	HTTP	1004	GET / HTTP/1.1
5	0.057877	42.121.252.58	192.168.10.2	TCP	54	80 → 56261 [ACK] Seq=1 Ack=951 Win=16896 Len=0
6	0.061679	42.121.252.58	192.168.10.2	TCP	1506	[TCP segment of a reassembled PDU]
7	0.061783	192.168.10.2	42.121.252.58	TCP	54	56261 → 80 [ACK] Seq=951 Ack=1453 Win=262144 Len=0
8	0.062123	42.121.252.58	192.168.10.2	TCP	1102	[TCP segment of a reassembled PDU]
9	0.062184	192.168.10.2	42.121.252.58	TCP	54	56261 → 80 [ACK] Seq=951 Ack=2501 Win=260864 Len=0
10	0.062376	42.121.252.58	192.168.10.2	TCP	1506	[TCP segment of a reassembled PDU]
11	0.062437	192.168.10.2	42.121.252.58	TCP	54	56261 → 80 [ACK] Seq=951 Ack=3953 Win=262144 Len=0
12	0.063549	42.121.252.58	192.168.10.2	TCP	1506	[TCP segment of a reassembled PDU]

三次握手

Filter: tcp　Expression... Clear Apply Save

四次挥手

No.	Time	Source	Destination	Protocol	Length	Info
6347	14.9166410	10.24.32.52	10.25.67.126	TCP	60	http > 63726 [ACK] Seq=1 Ack=2 Win=65079
6348	14.9166420	10.24.32.52	10.25.67.126	TCP	60	http > 63726 [FIN, ACK] Seq=1 Ack=2 Win=6
6349	14.9167130	10.25.67.126	10.24.32.52	TCP	54	63726 > http [ACK] Seq=2 Ack=2 Win=257 Le
6357	14.9340310	10.14.36.102	10.25.67.126	TCP	60	http-alt > 63744 [FIN, ACK] Seq=1 Ack=2 W

图 2-11　Wireshark 抓取报文

2. HTTP

HTTP 是 HyperText Transfer Protocol（超文本传输协议）的缩写，是用于从万维网（World Wide Web，WWW）服务器传输超文本到本地浏览器的传送协议。图 2-12 展示了 HTTP 协议通信流程。

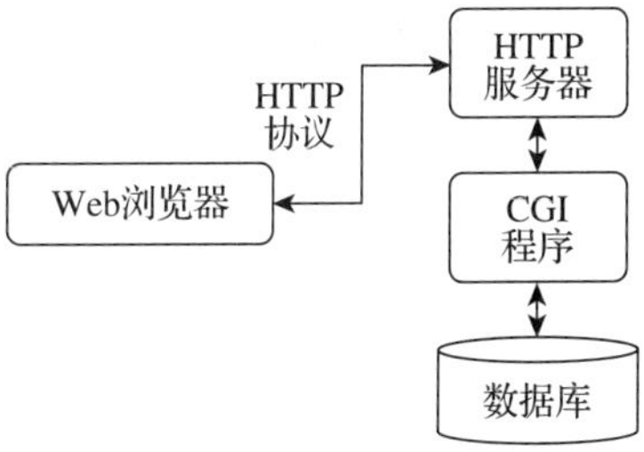

图 2-12　HTTP 协议通信流程图

HTTP 客户端请求报文（如图 2-13 所示）和服务端响应报文（如图 2-14 所示）都是由开始行（对于请求消息，开始行就是请求行；对于响应消息，开始行就是状态行）、消息报头（可选）、空行（只有 CRLF 的行）以及消息正文（可选）组成。

响应报文结构与请求报文结构唯一真正的区别在于第一行中用状态信息代替了请求信息。状态行通过提供一个状态码来说明所请求的资源情况。

关于 HTTP 客户端请求和服务端响应的使用如下例所示。

【例 2-10】客户端请求

```
GET /hello.txt HTTP/1.1
User-Agent: curl/7.16.3 libcurl/7.16.3 OpenSSL/0.9.7l zlib/1.2.3
```

```
Host: www.example.com
Accept-Language: en, mi
```

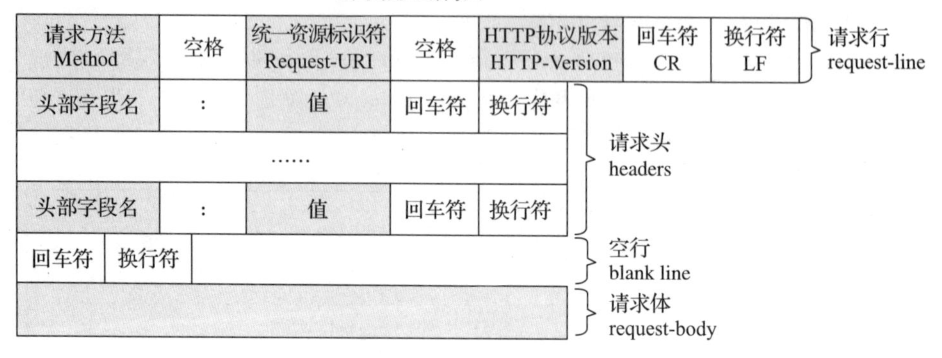

图 2-13 请求报文结构图

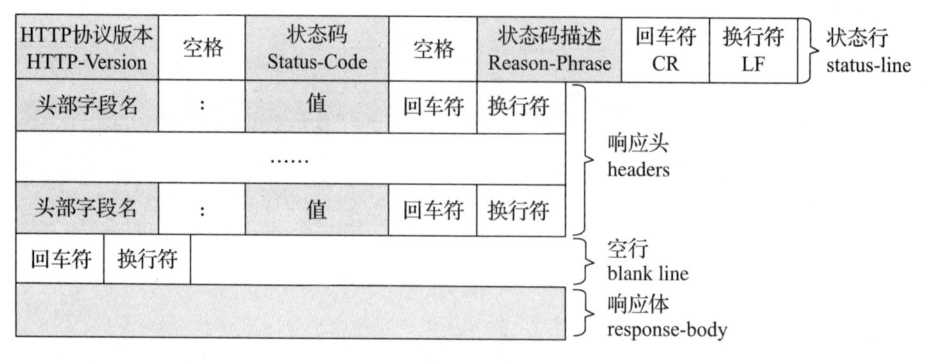

图 2-14 响应报文结构图

【例 2-11】服务端响应

```
HTTP/1.1 200 OK
Date: Mon, 27 Jul 2009 12:28:53 GMT
Server: Apache
Last-Modified: Wed, 22 Jul 2009 19:15:56 GMT
ETag: "34aa387-d-1568eb00"
Accept-Ranges: bytes
Content-Length: 51
Vary: Accept-Encoding
Content-Type: text/plain
输出结果:
Hello World! My payload includes a trailing CRLF.
```

3. Cookie 和 Session

服务端和客户端的交互仅限于请求 / 响应过程，结束之后便断开，在下一次请求时，服务端会认为其是新的客户端。为了维护它们之间的连接，让服务端知道这是前一个用户发送的请求，必须在一个地方保存客户端的信息。

- Cookie：通过在客户端记录的信息来确定用户的身份。
- Session：通过在服务端记录的信息来确定用户的身份。

（1）Cookie 与 Session 的区别

Cookie 保存在客户端，未设置存储时间的 Cookie 为会话 Cookie，保存在浏览器的进程开辟的内存中，当浏览器关闭后会话的 Cookie 也会被删除；设置了存储时间的 Cookie 则保存在用户设备的磁盘中直到过期。

Session 保存在服务端，存储于 IIS 的进程开辟的内存中。

（2）Cookie

如果一个响应中包含了 Cookie，那么我们可以利用如下示例中的方法得到该 Cookie 的值。

【例 2-12】Cookie 参数的应用

```
import requests
response = requests.get("http://www.baidu.com/")
# 返回CookieJar对象
cookiejar = response.cookies
# 将CookieJar转为字典
cookiedict = requests.utils.dict_from_cookiejar(cookiejar)
print cookiejar
print cookiedict
运行结果:
<RequestsCookieJar[<Cookie BDORZ=27315 for .baidu.com/>]>
{'BDORZ': '27315'}
```

（3）Session

在 requests 里，Session 对象是一个常用的对象，这个对象代表一次用户会话：从客户端浏览器连接服务端开始，到客户端浏览器与服务端断开。会话能让我们在跨请求时保持某些参数，比如在同一个 Session 实例发出的所有请求之间保持 Cookie。关于 Session 的 Cookie 的使用方式可以参考如下示例中的方法。

【例 2-13】实现人人网登录

```
import requests
# 创建session对象，可以保存Cookie值
ssion = requests.session()
# 处理 headers
headers = {"User-Agent": "Mozilla/5.0 (Windows NT 10.0; Win64; x64)
    AppleWebKit/537.36 (KHTML, like Gecko) Chrome/54.0.2840.99 Safari/537.36"}
# 需要登录的用户名和密码
data = {"email":"mr_mao_hacker@163.com", "password":"alarmchime"}
# 发送附带用户名和密码的请求，并获取登录后的Cookie值，保存在ssion里
ssion.post("http://www.renren.com/PLogin.do", data = data)
# ssion包含用户登录后的Cookie值，可以直接访问那些登录后才可以访问的页面
response = ssion.get("http://www.renren.com/410043129/profile")
# 打印响应内容
print response.text
```

2.7.3 Socket 编程

Socket 又称"套接字"，应用程序通过"套接字"向网络发出请求或者应答网络请求，使主机间或者一台计算机上的进程间可以通信。

Python 中，我们用 Socket() 函数来创建套接字，语法格式如下：

```
socket.socket([family[, type[, proto]]])
```

参数说明：

- Family：套接字家族可以是 AF_UNIX 或者 AF_INET。
- Type：套接字类型，根据是面向连接的还是非连接的，可分为 SOCK_STREAM 和 SOCK_DGRAM。
- Protocol：一般不填，默认为 0。

常见的 Socket 对象方法如表 2-3 所示。

表 2-3　常见的 Socket 对象方法

函　数	描　述
服务器端 Socket 函数	
s.bind()	绑定地址（host, port）到套接字，在 AF_INET 下，以元组（host, port）的形式表示地址
s.listen()	开始 TCP 监听。backlog 指定在拒绝连接之前，操作系统可以挂起的最大连接数量。该值至少为 1，大部分应用程序设为 5 就可以了
s.accept()	被动接受 TCP 客户端连接，（阻塞式）等待连接的到来
客户端 Socket 函数	
s.connect()	主动初始化 TCP 服务端连接，一般 address 的格式为元组（hostname, port），如果连接出错，则返回 socket.error 错误
s.connect_ex()	connect() 函数的扩展版本，出错时返回出错码，而不是抛出异常
公共 Socket 函数	
s.recv()	接收 TCP 数据，数据以字符串形式返回，bufsize 指定要接收的最大数据量。flag 提供有关消息的其他信息，通常可以忽略
s.send()	发送 TCP 数据，将 string 中的数据发送到连接的套接字。返回值是要发送的字节数量，该数量可能小于 string 的字节大小
s.sendall()	完整发送 TCP 数据，将 string 中的数据发送到连接的套接字，但在返回之前会尝试发送所有数据。成功则返回 None，失败则抛出异常
s.recvfrom()	接收 UDP 数据，与 recv() 类似，但返回值是（data, address）；其中 data 是包含接收数据的字符串，address 是发送数据的套接字地址
s.sendto()	发送 UDP 数据，将数据发送到套接字，address 是形式为（ipaddr, port）的元组，指定远程地址。返回值是发送的字节数
s.close()	关闭套接字

1. 服务端的 Socket 编程

我们使用 socket 模块的 socket 函数来创建一个 socket 对象。socket 对象可以通过调用其他函数来设置一个 socket 服务。

现在我们可以通过调用 bind(hostname, port) 函数来指定服务的 port（端口）。

接着，我们调用 socket 对象的 accept 方法。该方法等待客户端的连接，并返回 connection 对象，表示已连接到客户端。

```
# 文件名：server.py
import socket
# 建立一个服务端
server = socket.socket(socket.AF_INET,socket.SOCK_STREAM)
server.bind(('localhost',6999))     # 绑定要监听的端口
server.listen(5)                    # 开始监听，表示可以使用五个链接排队
while True:                         # conn就是客户端链接过来而在服务端生成的一个链接实例
    conn,addr = server.accept()     # 等待多个链接
    print(conn,addr)
    while True:
        try:
            data = conn.recv(1024)              # 接收数据
            print('recive:',data.decode())      # 打印接收到的数据
            conn.send(data.upper())             # 然后再发送数据
        except ConnectionResetError as e:
            print('关闭了正在占线的链接！')
            break
    conn.close()
```

2. 客户端的 Socket 编程

接下来我们写一个简单的客户端实例连接到以上创建的服务。端口号为 12345。

socket.connect(hosname, port) 方法打开一个 TCP 连接到主机为 hostname、端口为 port 的服务商。连接后我们就可以从服务端获取数据，记住，操作完成后需要关闭连接。

```
# 文件名：client.py
# 客户端发送一个数据，再接收一个数据

import socket                           # 声明socket类型，同时生成链接对象
client = socket.socket(socket.AF_INET,socket.SOCK_STREAM) client.connect(('loca
    lhost',6999))                       # 建立一个链接，连接到本地的6969端口
while True:
    # addr = client.accept()
    # print '连接地址：', addr
    msg = '欢迎访问菜鸟教程！'           # strip默认取出字符串的头尾空格
    client.send(msg.encode('utf-8'))    # 发送一条信息，Python3只接收btye流
    data = client.recv(1024)            # 接收一个信息，并指定接收的大小为1024字节
    print('recv:',data.decode())        # 输出所接收的信息
client.close()                          # 关闭这个链接
```

现在我们打开两个终端，第一个终端执行 server.py 文件：

```
$ python server.py
```

第二个终端执行 client.py 文件：

```
$ python client.py
欢迎访问菜鸟教程！
```

这时我们再打开第一个终端，就会看到有以下信息输出：

```
连接地址： ('192.168.0.118', 62461)
```

2.8 本章小结

随着大数据时代的到来，网络爬虫技术成为这个时代不可或缺的一部分。本章首先介绍了爬虫的概念、爬虫的意义和爬虫的基本原理；然后介绍了爬虫的四种类型和爬虫的六种抓取策略；最后对学习爬虫所需的网络基础知识（如网络体系结构、网络协议 TCP、HTTP、Session 和 Socket 网络编程等相关知识）进行了介绍。

练习题

1. 什么是爬虫？
2. 简述爬虫的基本流程。
3. 爬虫的类型有哪些？
4. 爬虫的抓取策略是什么？

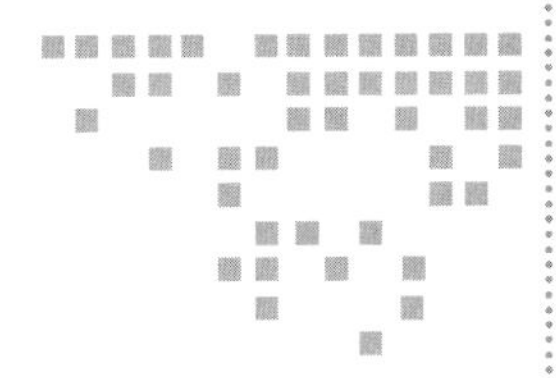

第 3 章 Chapter 3

Python 常用库

Python 的特色是具有丰富和强大的库，常被称为“胶水语言”，能够把用其他语言制作的各种模块很轻松地联结在一起。Python 库的强大而丰富，是吸引众多程序员的关键因素之一，学习理解 Python 库是提高 Python 编程技能的关键。

Python 库是功能库的集合，即具有强大的标准库、第三方扩展库以及自定义库。如果说强大的标准库奠定了 Python 发展的基石，那么丰富的第三方库则是 Python 不断发展的保证。本章将对 Python 常用库的安装和使用进行介绍，并结合学习爬虫技术的需要，对爬虫技术中所使用到的关键 Python 库（urllib、request 和 lxml 等）进行详细介绍，最后展示两个利用 Python 库进行爬虫操作的实例。

3.1 Python 库的介绍

本节将主要介绍 Python 的常用标准库和第三方库的概念、使用方法，以及第三方库的安装过程。

3.1.1 常用标准库

Python 的标准库是随 Python 安装时默认自带的库，它非常庞大，并且所提供的组件的涉及范围十分广泛。这个库包含了多个内置库（以 C 编写），Python 程序员必须依靠它们来实现系统级功能，例如文件 I/O；此外有大量以 Python 编写的库，可为日常编程中许多问题提供解决方案，其中有些库经过专门设计，通过将特定平台功能抽象化为平台中立的 API 来加强 Python 程序的可移植性。

常见的 Python 标准库（如表 3-1 所示）包括 math（数学库）、random（与随机数以及随机化有关的库）、datetime（日期时间库）、os（操作系统接口的库）、threading（用于处理多线程的库）等大量标准库。

表 3-1 Python 常用标准库

标 准 库	说 明
os	操作系统接口
sys	Python 自身的运行环境
json	编码和解码 JSON 对象
logging	记录日志，调试
multiprocessing	多进程
threading	多线程
copy	拷贝
time	时间
datetime	日期和时间
calendar	日历
random	生成随机数
socket	标准的 BSD Sockets API
shutil	文件和目录管理

Python 还提供了 pymysql（数据库连接的库）、urllib（基于 http 的高层库）、matplotlib（用于数据画图的库）等常见扩展库（如表 3-2 所示）。

表 3-2 Python 常用扩展库

标 准 库	说 明
requests	使用的是 urllib3
urllib	基于 http 的高层库
scrapy	爬虫
beautifulsoup4	HTML/XML 的解析器
celery	分布式任务调度模块
redis	缓存
Pillow	图像处理
pymysql	数据库连接库
matplotlib	画图
numpy/scipy	科学计算
fabric	系统管理
pandas	数据处理库
scikit-learn	机器学习库

Python 库中的对象必须先导入才能使用，导入方式有以下几种：

- import 模块名 [as 别名]
- from 模块名 import 对象名 [as 别名]
- from 模块名 import *

例如：

```
>>> import math as ma
>>> from math import sqrt as sq
>>> from math import *
```

3.1.2　安装使用第三方库

在实际开发中，编程人员可以根据自己的需求来使用适合的第三方扩展库，这里介绍三种常见的第三方库的安装方法。

1. 利用 pip 安装

Python 自带的 pip 是 Python 包管理工具（Python 2.7.9 + 或 Python 3.4+ 以上版本都自带 pip 工具），该工具提供了对 Python 包的查找、下载、安装和卸载功能，常用的 pip 命令如表 3-3 所示。

表 3-3　常用 pip 命令使用方法示例

pip 命令示例	说　明
pip --version	显示版本和路径
pip --help	获取帮助
pip install -U pip	升级 pip
pip install SomePackage　　# 最新版本 pip install SomePackage==1.0.4　# 指定版本 pip install 'SomePackage>=1.0.4# 最小版本	安装包
pip install --upgrade SomePackage	升级指定的包，使用 ==、>=、<=、>、< 来指定一个版本号
pip uninstall SomePackage	卸载包
pip search SomePackage	搜索包
pip show	查看指定包的详细信息
pip list	列出已安装的包

在命令提示符环境中使用 pip 命令安装第三方 Python 库，在命令提示符中输入安装命令，这里安装的是后续爬虫开发所用到的 request 库，安装命令如下所示。

```
pip3 install request
```

安装完成后结果显示如下：

```
Successfully built request get post query-string public
Installing collected packages: public, query-string, get, post, request
Successfully installed get-2019.4.13 post-2019.4.13 public-2019.4.13 query-string-201
9.4.13 request-2019.4.13
```

2. wheel 安装

有时使用 pip 安装会因网速等问题而报各种各样的错，那么这时我们可能需要使用 wheel 安装了，wheel 是 Python 的一种离线安装包，其后缀为 .whl，需要先将 wheel 文件下载至本地，然后直接用 pip3 命令加文件名安装即可。

不过在这之前，需要先安装 wheel 库，安装命令如下：

```
pip3 install wheel
```

然后到 PyPI 上下载对应的 wheel 文件，如最新版本 2.22.0，可打开 https://pypi.Python.org/pypi/requests/2.22.0#downloads，下载 requests-2.22.0-py2.py3-none-any.whl 到本地。随后在命令行界面进入 wheel 文件目录，利用 pip 安装即可：

```
pip3 install requests-2.22.0-py2.py3-none-any.whl
```

3. 源码安装

如果我们不用 pip 等包管理器工具来安装，或者只想安装某一特定版本，则可以选择下载源码安装。这种方式需要先找到此库的源码地址，下载下来再用命令安装。一般需要在 GitHub 上下载所需库的源码，如图 3-1 中的 request 库所示。

图 3-1 GitHub 上的 request 库

下载解压后，在命令提示符环境中进入文件夹，然后执行 setup.py，操作如下：

```
# 打开setup.py文件所在文件夹
cd requests-master
# 安装
Python setup.py install
```

3.2 urllib 库

学习爬虫，我们的思路是模拟浏览器向服务器发出访问请求，然后对得到的网页进行下一步解析操作。Python 提供了许多 HTTP 库来帮助我们完成这些访问和抓取网页，例如 urllib、httplib2、request、req 等。urllib 是 Python 中一个功能强大的用于操作 URL 的标准库，可以模拟浏览器的行为，向指定的服务器发送一个请求，并且可以保存服务器返回的数据。urllib 主要包括以下模块。

- urllib.request：发送 http 请求。
- urllib.error：处理请求过程中出现的异常。
- urllib.parse：解析 URL。
- urllib.robotparser：解析 robots.txt 文件。

本节将对 urlopen() 与 urlretrieve() 函数的用法、参数编码和解码函数，以及 urlparse() 和 urlsplit() 函数的用法进行介绍。

3.2.1 urlopen() 函数用法

在 Python 的 urllib 库中，所有和网络请求相关的方法都集中到了 urllib.request 模块内。其中，urllib.request 模块内的 urlopen() 函数用于实现对目标 URL 的访问。

urlopen() 函数语法如下：

```
urllib.request.urlopen(url,data=None,[timeout,]*, cafile=None, capath=None,
    cadefault=False, context=None)
```

相关参数如下所示。

- **url 参数**：目标资源在网络中的位置，可以是一个表示 URL 的字符串（如 https://www.boxuegu.com/），也可以是一个 urllib.request 对象。
- **data 参数**：用来指明发往服务器请求中的额外参数信息（如在线翻译、在线答题等提交的内容），data 默认是 None，此时以 GET 方式发送请求；当用户给出 data 参数的时候，改为以 POST 方式发送请求。
- **cafile、capath、cadefault 参数**：用于实现可信任的 CA 证书的 HTTP 请求。
- **context 参数**：实现 SSL 加密传输。

urlopen() 返回一个类文件对象（fd），它提供了如下方法：read()、readline()、readlines()、fileno() 以及 close()。这些方法的使用方式与文件对象完全一样。info() 返回一个 httplib.HTTPMessage 对象，表示远程服务器返回的头信息（header）；getcode() 返回 http 状态码，200 表示请求成功完成；404 表示网址未找到；geturl() 返回请求的 url。

关于 urlopen() 函数的使用方法，请参考例 3-1 和例 3-2。

【例 3-1】打开一个网页进行请求并获取所有内容

```
import urllib.request
response = urllib.request.urlopen('http://www.baidu.com')
print(response.read().decode('utf-8'))
```

部分结果如下所示：

```
<html>
<head>
    <meta http-equiv="content-type" content="text/html;charset=utf-8">
    <meta http-equiv="X-UA-Compatible" content="IE=Edge">
    <meta content="always" name="referrer">
    <meta name="theme-color" content="# 2932e1">
    <link rel="shortcut icon" href="/favicon.ico" type="image/x-icon" />
```

```
    <link rel="search" type="application/opensearchdescription+xml" href="/content-
       search.xml" title="百度搜索" />
    <link rel="icon" sizes="any" mask href="//www.baidu.com/img/baidu_85beaf549
       6f291521eb75ba38eacbd87.svg">
```

【例 3-2】利用 type() 方法查看返回的输出类型

```
import urllib.request
response = urllib.request.urlopen('http://www.baidu.com')
print(type(response))
```

输出结果如下：

```
<class 'http.client.HTTPResponse'>
```

这里能够知道返回的结果是一个 HTTPResponse 类型的对象。它主要包含 read()、readinto()、getheader(name)、getheaders()、fileno() 等方法，以及 msg、version、status、reason、debuglevel、closed 等属性。

在得到这个对象之后，我们能够将其赋予 response 变量，然后就可以调用这些方法和属性得到返回结果的一系列信息了。

例如，调用 info() 方法可以获取响应头信息，返回字符串；调用 version 属性可以获取 HTTP 协议版本号；调用 status 属性可以获取响应码，例如 200 为服务器已成功处理了请求，404 为找不到请求的网页。

关于如何利用 urlopen() 和 info() 方法实现响应头信息的获取，可参考如下示例。

【例 3-3】获取响应头信息

```
1  import urllib.request
2  response = urllib.request.urlopen('https://www.baidu.com')
3  print(response.status)
4  # 获取特定响应头信息
5  print(response.getheader(name="Content-Type"))
6  # 获取响应头信息，返回字符串
7  print(response.info())
8  # 获取HTTP协议版本号（HTTP1.0版本或HTTP1.1版本）
9  print(response.version)
```

运行结果如下所示：

```
200
text/html
Accept-Ranges: bytes
Cache-Control: no-cache
Content-Length: 227
Content-Type: text/html
Date: Mon, 27 May 2019 02:10:24 GMT
Etag: "5ce4c43c-e3"
Last-Modified: Wed, 22 May 2019 03:38:36 GMT
P3p: CP=" OTI DSP COR IVA OUR IND COM "
Pragma: no-cache
Server: BWS/1.1
```

```
Set-Cookie: BD_NOT_HTTPS=1; path=/; Max-Age=300
Set-Cookie: BIDUPSID=69161032BED954853F4643F7AAAB402D; expires=Thu, 31-
Dec-37 23:55:55 GMT; max-age=2147483647; path=/; domain=.baidu.com
Set-Cookie: PSTM=1558923024; expires=Thu, 31-Dec-37 23:55:55 GMT; max-age=2
147483647; path=/; domain=.baidu.com
Strict-Transport-Security: max-age=0
X-Ua-Compatible: IE=Edge,chrome=1
Connection: close)
```

利用 urlopen() 就能实现最基本的、简单网页的 GET 请求抓取。在前面所展示的 urlopen() 函数语法中，除了 url 参数外还包含其他参数，例如 data 参数、timeout 超时参数等。这里举一个 data 参数的例子。

【例 3-4】data 参数实例

```
1  import urllib.parse
2  import urllib.request
3  data = bytes(urllib.parse.urlencode({'word': 'hello'}), encoding='utf8')
4  response = urllib.request.urlopen('http://httpbin.org/post', data=data)
5  print(response.read()))
```

data 参数是可供选择的，使用 data 参数时，若其是字节流编码格式的内容，即 bytes 类型，则需要通过 bytes() 函数进行转化。如果我们传递了这个 data 参数，那么它的请求方式就不再是 GET 方式请求，而是 POST 方式。

这里通过 httpbin 网页进行 HTTP 请求测试，其中包含我们传递的 data 参数。输出结果如下所示：

```
"args": {},
"data": "",
"files": {},
"form": {
        "word": "Python"
    },
"headers": {
        "Accept-Encoding": "identity",
        "Content-Length": "11",
        "Content-Type": "application/x-www-form-urlencoded",
        "Host": "httpbin.org",
        "User-Agent": "Python-urllib/3.6"
    },
    "json": null,
    "origin": "113.9.216.26, 113.9.216.26",
    "url": "http://httpbin.org/post"
}
```

3.2.2　urlretrieve() 函数用法

下面再来看看 urllib 模块提供的 urlretrieve() 函数。urlretrieve() 方法直接将远程数据下载到本地。其函数语法如下：

```
urlretrieve(url, filename=None, reporthook=None, data=None)
```

相关参数如下所示。

- 参数 filename 指定了保存到本地的路径。如果参数未指定，则 urllib 会生成一个临时文件来保存数据。
- 参数 reporthook 是一个回调函数，当连接上服务器以及相应的数据块传输完毕时，会触发该回调，我们可以利用这个回调函数来显示当前的下载进度。
- 参数 data 指 post 到服务器的数据，该方法返回一个包含两个元素的元组 (filename, headers)，filename 表示保存到本地的路径，header 表示服务器的响应头。

通过 urlretrieve() 能够将网页抓取到本地，具体方法请参考如下示例。

【例 3-5】urlretrieve() 抓取百度首页

```
#!/usr/bin/env python
# coding=utf-8
1  import urllib.request
2  def cbk(a, b, c):
3   '''回调函数
4   @a: 已经下载的数据块
5   @b: 数据块的大小
6   @c: 远程文件的大小
7   '''
8   per = 100.0 * a * b / c
9   if per > 100:
10      per = 100
11  print
12  '%.2f%%' % per
13 url = 'http://www.baidu.com'
14 local = 'd://baidu.html'
15 urllib.request.urlretrieve(url, local, cbk)
```

通过上面的例子可以知道，urlopen() 可以轻松获取远端 html 页面信息，通过正则匹配获取想要的数据信息，再利用 urlretrieve() 将数据下载到本地。对于访问受限或者连接数受限的远程 URL 地址可以采用 proxies（代理的方式）连接，如果远程数据量过大，且单线程下载太慢的话，可以采用多线程下载，这个就是所谓的爬虫。

3.2.3 URL 编码和 URL 解码

在爬取过程中，不可避免会涉及中文字符问题；因此在 Python 中，URL 需要对中文等非 ASCII 码字符进行参数的编码与解码。例如当请求数据为字典 data = {k1:v1, k2:v2}，且参数中包含中文或者“?”“=”等特殊符号时，通过 URL 编码可将 data 转化为特定格式 k1=v1&k2=v2，并且将中文和特殊符号进行编码，以避免发生歧义。

1. URL 编码

1）对字符串编码，可使用 urllib.parse 包下的 quote(string, safe='/', encoding=None, errors=None, errors='replace') 方法。

2）对 json 格式的参数名和值编码，可使用 urllib.parse 包下的 urlencode(query, doseq=False, safe='', encoding=None, errors=None, quote_via=quote_plus) 方法。

2. URL解码

解码可使用urllib.parse包下的unquote(string, encoding='utf-8', errors='replace')方法。

对于中文等非ASCII码字符，URL的编码与解码方式如下例所示。

【例3-6】编码和解码函数实例

```
1  from urllib import parse
2  from urllib import request
3  url = 'http://www.baidu.com/s?'
4  dict1 ={'wd': '百度翻译'}
5  # unlencode()将字典{k1:v1,k2:v2}转化为k1=v1&k2=v2
6  url_data = parse.urlencode(dict1)
7  # url_data: wd=%E7%99%BE%E5%BA%A6%E7%BF%BB%E8%AF%91
8  print(url_data)
9  # 读取URL响应结果
10 data = request.urlopen((url+url_data)).read()
11 # 用utf8对响应结果编码
12 data = data.decode('utf-8')
13 # 解码URL
14 url_org = parse.unquote(url_data)
15 print(url_org)
16 str1 = 'hello world 你好世界'
17 # 对字符串编码
18 str2 = parse.quote(str1)
19 print(str2)
20 # 解码字符串
21 str3 = parse.unquote(str2)
22 print(str3)
```

运行结果如下所示：

```
wd=%E7%99%BE%E5%BA%A6%E7%BF%BB%E8%AF%91
wd=百度翻译
hello%20world%20%E4%BD%A0%E5%A5%BD%E4%B8%96%E7%95%8C
hello world 你好世界
```

3.2.4 urlparse()和urlsplit()函数用法

上文提到urllib库中还包含parse这个模块，它定义了处理URL的标准接口，例如实现URL各部分的抽取、合并以及链接转换。它支持如下协议的URL处理：file、ftp、gopher、hdl、http、https、imap、mailto、mms、news、nntp、prospero、rsync、rtsp、rtspu、sftp、sip、sips、snews、svn、svn+ssh、telnet和wais。本节会介绍该模块中常用的方法，并看一下它的便捷之处。

在爬取过程中，当拿到一个URL时，若想对这个URL中的各个组成部分进行分解，就需要用urlparse()和urlsplit()进行分割。

1. urlparse()

urlparse()方法可以实现URL的识别和分段，其函数语法如下：

```
urlparse(url, scheme='', allow_fragments=True)
```

该函数语法的相关参数如下。

- urlstring：这是必填项，即待解析的 URL。
- scheme：它是默认的协议（比如 http 或 https）。假如该链接没有带协议信息，则会将这个作为默认的协议。
- allow_fragments：指是否忽略 fragment。如果它被设置为 False，则 fragment 部分就会被忽略，它会被解析为 path、parameters 或者 query 的一部分，而 fragment 部分为空。

关于 urlparse() 的使用请看下面的实例。

【例 3-7】使用 urlparse() 进行 URL 的解析

```
1  from urllib import parse
2  url = "http://www.baidu.com/s?username=Python"
3  result = parse.urlparse(url)
4  print("urlparse出来的结果: %s" % str(result))?'
```

运行结果为：

```
urlparse出来的结果: ParseResult(scheme='http', netloc='www.baidu.com', path='/s', par
ams='', query='username=Python', fragment='')
```

由运行结果可以发现，返回的是一个 ParseResult 类型的对象，它由 6 部分构成，分别是 scheme、netloc、path、params、query 和 fragment。

实际上 urlparse() 方法将 urlstring 解析成 6 个部分，然后从 urlstring 中取得 URL，并返回元组（scheme、netloc、path、parameters、query、fragment），尽管该返回值是基于 namedtuple 的，也是 tuple 的子类，但它支持通过名字属性或者索引访问的各部分 URL，每个组件是一串字符，也有可能是空的。组件不能被解析为更小的部分，% 后面的也不会被解析，分割符号并不是解析结果的一部分，除非用斜线转义；注意，返回的这个元组非常有用，例如可以用来确定网络协议（HTTP 或 FTP）、服务器地址、文件路径等。

前面已经给出了 urlparse() 的语法，其中参数 scheme 的用法如下例所示。

【例 3-8】使用 scheme 参数实例

```
1  from urllib import parse
2  url = "www.baidu.com/s?username=Python"
3  result = parse.urlparse(url, scheme='https')
4  print(result)
```

运行结果如下：

```
ParseResult(scheme='https', netloc='www.baidu.com', path='/s', params='', query='usera
me=Python', fragment=''))
```

可以发现，通过指定 scheme 参数，返回的结果是 https。

2. urlsplit()

urlsplit() 方法和 urlparse() 方法在作用上十分相似，只不过它不再单独解析 params 部分，而仅返回 5 个结果。上面例子中的 params 会合并到 path 中。

关于 urlsplit() 的使用方法，请参考例 3-9 和例 3-10。

【例 3-9】使用 urlsplit () 进行 URL 的解析

```
1  from urllib import parse
2  url = "http://www.baidu.com/s?username=Python"
3  result = parse.urlsplit(url)
4  print(result)
```

运行结果为：

```
SplitResult(scheme='http', netloc='www.baidu.com', path='/s', query='username=Python',
fragment='')
```

该代码返回结果是 SplitResult，它其实也是一个元组类型，可以用属性和索引来获取值。

【例 3-10】解析结果

```
1  from urllib import parse
2  url = "http://www.baidu.com/s?username=Python"
3  result = parse.urlsplit(url)
4  print(result.netloc,result[1])
```

运行结果为：

```
www.baidu.com www.baidu.com
```

3.3　request 库

在上文中，我们已经见识了 urllib 的强大之处，例如利用 urlopen() 方法可以实现最基本请求的发起，但这几个简单的参数并不足以构建一个完整的请求。如果请求中需要加入 headers 等信息，则可以利用更强大的 request 库来构建。

request 是用 Python 语言来编写的，其基于 urllib，是采用 Apache2 Licensed 开源协议的 HTTP 库。其使用起来更加方便，可以减少大量的代码编写工作，完全满足 HTTP 测试需求。我们需要确保已经正确安装 request 库，在 Python 中导入 request 库进行测试，代码如下：

```
>>> import request
```

3.3.1　request 库的基本使用

利用 request 发送网络请求也非常简单。request 库中的 get() 方法类似于 urllib 中的 urlopen() 方法。关于 requests.get() 的使用方法，请参考例 3-11。

【例 3-11】requests.get() 方法实例

```
1  import requests
2  result = requests.get('https://www.baidu.com/')
3  print(type(result))
4  print(r.status_code)
```

运行结果如下：

```
<class 'requests.models.Response'>
200
```

上面的例子中，我们调用 get() 方法来实现与 urlopen() 相同的操作，得到一个 Response 对象，然后分别输出了 Response 的类型以及状态码。对于 HTTP 请求类型，PUT、DELETE、HEAD 以及 OPTIONS 都能通过如下代码进行 HTTP 请求：

```
>>> r = requests.put('http://httpbin.org/put', data = {'key':'value'})
>>> r = requests.delete('http://httpbin.org/delete')
>>> r = requests.head('http://httpbin.org/get')
>>> r = requests.options('http://httpbin.org/get')*
```

requests 会自动解码来自服务器的内容（实例如下所示），大多数 unicode 字符集都能被无缝地解码。

【例 3-12】requests 解码实例

```
1  import requests
2  r = requests.get('https://api.github.com/events')
3  print(r.text)
```

请求发出后，requests 会基于 HTTP 头部对响应的编码来做出有根据的推测。当访问 r.text 时，requests 会使用其推测的文本编码。我们可以找出 requests 使用了什么编码，并且能够使用 r.encoding 属性来改变它：

```
>>>  r.encoding
>>>  r.encoding = 'ISO-8859-1'
```

如果我们改变了编码，那么每当访问 r.text 时，request 都会使用 r.encoding 的新值。我们可能希望在使用特殊逻辑计算出文本编码的情况下修改编码。比如 HTTP 和 XML 自身可以指定编码。这样的话，我们应该使用 r.content 来找到编码，然后设置 r.encoding 为相应的编码。这样就能使用正确的编码来解析 r.text 了。

在需要的情况下，requests 也可以使用定制的编码。如果创建了自己的编码，并使用 codecs 模块进行注册，那么就可以使用这个解码器名称作为 r.encoding 的值，然后由 requests 来为我们处理编码。

1. 传递 URL 参数

我们也许经常想为 URL 的查询字符串传递某种数据。如果我们是手工构建 URL，那么数据会以键 / 值对的形式置于 URL 中，跟在一个问号的后面；例如，httpbin.org/get?key=val。requests 允许使用 params 关键字参数，并以一个字符串字典来提供这些参数。举例来说，如果想传递 key1=value1 和 key2=value2 到 httpbin.org/get，那么我们可以使用如下代码：

```
>>> payload = {'key1': 'value1', 'key2': 'value2'}
>>> r = requests.get("http://httpbin.org/get", params=payload)
>>> print(r.url)
```

通过打印输出该 URL，能看到 URL 已被正确编码：

```
http://httpbin.org/get?key2=value2&key1=value1
```

注意，字典里值为 None 的键都不会被添加到 URL 的查询字符串里。

还可以将一个列表作为值传入：

```
>>> payload = {'key1': 'value1', 'key2': ['value2', 'value3']}
>>> r = requests.get('http://httpbin.org/get', params=payload)
>>> print(r.url)
```

输出结果为：

```
http://httpbin.org/get?key1=value1&key2=value2&key2=value3
```

关于构造 URL 参数的 GET 请求的方式，请参考例 3-13。

【例 3-13】GET 传参实例

```
1  import requests
2  data = {
3    'name': 'Ivan',
4    'age': 23
5  }
6  r = requests.get("http://httpbin.org/get", params=data)
7  print(r.text))
```

运行结果为：

```
{
    "args": {
        "age": "22",
        "name": "germey"
    },
    "headers": {
        "Accept": "*/*",
        "Accept-Encoding": "gzip, deflate",
        "Host": "httpbin.org",
        "User-Agent": "Python-requests/2.14.2"
    },
    "origin": "113.9.216.26, 113.9.216.26",
    "url": "https://httpbin.org/get?name=germey&age=22"
}
```

根据运行结果判断，该请求返回了一个 JSON 格式的数据。另外，网页的返回类型实际上是 str 类型，但它很特殊，是 JSON 格式的。所以，如果想直接解析返回结果，从而得到一个字典格式的话，可以直接调用 json() 方法。示例如下：

```
1  import requests
2  r = requests.get("http://httpbin.org/get")
3  print(type(r.text))
4  print(r.json())
5  print(type(r.json()))
```

运行结果如下：

```
<class 'str'>
{'args': {}, 'headers': {'Accept': '*/*', 'Accept-Encoding': 'gzip, deflate', 'Host': 'httpbi
n.org', 'User-Agent': 'Python-requests/2.14.2'}, 'origin': '113.9.216.26, 113.9.216.26', 'ur
l':'https://httpbin.org/get'}
<class 'dict'>
```

如果 JSON 解码失败，r.json() 就会抛出一个异常。例如，响应内容是 401（Unauthorized），尝试访问 r.json() 将会抛出 ValueError:NoJSONobjectcouldbedecoded 异常。

需要注意的是，成功调用 r.json() 并不意味着响应的成功。有的服务器会在失败的响应中包含一个 JSON 对象（比如 HTTP500 的错误细节）。这种 JSON 会被解码返回。要检查请求是否成功，则请使用 r.raise_for_status() 或者检查 r.status_code 是否和之前的期望相同。

2. 抓取二进制响应内容

requests 支持以字节的方式访问请求响应体，对于非文本请求：

```
>>> r.content
b'[{"repository":{"open_issues":0,"url":"https://github.com/...
```

requests 会自动为我们解码 gzip 和 deflate 传输编码的响应数据。

例如，以请求返回的二进制数据来保存一张图片（即抓取站点图标），可以使用如下代码。

【例 3-14】抓取站点图标

```
1  import requests
2  r = requests.get("https://baidu.com/favicon.ico")
3  with open('favicon.ico', 'wb') as f:
4  f.write(r.content)
```

运行结果如图 3-2 所示。

3. 定制 headers

在爬取的过程中，有些网站不设置 headers（请求头），这样便不能正常请求该网站。我们以抓取知乎的“发现”页面为例，来看下不添加 headers 的情况，如下所示。

图 3-2　favicon.ico

【例 3-15】未添加 headers 的抓取

```
1  import requests
2  r = requests.get("https://www.zhihu.com/explore")
3  print(r.text)
```

运行结果如下：

```
<html>
<head><title>400 Bad Request</title></head>
<body bgcolor="white">
<center><h1>400 Bad Request</h1></center>
<hr><center>openresty</center>
</body>
</html>
```

由响应信息可知，请求访问失败，但加上headers信息并给User-Agent赋值，那就没问题了，我们也能在headers里添加其他信息。

【例3-16】添加header抓取

```
1  import requests
2  headers = {
3    'User-Agent': 'Mozilla/5.0 (Windows NT 10.0; Win64; x64) AppleWebKit/537.6
4  (KHTML, like Gecko) Chrome/74.0.3729.169 Safari/537.36'
5  }
6  r = requests.get("https://www.zhihu.com/explore", headers=headers)
7  print(r.text)
```

注意，定制headers的优先级低于某些特定的信息源。

1）如果在.netrc中设置了用户认证信息，那么使用headers=设置的授权就不会生效。而如果设置了auth=参数，.netrc的设置就无效了。

2）如果被重定向到别的主机，那么授权header就会被删除。

3）代理授权header会被URL中提供的代理身份覆盖掉。

进一步讲，requests不会基于定制header的具体情况来改变自己的行为。只不过在最后的请求中，所有的header信息都会被传递进去。

注意 所有的header值都必须是string、bytestring或者unicode。尽管传递unicode header也是允许的，但不建议这样做。

4. POST请求

HTTP只有POST和GET两种命令模式。通常情况下，POST是被设计用来向服务器发送数据的，而GET则是被设计用来从服务器获取数据。POST和GET的区别如下：

1）POST和GET都可以带着参数请求，不过GET请求的参数会在url上显示出来。

2）POST请求的参数不会直接显示，而是会隐藏起来。像账号密码这种私密的信息，就应该用POST的请求。

3）GET请求会应用于获取网页数据，比如requests.get()。POST请求则应用于向网页提交数据，比如提交表单类型数据（像账号密码就是网页表单的数据）。

POST请求分为json（application/json）类型和表单类型（x-www-form-urlencoded）。

（1）json类型的POST请求

关于json类型的POST请求，具体语法如下：

```
import requests
url = "http://test"
data = '{"key":"value"}' # 字符串格式
res = requests.post(url=url,data=data)print(res.text)
```

（2）表单类型的POST请求

要实现表单类型的POST请求，只需简单地传递一个字典给data参数。数据字典在发出请求时会自动编码为表单形式：

```
>>> payload = {'key1': 'value1', 'key2': 'value2'}
>>> r = requests.post("http://httpbin.org/post", data=payload)
>>> print(r.text)
{
    ...
    "form": {
        "key2": "value2",
        "key1": "value1"
    },
    ...
}
```

我们还可以为 data 参数传入一个元组列表。当表单中有多个元素使用同一 key 时，这种方式尤其有效：

```
>>> payload = (('key1', 'value1'), ('key1', 'value2'))
>>> r = requests.post('http://httpbin.org/post', data=payload)
```

通过 data 参数传入一个元组列表，具体方法如以下示例所示。

【例 3-17】POST 请求实例

```
1  import requests
2  payload = (('key1', 'value1'), ('key2', 'value2'))
3  r = requests.post('http://httpbin.org/post', data=payload)
4  print(r.text)
```

运行结果如下：

```
{
    "args": {},
    "data": "",
    "files": {},
    "form": {
        "key1": "value1",
        "key2": "value2"
    },
    "headers": {
        "Accept": "*/*",
        "Accept-Encoding": "gzip, deflate",
        "Content-Length": "23",
        "Content-Type": "application/x-www-form-urlencoded",
        "Host": "httpbin.org",
        "User-Agent": "Python-requests/2.14.2"
    },
    "json": null,
    "origin": "113.9.216.26, 113.9.216.26",
    "url": "https://httpbin.org/post"
}
```

由结果可知已经成功获得了返回结果，其中 form 部分就是 POST 提交的数据，这就表明已成功发送 POST 请求。

requests 中的 POST 使得上传多部分编码文件也变得很简单，实例如下所示。

【例3-18】上传文件实例

```
1  import requests
2  4files = {'file': open('test.img', 'rb')}
3  r = requests.post("http://httpbin.org/post", files=files)
4  print(r.text)
```

代码对应的文件夹下存在一个名为“test.img”的图像文件，运行结果如下：

```
{
    "args": {},
    "data": "",
    "files": {
        "file": "data:application/octet-stream;base64, AAABAAEAQEAAA...="
    },
    "form": {},
    "headers": {
        "Accept": "*/*",
        "Accept-Encoding": "gzip, deflate",
        "Content-Length": "17105",
        "Content-Type": "multipart/form-data; boundary=e44ad266ca7748709e57e3c75a6e3
            f0b",
        "Host": "httpbin.org",
        "User-Agent": "Python-requests/2.14.2"
    },
    "json": null,
    "origin": "113.9.216.26, 113.9.216.26",
    "url": "https://httpbin.org/post"
}
```

5. 响应

发送POST请求后，得到的自然就是响应。在上面的实例中，我们能够使用text等获取响应的内容。此外，还有很多属性和方法可以用来获取其他信息，比如状态码、响应头、Cookies等。获取响应的实例如下所示。

【例3-19】获取响应的实例

```
1  import requests
2  r = requests.get('http://www.baidu.com')
3  print(type(r.status_code), r.status_code)
4  print(type(r.url), r.url)
5  print(type(r.headers), r.headers)
6  print(type(r.cookies), r.cookies)
7  print(type(r.history), r.history)
```

运行结果如下：

```
<class 'int'> 200
<class 'str'> http://www.baidu.com/
<class 'requests.structures.CaseInsensitiveDict'> {'Cache-Control': 'private, no-cache, n
o-store, proxy-revalidate, no-transform', 'Connection': 'Keep-Alive', 'Content-
    Encoding':    gzip', 'Content-Type': 'text/html', 'Date': 'Mon, 27 May 2019
    09:11:05 GMT', 'Last-Modified': 'Mon, 23 Jan 2017 13:27:32 GMT', 'Pragma': 'no-
```

```
    cache', 'Server': 'bfe/1.0.8.18', 'Set-Cookie': 'BDORZ=27315; max-age=86400;
    domain=.baidu.com; path=/', 'Transfer-Encoding': 'chunked'}
<class 'requests.cookies.RequestsCookieJar'> <RequestsCookieJar[<Cookie BDORZ=27315
    for .baidu.com/>]>
<class 'list'> []
```

上面的实例分别打印输出 status_code 属性得到状态码，输出 headers 属性得到响应头，输出 cookies 属性得到 Cookies，输出 url 属性得到 URL，输出 history 属性得到请求历史。

状态码 status_code 是用以表示网页服务器超文本传输协议响应状态的 3 位数字代码，而 request 库还提供了一个内置的状态码查询对象 requests.codes，查询实例如下所示。

【例 3-20】查询对象实例

```
1  import requests
2  r = requests.get('http://www.baidu.com')
3  exit() if not r.status_code == requests.codes.ok else print('请求成功')
```

运行结果如下：

```
请求成功
```

6. Cookies

在爬虫中可能会涉及 Cookies 问题，如果某个响应中包含一些 Cookies，那么利用 request 可以快速访问。获取微博主页 Cookies 实例如下。

【例 3-21】获取微博主页 Cookies

```
1  import requests
2  r = requests.get("https://www.weibo.com")
3  print(r.cookies)
4  for key, value in r.cookies.items():
5    print(key + '=' + value)
```

运行结果如下：

```
<RequestsCookieJar[<Cookie login=609423641c81693ee710ee69b0d0e34c for passport.
    weibo.com/>]>
login=609423641c81693ee710ee69b0d0e34c
```

通过 get() 方法能够得到响应，再调用 cookies 属性即可成功得到 Cookie。在一些情况下，能够通过 Cookies 进行模拟登录，下面以登录知乎首页为例来进行说明。首先我们需要登录豆瓣，然后将 headers 中的 Cookie 复制下来，如图 3-3 所示。

把 headers 中的 cookie 属性值换成刚刚自己复制的 Cookie，然后发送请求，实例如下。

【例 3-22】利用 Cookie 登录知乎

```
1  import requests
2  headers = {'Cookie': '_zap=1e90c32c-f107-47fd-a2c1-dc4825387b14; d_c0="AEAhl
3  cghjQ6PTgJrYt-jCx-yeEe-6Mw-N1I=|1542769374"; __gads=ID=8eb3ce731a878f92:
4  T=1543836189:S=ALNI_MZxN9fZ2D4pwM9SS8_NirbIK4oJqg; __utmv=51854390.
```

```
5  100--|2=registration_date=20150718=1^3=entry_date=20150718=1; _xsrf=Q9RcouJP
6  KBgXlRzOLXXnzgVqqtp7Ayya; __utma=51854390.411081451.1546934847.154693
7  4847.1555068299.2; __utmz=51854390.1555068299.2.2.utmcsr=google|utmccn=(org
8  anic)|utmcmd=organic|utmctr=(not%20provided); q_c1=066cdd6027e747c9ba0b0992
9  871bc2d2|1556706765000|1542769503000; tst=r; capsion_ticket="2|1:0|10:15588729
10 97|14:capsion_ticket|44:MDg3ZWNmZTA1Yjc4NGNjYzllMWFiMGFiMGVjYTFjY1
11 WY=|ded192ebf001f60c61038f19ed833bdff76614fe7d9d1085dc3affe338ee4313"; r_c
12 ap_id="MGVkMzkwNmMzYmY2NGJkZThkNGZhOTYyMDJkZjI3ZWE=|15588730
13 01|f1f76f832f2bcb0fb7e3826176380b8bdcc4f278"; cap_id="NTY2NGJkMWRiNzky
14 NDU3MzgONzYwMWU0ZGVlNGI5OTM=|1558873001|fd54d23d073c3a90c8e25ddc
15 9f80d6fbfdfc4a75"; l_cap_id="NDIyYmNmMTg3MjRkNGY1OGEyZjM3MzBhOG
16 M0MGYwZDk=|1558873001|1e0ff372de6dc4b633a19240434562e2345b6bd5"; z_c0
17 =Mi4xY2dqZkFRQUFBQUFBUUNHVnlDR05EaGNBQUFCaEFsVk5zZEhYWFFD
18 Q3ZQai1EeEpOSjQ5UXVFSlZ5TWd4YzlfY1VR|1558873009|ec1375d69afd9634232
19 90200dcc30cfe362019de; tgw_l7_route=6936aeaa581e37ec1db11b7e1aef240e',
20     'Host': 'www.zhihu.com',
21     'User-Agent': 'Mozilla/5.0 (Macintosh; Intel Mac OS X 10_11_4) AppleWeb
22 Kit/537.36 (KHTML, like Gecko) Chrome/53.0.2785.116 Safari/537.36',
23 }
24 r = requests.get('https://www.zhihu.com', headers=headers)
25 print(r.text)
```

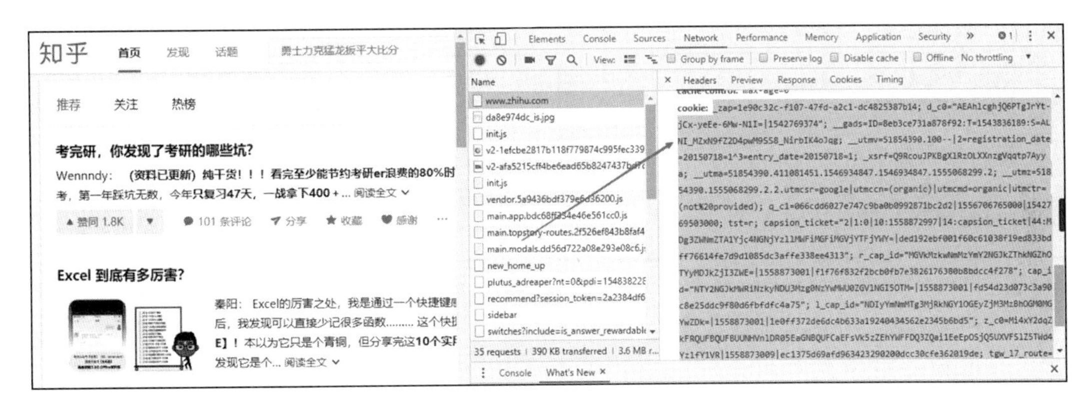

图 3-3　复制 Cookie

部分运行结果如下所示，说明登录成功。

```
<!doctype html>
<html lang="zh" data-hairline="true" data-theme="light"><head><meta charSet="utf-
    8"/><title data-react-helmet="true">首页 - 知乎</title><meta name="viewport"
    content="width=device-width,initial-scale=1,maximum-scale=1"/><meta name="renderer"
    content="webkit"/><meta name="force-rendering" content="webkit"/><meta http-
    equiv="X-UA-Compatible" content="IE=edge,chrome=1"/><meta name="google-site-
    verification" content="FTeR0c8arOPKh8c5DYh_9uu98_zJbaWw53J-Sch9MTg"/><meta
    name="description" property="og:description" content="有问题，上知乎。知乎，可信
    赖的问答社区，以让每个人高效获得可信赖的解答为使命。知乎凭借认真、专业和友善的社区氛围，结
    构化、易获得的优质内容，基于问答的内容生产方式和独特的社区机制，吸引、聚集了各行各业中大量
    的亲历者、内行人、领域专家、领域爱好者，将高质量的内容透过人的节点来成规模地生产和分享。
    用户通过问答等交流方式建立信任和连接，打造和提升个人影响力，并发现、获得新机会。"/><link
    rel="shortcut icon" type="image/x-icon" href="https://static.zhihu.com/static/
    favicon.ico"/><link rel="search" type="application/opensearchdescription+xml"
```

7. 重定向与请求历史

默认情况下，除了 Head，requests 会自动处理所有重定向。可以使用响应对象的 history 方法来追踪重定向。Response.history 是一个 Response 对象的列表，为了完成请求而创建了这些对象。这个对象列表按照从最旧到最新的请求进行排序。

例如，GitHub 将所有的 HTTP 请求重定向到 HTTPS：

```
>>> r = requests.get('http://github.com')
>>> r.url
```

运行结果如下：

```
'https://github.com/'
>>> r.status_code
```

运行结果如下：

```
200
```

提示 网络请求 status_code（状态码）200，表示服务器已成功处理了请求。通常，这表示服务器提供了请求的网页。

```
>>> r.history
```

运行结果如下：

```
[<Response [301]>]
```

提示 网络请求 status_code（状态码）301，表示请求的网页已被移动到新位置。服务器返回此响应时，会自动将请求者转到新位置。应使用此代码通知搜索引擎蜘蛛网页或网站已被移动到新位置。

如果你使用的是 GET、OPTIONS、POST、PUT、PATCH 或者 DELETE，那么你可以通过 allow_redirects 参数禁用重定向处理：

```
>>> r = requests.get('http://github.com', allow_redirects=False)
>>> r.status_code
```

301

```
>>> r.history
```

[]

地址结果为空，代表禁用重定向

如果你使用了 HEAD，那么你也可以启用重定向：

```
>>> r = requests.head('http://github.com', allow_redirects=True)
>>> r.url
```

'https://github.com/'

```
>>> r.history
```

[<Response [301]>]

3.3.2　request 库的高级用法

在前一节已经了解了 request 库的基本使用方法，例如 GET 请求、POST 请求等，本节将继续深入了解 requests 的其他高级用法。

1. 利用 Session 保持会话连接

在进行实际爬虫开发的时候，我们会调用多个接口来发出多个请求，在这些请求中有时需要保持一些共用的数据，例如 Cookies 信息。此时 requests 库的 Session 对象能够帮我们跨请求保持某些参数，也会在同一个 Session 实例发出的所有请求之间保持 Cookies。

我们能够利用 Session 方便地维护一个会话，而且不用担心 Cookies 的问题，它会自动帮我们处理好。我们可以尝试利用 Session 请求与 Cookies 请求来比较两者的不同。Cookies 保持会话实例如下所示。

【例 3-23】Cookies 保持会话实例

```
1  import requests
2  requests.get('http://httpbin.org/cookies/set/cook123/test123')
3  r = requests.get('http://httpbin.org/cookies')
4  print(r.text)
```

运行结果如下：

```
{
   "cookies": {}
}
```

在例 3-23 的代码中，对 http://httpbin.org 网站设置了一个名为 cook123、内容为 test123 的 Cookies，随后再次请求该网站。从结果可以看到，二次请求无法获得已经设置好的 Cookies。接着我们利用 Session 进行测试，实例如下所示。

【例 3-24】Session 保持会话实例

```
1  import requests
2  s = requests.Session()
3  s.get('http://httpbin.org/cookies/set/number/test123')
4  r = s.get('http://httpbin.org/cookies')
5  print(r.text)
```

运行结果如下：

```
{
  "cookies": {
      "number": "test123"
  }
}
```

显然，我们能够成功获取 Session 值。因此，利用 Session 可以做到模拟同一个会话而不用担心 Cookies 的问题，解决了在同一个浏览器中打开同一网站的不同页面的问题，Session 通常用于模拟登录成功之后再进行下一步的操作。

2. 代理

在爬取的过程中可能会遇到一种情况，即所爬取的网站给出提示“访问频率太高”，如果再想进行访问，那么必须要等一会儿，或者对方会给出一个验证码，使用该验证码来对被访问的网站进行解封。之所以会有这样的提示是因为我们所要爬取或者访问的网站设置了反爬虫机制，比如使用同一个 IP 频繁地请求网页的次数过多，则服务器会因反爬虫机制的指令而选择拒绝服务，这种情况单单依靠解封是比较难处理的。

因此一个解决的方法就是伪装本机的 IP 地址去访问或者爬取网页，即设置代理 IP 去访问网页，我们可以通过为任意请求方法提供 proxies 参数来配置单个请求。设置代理的实例如下所示。

【例 3-25】设置代理

```
1  import requests
2  proxies = {
3    "http": "http://10.10.1.10:3128",
4    "https": "http://10.10.1.10:1080",
5  }
6  requests.get("http://example.org", proxies=proxies)
```

在 Linux 环境下，我们也可以通过环境变量 HTTP_PROXY 和 HTTPS_PROXY 来配置代理，如下所示：

```
$ export HTTP_PROXY="http://10.10.1.10:3128"
$ export HTTPS_PROXY="http://10.10.1.10:1080"
$ Python
>>> import requests
>>> requests.get("http://example.org")
```

除了基本的 HTTP 代理，request 还支持 SOCKS 协议的代理。这是一个可选功能，若要使用，需要先安装第三方库 socks。

```
pip install requests[socks]
```

安装好依赖以后，使用 SOCKS 代理和使用 HTTP 代理一样简单，示例如下：

```
proxies = {
    'http': 'socks5://user:pass@host:port',
    'https': 'socks5://user:pass@host:port'
}
```

3. SSL 证书验证

requests 可以为 HTTPS 请求验证 SSL 证书，就像 Web 浏览器一样。SSL 验证默认是开启的，如果证书验证失败，那么 requests 会抛出 SSLError：

```
>>> requests.get('https://requestb.in')
```

抛出 SSLError：

```
requests.exceptions.SSLError: hostname 'requestb.in' doesn't match either of '*.herok
app.com', 'herokuapp.com'
```

在该域名上没有设置 SSL，所以访问失败了。但 GitHub 设置了 SSL，设置 SSL 验证的代码如下：

```
>>> requests.get('https://github.com', verify=True)
```

运行结果如下：

```
<Response [200]>
```

4. POST 发送多个文件

我们可以在一个 POST 请求中发送多个文件。例如，假设我们要上传多个图像文件到一个 HTML 表单，可以使用如下的代码：

```
<input type="file" name="images" multiple="true" required="true"/>
```

要实现这些，只需要把文件设置到一个元组的列表中，其中元组结构为（form_field_name, file_info），具体实例如下所示。

【例 3-26】上传多个文件

```
1  import requests
2  url = 'http://httpbin.org/post'
3  multiple_files = [
4          ('images', ('1.png', open('1.png', 'rb'), 'image/png')),
5          ('images', ('2.png', open('2.png', 'rb'), 'image/png'))]
6  r = requests.post(url, files=multiple_files)
7  print(r.text)
```

运行结果如下：


```
{
    "args": {},
    "data": "",
    "files": {
        "images": "data:image/png;base64,iVBOR--"
    },
    "form": {},
    "headers": {
        "Accept": "*/*",
        "Accept-Encoding": "gzip, deflate",
        "Content-Length": "4976",
        "Content-Type": "multipart/form-data;boundary=2ebb71ee02024ef8919f45463546dca1",
        "Host": "httpbin.org",
        "User-Agent": "Python-requests/2.14.2"
    },
    "json": null,
    "origin": "113.9.216.26, 113.9.216.26",
    "url": "https://httpbin.org/post"
}
```

注意，强烈建议你用二进制模式（binarymode）打开文件。这是因为requests可能会提供header中的Content-Length，在这种情况下该值会被设为文件的字节数。如果你用文本模式打开文件，就可能碰到错误。

5. 自定义身份验证

requests允许你使用自己指定的身份验证机制。任何传递给请求方法的auth参数的可调用对象，在请求发出之前都有机会修改请求。

自定义的身份验证机制是作为requests.auth.AuthBase的子类来实现的，也非常容易定义。requests在requests.auth中提供了两种常见的身份验证方案：HTTPBasicAuth和HTTPDigestAuth。

假设我们有一个Web服务，仅在X-Pizza头被设置为一个密码值的情况下才会有响应，那么部分代码如下：

```
1  from requests.auth import AuthBase
2  class PizzaAuth(AuthBase):
3      """Attaches HTTP Pizza Authentication to the given Request object."""
4      def __init__(self, username):
5          # setup any auth-related data here
6          self.username = username
7
8      def __call__(self, r):
9          # modify and return the request
10          r.headers['X-Pizza'] = self.username
11          return r
```

然后就可以使用我们所定义的PizzaAuth来进行网络请求：

```
requests.get('http://pizzabin.org/admin', auth=PizzaAuth('kenneth'))
```

6. Prepared Request

当我们从API或者会话调用中收到一个Response对象时，request属性其实是使用了PreparedRequest方法。有时在发送请求之前，我们需要对body或者header等做一些额外处理，如下实例演示了一个简单的做法。

【例3-27】准备请求实例

```
1  from requests import Request, Session
2  s = Session()
3  url = 'http://httpbin.org/post'
4  data = {
5      'name': 'germey'
6  }
7  headers = {'User-Agent': 'Mozilla/5.0 (Windows NT 10.0; Win64; x64) AppleWe
8  bKit/537.36 (KHTML, like Gecko) Chrome/74.0.3729.169 Safari/537.36'}
9  req = Request('POST', url, data=data, headers=headers)
10 prepped = s.prepare_request(req)
11 r = s.send(prepped)
12 print(r.text)
```

上述实例代码引入了Request和Session对象，然后利用url、data和headers参数构造了一个 Request 对象，同时需要再调用 Session 的 prepare_request() 方法将其转换为一个 Prepared Request 对象，然后调用 send() 方法发送即可，运行结果如下：

```
{
    "args": {},
    "data": "",
    "files": {},
    "form": {
        "name": "germey"
    },
    "headers": {
        "Accept": "*/*",
        "Accept-Encoding": "gzip, deflate",
        "Content-Length": "11",
        "Content-Type": "application/x-www-form-urlencoded",
        "Host": "httpbin.org",
        "User-Agent": "Mozilla/5.0 (Windows NT 10.0; Win64; x64) AppleWebKit/537336
            (KHTML, like Gecko) Chrome/74.0.3729.169 Safari/537.36"
    },
    "json": null,
    "origin": "113.9.216.26, 113.9.216.26",
    "url": "https://httpbin.org/post"
}
```

如结果所示，已成功实现了 POST 请求。

3.4　lxml 库

lxml 库是 Python 的一款高性能 HTML/XML 解析库，支持 HTML 和 XML 的网页内容解析，主要功能是解析和提取 HTML/XML 数据。XPath（XML Path Language）是一门在 XML 文档中查找信息的语言，可用来在 XML 文档中对元素和属性进行遍历。lxml 与 XPath 相结合能够解析网页，而且解析效率非常高。本节将对 lxml 的安装、XPath 语法以及 lxml 和 XPath 的结合使用进行介绍。

3.4.1　lxml 库的安装和使用

1. 采用 pip 安装 lxml

安装 lxml 只需使用上文所介绍的 pip 安装方法，命令如下：

```
pip3 install lxml
```

然后在命令提示符中导入 lxml 包测试，命令如下：

```
$ Python3
>>> import lxml
```

若没报错，则 lxml 安装成功。

2. 采用 wheel 安装 lxml

若采用 pip 无法成功安装 lxml 库，也可直接下载 lxml 对应的 wheel 文件，下载地址为

https:// pypi.org/project/lxml/#files，下载与 Python 版本和系统版本相对应的 wheel 文件，例如操作系统为 Windows（64 位）、Python 版本为 3.7，就选择 lxml-4.3.3-cp37-cp37m-win_amd64.whl 下载即可（macOS 与 Linux 类似）。

然后利用 pip 安装，命令如下：

```
pip3 install lxml-4.3.3-cp37-cp37m-win_amd64.whl
```

3.4.2 XPath 介绍

XPath 是一门在 XML 文档中查找信息的语言，XPath 可用来在 XML 文档中对元素和属性进行导航遍历。XPath 的选择功能十分强大，它不仅提供了非常简洁明了的路径选择表达式，还提供了超过 100 个内建函数用于字符串、数值、时间的匹配，以及节点、序列的处理等，几乎所有我们想要定位的节点都可以用 XPath 来选择。

XPath 是 W3C XSLT 标准的主要元素，并且 XQuery 和 XPointer 都构建于 XPath 表达之上。因此，在爬取过程中 XPath 的应用是必不可少的。

1. 节点

在 XPath 中，有 7 种类型的节点：元素、属性、文本、命名空间、处理指令、注释以及文档（根）节点。XML 文档是被作为节点树来对待的。XML 文档树的根被称为文档节点或者根节点。

例如下面这个 XML 文档：

```
<?xml version="1.0" encoding="ISO-8859-1"?>
<bookstore>
<book>
    <title lang="en">Harry Potter</title>
    <author>J K. Rowling</author>
    <year>2005</year>
    <price>29.99</price>
</book>
</bookstore>
```

上面的 XML 文档中的节点信息分解如下：

```
<bookstore> （文档节点）
<author>J K. Rowling</author> （元素节点）
lang="en" （属性节点）
```

2. 基本值

基本值（或称原子值（atomic value））是无父或无子的节点。

3. 项目

项目（item）是基本值或者节点。

4. 节点关系

（1）父

每个元素以及属性都有一个父（parent）。在下面的例子中，book 元素是 title、author、year

以及 price 元素的父：

```
<book>
    <title>Harry Potter</title>
    <author>J K. Rowling</author>
    <year>2005</year>
    <price>29.99</price>
</book>
```

（2）子

元素节点可有零个、一个或多个子（children）。在下面的例子中，title、author、year 以及 price 元素都是 book 元素的子：

```
<book>
    <title>Harry Potter</title>
    <author>J K. Rowling</author>
    <year>2005</year>
    <price>29.99</price>
</book>
```

（3）同胞

同胞（sibling）即拥有相同的父的节点。在下面的例子中，title、author、year 以及 price 元素都是同胞：

```
<book>
    <title>Harry Potter</title>
    <author>J K. Rowling</author>
    <year>2005</year>
    <price>29.99</price>
</book>
```

（4）先辈

先辈（ancestor）是某节点的父、父的父，等等。在下面的例子中，title 元素的先辈是 book 元素和 bookstore 元素：

```
<bookstore>
<book>
    <title>Harry Potter</title>
    <author>J K. Rowling</author>
    <year>2005</year>
    <price>29.99</price>
</book>
</bookstore>
```

（5）后代

后代（descendant）是某节点的子、子的子，等等。在下面的例子中，bookstore 的后代是 book、title、author、year 以及 price 元素：

```
<bookstore>
<book>
```

```
    <title>Harry Potter</title>
    <author>J K. Rowling</author>
    <year>2005</year>
    <price>29.99</price>
</book>
</bookstore>
```

3.4.3 XPath 语法

XPath 使用路径表达式来选取 XML 文档中的节点或节点集。节点是沿着路径（path）或者步（step）来选取的。

XML 文件和 HTML 文件一样，实际上是一个文本文件，也是由一系列的标记组成。XML 文件的结构性内容包括节点关系以及属性内容等。元素是组成 XML 的最基本的单位，它由开始标记、属性和结束标记组成。我们给定一个 XML 实例文档，以了解 XML 的结构组成。

```
<?xml version="1.0" encoding="ISO-8859-1"?>
<bookstore>
<book>
    <title lang="eng">Harry Potter</title>
    <price>29.99</price>
</book>
<book>
    <title lang="eng">Learning XML</title>
    <price>39.95</price>
</book>
</bookstore>
```

利用 XPath 操作上面的 XML 文档，需要有 XML 节点或节点集的选取、路径表达式、谓语动词和操作运算符等语法参数，下面我们来介绍 XPath 面向 XML 文档的操作。

1. 选取节点

XPath 使用路径表达式在 XML 文档中选取节点。表 3-4 列出了最有用的路径表达式。

表 3-4　路径表达式

表达式	描　述
nodename	选取此节点的所有子节点
/	从根节点选取
//	从匹配选择的当前节点选择文档中的节点，而不考虑它们的位置
.	选取当前节点
..	选取当前节点的父节点
@	选取属性

表 3-5 列出了一些路径表达式以及表达式的结果。

表 3-5　路径表达式实例

路径表达式	结　　果
bookstore	选取 bookstore 元素的所有子节点
/bookstore	选取根元素 bookstore，假如路径起始于正斜杠（/），则此路径始终代表到某元素的绝对路径
bookstore/book	选取属于 bookstore 的子元素的所有 book 元素
//book	选取所有 book 子元素，而不管它们在文档中的位置
bookstore//book	选取属于 bookstore 元素的后代的所有 book 元素，而不管它们位于 bookstore 之下的什么位置
//@lang	选取名为 lang 的所有属性

2. 谓语

谓语（predicate）用来查找某个特定的节点或者包含某个指定值的节点。谓语嵌入在方括号中。表 3-6 列出了带有谓语的一些路径表达式，以及表达式的结果。

表 3-6　路径表达式实例

路径表达式	结　　果
/bookstore/book[1]	选取属于 bookstore 子元素的第一个 book 元素
/bookstore/book[last()]	选取属于 bookstore 子元素的最后一个 book 元素
/bookstore/book[last()-1]	选取属于 bookstore 子元素的倒数第二个 book 元素
/bookstore/book[position()<3]	选取最前面的两个属于 bookstore 元素的子元素的 book 元素
//title[@lang]	选取所有拥有名为 lang 的属性的 title 元素
//title[@lang='eng']	选取所有 title 元素，且这些元素拥有值为 eng 的 lang 属性
/bookstore/book[price>35.00]	选取 bookstore 元素的所有 book 元素，注意其中 price 元素的值需大于 35.00
/bookstore/book[price>35.00]/title	选取 bookstore 中的 book 元素的所有 title 元素，其中 price 元素的值需大于 35.00

3. 选取未知节点

XPath 通配符可用来选取未知的 XML 元素，如表 3-7 所示。

表 3-7　选取未知节点

通　配　符	描　　述
*	匹配任何元素节点
@*	匹配任何属性节点
node()	匹配任何类型的节点

表 3-8 列出了一些路径表达式，以及这些表达式的结果。

表 3-8 选取未知节点实例

路径表达式	结　　果
/bookstore/*	选取 bookstore 元素的所有子元素
//*	选取文档中的所有元素
//title[@*]	选取所有带属性的 title 元素

4. 选取若干路径

通过在路径表达式中使用“|”运算符，我们可以选取若干个路径。表 3-9 列出了一些路径表达式，以及这些表达式的结果。

表 3-9 选取若干节点实例

<table>
<tr><th>路径表达式</th><th>结　　果</th></tr>
<tr><td>//book/title | //book/price</td><td>选取 book 元素的所有 title 和 price 元素</td></tr>
<tr><td>//title | //price</td><td>选取文档中的所有 title 和 price 元素</td></tr>
<tr><td>/bookstore/book/title | //price</td><td>选取属于 bookstore 元素的 book 元素的所有 title 元素，以及文档中所有的 price 元素</td></tr>
</table>

5. XPath 运算符

表 3-10 列出了可用在 XPath 表达式中的运算符。

表 3-10 XPath 运算符

<table>
<tr><th>运算符</th><th>描　　述</th><th>实　　例</th><th>返　回　值</th></tr>
<tr><td>|</td><td>计算两个节点集</td><td>//book|//cd</td><td>返回所有拥有 book 和 cd 元素的节点集</td></tr>
<tr><td>+</td><td>加法</td><td>6+4</td><td>10</td></tr>
<tr><td>−</td><td>减法</td><td>6−4</td><td>2</td></tr>
<tr><td>*</td><td>乘法</td><td>6*4</td><td>24</td></tr>
<tr><td>div</td><td>除法</td><td>8div4</td><td>2</td></tr>
<tr><td>=</td><td>等于</td><td>price=9.80</td><td>如果 price 是 9.80，则返回 true
如果 price 是 9.90，则返回 false</td></tr>
<tr><td>!=</td><td>不等于</td><td>price!=9.80</td><td>如果 price 是 9.90，则返回 true
如果 price 是 9.80，则返回 false</td></tr>
<tr><td><</td><td>小于</td><td>price<9.80</td><td>如果 price 是 9.00，则返回 true
如果 price 是 9.90，则返回 false</td></tr>
<tr><td><=</td><td>小于或等于</td><td>price<=9.80</td><td>如果 price 是 9.00，则返回 true
如果 price 是 9.90，则返回 false</td></tr>
<tr><td>></td><td>大于</td><td>price>9.80</td><td>如果 price 是 9.90，则返回 true
如果 price 是 9.80，则返回 false</td></tr>
<tr><td>>=</td><td>大于或等于</td><td>price>=9.80</td><td>如果 price 是 9.90，则返回 true
如果 price 是 9.70，则返回 false</td></tr>
</table>

（续）

运算符	描　述	实　例	返　回　值
or	或	price=9.80 or price=9.70	如果 price 是 9.80，则返回 true 如果 price 是 9.50，则返回 false
and	与	price>9.00 and price<9.90	如果 price 是 9.80，则返回 true 如果 price 是 8.50，则返回 false
mod	计算除法的余数	5mod2	1

3.4.4　lxml 和 XPath 的结合使用

使用 lxml 来解析 HTML 代码，如以下实例所示。

【例 3-28】使用 lxml 解析 HTML 代码

```
# 使用lxml的etree库
from lxml import etree
text = '''
<div>
    <ul>
        <li class="item-0"><a href="link1.html">first item</a></li>
        <li class="item-1"><a href="link2.html">second item</a></li>
        <li class="item-inactive"><a href="link3.html">third item</a></li>
        <li class="item-1"><a href="link4.html">fourth item</a></li>
        <li class="item-0"><a href="link5.html">fifth item</a>
        # 注意，此处缺少一个 </li> 闭合标签
    </ul>
 </div>
'''
# 利用etree.HTML，将字符串解析为HTML文档
html = etree.HTML(text)
# 按字符串序列化HTML文档
result = etree.tostring(html)
print(result)
```

这里体现了 lxml 的一个非常实用的功能，就是自动修正 HTML 代码，大家应该注意到了，最后一个 li 标签，其实是把尾标签删掉了，是不闭合的。不过，因为继承了 libxml2 的特性，所以 lxml 具有自动修正 HTML 代码的功能。

因此运行结果如下：

```
<html>
<body>
<div>
    <ul>
        <li class="class-0"><a href="http://www.baidu.com">first item</a></li>
        <li class="class-1"><a href="http://www.douban.com">second item</a></li>
        <li class="class-2"><a href="http://www.weibo.com"><span class="se">th
            ird item</span></a></li>
        <li class="class-3"><a href="http://www.google.com">fourth item</a></li>
        <li class="class-4"><a href="http://www.zhihu.com">fifth item</a></li>
```

```
        </ul>
    </div>
</body>
</html>
```

lxml 不仅能直接读取字符串，还支持从文件读取内容。比如我们新建一个文件，叫作 test.html，内容为：

```
<div>
    <ul>
        <li class="class-0"><a href="http://www.baidu.com">first item</a></li>
        <li class="class-1"><a href="http://www.douban.com">second item</a></li>
        <li class="class-2"><a href="http://www.weibo.com"><span class="bold">th
            ird item</span></a></li>
        <li class="class-3"><a href="http://www.google.com">fourth item</a></li>
        <li class="class-4"><a href="http://www.zhihu.com">fifth item</a></li>
    </ul>
 </div>
```

下面以 lxml 与 XPath 结合使用的 10 个实例来展示 XPath 的强大之处。

【例 3-29】利用 parse 方法来读取文件

```
1  from lxml import etree
2  html = etree.parse('test.html')
3  result = etree.tostring(html, pretty_print=True)
4  print(result)
```

此方法也能得到相同的结果。

若 test.html 内容与例 3-28 中标签内容相同，那么例 3-29 同样也能得到相同的结果。

【例 3-30】获取所有的 <li> 标签

```
1  from lxml import etree
2  html = etree.parse('test.html')
3  print (type(html))
4  result = html.xpath('//li')
5  print (result)
6  print (len(result))
7  print (type(result))
8  print (type(result[0]))
```

运行结果如下：

```
<class 'lxml.etree._ElementTree'>
[<Element li at 0x1f5809048c8>, <Element li at 0x1f580904988>, <Element li at 0
x1f5809049c8>, <Element li at 0x1f580904a08>, <Element li at 0x1f580904a48>]
5
<class 'list'>
<class 'lxml.etree._Element'>
```

由运行结果可知，etree.parse 的类型是 ElementTree，通过调用 XPath（第 4 得到了一个列表（result 是一个数组列表），其包含 5 个 <li> 元素，每个元素都是 Element 类型。

【例 3-31】获取 <li> 标签的所有 class

```
1  from lxml import etree
2  html = etree.parse('test.html')
3  print (type(html))
4  result = html.xpath('//li/@class')
5  print (result)
```

运行结果如下：

```
<class 'lxml.etree._ElementTree'>
['class-0', 'class-1', 'class-2', 'class-3', 'class-4']
```

【例 3-32】获取 <li> 标签下 href 为 http://www.baidu.com 的 <a> 标签

```
1  from lxml import etree
2  html = etree.parse('test.html')
3  result = html.xpath('//li/a[@href="http://www.baidu.com"]')
4  print (result)
```

运行结果如下：

```
[<Element a at 0x25d9c8038c8>]
```

【例 3-33】获取 <li> 标签下的所有 <span> 标签

```
1  from lxml import etree
2  html = etree.parse('test.html')
3  result = html.xpath('//li//span')
4  print (result)
```

注意，这里为了获取 <span> 标签，使用的是双斜杠“//”。

运行结果如下：

```
[<Element span at 0x11fd9132908>]
```

【例 3-34】获取 <li> 标签下的所有 class，不包括 <li>

```
1  from lxml import etree
2  html = etree.parse('test.html')
3  result = html.xpath('//li/a//@class')
4  print (result)
```

运行结果如下：

```
['se']
```

【例 3-35】获取第一个 <li> 的 <a> 的 href

```
1  from lxml import etree
2  html = etree.parse('test.html')
3  result = html.xpath('//li[1]/a/@href')
4  print (result)
```

运行结果如下：

```
['http://www.baidu.com']
```

【例 3-36】获取最后一个 <li> 的 <a> 的 href

```
1  from lxml import etree
2  html = etree.parse('test.html')
3  result = html.xpath('//li[last()]/a/@href')
4  print (result)
```

运行结果如下：

```
['http://www.zhihu.com']
```

【例 3-37】获取倒数第二个 <li> 的 <a> 的内容

```
1  from lxml import etree
2  html = etree.parse('test.html')
3  result = html.xpath('//li[last()-1]/a')
4  print (result[0].text)
```

运行结果如下：

```
fourth item
```

【例 3-38】获取 class 为 "class-2" 的标签名

```
1  from lxml import etree
2  html = etree.parse('test.html')
3  result = html.xpath('//*[@class="class-2"]')
4  print (result[0].tag)
```

运行结果如下：

```
li
```

3.5 Beautiful Soup 库

Beautiful Soup 是一个可以从 HTML 或 XML 文件中提取数据的 Python 库。它能够通过转换器来实现惯用的文档导航、查找及修改。Beautiful Soup 是一个工具箱，通过解析文档为用户提供需要抓取的数据，因为简单，所以不需要多少代码就可以写出一个完整的应用程序。

Beautiful Soup 自动将输入文档转换为 Unicode 编码，输出文档转换为 utf-8 编码。你不需要考虑编码方式，除非文档没有指定一个编码方式，这时 Beautiful Soup 就不能自动识别编码方式了。然后，我们仅仅需要说明一下原始编码方式就可以了。

Beautiful Soup 已成为和 lxml、html6lib 一样出色的 Python 解释器，为用户灵活地提供不同的解析策略或强劲的速度。本节将介绍 Beautiful Soup 库的安装使用、HTML 数据的提取以及 CSS 选择器。

3.5.1　Beautiful Soup 库的安装和使用

1. 采用 pip 安装 Beautiful Soup

这里推荐使用 pip 安装方式来安装 Beautiful Soup 库，命令如下：

```
pip3 install Beautiful Soup
```

然后在命令提示符中导入 Beautiful Soup 测试，命令如下：

```
$ Python3
>>> import bs4
```

若没报错，则 Beautiful Soup 安装成功。

2. 采用 wheel 安装 Beautiful Soup

若因为某些原因采用 pip 无法成功安装 Beautiful Soup 库，也可直接下载 Beautiful Soup 对应的 wheel 文件，下载地址为 https://pypi.Python.org/pypi/beautifulsoup4，下载与 Python 版本和系统版本相对应的 wheel 文件，例如 Python 版本为 3.7，就选择 beautifulsoup4-4.7.1-py3-none-any.whl 下载即可（macOS 与 Linux 类似）。

然后利用 pip 安装，命令如下：

```
pip3 install beautifulsoup4-4.7.1-py3-none-any.whl
```

Beautiful Soup 的 HTML 和 XML 解析器是依赖于 lxml 库的，所以在此之前请确保已经成功安装好了 lxml 库，具体的安装方式参见 3.4.1 节。

3. Beautiful Soup 库的使用

使用 BeautifulSoup 解析 HTML 代码之前，我们首先需要给出一个 HTML 代码示例，它将在后文中被多次用到。

```
html_doc = """
<html><head><title>The Dormouse's story</title></head>
<body>
<p class="title"><b>The Dormouse's story</b></p>
<p class="story">Once upon a time there were three little sisters; and their names
were
<a href="http://example.com/elsie" class="sister" id="link1">Elsie</a>,
<a href="http://example.com/lacie" class="sister" id="link2">Lacie</a> and
<a href="http://example.com/tillie" class="sister" id="link3">Tillie</a>;
and they lived at the bottom of a well.</p>
<p class="story">...</p>
"""
```

以上述 HTML 代码为例，使用 Beautiful Soup 库解析这段代码，能够得到一个 BeautifulSoup 对象，并能按照标准缩进格式输出，具体用法示例如下。

【例 3-39】Beautiful Soup 库的简单使用

```
1  html_doc = """
2  <html><head><title>The Dormouse's story</title></head>
```

```
3  <body>
4  <p class="title"><b>The Dormouse's story</b></p>
5  <p class="story">Once upon a time there were three little sisters; and their nam
6  es were
7  <a href="http://example.com/elsie" class="sister" id="link1">Elsie</a>,
8  <a href="http://example.com/lacie" class="sister" id="link2">Lacie</a> and
9  <a href="http://example.com/tillie" class="sister" id="link3">Tillie</a>;
10 and they lived at the bottom of a well.</p>
11 <p class="story">...</p>
12 """
13 from bs4 import BeautifulSoup
14 # 使用lxml解析方式创建BeautifulSoup对象
15 soup = BeautifulSoup(html_doc,"lxml")
16 # 打印soup对象的内容，格式化输出
17 print(soup.prettify())
```

运行结果如下：

```
<html>
    <head>
        <title>
            The Dormouse's story
        </title>
    </head>
    <body>
        <p class="title">
            <b>
                The Dormouse's story
            </b>
        </p>
        <p class="story">
            Once upon a time there were three little sisters; and their names were
            <a class="sister" href="http://example.com/elsie" id="link1">
                Elsie
            </a>
            ,
            <a class="sister" href="http://example.com/lacie" id="link2">
                Lacie
            </a>
            and
            <a class="sister" href="http://example.com/tillie" id="link3">
                Tillie
            </a>
            ;
and they lived at the bottom of a well.
        </p>
        <p class="story">
            ...
        </p>
    </body>
</html>
```

上述代码声明了一个 HTML 字符串，但需要注意的是，它并不是一个完整的 HTML 字符串，因为 body 和 html 节点都暂未闭合。接着，我们将它当作第一个参数传给 BeautifulSoup 对象，该对象的第二个参数为解析器的类型（这里使用 lxml），此时就完成了 BeautifulSoup 对象

的初始化。然后，将这个对象赋值给soup变量。

然后调用prettify()方法。这个方法可以把要解析的字符串以标准的缩进格式输出。这里需要注意的是，输出结果里面包含body和html节点，也就是说，对于不标准的HTML字符串BeautifulSoup，可以自动更正格式。这一步不是由prettify()方法做的，而是在初始化BeautifulSoup时就完成了。

Beautiful Soup库在解析时实际上依赖于解析器，它除了支持Python标准库中的HTML解析器外，还支持一些第三方解析器（比如lxml）。表3-11列出了Beautiful Soup库支持的解析器。

表3-11 Beautiful Soup库支持的解析器

解析器	使用方法	优势	劣势
Python标准库	BeautifulSoup(markup, “html.parser”)	Python的内置标准库、执行速度适中、文档容错能力强	Python 3.2.2之前的版本文档容错能力差
lxml HTML解析器	BeautifulSoup(markup, “lxml”)	速度快、文档容错能力强	需要安装C语言库
lxml XML解析器	BeautifulSoup(markup, “xml”)	速度快、唯一支持XML的解析器	需要安装C语言库
html5lib	BeautifulSoup(markup, “html5lib”)	最好的容错性、以浏览器的方式解析文档、生成HTML5格式的文档	速度慢、不依赖外部扩展

3.5.2 提取数据

在3.5.1节，我们介绍了Beautiful Soup库的基本使用方法，本节我们将介绍节点选择、关联选择以及方法选择器；注意，这里将HTML代码另存为在同目录下的test.html文件。

1. 节点选择

直接调用节点的名称就可以选择节点元素，再调用string属性就可以得到节点内的文本了，这种选择方式速度非常快。如果单个节点结构层次非常清晰，则可以选用这种方式来解析。

（1）获取文本值

通过调用String属性可以得到节点内各标签的文本内容，如以下示例所示。

【例3-40】获取string实例

```
1 from bs4 import BeautifulSoup
2 soup = BeautifulSoup(open("test.html"),"lxml")
3 print(soup.title)
4 print(type(soup.title))
5 print(soup.title.string)
6 print(soup.p.string)
```

首先打印输出title节点的选择结果，输出结果正是title节点加里面的文字内容。接着输出它的类型，是bs4.element.Tag类型，这是Beautiful Soup库中一个重要的数据结构。经过选择器选择后，选择结果都是这种Tag类型。Tag具有一些属性，比如string属性，调用该属性可以得到节点的文本内容，所以接下来的输出结果正是节点的文本内容。

运行结果如下：

```
<title>The Dormouse's story</title>
<class 'bs4.element.Tag'>
The Dormouse's story
The Dormouse's story
```

如果想通过 string 获取多个内容，只需要遍历获取，比如下面的例子：

```
for string in soup.strings:
    print(repr(string))
```

输出结果如下：

```
"The Dormouse's story"
'\n'
'\n'
"The Dormouse's story"
'\n'
'Once upon a time there were three little sisters; and their names were\n'
',\n'
'Lacie'
' and\n'
'Tillie'
';\nand they lived at the bottom of a well.'
'\n'
'...'
```

输出的字符串中可能包含很多空格或空行，使用 stripped_strings 可以去除多余空白内容，代码如下：

```
for string in soup.stripped_strings:
    print(repr(string))
```

运行结果如下：

```
"The Dormouse's story"
"The Dormouse's story"
'Once upon a time there were three little sisters; and their names were'
','
'Lacie'
'and'
'Tillie'
';\nand they lived at the bottom of a well.'
'...'
```

（2）获取名称

我们可以利用 name 属性获取节点的名称。这里还是以上面的文本为例，选取 p 节点，然后调用 name 属性就可以得到节点名称：

```
print(soup.p.name)
```

运行结果如下：

```
p
```

（3）获取属性

HTML 中的节点有不同的属性，例如该代码里的 p 节点具有 class 和 name 属性，可以使用 attrs 获取该节点的属性。

```
print(soup.p.attrs)
```

运行结果如下：

```
{'class': ['title'], 'name': 'dromouse'}
```

可以看到返回的结果是字典类型，我们只需通过 attrs['name'] 即可获取 name 的属性值。

2. 关联选择

使用 Python 爬虫库 Beautiful Soup 遍历文档树并对标签进行操作，Beautiful Soup 提供了许多操作和遍历子节点的属性。一个标签可能包含多个字符串或者其他标签，这些都是这个标签的子节点。很多时候我们无法直接定位到某个元素，因此可以先定位它的父元素，通过父元素来找子元素就比较容易，如图 3-4 所示。

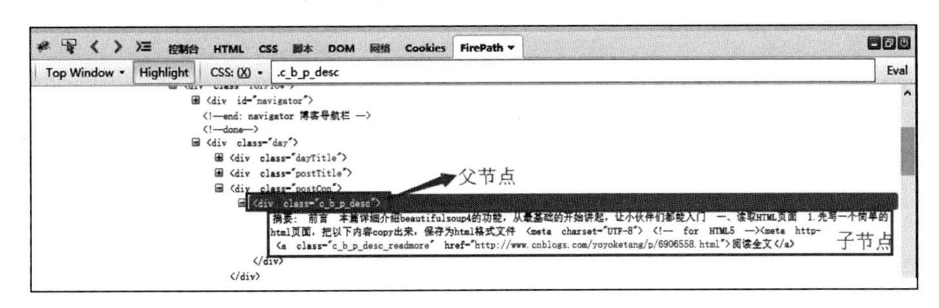

图 3-4　父节点与子节点

（1）子节点和子孙节点

Tag 的 .content 属性可以将 Tag 的子节点以列表的方式输出：

```
print (soup.head.contents)
```

运行结果如下：

```
[<title>The Dormouse's story</title>]
```

输出方式为列表，我们可以用列表索引来获取它的某一个元素：

```
print (soup.head.contents[0])
```

运行结果如下：

```
<title>The Dormouse's story</title>
```

同样，我们可以调用 .children 属性得到相应的结果，先看下面的代码：

```
print (soup.head.children)
```

运行结果如下：

```
<list_iterator object at 0x000001BE3F4CB7F0>
```

它返回的不是一个 list，不过我们可以通过遍历来获取所有子节点。我们打印输出 .children，可以发现它是一个 list 生成器对象，于是我们可以遍历输出里面的内容：

```
for item in  soup.body.children:
    print (item)
```

运行结果如下：

```
<p class="title" name="dromouse"><b>The Dormouse's story</b></p>
<p class="story">Once upon a time there were three little sisters; and their names
were
<a class="sister" href="http://example.com/elsie" id="link1"><!-- Elsie --></a>,
<a class="sister" href="http://example.com/lacie" id="link2">Lacie</a> and
<a class="sister" href="http://example.com/tillie" id="link3">Tillie</a>;
and they lived at the bottom of a well.</p>
<p class="story">...</p>
```

（2）所有子节点

.contents 和 .children 属性仅包含 Tag 的直接子节点，.descendants 属性则可以对所有 Tag 的子孙节点进行递归循环，和 .children 类似，要获取其中的内容，我们需要对其进行遍历：

```
for item in  soup.descendants:
    print (item)
```

查看运行结果，可以发现，所有的节点都被打印出来了：

```
<html><head><title>The Dormouse's story</title></head>
<body>
<p class="title" name="dromouse"><b>The Dormouse's story</b></p>
<p class="story">Once upon a time there were three little sisters; and their names
were
<a class="sister" href="http://example.com/elsie" id="link1"><!-- Elsie --></a>,
<a class="sister" href="http://example.com/lacie" id="link2">Lacie</a> and
<a class="sister" href="http://example.com/tillie" id="link3">Tillie</a>;
and they lived at the bottom of a well.</p>
<p class="story">...</p></body></html>
<head><title>The Dormouse's story</title></head>
<title>The Dormouse's story</title>
The Dormouse's story
<body>
<p class="title" name="dromouse"><b>The Dormouse's story</b></p>
<p class="story">Once upon a time there were three little sisters; and their names
were
<a class="sister" href="http://example.com/elsie" id="link1"><!-- Elsie --></a>,
<a class="sister" href="http://example.com/lacie" id="link2">Lacie</a> and
<a class="sister" href="http://example.com/tillie" id="link3">Tillie</a>;
and they lived at the bottom of a well.</p>
<p class="story">...</p></body>
<p class="title" name="dromouse"><b>The Dormouse's story</b></p>
<b>The Dormouse's story</b>
```

```
The Dormouse's story
<p class="story">Once upon a time there were three little sisters; and their names
were
<a class="sister" href="http://example.com/elsie" id="link1"><!-- Elsie --></a>,
<a class="sister" href="http://example.com/lacie" id="link2">Lacie</a> and
<a class="sister" href="http://example.com/tillie" id="link3">Tillie</a>;
and they lived at the bottom of a well.</p>
Once upon a time there were three little sisters; and their names were
<a class="sister" href="http://example.com/elsie" id="link1"><!-- Elsie --></a>
 Elsie
<a class="sister" href="http://example.com/lacie" id="link2">Lacie</a>
Lacie
 and
<a class="sister" href="http://example.com/tillie" id="link3">Tillie</a>
Tillie;
and they lived at the bottom of a well.
<p class="story">...</p>
...
```

（3）父节点和祖先节点

如果要获取某个节点元素的父节点，可以调用 .parent 属性，依旧使用上文的 HTML 代码，具体例子如下：

```
p = soup.p
print (p.parent)
```

运行结果如下：

```
<body>
<p class="title" name="dromouse"><b>The Dormouse's story</b></p>
<p class="story">Once upon a time there were three little sisters; and their names
were
<a class="sister" href="http://example.com/elsie" id="link1"><!-- Elsie --></a>,
<a class="sister" href="http://example.com/lacie" id="link2">Lacie</a> and
<a class="sister" href="http://example.com/tillie" id="link3">Tillie</a>;
and they lived at the bottom of a well.</p>
<p class="story">...</p></body>
```

这里我们选择的是第一个 p 节点的父节点元素。很明显，它的父节点是 body 节点，输出结果便是 body 节点及其内部的内容。

需要注意的是，这里输出的仅是 p 节点的直接父节点，而没有再向外寻找父节点的祖先节点。如果想获取所有的祖先节点，可以调用 .parents 属性：

```
content = soup.p
for parent in  content.parents:
    print (parent)
```

（4）兄弟节点和全部兄弟节点

兄弟节点可以理解为和本节点处在统一级的节点，.next_sibling 属性获取了该节点的下一个兄弟节点，.previous_sibling 属性获取了该节点的上一个兄弟节点，如果节点不存在，则返回 None。

注意，实际文档中的 Tag 的 .next_sibling 和 .previous_sibling 属性通常是字符串或空白，因为空白或者换行也可以被视作一个节点，所以得到的结果可能是空白或者换行。

```
print (soup.p.next_sibling)
print (soup.p.prev_sibling)
print (soup.p.next_sibling.next_sibling)
```

通过 .next_siblings 和 .previous_siblings 属性可以对当前节点的兄弟节点迭代输出：

```
for sibling in soup.a.next_siblings:
    print(repr(sibling))
```

输出结果如下：

```
',\n'
<a class="sister" href="http://example.com/lacie" id="link2">Lacie</a>
' and\n'
<a class="sister" href="http://example.com/tillie" id="link3">Tillie</a>
';\nand they lived at the bottom of a well.'
```

需要注意的是，在节点选择中，如果返回结果是单个节点，那么可以直接调用 string、attrs 等属性来获得其文本和属性；而如果返回结果是多个节点的生成器，则可以转为列表后取出某个元素，然后再调用 string、attrs 等属性来获取其对应节点的文本和属性。

3. 方法选择器

上文所介绍的节点选择方法是通过属性进行选择的，Beautiful Soup 还为我们提供了搜索文档树的方法，比如 find_all() 和 find() 等，调用它们，然后传入相应的参数，就可以灵活搜索了。

（1）find_all(self, name=None, attrs={}, recursive=True, text=None, limit=None, **kwargs)

find_all() 方法搜索当前 tag 的所有 tag 子节点，并判断是否符合过滤器的条件。

1）按照 tag（标签）搜索。

```
# 直接搜索名为tagname的tag，如find_all('head')
find_all(tagname)
# 搜索在list中的tag，如find_all(['head', 'body'])
find_all(list)
# 搜索在dict中的tag，如find_all({'head':True, 'body':True})
find_all(dict)
# 搜索符合正则的tag，如find_all(re.compile('^p'))搜索以p开头的tag
find_all(re.compile(''))
# 搜索函数返回结果为true的tag，如find_all(lambda name: if len(name) == 1)搜
索长度为1的tag
find_all(lambda)
# 搜索所有tag
find_all(True)
```

2）按照 attrs（属性）搜索。

```
# 寻找id属性为xxx的
find_all('id'='xxx')
```

```
# 寻找id属性符合正则且algin属性为xxx的
find_all(attrs={'id':re.compile('xxx'), 'algin':'xxx'})
# 寻找有id属性但是没有algin属性的
find_all(attrs={'id':True, 'algin':None})
```

（2）find(name, attrs, recursive, text, **kwargs)

它与 find_all() 方法唯一的区别是，find_all() 方法的返回结果是值包含一个元素的列表，而 find() 方法直接返回结果。这些参数与过滤器一样可以进行筛选处理。不同的参数过滤可以应用到以下情况：

1）查找标签，基于 name 参数；

2）查找文本，基于 text 参数；

3）基于正则表达式的查找；

4）查找标签的属性，基于 attrs 参数；

5）基于函数的查找。

（3）find_parents()、find_parent()

find_all() 和 find() 只搜索当前节点的所有子节点，孙子节点 find_parents() 和 find_parent() 用来搜索当前节点的父辈节点，搜索方法与普通 tag 的搜索方法相同，搜索文档包含的内容。

（4）find_next_siblings()、find_next_sibling()

这两个方法通过 .next_siblings 属性来对当前 tag 的所有后面解析的兄弟 tag 节点进行迭代，find_next_siblings() 方法返回所有符合条件的后面的兄弟节点，而 find_next_sibling() 只返回符合条件的后面的第一个 tag 节点。

（5）find_previous_siblings()、find_previous_sibling()

这两个方法通过 .previous_siblings 属性来对当前 tag 的前面解析的兄弟 tag 节点进行迭代，find_previous_siblings() 方法返回所有符合条件的前面的兄弟节点，find_previous_sibling() 方法返回第一个符合条件的前面的兄弟节点。

（6）find_all_next()、find_next()

这两个方法通过 .next_elements 属性来对当前 tag 之后的 tag 和字符串进行迭代，find_all_next() 方法返回所有符合条件的节点，find_next() 方法返回第一个符合条件的节点。

（7）find_all_previous()、find_previous()

这两个方法通过 .previous_elements 属性来对当前 tag 之前的 tag 和字符串进行迭代，find_all_previous() 方法返回所有符合条件的节点，find_previous() 方法返回第一个符合条件的节点。

以上方法参数的用法与 find_all() 完全相同，原理也均类似。

3.5.3 CSS 选择器

Beautiful Soup 还提供了另一种选择器，那就是 CSS 选择器。如果对 Web 开发熟悉的话，那么对 CSS 选择器肯定也不陌生。我们在写 CSS 时，标签名不加任何修饰，类名前加点，id

名前加 #，在这里我们也可以利用类似的方法来筛选元素，用到的方法是 soup.select()，返回类型是 list。

1. 通过标签名查找

查找标签为 title 的结果：

```
print soup.select('title')
```

运行结果如下：

```
[<title>The Dormouse's story</title>]
```

查找标签为 a 的结果：

```
print (soup.select('a'))
```

运行结果如下：

```
[<a class="sister" href="http://example.com/elsie" id="link1"><!-- Elsie --></a>, <a cl
ass="sister" href="http://example.com/lacie" id="link2">Lacie</a>, <a class="sister" hr
ef="http://example.com/tillie" id="link3">Tillie</a>]
```

2. 通过类名查找

通过直接引用标签的 '. 类名 ' 来进行查找，如下所示：

```
print (soup.select('.sister'))
```

运行结果如下：

```
[<a class="sister" href="http://example.com/elsie" id="link1"><!-- Elsie --></a>, <a cl
ass="sister" href="http://example.com/lacie" id="link2">Lacie</a>, <a class="sister" hr
ef="http://example.com/tillie" id="link3">Tillie</a>]
```

3. 通过 id 名查找

通过直接引用标签的 '#id' 来进行查找，如下所示：

```
print (soup.select('#link1'))
```

运行结果如下：

```
[<a class="sister" href="http://example.com/elsie" id="link1"><!-- Elsie --></a>]
```

4. 组合查找

组合查找的原理和写 class 文件时标签名与类名、id 名进行组合的原理是一样的，例如查找 p 标签中 id 等于 link1 的内容，二者需要用空格分开：

```
print (soup.select('p #link1'))
```

运行结果如下：

```
[<a class="sister" href="http://example.com/elsie" id="link1"><!-- Elsie --></a>]
```

直接子标签查找：

```
print (soup.select("head > title"))
```

运行结果如下：

```
[<title>The Dormouse's story</title>]
```

5. 属性查找

查找时还可以加入属性元素，属性需要用中括号括起来，注意属性和标签属于同一节点，所以中间不能加空格，否则会无法匹配到。

查找属性值为 sister 的内容：

```
print (soup.select('a[class="sister"]'))
```

运行结果如下：

```
[<a class="sister" href="http://example.com/elsie" id="link1"><!-- Elsie --></a>, <a cl
ass="sister" href="http://example.com/lacie" id="link2">Lacie</a>, <a class="sister" hr
ef="http://example.com/tillie" id="link3">Tillie</a>]
```

查找属性值为 href="http://example.com/lacie" 的内容：

```
print (soup.select('a[href="http://example.com/lacie"]'))
```

运行结果如下：

```
[<a class="sister" href="http://example.com/lacie" id="link2">Lacie</a>]
```

属性也可以与上述查找方式组合，不在同一节点的用空格隔开，而在同一节点的则不加空格：

```
print (soup.select('p a[href="http://example.com/elsie"]'))
```

以上的 select 方法返回的结果都是列表形式，可以遍历形式输出，然后用 get_text() 方法来获取它的内容：

```
print (type(soup.select('title')))
print (soup.select('title')[0].get_text())

for title in soup.select('p'):
    print (title.get_text())
```

运行结果如下：

```
<class 'list'>
The Dormouse's story
The Dormouse's story
Once upon a time there were three little sisters; and their names were
,
Lacie and
Tillie;
and they lived at the bottom of a well.
...
```

3.6 实战案例

3.6.1 使用 Beautiful Soup 解析网页

如下示例使用 Beautiful Soup 来对 http://www.cntour.cn 的网页内容进行解析，实战体会 Beautiful Soup 的综合用法。

【例 3-41】使用 Beautiful Soup 解析网页

```
1  import requests
2  from bs4 import BeautifulSoup
3  import re
4  url = 'http://www.cntour.cn/'
5  strhtml = requests.get(url)
6  soup = BeautifulSoup(strhtml.text,'lxml')
7  data = soup.select('#main > div > div.mtop.firstMod.clearfix > div.centerBox > u
8  l.newsList > li > a')
9  for item in data:
10     result={
11         'title' : item.get_text(),
12         'link' : item.get('href'),
13         'ID' : re.findall('\d+',item.get('href'))
14     }
15     print(result)
```

运行结果如下：

```
{'title': '数字文旅时代来了', 'link': 'http://www.cntour.cn/news/6530/', 'ID': ['6530']}
{'title': '文旅品质提升助力美好生活', 'link': 'http://www.cntour.cn/news/6528/', 'ID': ['6528']}
{'title': '一带一路沿线中国游客增长迅速', 'link': 'http://www.cntour.cn/news/6525/', 'ID': ['6525']}
{'title': '中国人旅游需求越来越强', 'link': 'http://www.cntour.cn/news/6514/', 'ID': ['6514']}
{'title': '[游遍世园会:一条龙服务]', 'link': 'http://www.cntour.cn/news/6522/', 'ID': ['6522']}
{'title': '[高端旅游如何发力? ]', 'link': 'http://www.cntour.cn/news/6512/', 'ID': ['6512']}
{'title': '[新文创赋能老字号]', 'link': 'http://www.cntour.cn/news/6508/', 'ID': ['6508']}
{'title': '[旅游演艺该多些新口味了]', 'link': 'http://www.cntour.cn/news/6498/', 'ID': ['6498']}
{'title': '[中国冰雪运动全面升级]', 'link': 'http://www.cntour.cn/news/6491/', 'ID': ['6491']}
{'title': '[全球美食受欢迎度排名]', 'link': 'http://www.cntour.cn/news/6490/', 'ID': ['6490']}
{'title': '[旅游景区拥抱5G新时代]', 'link': 'http://www.cntour.cn/news/6473/', 'ID': ['6473']}
{'title': '[服务消费 转型发展新动能]', 'link': 'http://www.cntour.cn/news/6468/', 'ID': ['6468']}
```

首先，HTML 文档将被转换成 Unicode 编码格式，然后 Beautiful Soup 选择最合适的解析器来解析这段文档，此处指定 lxml 解析器进行解析。解析后便将复杂的 HTML 文档转换成树形结构，并且每个节点都是 Python 对象。这里将解析后的文档存储到新建的变量 soup 中。接下来用 select（选择器）定位数据，定位数据时需要使用浏览器的开发者模式，将鼠标光标停留在对应的数据位置并右击，然后在快捷菜单中选择“检查”命令，如图 3-5 所示。随后在浏览器右侧会弹出开发者界面，右侧高亮的代码对应着左侧高亮的数据文本。右击右侧高亮数据，在弹出的快捷菜单中选择 "Copy-"CopySelector 命令，便可以自动复制路径。

```
# main > div > div.mtop.firstMod.clearfix > div.centerBox > div:nth-child(2) > ul > li:nth-child(2)
```

由于这条路径是选中的第一条路径，而我们需要获取所有的头条新闻，因此可将 li:nth-child(2) 中冒号（包含冒号）后面的部分删掉，再使用 soup.select 引用这条路径，代码如下：

```
Data=soup.select('[#main > div > div.mtop.
    firstMod.clearfix > div.centerBox > ul.ne
wsList > li > a')
```

然后再对数据进行提取：

```
result={
    'title' : item.get_text(),
    'link' : item.get('href'),
    'ID' : re.findall('\d+',item.get('href'))
}
```

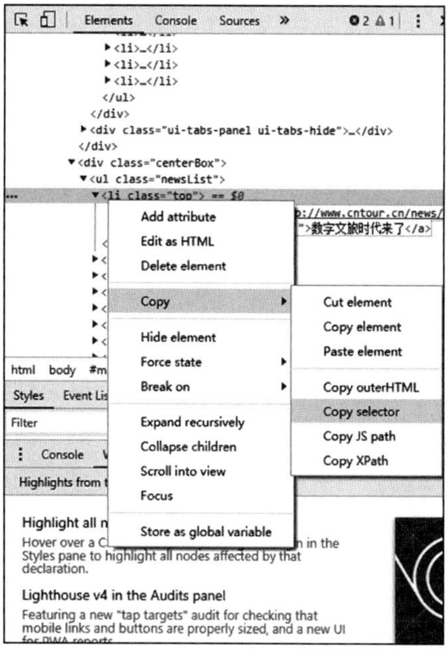

图 3-5　获取元素路径

3.6.2　微信公众号爬虫

我们首先安装微信爬虫接口，命令如下：

```
pip install wechatsogou -upgrade
```

安装成功后，需要初始化 API：

```
1  import wechatsogou
2  # 可配置参数
3  # 直连
4  ws_api = wechatsogou.WechatSogouAPI()
5  # 验证码输入错误的重试次数，默认为1
6  ws_api = wechatsogou.WechatSogouAPI(captcha_break_time=3)
7  # 所有requests库的参数都能在这里使用
8  # 如配置代理，代理列表中至少需包含1个HTTPS协议的代理，并确保可用
9  ws_api = wechatsogou.WechatSogouAPI(proxies={
10     "http": "127.0.0.1:8888",
11     "https": "127.0.0.1:8888",
12 })
13 # 如设置超时
14 ws_api = wechatsogou.WechatSogouAPI(timeout=0.1)
```

接下来，调用 API 获取特定公众号信息即可。

【例 3-42】使用 API 进行微信公众号爬虫

```
1  import wechatsogou
2  ws_api = wechatsogou.WechatSogouAPI()
3  print(ws_api.get_gzh_info('Python爬虫'))
```

运行结果如下，返回的是一个字典：

```
{'open_id': 'oIWsFtyRizv4ILM43eMvFxrfsOzc', 'profile_url': '', 'headimage': 'https://img01.
    sogoucdn.com/app/a/100520090/oIWsFtyRizv4ILM43eMvFxrfsOzc', 'wechat_name''Python
    爬虫大数据AI', 'wechat_id': 'Python_ai_bigdata', 'qrcode': 'http://mp.weixin.qq.com/
    rr?src=3&timestamp=1559281895&ver=1&signature=6ARzajlnqx4yHgI80eQbjT0CX4DghKzv
    XbGSSEaM9q1qy5D7q4mLz6juLG-chnus64Z1cxOXiJT-2d1TbC492oJkFDmW9Q9J1k0iZdxam3Q=',
    'introduction': 'Python爱上了bigdata,它想知道bigdata是否也AI它,上帝给它一个建议:用你最
    擅长的爬虫爬取bigdata,然后用AI分析bigdata,就知道它是否AI你了.这是一个以分享Python爬虫、
    大数据和AI的公众号', 'authentication': '\n', 'post_perm': -1, 'view_perm': -1}
```

3.6.3 爬取豆瓣读书 TOP500

如下示例使用 lxml 配合 requests 爬取豆瓣读书 TOP500，实战体会 lxml 的综合用法：

1）用 XPath 确定所爬取数据的位置；

2）获取数据，将数据写到 CSV 文件中保存。

【例 3-43】爬取豆瓣读书 TOP500

```
1  import requests
2  from lxml import etree
3  import csv
4  import codecs
5  import sys
6  # reload(sys)
7  # sys.setdefaultencoding('utf-8')
8  # 创建CSV文件，并写入表头信息
9  fp = codecs.open('D:\h.csv','w+','utf_8_sig')
10 writer = csv.writer(fp)
11 writer.writerow(('书名','地址','作者','出版社','出版日期','价格','评分','评价'))
12 # 构造所有的URL链接
13 urls = ['https://book.douban.com/top250?start={}'.format(str(i)) for i in range(0,25
14 1,25)]
15 # 添加请求头
16 headers = {
17     'User-Agent':'Mozilla/5.0 (Windows NT 10.0; Win64; x64) AppleWebKit/537.
18     36 (KHTML, like Gecko) Chrome/65.0.3325.181 Safari/537.36'
19 }
20 # 循环URL
21 for url in urls:
22     html = requests.get(url,headers=headers)
23     selector = etree.HTML(html.text)
24     # 取大标签，以此循环
25     infos = selector.xpath('//tr[@class="item"]')
26  # 循环获取信息
27     for info in infos:
28         name = info.xpath('td/div/a/@title')[0]
29         url = info.xpath('td/div/a/@href')[0]
30         book_infos = info.xpath('td/p/text()')[0]
31         author = book_infos.split('/')[0]
32         publisher = book_infos.split('/')[-3]
33         date = book_infos.split('/')[-2]
34         price = book_infos.split('/')[-1]
35         rate = info.xpath('td/div/span[2]/text()')[0]
36         comments = info.xpath('td/p/span/text()')
37         comment = comments[0] if len(comments) != 0 else "空"
38         # 写入数据
39         writer.writerow((name,url,author,publisher,date,price,rate,comment))
40  fp.close()
```

运行结果如图 3-6 所示。

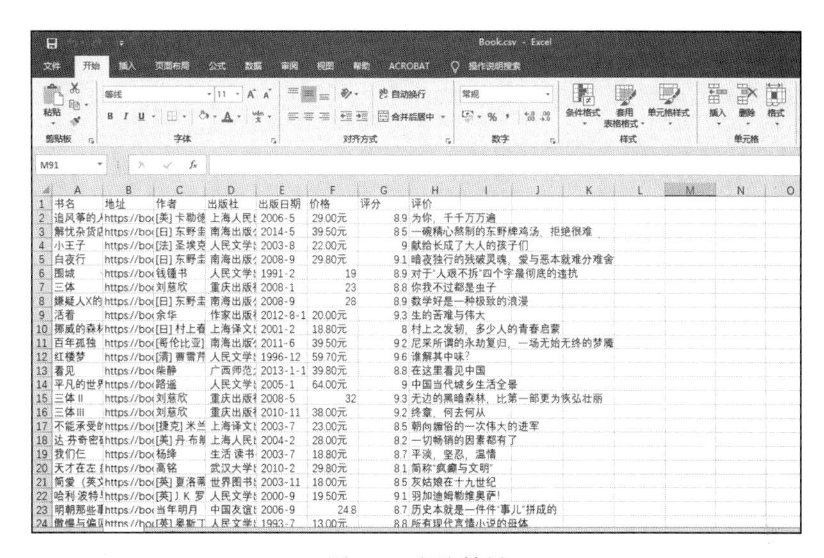

书名	地址	作者	出版社	出版日期	价格	评分	评价
追风筝的人	https://boo	[美] 卡勒德	上海人民出	2006-5	29.00元	8.9	为你，千千万万遍
解忧杂货店	https://boo	[日] 东野圭	南海出版公	2014-5	39.50元	8.5	一碗精心熬制的东野牌鸡汤，拒绝很难
小王子	https://boo	[法] 圣埃克	人民文学出	2003-8	22.00元	9	献给长成了大人的孩子们
白夜行	https://boo	[日] 东野圭	南海出版公	2008-9	29.80元	9.1	暗夜独行的残破灵魂，爱与恶本就难分难舍
围城	https://boo	钱锺书	人民文学出	1991-2	19	8.9	对于"人艰不拆"四个字最彻底的违抗
三体	https://boo	刘慈欣	重庆出版社	2008-1	23	8.8	你我不过都是虫子
嫌疑人X的	https://boo	[日] 东野圭	南海出版公	2008-9	28	8.9	数学好是一种极致的浪漫
活着	https://boo	余华	作家出版社	2012-8-1	20.00元	9.3	生的苦难与伟大
挪威的森林	https://boo	[日] 村上春	上海译文出	2001-2	18.80元	8	村上之发轫，多少人的青春启蒙
百年孤独	https://boo	[哥伦比亚]	南海出版公	2011-6	39.50元	9.2	尼采所谓的永劫复归，一场无始无终的梦魇
红楼梦	https://boo	[清] 曹雪芹	人民文学出	1996-12	59.70元	9.6	谁解其中味？
看见	https://boo	柴静	广西师范大	2013-1-1	39.80元	8.8	在这里看见中国
平凡的世界	https://boo	路遥	人民文学出	2005-1	64.00元	9	中国当代城乡生活全景
三体 II	https://boo	刘慈欣	重庆出版社	2008-5	32	9.3	无边的黑暗森林，比第一部更为恢弘壮丽
三体 III	https://boo	刘慈欣	重庆出版社	2010-11	38.00元	9.2	终章，何去何从
不能承受的	https://boo	[捷克] 米兰	上海译文出	2003-7	23.00元	8.5	朝向媚俗的一次伟大的进军
达·芬奇密码	https://boo	[美] 丹·布朗	上海人民出	2004-2	28.00元	8.2	一切畅销的因素都有了
我们仨	https://boo	杨绛	生活·读书·	2003-7	18.80元	8.7	平淡，坚忍，温情
天才在左	https://boo	高铭	武汉大学出	2010-2	29.80元	8.1	简称"疯癫与文明"
简爱（英文	https://boo	[英] 夏洛蒂	世界图书出	2003-11	18.00元	8.5	灰姑娘在十九世纪
哈利·波特与	https://boo	[英] J. K. 罗	人民文学出	2000-9	19.50元	9.1	羽加迪姆勒维奥萨！
明朝那些事	https://boo	当年明月	中国友谊出	2006-9	24.8	8.7	历史本就是一件件"事儿"拼成的
傲慢与偏见	https://boo	[英] 奥斯丁	人民文学出	1993-7	13.00元	8.8	所有现代言情小说的母体

图 3-6　爬取结果

3.6.4　使用 urllib 库爬取百度贴吧

创建一个 tieba.py 的文件，代码如下。

```
#!/usr/bin/env python
import urllib.request

def load_page(request):
    """
    加载网络的页面信息
    :param request: 请求参数
    :return:返回服务端的响应信息
    """
    return urllib.request.urlopen(request)

def write_page(response, filename):
    """
    将响应返回的信息写入文件保存
    :param response:服务器返回的响应信息
    :param filename:保存的文件名
    :return:
    """
    content = response.read()
    with open(filename, 'wb') as f:
        f.write(content)

def spider(url, headers, startPage, endPage):
    """
    爬取网页的方法
    :param url: 请求的url
    :param headers:自定义的请求头信息
    :param startPage:请求的开始页面
    :param endPage:请求的结束页面
    :return:
```

```
    """
    for page in range(startPage, endPage + 1):
        page = (page - 1) * 50
        # 通过研究页面的规律，拼接需要请求的完整url
        fullUrl = url + '&pn=' + str(page)
        print(fullUrl)
        # 获取请求对象
        request = urllib.request.Request(fullUrl, headers=headers)
        # 加载页面，返回服务端的响应
        response = load_page(request)
        # 拼接文件名
        filename = '第' + str(int(page / 50 + 1)) + "页.html"
        # 写入文件
        write_page(response, filename)

if __name__ == '__main__':
    # 百度贴吧的url
    url = 'https://tieba.baidu.com/f?'
    # 防止ip被禁，重新指定User-Agent字段信息
    headers = { 'User-Agent': 'Mozilla/5.0 (Windows NT 10.0; Win64; x64)
        AppleWebKit/537.36 (KHTML, like Gecko) Chrome/62.0.3202.62 Safari/537.36'}
    # 通过输入关键字查询
    keyword = input('请输入关键字：')
    # 输入文字（中文）进行urlencode编码
    keyword = urllib.request.quote(keyword)
    # 拼接url
    fullUrl = url + "kw=" + keyword
    # 输入起始页
    startPage = int(input("输入起始页："))
    # 输入结束页
    endPage = int(input('输入结束页：'))

    # 开始抓取页面
    spider(fullUrl, headers, startPage, endPage)
```

运行 tieba.py 文件，控制台会给出提示“请输入关键字:”等，如图 3-7 所示。

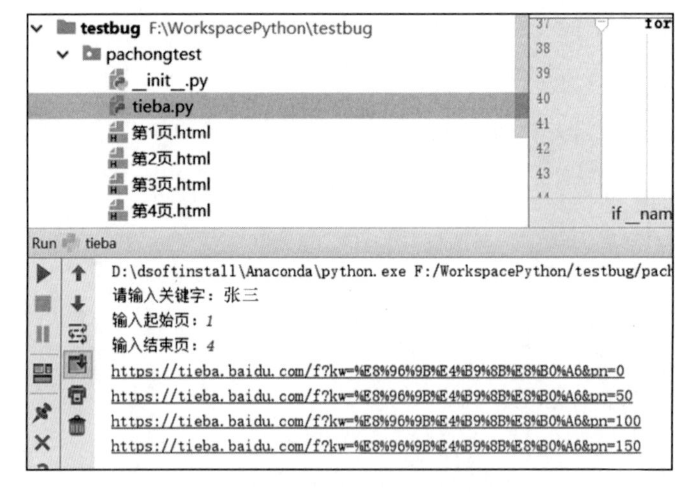

图 3-7　爬取结果

3.7　本章小结

本章作为 Python 爬虫核心技术篇的开篇，介绍了在 Python 爬虫过程中所需的常用库，包括标准库以及第三方库。这些库是我们构造网络请求、解析网页的必备工具。首先简单介绍了 Python 标准库以及第三方库的安装与使用方法；接着介绍了 HTTP 请求库 urllib，重点介绍 urllib 库中的 request 模块；其次介绍了更强大的第三方 HTTP 请求库 request，以及 request 库的基本和高级使用方法；然后详细介绍了两种解析库，分别是 lxml 和 Beautiful Soup，同时还介绍了 XPath 语法，最后给出实战案例。

练习题

1. urllib 库包含哪些主要模块?
2. 给出 URL 解析的执行结果。

```
from urllib import parse
url = "http://www.baidu.com/s?username=Python"
result = parse.urlparse(url)
print("urlparse 出来的结果 : %s" % str(result))?'
```

3. 利用 request 抓取新浪网站图标。
4. 写出下列代码的执行结果。

```
from lxml import etree
html = etree.parse('test.html')
print (type(html))
result = html.xpath('//li/@class')
print (result)
```

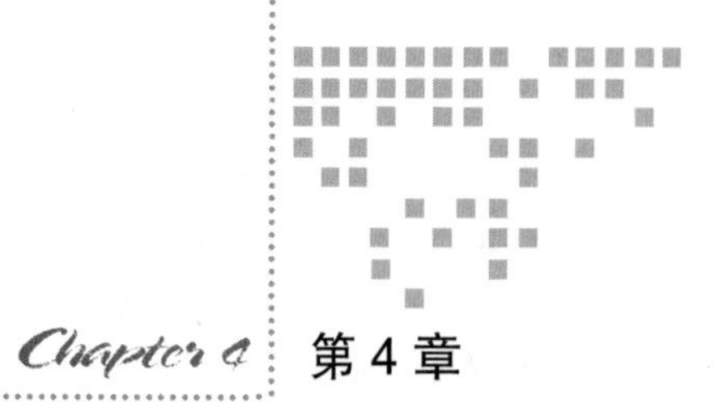

Chapter 4 第 4 章

正则表达式

正则表达式是对字符串进行操作的一种逻辑公式，就是用事先定义好的特定字符和这些特定字符的组合来组成一个规则字符串，这个规则字符串可用来表达对字符串的一种过滤逻辑。刚接触正则表达式时可能会觉得晦涩难懂，但是使用正则表达式可以迅速地以极简单的方式实现对字符串的复杂控制。

4.1 概念介绍

说到正则表达式，大家可能比较陌生。但是，实际上我们每天都在使用正则表达式，浏览器每天用不？淘宝经常逛不？你在搜索框里输入几个文字，按下回车，就出来大量结果，你想想这是怎么办到的？这便是正则表达式，可以毫不夸张地讲，没有正则表达式，就没有搜索引擎。正则式案例的网页截图如图 4-1 所示。

图 4-1　正则式案例

看看图中画框线的部分，为什么输入“欧佩克”文字，网址里面也会出现相应文字，是因为浏览器已经帮你生成了正则表达式，也就是方框所圈住的那一部分内容。当然，搜索引擎绝不只是正则表达式这么简单，但正则表达式无疑占据了最核心的部位。

正则表达式是一个特殊的字符序列，又称规则表达式（regular expression，在代码中常简写为 regex、regexp 或 re），其本质上来说是一种小型的、高度专业化的编程语言，通常被用来检索、替换那些符合某个模式（规则）的文本。在 Python 中它内嵌在 re 模块实现，re 模块使 Python 语言拥有全部的正则表达式功能，能帮你方便地检查一个字符串是否与某种模式匹配。

4.2　正则表达式语法

我们首先需要了解一下正则表达式的匹配过程：依次拿出表达式和文本中的字符比较，如果每一个字符都能匹配，则匹配成功；一旦有匹配不成功的字符则匹配失败。如果表达式中有量词或边界，那么这个过程会有一些不同，匹配流程如图 4-2 所示。

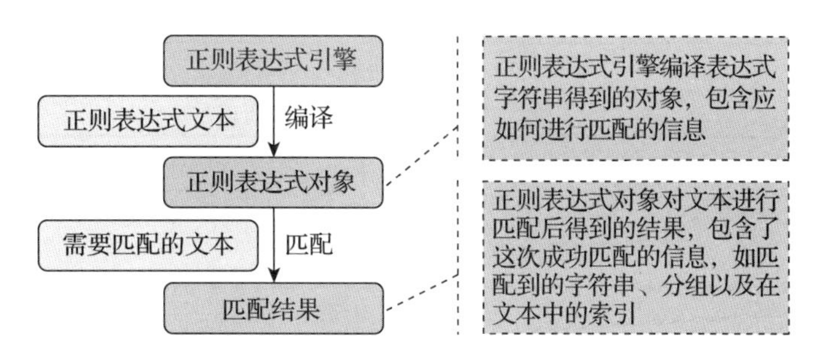

图 4-2　正则表达式进行匹配的流程

4.2.1　正则模式的字符

正则模式使用特殊的语法来表示一个正则表达式：用字母和数字来表达语义。一个正则表达式模式中的字母和数字可匹配同样的字符串。在多数字母和数字前加一个反斜杠会拥有不同的含义。标点符号只有被转义时才匹配自身，否则它们表示特殊的含义。反斜杠本身需要使用反斜杠转义。由于正则表达式通常都包含反斜杠，所以最好使用原始字符串来表示它们。模式元素（如 r'\t'，等价于 \\t）匹配相应的特殊字符。如果你使用模式的同时提供了可选的标志参数，那么某些模式元素的含义会改变。表 4-1 给出了常见的正则字符和含义。

表 4-1　常见的正则字符和含义

模　式	描　　述
.	匹配任意字符，除了换行符
*	匹配前一个字符 0 次或多次
+	匹配前一个字符 1 次或多次
?	匹配前一个字符 0 次或 1 次
^	匹配字符串开头
$	匹配字符串末尾
()	匹配括号内的表达式，也表示一个组
[]	匹配 [] 中列举的字符
[^]	匹配不在 [] 中的字符

（续）

模　式	描　　述
\s	匹配空白字符
\S	匹配任何非空白字符
\d	匹配数字，等价于 [0-9]
\D	匹配任何非数字，等价于 [^0-9]
\w	匹配字母数字，等价于 [A-Za-z0-9_]
\W	匹配非字母数字，等价于 [^A-Za-z0-9_]
\A	匹配字符串开始
\z	匹配字符串结束
\Z	匹配换行前的结束字符串

相关的正则表达式实例如表 4-2 所示。

表 4-2　正则表达式实例

实　例	描　　述
[Pp]ython	匹配 "Python" 或 "python"
rub[ye]	匹配 "ruby" 或 "rube"
[abcd]	匹配中括号内的任意一个字母
[0-9]	匹配任何数字，类似于 [0123456789]
[a-z]	匹配任何小写字符
[A-Z]	匹配任何大写字符
[a-zA-Z0-9]	匹配任何字母及数组
[^abcd]	匹配除了 abcd 字母以外的所有字符
[^0-9]	匹配除了数字外的字符

4.2.2　运算符优先级

正则表达式的计算方式和我们从小学习的算术运算一样，有优先级的概念，如果不知道优先级顺序，那么很可能出现偏离预期的匹配结果，掌握优先级顺序能够避免不必要的错误发生，表 4-3 将介绍正则表达式中的优先级顺序。优先级顺序从上到下、从左到右依次降低。

表 4-3　运算符优先级

运算符	功　　能
\	转义符
(),(?:),(?=),[]	括号
*,+,?,{n},{n,},{n,m}	限定符
^,$,\ 任意元字符	定位、序列
|	或运算

4.3 匹配规则

模式是正则表达式最基本的元素，它们是一组描述字符串特征的字符。模式可以很简单，由普通的字符串组成，也可以非常复杂，往往用特殊的字符表示一个范围内的字符、表示重复出现，或表示上下文。按照模式可以将匹配规则分为四类：单字符匹配、多字符匹配、边界匹配和分组匹配。

4.3.1 单字符匹配规则

表 4-4 中对字符的匹配都是表示一个任意字符，或者某个范围内的任意一个字符，属于单字符匹配；此表详细阐述了单字符匹配中会用到的字符及其具体的功能。

表 4-4 单字符匹配字符和功能

字 符	匹 配
.	匹配任意字符，除了换行符
[...]	匹配 [] 中列举的字符，注意中间没有空格符号
\d	匹配数字，等价于 [0-9]
\D	匹配任何非数字，等价于 [^0-9]
\s	匹配空白字符，即空格，tab 键
\S	匹配任何非空白字符
\w	匹配字母数字，等价于 [A-Za-z0-9_]
\W	匹配非字母数字，等价于 [^A-Za-z0-9_]

下面我们针对表 4-4 中的全部单字符匹配字符的使用方法给出实例示范。

1. 单字符“.”

```
>>> re.match('..','a')       # 两个点，表示两个字符，'a'为一个字符，未匹配到
None
>>> re.match('...','abcd')   # 三个点，表示三个字符，匹配到'abc'
<_sre.SRE_Match object; span=(0, 3), match='abc'>
>>> re.match('.','\n')       # . 无法匹配 '\n'
None
```

2. 单字符“\d”和“\D”

```
>>> re.match('\d','1a3')     # 一个数字字符，从左到右匹配到'1'
<_sre.SRE_Match object; span=(0, 1), match='1'>
>>> re.match('\d*2','1a3')   # 两个连续数字字符，从左到右未匹配到
None
>>> re.match('\d\d','123')
<_sre.SRE_Match object; span=(0, 2), match='12'> # 两个连续数字，从左到右匹配到'12'
>>> re.match('\d*2','123')                        # \d\d == \d*2
```

```
<_sre.SRE_Match object; span=(0, 2), match='12'>
>>> re.match('\d\D','1a3')  # 连续的，一个数字字符，一个非数字字符，匹配到'1a'
<_sre.SRE_Match object; span=(0, 2), match='1a'>
>>> re.match('\D','a')         # 非数字字符，匹配到'a'
<_sre.SRE_Match object; span=(0, 1), match='a'>
```

3. 单字符 “\s” 和 “\S”

```
>>> re.match('\s',' a')
<_sre.SRE_Match object; span=(0, 1), match=' '>
>>> re.match('\s','\ta')
<_sre.SRE_Match object; span=(0, 1), match='\t'>
>>> re.match('\s','\na')
<_sre.SRE_Match object; span=(0, 1), match='\n'>
>>> re.match('\S',' a')
None
```

4. 单字符 “\w” 和 “\W”

```
>>> re.match('\w\w','_a')
<_sre.SRE_Match object; span=(0, 2), match='_a'>
>>> re.match('\w\W','_a')
None
```

那么问题来了，比如在某个市内，手机号只能是 1 开头的，第二位数字只能是 0～3，那么 \d 已经不能精确限制了，这时可使用单字符 “[]”。

5. 单字符 “[]”

```
>>> re.match('1[0-3]','137')        # 第一位为1，第二位为0~3
<_sre.SRE_Match object; span=(0, 2), match='13'>
>>> re.match('1[^0-3]','137')       # ^表示[]内取反
None
>>> re.match('1[0-3a-z]','1h7')    # 第二位为0~3或者a~z
<_sre.SRE_Match object; span=(0, 2), match='1h'>
>>> re.match('1[^0-3a-z]','187')
<_sre.SRE_Match object; span=(0, 2), match='18'>
```

还是考虑这个手机号校验的模式匹配问题，如手机号有 11 位，那么就需要像 re.match('1[0-3]\d\d\d\d\d\d\d\d\d','13758265698') 这样写好多个 \d 用来匹配么？下面就来学习多字符匹配。

4.3.2 多字符匹配规则

在实际开发中都是用一个子串（多个字符）去匹配整个字符串，这就需要用到多字符匹配规则。多字符匹配规则本质上就是单个字符加上数量，表 4-5 中数量的匹配都是针对前一个字符；此表详细阐述了多字符串匹配中会用到的字符及其具体的功能。

表 4-5　多字符串匹配字符和功能

字　符	匹　　配
*	匹配前一个字符出现 0 次或者无限次，即可有可无
+	匹配前一个字符出现 1 次或者无限次，即至少 1 次
?	匹配前一个字符出现 1 次或者 0 次，即至多 1 次
{m}	匹配前一个字符出现 m 次
{m,}	匹配前一个字符至少出现 m 次
{m,n}	匹配前一个字符出现从 m 到 n 次

下面我们针对表 4-5 中的全部多字符串匹配字符的使用方法给出实例示范。

1. “*” 可有可无

```
>>> re.match('\d*','')          # *表示不出现数字或出现任意次， ''为空，匹配不出现数字
<_sre.SRE_Match object; span=(0, 0), match=''>
>>> re.match('\d*','abc')       # 'abc'没有数字，匹配不出现数字，可看作'abc' == '''abc'
<_sre.SRE_Match object; span=(0, 0), match=''>
>>> re.match('\d*','13855824563')     # 匹配出现任意次数字
<_sre.SRE_Match object; span=(0, 11), match='13855824563'>
```

2. “+” 至少一次

```
>>> re.match('\d+','123')       # 至少出现1次数字，'123'有3个数字，匹配
<_sre.SRE_Match object; span=(0, 3), match='123'>
>>> re.match('\d+','abc')       # 'abc'未出现数字，不匹配
None
>>> re.match('\d+','123abc')  # '123abc'有3个数字，匹配
<_sre.SRE_Match object; span=(0, 3), match='123'>
```

3. “ ? ” 至多 1 次

```
>>> re.match('\d?','abc')       # 'abc'未出现数字，匹配
<_sre.SRE_Match object; span=(0, 0), match=''>
>>> re.match('\d?','1abc')     # 出现1次数字，匹配
<_sre.SRE_Match object; span=(0, 1), match='1'>
>>> re.match('\d?','12abc')    # 出现1次数字，匹配
<_sre.SRE_Match object; span=(0, 1), match='1'>
>>> re.match('\d?[a-z]','12abc')       # 限定第二位为[a-z]，不匹配
None
>>> re.match('\d*[a-z]','123a4abc')   # 出现任意次数字后，限定其后为[a-z]
<_sre.SRE_Match object; span=(0, 4), match='123a'>
>>> re.match('\d+[a-z]','1234abc')    # 至少出现1次数字后，其后为[a-z]
<_sre.SRE_Match object; span=(0, 5), match='1234a'>
```

4. “{m}” 或 “{m,}”

```
>>> re.match('\d{4}[a-z]','1234abc') # 4个数字后，跟上[a-z]，匹配
<_sre.SRE_Match object; span=(0, 5), match='1234a'>
>>> re.match('\d{5}[a-z]','1234abc') # 5个数字后，跟上[a-z]，不匹配
None
>>> re.match('\d{3}[a-z]','1234abc') # 3个数字后，跟上[a-z]，不匹配
```

```
None
# {m,}
>>> re.match('\d{3,}[a-z]','1234abc')  # 3个数字以上
<_sre.SRE_Match object; span=(0, 5), match='1234a'>
```

那么，{} 就可以表示数量符了：

{1,} == +

{0,} == *

{0,1} == ?

故而手机号就可以表示为 re.match('1[3-8]\d{9}','18155825579') 。

```
>>> re.match('1[3-8]\d{9}','18155825579')
<_sre.SRE_Match object; span=(0, 11), match='18155825579'>
>>> re.match('1[3-8]\d{9}','18155825579abcd')
<_sre.SRE_Match object; span=(0, 11), match='18155825579'>
```

4.3.3 边界匹配

表 4-6 详细阐述了边界匹配中会用到的字符及其具体的功能。

表 4-6 边界匹配字符和功能

字 符	匹 配
^	匹配字符串开头
$	匹配字符串结尾
\b	匹配一个单词的边界
\B	匹配非单词边界

1. “$” 匹配结尾

继续以之前的手机号末尾多出来的 'abcd' 问题为例。

```
>>> re.match('1[3-8]\d{9}$','18155825579abcd')
None
>>> re.match('1[3-8]\d{9}$','18155825579')
<_sre.SRE_Match object; span=(0, 11), match='18155825579'>
```

在结尾添加一个“$”就能限定边界，一共 11 位数字。

2. “^” 匹配开头

```
>>> re.match('^1[3-8]\d{9}$','18155825579')      # 以1开头
<_sre.SRE_Match object; span=(0, 11), match='18155825579'>
>>> re.match('^1[3-8]\d{9}$','28155825579')
None
>>> re.match('^[12][3-8]\d{9}$','28155825579')  # 以1或2开头
<_sre.SRE_Match object; span=(0, 11), match='28155825579'>
```

这个效果在 match 中不是很明显，因为 match 就是从左到右开始匹配的。

3. "\b" 匹配单词边界

```
>>> re.match(r'^\w+ve','hover')
<_sre.SRE_Match object; span=(0, 4), match='hove'>
>>> re.match(r'^\w+ve\b','hover')           # 以ve结尾，不匹配
None
'''注意\b不代表字符，也不代表空格，加空格\s'''
>>> re.match(r'^\w+\bve\b','hover')         # 以至少1个字符为单词，再以ve为单词
None
>>> re.match(r'^\w+\b\sve\b','hover ve')   # 加上空格，成为两个单词
<_sre.SRE_Match object; span=(0, 8), match='hover ve'>
>>> re.match(r'^\w+\bve\b','ho ve r')
None
>>> re.match(r'^\w+\s\bve\b','ho ve r')    # 同理，加上空格
<_sre.SRE_Match object; span=(0, 5), match='ho ve'>
>>> re.match(r'^\w+\bve\b','hove r')
None
>>> re.match(r'^\w+ve\b','hove r')          # 匹配至少1个字符，以ve结尾单词
<_sre.SRE_Match object; span=(0, 4), match='hove'>
>>> re.match(r'^.+\b\sve\b','ho ve r')
    # 表示任意字符为边界，多了1个空格，此时解析为：ho为1个单词，ve为1个单词
<_sre.SRE_Match object; span=(0, 5), match='ho ve'>
>>> re.match(r'^.+\bve\b','ho ve r')
    # 表示任意字符为边界，没有空格，此时解析为：ho 为1个单词（有1个空格），ve为1个单词
<_sre.SRE_Match object; span=(0, 5), match='ho ve'>
```

4. "\B" 匹配非单词边界

```
>>> re.match(r'^.+ve\B','ho ve r')
None
>>> re.match(r'^.+ve\B','ho ver')           # ve不是单词边界，匹配
<_sre.SRE_Match object; span=(0, 5), match='ho ve'>
>>> re.match(r'^.+\Bve\B','ho ver')         # ho是单词边界，不匹配
None
>>> re.match(r'^.+\Bve\B','hover')
<_sre.SRE_Match object; span=(0, 4), match='hove'>
```

注意　^ 和 $ 是描述整个字符串的边界，而 \b 和 \B 是描述字符串中的单词边界。

4.3.4　分组匹配

表 4-7 详细阐述了分组匹配中会用到的字符及其具体的功能。

表 4-7　分组匹配字符和功能

字　符	匹　　配
|	匹配左右任意一个表达式
(a,b)	括号中表达式作为一个分组
\<number>	引用编号为 num 的分组匹配到的字符串
(?P<name>)	为分组起一个别名
(?P=name)	引用别名为 name 的分组匹配字符串

1. “|” 匹配左右任意一个表达式（类似“或”条件）

我们在查询东西的时候不一定仅查一样，可能还会想要同时查询另一样东西。那么前面讲述的只是与匹配查询一样的情况。“|” 匹配就类似于“或”的条件，如下述示例所示。

【例 4-1】“|”（“或”条件）匹配示例

```
import  re
pattern = '^M?M?M?(CM|CD|D?C?C?C?)$'
str = 'MMDCC'
s= re.search(pattern,str)
print(s.group())  # MMDCC，将()作为一个分组，“|”表示匹配其左右任意一个表达式

str1 ='MCMCD'
s1 = re.search(pattern,str1)
print(s1.group()) # 匹配失败，因为CM和DC在|的左右，只可以匹配其中之一
```

2. “(a,b)” 将括号中的表达式作为一个分组

上面写到可以通过“|”来进行“或”条件匹配，但却没有限定范围。那上面是什么意思呢？看看下面的这个例子来理解一下。

【例 4-2】匹配出 163、126 和 QQ 邮箱

```
# coding=utf-8
import re
# 首先来简单匹配一个163邮箱地址
In [19]: re.match('\w{4,20}@163\.com','test@163.com').group()
Out[19]: 'test@163.com'
# 判断163、126、QQ邮箱，是不是直接加上|就好了呢？从结果来看，并不是的
In [20]: re.match('\w{4,20}@163|qq|126\.com','test@163.com').group()
Out[20]: 'test@163'
In [21]: re.match('\w{4,20}@163|qq|126\.com','qq').group()
Out[21]: 'qq'
In [22]: re.match('\w{4,20}@163|qq|126\.com','126.com').group()
Out[22]: '126.com'
In [23]:
# 从上面的三个结果来看，貌似|把整体拆分成三个规则来匹配
# 这不是我们想要的结果；很明显就是|的“或”范围没有做好限制
# 下面可以使用分组括号来限定“或”的范围，从而解决问题
# 在 (163|qq|126) 中增加了括号，说明|这个“或”判断只在这个括号中有效果
In [23]: re.match('\w{4,20}@(163|qq|126)\.com','126.com').group()
---------------------------------------------------------------------------
AttributeError                            Traceback (most recent call last)
<ipython-input-23-fd220fc6f021> in <module>
----> 1 re.match('\w{4,20}@(163|qq|126)\.com','126.com').group()
AttributeError: 'NoneType' object has no attribute 'group'
# 直接的qq，当然就会匹配报错了
In [24]: re.match('\w{4,20}@(163|qq|126)\.com','qq').group()
---------------------------------------------------------------------------
AttributeError                            Traceback (most recent call last)
<ipython-input-24-90ca396faa28> in <module>
----> 1 re.match('\w{4,20}@(163|qq|126)\.com','qq').group()
AttributeError: 'NoneType' object has no attribute 'group'
# 那么输入正确的邮箱地址，再来看看匹配是否正确
In [25]: re.match('\w{4,20}@(163|qq|126)\.com','test@163.com').group()
```

```
Out[25]: 'test@163.com'
In [26]: re.match('\w{4,20}@(163|qq|126)\.com','test@qq.com').group()
Out[26]: 'test@qq.com'
In [27]: re.match('\w{4,20}@(163|qq|126)\.com','test@126.com').group()
Out[27]: 'test@126.com'
In [28]:
# 从上面的三个结果来看，都能正确匹配出163、126、QQ三种邮箱来
# 最后输入另一种未定义的hostmail邮箱，当然会报错
In [28]: re.match('\w{4,20}@(163|qq|126)\.com','test@hostmail.com').group()
---------------------------------------------------------------------------
AttributeError                            Traceback (most recent call last)
<ipython-input-28-a9b2cc3bf2e3> in <module>
----> 1 re.match('\w{4,20}@(163|qq|126)\.com','test@hostmail.com').group()
AttributeError: 'NoneType' object has no attribute 'group'
In [29]:
```

3. “\num” 引用分组 num 匹配到的字符串

引用分组 num 匹配到的字符串的功能在以爬虫匹配网页 HTML 元素的时候经常会用到；如下述示例所示，可匹配网页中的 HTML 元素。

【例 4-3】匹配出 <html>hello beauty</html>

```
# coding=utf-8
import re
# 首先匹配第一个<html>看看
In [66]: re.match('<[a-zA-Z]*>','<html>hello beauty</html>').group()
Out[66]: '<html>'
# 后面如果使用.*，的确可以匹配所有字符，但是不利于引用分组匹配
In [67]: re.match('<[a-zA-Z]*>.*','<html>hello beauty</html>').group()
Out[67]: '<html>hello beauty</html>'

# 使用\w可以匹配字母、数字、下划线，但是不能匹配空格、tab等
In [68]: re.match('<[a-zA-Z]*>\w*','<html>hello beauty</html>').group()
Out[68]: '<html>hello'
# 加上\s在两个\w之间匹配，可以解决这个空格的问题；剩下就是匹配最后的</html>
In [77]: re.match('<[a-zA-Z]*>\w*\s\w*','<html>hello beauty</html>').group()
Out[77]: '<html>hello beauty'
# 在最后写上匹配规则就可以了
In [78]: re.match('<[a-zA-Z]*>\w*\s\w*</[a-zA-Z]*>','<html>hello beauty</html>').group()
Out[78]: '<html>hello beauty</html>'
In [79]
# 但是，可以看到匹配的规则是大小写字母，如果是不一样的html标签呢？
In [80]: re.match('<[a-zA-Z]*>\w*\s\w*</[a-zA-Z]*>','<html>hello beauty</h>').group()
Out[80]: '<html>hello beauty</h>'
# 这样虽然也匹配出了结果，但并不是想要的。最好的结果是结尾也应该为html
In [81]:
# 正确的思路：如果在第一对<>中是什么，按理说在后面的那对<>中就应该是什么
# 通过引用分组中匹配到的数据即可，但要注意是元字符串，即类似 r""这种格式
In [89]: re.match(r'<([a-zA-Z]*)>\w*\s\w*</\1>','<html>hello beauty</html>').group()
Out[89]: '<html>hello beauty</html>'
In [90]: re.match(r'<([a-zA-Z]*)>\w*\s\w*</\1>','<html>hello beauty</html>').group(1)
Out[90]: 'html'
# 上面将匹配的内容结尾写成了\1 ，那便是直接使用第一个括号分组的内容
In [91]:
```

从上面可以看出，括号 () 的分组在正则匹配中是可以引用的，如果这种 () 非常多，都写 \1 \2 \3 肯定不是很方便，那么下面有一种命名的编写方式。

4. “(?P<name>)” 和 “(?P=name)” 分组别名引用

分组别名就是为具有默认分组编号的组另外再分配一个别名。利用取名字的方法进行匹配，其实也类似于分组匹配，如下例所示。

【例 4-4】身份证号字符串的分组别名匹配

```
import re
s = '1102231990xxxxxxxx'    # 身份证号1102231990xxxxxxxx
res=re.search('(?P<province>\d{3})(?P<city>\d{3})(?P<born_year>\d{4})',s)
    # 取别名为province、city、born_year
print(res.groupdict())
```

此分组取出结果为：

```
{'province': '110', 'city': '223', 'born_year': '1990'}
```

4.4 re 模块常用函数

Python 自 1.5 版本起增加了 re 模块，它提供 Perl 风格的正则表达式模式。re 模块使 Python 语言拥有全部的正则表达式功能。re 模块也提供了与这些方法功能完全一致的函数，这些函数使用一个模式字符串作为它们的第一个参数。本节将主要介绍 Python 中常用的正则表达式处理函数。

4.4.1 re.match 函数

re.match 的意思是从字符串的起始位置匹配一个模式，如果不是起始位置匹配成功，re.match 函数就返回 none。re.match 函数中相关参数的说明如表 4-8 所示。其函数语法如下：

```
re.match(pattern,string,flags=0)
```

表 4-8 参数说明

参 数	描 述
pattern	匹配的正则表达式
string	要匹配的字符串
flags	标志位，用于控制正则表达式的匹配方式，如是否区分大小写、多行匹配等

若匹配成功，则 re.match 函数返回一个匹配的对象，否则返回 None。

我们可以使用 group(num) 或 groups() 匹配对象函数来获取匹配表达式，如表 4-9 所示。

表 4-9　匹配对象方法描述

匹配对象方法	描　述
group(num=0)	匹配的整个表达式的字符串，group() 可以一次输入多个组号，在这种情况下它将返回一个包含那些组所对应的值的元组
groups()	返回一个包含所有小组字符串的元组，从 1 到所含的小组号

re.match 函数的操作步骤：

1）调用 Python 内嵌的 re 模块。

```
import re
```

2）使用 match 或者 search 方法进行匹配操作。

```
a=re.match(pattern,string,flags=0)
# pattern，匹配规则模式
# string，要匹配的字符串
```

3）匹配到的数据通常用 group（字符串格式）或 groups（元组格式）方法来提取。

```
# 操作步骤
# 导入re模块
import re
# 使用match方法进行匹配操作
result = re.match(正则表达式,要匹配的字符串)

# 如果上一步匹配到数据，可以使用group方法来提取数据
result.group()
```

下面通过例 4-5 和例 4-6 来演示 re.match 函数的使用方式。

【例 4-5】匹配以 itcast 开头的语句

```
# coding=utf-8
import re
result = re.match("itcast","itcast.cn")
# match，第一个参数是需要匹配的字符串，第二个是源字符串
result.group()
```

以上实例运行的输出结果为：

```
itcast
```

【例 4-6】匹配任意一个字符

```
# coding=utf-8

import re

ret = re.match(".","M")      # 注意正则表达式的单字符"."匹配模式
print(ret.group())

ret = re.match("t.o","too") # 注意正则表达式的单字符"."匹配模式
```

```
print(ret.group())

ret = re.match("t.o","two") # 注意正则表达式的单字符"."匹配模式

print(ret.group())
```

以上实例的输出结果如下：

```
M
too
two
```

4.4.2 re.search 函数

re.search 函数扫描整个字符串并返回第一个成功的匹配，其函数语法如下：

```
re.search(pattern, string, flags=0)
```

参数和匹配对象方法等同于 re.match 函数的相关说明。我们可以使用 group(num) 或 groups() 匹配对象函数来获取匹配表达式。group(num=0)：匹配的整个表达式的字符串，group() 可以一次输入多个组号，在这种情况下它将返回一个包含那些组所对应的值的元组。groups()：返回一个包含所有小组字符串的元组，从 1 到所含的小组号。

下面通过例 4-7 和例 4-8 来演示 re.search 函数的使用方式。

【例 4-7】re.search 使用正则表达式的匹配模式

```
import re

content = 'Hello 123456789 Word_This is just a test 666 Test'
result = re.search('(\d+).*?(\d+).*', content)

print(result)
print(result.group())    # print(result.group(0)) 同样效果字符串
print(result.groups())
print(result.group(1))
print(result.group(2))
```

以上实例运行的输出结果为：

```
<_sre.SRE_Match object; span=(6, 49), match='123456789 Word_This is just a test 666 Test'>
123456789 Word_This is just a test 666 Test
('123456789', '666')
123456789
666
```

【例 4-8】re.search 匹配对象 group 的使用方式

```
#!/usr/bin/python
import re
line = "Cats are smarter than dogs";
searchObj = re.search( r'(.*) are (.*?) .*', line, re.M|re.I)
if searchObj:
```

```
    print "searchObj.group() : ", searchObj.group()
    print "searchObj.group(1) : ", searchObj.group(1)
    print "searchObj.group(2) : ", searchObj.group(2)
else:
    print "Nothing found!!"
```

以上实例的执行结果如下：

```
searchObj.group() : Cats are smarter than dogs
searchObj.group(1) : Cats
searchObj.group(2) : smarter
```

re.match 与 re.search 的区别是：re.match 只匹配字符串的开始，如果字符串开始不符合正则表达式，则匹配失败，函数返回 None；而 re.search 则匹配整个字符串，直至找到一个匹配。

```
#!/usr/bin/python
import re
line = "Cats are smarter than dogs";
matchObj = re.match( r'dogs', line, re.M|re.I)
if matchObj:
    print "match --> matchObj.group() : ", matchObj.group()
else:
    print "No match!!"
matchObj = re.search( r'dogs', line, re.M|re.I)
if matchObj:
    print "search --> searchObj.group() : ", matchObj.group()
else:
    print "No match!!"
```

运行结果如下：

```
No match!!
search --> searchObj.group(): dogs
```

4.4.3　re.compile 函数

re.compile 函数用于编译正则表达式，生成一个正则表达式（pattern）对象，供 match() 和 search() 这两个函数使用。re.compile 的函数语法如下：

```
re.compile(pattern[,flags])
```

其中，pattern 参数代表一个字符串形式的正则表达式；flags 参数代表可选，表示匹配模式，比如忽略大小写、多行模式等。具体参数及其功能如表 4-10 所示。

表 4-10　flags 具体参数

参　数	功　　能
re.I	忽略大小写
re.L	表示特殊字符集 \w,\W,\b,\B,\s,\S 依赖于当前环境
re.M	多行模式

（续）

参 数	功 能
re.S	即为 . 并且包括换行符在内的任意字符（. 不包括换行符）
re.U	表示特殊字符集 \w, \W, \b, \B, \d, \D, \s, \S 依赖于 Unicode 字符属性数据库
re.X	为了增加可读性，忽略空格和 # 后面的注释

简单来说，complie 就像一个漏斗，指定漏斗规则（三角形通过，圆形通过，全字母通过，中文通过，或者 AABB 的重叠词通过，等等），具体漏出什么东西（Str 数值），可以在具体使用时指定。而 flags 是个标记，就像吃东西会标注“微辣”“麻辣”或者“不辣”一样。

下面通过例 4-9 和例 4-10 来演示 re.compile 的 pattern 参数和 flags 参数的用法。

【例 4-9】re.compile 的 pattern 用法

```
>>>import re
>>> pattern = re.compile(r'\d+')                    # 用于匹配至少一个数字
>>> m = pattern.match('one12twothree34four')        # 查找头部，没有匹配
>>> print m
None
>>> m = pattern.match('one12twothree34four', 2, 10) # 从'e'的位置开始匹配，没有匹配
>>> print m
None
>>> m = pattern.match('one12twothree34four', 3, 10) # 从'1'的位置开始匹配，正好匹配
>>> print m                                         # 返回一个Match对象
<_sre.SRE_Match object at 0x10a42aac0>
>>> m.group(0)                                      # 可省略 0
'12'
>>> m.start(0)                                      # 可省略 0
3
>>> m.end(0)                                        # 可省略 0
5
>>> m.span(0)                                       # 可省略 0
(3, 5)
```

由上述代码可知，当匹配成功时返回一个 Match 对象，其中：

- group([group1, ...]) 方法用于获得一个或多个分组匹配的字符串，当要获得整个匹配的子串时，可直接使用 group() 或 group(0)；
- start([group]) 方法用于获取分组匹配的子串在整个字符串中的起始位置（子串第一个字符的索引），参数默认值为 0；
- end([group]) 方法用于获取分组匹配的子串在整个字符串中的结束位置（子串最后一个字符的索引 +1），参数默认值为 0；
- span([group]) 方法返回 (start(group)end(group))。

【例 4-10】re.compile 的 flags 用法

```
>>> import re
>>> pattern = re.compile(r'([a-z]+) ([a-z]+)', re.I)  # re.I表示忽略大小写
>>> m = pattern.match('Hello World Wide Web')
>>> print m                                           # 匹配成功，返回一个Match对象
```

```
<_sre.SRE_Match object at 0x10bea83e8>
>>> m.group(0)                          # 返回匹配成功的整个子串
'Hello World'
>>> m.span(0)                           # 返回匹配成功的整个子串的索引
(0,11)
>>> m.group(1)                          # 返回第一个分组匹配成功的子串
'Hello'
>>> m.span(1)                           # 返回第一个分组匹配成功的子串的索引
(0,5)
>>> m.group(2)                          # 返回第二个分组匹配成功的子串
'World'
>>> m.span(2)                           # 返回第二个分组匹配成功的子串的索引
(6,11)
>>> m.groups()                          # 等价于(m.group(1),m.group(2),...)
('Hello','World')
>>> m.group(3)                          # 不存在第三个分组
Traceback (most recent call last):
  File "<stdin>",line 1,in <module>
IndexError: no such group
```

4.4.4　re.sub 函数

Python 的 re 模块提供了 re.sub 函数，用于替换字符串中的匹配项，其函数语法如下：

```
re.sub(pattern, repl, string, count=0, flags=0)
```

其中，pattern 参数表示正则中的模式字符串；repl 参数表示替换的字符串，也可为一个函数；string 参数表示要被查找替换的原始字符串；count 参数表示模式匹配后替换的最大次数，默认 0 表示替换所有的匹配。

下面通过例 4-11 和例 4-12 来演示 re.sub 的 pattern 参数和 repl 参数的用法。

【例 4-11】re.sub 替换字符串中的匹配项

```
#!/usr/bin/python
# -*- coding: UTF-8 -*-
import re
phone = "2004-959-559 # 这是一个国外电话号码"
# 删除字符串中的Python注释
num = re.sub(r'#.*$', "", phone)
print "电话号码是: ", num
# 删除非数字(-)的字符串
num = re.sub(r'\D', "", phone)
print "电话号码是 : ", num
```

以上实例的执行结果如下：

```
电话号码是: 2004-959-559
电话号码是 : 2004959559
```

【例 4-12】将字符串中匹配的数字乘以 2

```
#!/usr/bin/python
# -*- coding: UTF-8 -*-
```

```
import re
# 将匹配的数字乘以 2
def double(matched):
    value = int(matched.group('value'))
    return str(value * 2)
s = 'A23G4HFD567'
print(re.sub('(?P<value>\d+)', double, s))
```

执行输出结果为：

```
A46G8HFD1134
```

4.4.5 re.findall 函数

re.findall 函数是在字符串中找到正则表达式所匹配的所有子串，并返回一个列表，如果没有找到匹配的，则返回空列表，其函数语法与 re.match 和 re.search 函数的语法类似。match 和 search 是匹配一次，而 findall 是匹配所有。这里给出 findall 的函数语法：

```
findall(pattern, string, flags=0)
```

返回 string 中与 pattern 正则表达式匹配的所有匹配的子串，并返回一个列表。如果模式包含分组，则将返回与分组匹配的文本列表。如果使用了不止一个分组，那么列表中的每一项都是一个元组，包含每个分组的文本。

下面通过例 4-13 和例 4-14 来演示 re.findall 的用法。

【例 4-13】匹配的所有子串并返回一个列表

```
>>> import re
>>> m_match = re.match('[0-9]+','123 is the first number,456 is the second')
>>> m_search = re.search('[0-9]+','123 is the first number,456 is the second')
>>> m_findall = re.findall('[0-9]+','123 is the first number,456 is the second')
>>> print (m_match.group())
```

123

```
>>> print (m_search.group())
```

123

```
>>> print (m_findall)
```

['123', '456']

【例 4-14】使用 re.findall 匹配 0 到 9 之间的数并返回列表

```
>>> regular_1 = re.findall(r"\d","https://docs.python.org/3/whatsnew/3.6.html")
>>> regular_2 = re.findall(r"\d\d\d","https://docs.python.org/3/whatsnew/3.6.html/1234")
>>> print (regular_1)
```

['3', '3', '6']

```
>>> print (regular_2)
```

['123']

4.4.6 re.finditer 函数

与 re.findall 函数类似，re.finditer 函数是在字符串中找到正则表达式所匹配的所有子串，并把它们作为一个迭代器返回。其函数语法如下：

```
re.finditer(pattern, string, flags=0)
```

其中，pattern 参数表示匹配的正则表达式；string 参数表示要匹配的字符串；flags 参数表示标志位，用于控制正则表达式的匹配方式，如是否区分大小写、多行匹配等。

在前面学习了 findall() 函数，它可以一次性找到多个匹配的字符串，但是不能提供所在的位置，并且是一起返回的，如果有数万个结果一起返回，那么就不太好处理了，因此要使用 finditer() 函数来实现每次只返回一个结果，并且返回所在的位置，如下例所示的 re.finditer 用法。

【例 4-15】re.finditer 函数的应用示例

```
>>> import re
>>> it = re.finditer(r"\d+","12a32bc43jf3")
>>> for match in it:
>>>     print (match.group() )
```

运行结果如下：

```
12
32
43
3
```

4.4.7 re.split 函数

re.split 函数按照能够匹配的子串将字符串分割后返回列表，其函数语法如下：

```
re.split(pattern, string[, maxsplit=0, flags=0])
```

其中，pattern 参数表示匹配的正则表达式；string 参数表示要匹配的字符串；maxsplit 参数表示分隔次数，maxsplit=1 表示分隔一次，默认值为 0，即不限制次数；flags 参数表示标志位，用于控制正则表达式的匹配方式，如是否区分大小写、多行匹配等。

利用 re.split() 根据正则表达式将字符串进行分割，并以列表形式返回，如下述示例所示。

【例 4-16】分割一个请求地址的协议类型、IP 地址（或域名）、端口号

```
#!/usr/bin/python
# -*- coding: UTF-8 -*-
import re

url = 'http://localhost:8080/login/user="shangguanyilan"&password="123456"'
res = re.split("://|/|:|&",url)

print("协议类型为:{}".format(res[0]))
print("IP地址(或域名)为:{}".format(res[1]))
```

```
print("端口号为:{}".format(res[2]))
print("路径为:{}".format(res[3]))
print("参数有:{}".format(res[4:]))
```

运行结果如下：

```
协议类型为:http
IP地址(或域名)为:localhost
端口号为:8080
路径为:login
参数有:['user="shangguanyilan"', 'password="123456"']
```

4.5 本章小结

本章重点介绍了 Python 中正则表达式的用法，正则表达式可以很迅速且高效地筛选出我们需要的信息，在 Python 中有着重要的地位。本章对正则表达式的语法、匹配规则和 re 模块进行了详细的阐述，并给出了许多实例。读者可根据实例进行演练，进一步体会正则表达式的精妙之处。

练习题

1. 匹配一个 0～9 之间的任意数字。
2. 匹配合法的 IP 地址。IP 地址共有 4 位，每一位范围都是 0～225。
3. 匹配邮箱。
4. 识别后续的字符串："bat""bit""but""hat""hit"或者"hut"。

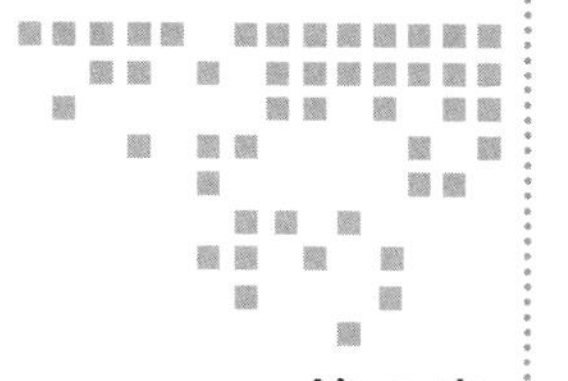

第 5 章 Chapter 5

验 证 码

目前，许多网站采取各种各样的措施来反爬虫，其中一个措施便是使用验证码。随着技术的发展，验证码的花样越来越多。验证码最初是几个数字组合的简单的图形验证码，后来加入了英文字母和混淆曲线。有的网站还可能看到中文字符的验证码，这使得识别越发困难。

使用验证码可以防止应用或者网站被恶意注册、攻击，对于网站、APP 而言，大量的无效注册、重复注册甚至是恶意攻击很令人头痛。使用验证码，能够很大程度上减少这些恶意操作。验证码变得越来越复杂，爬虫的工作也变得越发艰难。有时候我们必须通过验证码的验证才能够访问页面（如图 5-1 所示），所以本章将对爬虫验证码涉及的三种主流工具（PIL 库、Tesseract 库和 TensorFlow 库）的语法、类型、识别方法和案例进行介绍。

图 5-1 验证码界面

5.1 PIL 库

对于验证码的识别，大量工作聚焦于图像的处理，只有处理效果好，才能很好地识别，因此，良好的图像处理是识别的基础。在 Python 中，有一个优秀的图像处理框架 PIL 库。

PIL，即图像处理的模块，是 Python Image Library 的缩写。主要的类包括 Image、ImageFont、ImageDraw 和 ImageFilter。

5.1.1 PIL 库的安装

安装 PIL 很麻烦，推荐下载 exe 直接安装。PIL 官网：http://pythonware.com/products/pil/。

首先需要安装一下 pillow 包：

```
pip install pillow
```

然后就可以调用 PIL 里的类了：

```
from PIL import Image
from PIL import ImageFont
from PIL import ImageDraw
from PIL import ImageFilter
```

5.1.2 PIL 库的常用函数

PIL 库的常用函数如表 5-1 所示。

表 5-1 PIL 常用函数汇总

编号	函数名称	功能
1	open()	打开图片
2	new(mode,size,color)	创建一张空白图片
3	save("test.gif","GIF")	保存（新图片路径和名称，保存格式）
4	size()	获取图片大小
5	thumbnail(weight,high)	缩放图片大小（宽，高）
6	show()	显示图片
7	blend(img1,img2,alpha)	两张图片相加
8	crop()	图像剪切
9	rotate(45)	逆时针旋转 45 度
10	transpose() transpose(Image.FLIP_LEFT_RIGHT) transpose(Image.FLIP_TOP_BOTTOM) transpose(Image.ROTATE_90) transpose(Image.ROTATE_180) transpose(Image.ROTATE_270)	旋转图像 左右对换 上下对换 旋转 90 度 旋转 180 度 旋转 270 度
11	paste(im,box)	粘贴 box 大小的 im 到原先的图片对象
12	convert()	用来将图像转换为不同色彩模式
13	filter()	滤镜
14	resize((128,128))	resize 成 128*128 像素大小
15	convert("RGBA")	图形类型转换
16	getpixel((4,4))	获取某个像素位置的值
17	putpixel((4,4),(255,0,0))	写入某个像素位置的值

下面我们来讲解一些常用的 PIL 库函数。

1. open

```
from PIL import Image
im = Image.open("1.png")
im.show()
```

2. format

format属性定义了图像的格式，如果图像不是从文件打开的，那么该属性值为None。

```
from PIL import Image
im = Image.open("E:\mywife.jpg")
print(im.format) ## 打印出格式信息
im.show()
```

可以看到format结果为“JPEG”。

```
C:\Users\Administrator\Anaconda3\python.exe E:/pythoncharm_test/test_2.py
JPEG
Process finished with exit code 0
```

3. save

```
im.save("c:\\")
```

4. convert()

convert()是图像实例对象的一个方法，接受一个mode参数，用以指定一种色彩模式，mode的取值可以是如下几种：

```
1 ------------------（1位像素，黑白，每字节一个像素存储）
L ------------------（8位像素，黑白）
P ------------------（8位像素，使用调色板映射到任何其他模式）
RGB------------------（3×8位像素，真彩色）
RGBA------------------（4×8位像素，带透明度掩模的真彩色）
CMYK--------------------（4×8位像素，分色）
YCbCr--------------------（3×8位像素，彩色视频格式）
I-----------------------（32位有符号整数像素）
F------------------------（32位浮点像素）
```

5. filter

```
from PIL import Image, ImageFilter
    im = Image.open('1.png')
    # 高斯模糊
    im.filter(ImageFilter.GaussianBlur)
    # 普通模糊
    im.filter(ImageFilter.BLUR)
    # 边缘增强
    im.filter(ImageFilter.EDGE_ENHANCE)
    # 找到边缘
    im.filter(ImageFilter.FIND_EDGES)
    # 浮雕
    im.filter(ImageFilter.EMBOSS)
```

```
    # 轮廓
    im.filter(ImageFilter.CONTOUR)
    # 锐化
    im.filter(ImageFilter.SHARPEN)
    # 平滑
    im.filter(ImageFilter.SMOOTH)
    # 细节
    im.filter(ImageFilter.DETAIL)
```

6. 查看图像直方图

```
im.histogram()
```

7. 转换图像文件格式

```
def img2jpg(imgFile):
if type(imgFile)==str and imgFile.endswith(('.bmp', '.gif', '.png')):
with Image.open(imgFile) as im:
im.convert('RGB').save(imgFile[:-3]+'jpg')
img2jpg('1.gif')
img2jpg('1.bmp')
img2jpg('1.png')
```

8. 屏幕截图

```
from PIL import ImageGrab
im = ImageGrab.grab((0,0,800,200)) # 截取屏幕指定区域的图像
im = ImageGrab.grab()              # 不带参数表示全屏幕截图
```

9. 图像裁剪与粘贴

```
box = (120, 194, 220, 294)          # 定义裁剪区域
region = im.crop(box)               # 裁剪
region = region.transpose(Image.ROTATE_180)
im.paste(region,box)                # 粘贴
```

10. 图像缩放

```
im = im.resize((100,100))           # 参数表示图像的新尺寸，分别表示宽度和高度
```

11. 图像对比度增强

```
from PIL import Image
from PIL import ImageEnhance
# 原始图像
image = Image.open('lena.jpg')
image.show()
# 亮度增强
enh_bri = ImageEnhance.Brightness(image)
brightness = 1.5
image_brightened = enh_bri.enhance(brightness)
image_brightened.show()
```

```
# 色度增强
enh_col = ImageEnhance.Color(image)
color = 1.5
image_colored = enh_col.enhance(color)
image_colored.show()
# 对比度增强
enh_con = ImageEnhance.Contrast(image)
contrast = 1.5
image_contrasted = enh_con.enhance(contrast)
image_contrasted.show()
# 锐度增强
enh_sha = ImageEnhance.Sharpness(image)
sharpness = 3.0
image_sharped = enh_sha.enhance(sharpness)
image_sharped.show()
```

5.1.3 PIL 库的应用

PIL 库主要有两个方面的功能。

1）图像归档：对图像进行批处理、生产图像预览、图像格式转换等。

2）图像处理：图像基本处理、像素处理、颜色处理等。

关于 PIL 库的功能应用示例，可参考例 5-1 到例 5-8 所示的案例。

【例 5-1】使用 PIL 对图片进行轮廓处理（见图 5-2）

```
'''轮廓效果---素描'''
from PIL import Image
from PIL import ImageFilter
square = Image.open("F:\BaiduNetdiskDownload\\ball.jpg")
square1 = square.filter(ImageFilter.CONTOUR)  # 选择轮廓效果
square1.save("F:\BaiduNetdiskDownload\\ball0.jpg")
```

a）原图

b）效果图

图 5-2 PIL 图片轮廓处理效果

【例 5-2】使用 PIL 对图片进行亮度增强处理（见图 5-3）

```
'''亮度增强---曝光'''
from PIL import Image
```

```
from PIL import ImageEnhance
gz = Image.open("F:\BaiduNetdiskDownload\\ball.jpg")
gz1 = ImageEnhance.Brightness(gz)                              # 选择亮度
gz1.enhance(2).save("F:\BaiduNetdiskDownload\\ball1.jpg")   # 将亮度增强2倍后保存
```

a）原图

b）效果图

图 5-3　PIL 图片亮度增强处理效果

【例 5-3】生成一张固定尺寸固定颜色的图片

```
from PIL import Image
# 获取一个Image对象，参数分别是：RGB模式，宽150、高30，红色
image = Image.new('RGB',(150,30),'red')
# 保存到硬盘，名为test.png、格式为png的图片
image.save(open('test.png','wb'),'png')
```

【例 5-4】生成一张随机颜色的图片

```
from PIL import Image
import random
def getRandomColor():
    '''获取一个随机颜色(r,g,b)格式的'''
    c1 = random.randint(0,255)
    c2 = random.randint(0,255)
    c3 = random.randint(0,255)
    return (c1,c2,c3)
# 获取一个Image对象，参数分别是：RGB模式，宽150、高30，随机颜色
image = Image.new('RGB',(150,30),getRandomColor())
# 保存到硬盘，名为test.png、格式为png的图片
image.save(open('test.png','wb'),'png')
```

【例 5-5】生成一张带有固定字符串的随机颜色的图片

```
from PIL import Image
from PIL import ImageDraw
from PIL import ImageFont
import random
def getRandomColor():
    '''获取一个随机颜色(r,g,b)格式的'''
    c1 = random.randint(0,255)
    c2 = random.randint(0,255)
    c3 = random.randint(0,255)
```

```
    return (c1,c2,c3)
# 获取一个Image对象，参数分别是：RGB模式，宽150、高30，随机颜色
image = Image.new('RGB',(150,30),getRandomColor())
# 获取一个画笔对象，将图片对象传过去
draw = ImageDraw.Draw(image)
# 获取一个font字体对象，参数是ttf的字体文件的目录，以及字体的大小
font=ImageFont.truetype("kumo.ttf",size=32)
# 在图片上写东西，参数是定位、字符串、颜色、字体
draw.text((20,0),'fuyong',getRandomColor(),font=font)
# 保存到硬盘，名为test.png、格式为png的图片
image.save(open('test.png','wb'),'png')
```

运行结果如图 5-4 所示。

图 5-4 固定字符串随机颜色的图片

【例 5-6】生成一张带有随机字符串的随机颜色的图片

```
from PIL import Image
from PIL import ImageDraw
from PIL import ImageFont
import random
def getRandomColor():
    '''获取一个随机颜色(r,g,b)格式的'''
    c1 = random.randint(0,255)
    c2 = random.randint(0,255)
    c3 = random.randint(0,255)
    return (c1,c2,c3)
def getRandomStr():
    '''获取一个随机字符串，每个字符的颜色也是随机的'''
    random_num = str(random.randint(0, 9))
    random_low_alpha = chr(random.randint(97, 122))
    random_upper_alpha = chr(random.randint(65, 90))
    random_char = random.choice([random_num, random_low_alpha, random_upper_alpha])

    return random_char
# 获取一个Image对象，参数分别是：RGB模式，宽150、高30，随机颜色
image = Image.new('RGB',(150,30),getRandomColor())
# 获取一个画笔对象，将图片对象传过去
draw = ImageDraw.Draw(image)
# 获取一个font字体对象，参数是ttf的字体文件的目录，以及字体的大小
font=ImageFont.truetype("kumo.ttf",size=26)
for i in range(5):
    # 循环5次，获取5个随机字符串
    random_char = getRandomStr()

    # 在图片上一次写入得到的随机字符串，参数是定位、字符串、颜色、字体
    draw.text((10+i*30, 0),random_char , getRandomColor(), font=font)
```

```
# 保存到硬盘，名为test.png、格式为png的图片
image.save(open('test.png','wb'),'png')
```

运行结果如图 5-5 所示。

图 5-5 随机字符串随机颜色的图片

【例 5-7】生成一张带有噪点的验证码图片

```
from PIL import Image
from PIL import ImageDraw
from PIL import ImageFont
import random

def getRandomColor():
    '''获取一个随机颜色(r,g,b)格式的'''
    c1 = random.randint(0,255)
    c2 = random.randint(0,255)
    c3 = random.randint(0,255)
    return (c1,c2,c3)


def getRandomStr():
    '''获取一个随机字符串，每个字符的颜色也是随机的'''
    random_num = str(random.randint(0, 9))
    random_low_alpha = chr(random.randint(97, 122))
    random_upper_alpha = chr(random.randint(65, 90))
    random_char = random.choice([random_num, random_low_alpha, random_upper_alpha])
    return random_char

# 获取一个Image对象，参数分别是：RGB模式，宽150、高30，随机颜色
image = Image.new('RGB',(150,30),getRandomColor())

# 获取一个画笔对象，将图片对象传过去
draw = ImageDraw.Draw(image)

# 获取一个font字体对象，参数是ttf的字体文件的目录，以及字体的大小
font=ImageFont.truetype("kumo.ttf",size=26)

for i in range(5):
    # 循环5次，获取5个随机字符串
    random_char = getRandomStr()

    # 在图片上一次写入得到的随机字符串，参数是定位、字符串、颜色、字体
    draw.text((10+i*30, 0),random_char , getRandomColor(), font=font)

# 噪点噪线
width=150
```

```
height=30
# 划线
for i in range(5):
    x1=random.randint(0,width)
    x2=random.randint(0,width)
    y1=random.randint(0,height)
    y2=random.randint(0,height)
    draw.line((x1,y1,x2,y2),fill=getRandomColor())

# 画点
for i in range(30):
    draw.point([random.randint(0, width), random.randint(0, height)], fill=getRandomColor())
    x = random.randint(0, width)
    y = random.randint(0, height)
    draw.arc((x, y, x + 4, y + 4), 0, 90, fill=getRandomColor())<br>
# 保存到硬盘，名为test.png、格式为png的图片
image.save(open('test.png', 'wb'), 'png')
```

运行结果如图 5-6 所示。

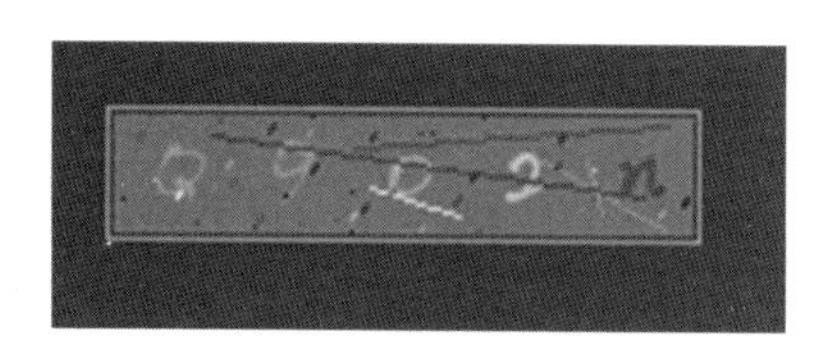

图 5-6 带有噪点的验证码图片

【例 5-8】对验证码图片生成进行封装

```
from PIL import Image
from PIL import ImageDraw
from PIL import ImageFont
import random
class ValidCodeImg:
    def __init__(self,width=150,height=30,code_count=5,font_size=32,point_
      count=20,line_count=3,img_format='png'):
        '''
        可以生成一个经过降噪后的随机验证码的图片
        :param width: 图片宽度 单位px
        :param height: 图片高度 单位px
        :param code_count: 验证码个数
        :param font_size: 字体大小
        :param point_count: 噪点个数
        :param line_count: 划线个数
        :param img_format: 图片格式
        :return 生成的图片的bytes类型的data
        '''
        self.width = width
        self.height = height
        self.code_count = code_count
        self.font_size = font_size
        self.point_count = point_count
        self.line_count = line_count
        self.img_format = img_format
```

```
    @staticmethod
    def getRandomColor():
        '''获取一个随机颜色(r,g,b)格式的'''
        c1 = random.randint(0,255)
        c2 = random.randint(0,255)
        c3 = random.randint(0,255)
        return (c1,c2,c3)

    @staticmethod
    def getRandomStr():
        '''获取一个随机字符串，每个字符的颜色也是随机的'''
        random_num = str(random.randint(0, 9))
        random_low_alpha = chr(random.randint(97, 122))
        random_upper_alpha = chr(random.randint(65, 90))
        random_char = random.choice([random_num, random_low_alpha, random_
            upper_alpha])
        return random_char


    def getValidCodeImg(self):
        # 获取一个Image对象，参数为：RGB模式，宽150、高30，随机颜色
        image = Image.new('RGB',(self.width,self.height),self.getRandomColor())

        # 获取一个画笔对象，将图片对象传过去
        draw = ImageDraw.Draw(image)

        # 获取一个font字体对象，参数是ttf的字体文件的目录，以及字体的大小
        font=ImageFont.truetype("kumo.ttf",size=self.font_size)

        temp = []
        for i in range(self.code_count):
            # 循环5次，获取5个随机字符串
            random_char = self.getRandomStr()

            # 在图片上一次写入得到的随机字符串：定位，字符串，颜色，字体
            draw.text((10+i*30, -2),random_char , self.getRandomColor(), font=font)

            # 保存随机字符，以供验证用户输入的验证码是否正确时使用
            temp.append(random_char)
        valid_str = "".join(temp)

        # 噪点噪线
        # 划线
        for i in range(self.line_count):
            x1=random.randint(0,self.width)
            x2=random.randint(0,self.width)
            y1=random.randint(0,self.height)
            y2=random.randint(0,self.height)
            draw.line((x1,y1,x2,y2),fill=self.getRandomColor())

        # 画点
        for i in range(self.point_count):
            draw.point([random.randint(0, self.width), random.randint(0, self.
                height)], fill=self.getRandomColor())
            x = random.randint(0, self.width)
```

```
            y = random.randint(0, self.height)
            draw.arc((x, y, x + 4, y + 4), 0, 90, fill=self.getRandomColor())

        # 在内存生成图片
        from io import BytesIO
        f = BytesIO()
        image.save(f, self.img_format)
        data = f.getvalue()
        f.close()

        return data,valid_str

if __name__ == '__main__':

    img = ValidCodeImg()
    data, valid_str = img.getValidCodeImg()
    print(valid_str)

    f = open('test.png', 'wb')
    f.write(data)
```

运行结果如图 5-7 所示。

5.1.4 应用 PIL 到实际开发

现在的网页中，为了防止机器人提交表单，图片验证码是很常见的应对手段之一。这里就不详细介绍了，相信大家都遇到过。下面我们将 Python 的 PIL 库应用到一个如例 5-9 所示的实际开发中的简单图片验证码程序，代码中有详细注释。

图 5-7 封装验证码图片

【例 5-9】应用 PIL 开发图片验证码

```
# !/usr/bin/env python
# coding=utf-8

import random
from PIL import Image, ImageDraw, ImageFont, ImageFilter

_letter_cases = "abcdefghjkmnpqrstuvwxy"   # 小写字母，去除可能干扰的i、l、o、z
_upper_cases = _letter_cases.upper()         # 大写字母
_numbers = ''.join(map(str, range(3, 10))) # 数字
init_chars = ''.join((_letter_cases, _upper_cases, _numbers))

def create_validate_code(size=(120, 30),
                              chars=init_chars,
                              img_type="GIF",
                              mode="RGB",
                              bg_color=(255, 255, 255),
                              fg_color=(0, 0, 255),
                              font_size=18,
                              font_type="ae_AlArabiya.ttf",
                              length=4,
```

```
                             draw_lines=True,
                             n_line=(1, 2),
                             draw_points=True,
                             point_chance = 2):
'''
@todo: 生成验证码图片
@param size: 图片的大小，格式（宽，高），默认为(120, 30)
@param chars: 允许的字符集合，格式字符串
@param img_type: 图片保存格式默认为GIF，可选的为GIF、JPEG、TIFF、PNG
@param mode: 图片模式，默认为RGB
@param bg_color: 背景颜色，默认为白色
@param fg_color: 前景色，验证码字符颜色，默认为蓝色#0000FF
@param font_size: 验证码字体大小
@param font_type: 验证码字体，默认为 ae_AlArabiya.ttf
@param length: 验证码字符个数
@param draw_lines: 是否划干扰线
@param n_lines: 干扰线的条数范围，格式元组，默认为(1, 2)
@param draw_points: 是否画干扰点
@param point_chance: 干扰点出现的概率，大小范围[0, 100]
@return: [0]: PIL Image实例
@return: [1]: 验证码图片中的字符串
'''

width, height = size                                  # 宽， 高
img = Image.new(mode, size, bg_color)                 # 创建图形
draw = ImageDraw.Draw(img)                            # 创建画笔

def get_chars():
    '''生成给定长度的字符串，返回列表格式'''
    return random.sample(chars, length)

def create_lines():
    '''绘制干扰线'''
    line_num = random.randint(*n_line)                # 干扰线条数

    for i in range(line_num):
           # 起始点
           begin = (random.randint(0, size[0]), random.randint(0, size[1]))
           # 结束点
           end = (random.randint(0, size[0]), random.randint(0, size[1]))
           draw.line([begin, end], fill=(0, 0, 0))

def create_points():
    '''绘制干扰点'''
    chance = min(100, max(0, int(point_chance))) # 大小限制在[0, 100]

    for w in xrange(width):
        for h in xrange(height):
            tmp = random.randint(0, 100)
            if tmp > 100 - chance:
                draw.point((w, h), fill=(0, 0, 0))

def create_strs():
    '''绘制验证码字符'''
```

```
        c_chars = get_chars()
        strs = ' %s ' % ' '.join(c_chars)                # 每个字符前后以空格隔开

        font = ImageFont.truetype(font_type, font_size)
        font_width, font_height = font.getsize(strs)

        draw.text(((width - font_width) / 3, (height - font_height) / 3),
                    strs, font=font, fill=fg_color)

        return ''.join(c_chars)

    if draw_lines:
        create_lines()
    if draw_points:
        create_points()
    strs = create_strs()

    # 图形扭曲参数
    params = [1 - float(random.randint(1, 2)) / 100,
              0,
              0,
              0,
              1 - float(random.randint(1, 10)) / 100,
              float(random.randint(1, 2)) / 500,
              0.001,
              float(random.randint(1, 2)) / 500
              ]
    img = img.transform(size, Image.PERSPECTIVE, params) # 创建扭曲

    img = img.filter(ImageFilter.EDGE_ENHANCE_MORE)      # 滤镜，边界加强

    return img, strs

if __name__ == "__main__":
    code_img = create_validate_code()
    code_img.save("validate.gif", "GIF")
```

最后结果返回一个元组，第一个返回值是 Image 类的实例，第二个参数是图片中的字符串（比较是否正确的作用）。

需要提醒的是，如果在生成 ImageFont.truetype 实例的时候抛出 IOError 异常，有可能是运行代码的电脑没有包含指定的字体，需要下载安装。

生成的验证码图片效果如图 5-8 所示。

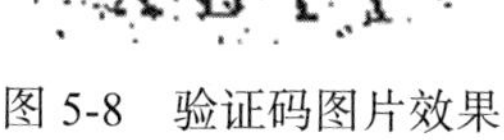

运行程序时，我们会发现如果每次生成验证码，都要先保存生成的图片，再显示到页面。这么做太让人不能接受了。这个时候，我们需要使用 Python 内置的 StringIO 模块，它有着类似 file 对象的行为，但是它操作的是内存文件。于是，我们可以这么写代码：

图 5-8 验证码图片效果

```
try:
    import cStringIO as StringIO
except ImportError:
    import StringIO

mstream = StringIO.StringIO()
```

```
    img = create_validate_code()[0]
    img.save(mstream, "GIF")
```

这样，我们需要输出图片的时候只要使用“mstream.getvalue()”即可。比如在 Django 里，我们首先定义这样的 url：

```
from django.conf.urls.defaults import *

urlpatterns = patterns('example.views',
    url(r'^validate/$', 'validate', name='validate'),
)
```

在 views 中，我们把正确的字符串保存在 session 中，这样当用户提交表单的时候，就可以和 session 中的正确字符串进行比较。

```
from django.shortcuts import HttpResponse
from validate import create_validate_code

def validate(request):
    mstream = StringIO.StringIO()
    validate_code = create_validate_code()
    img = validate_code[0]
    img.save(mstream, "GIF")

    request.session['validate'] = validate_code[1]
    return HttpResponse(mstream.getvalue(), "image/gif")
```

5.2 Tesseract 库

Tesseract 是一种适用于各种操作系统的光学字符识别（Optical Character Recognition，OCR）引擎，最早是惠普公司的软件，2005 年开源，2006 年后由 Google 一直赞助其开发和维护；Tesseract 被认为是当时最准确的开源引擎之一 。光学字符识别是指通过电子设备扫描纸上打印的字符，然后翻译成计算机文字的过程。也就是说，通过输入图片，由识别引擎去识别图片上的文字。而 pytesseract 是 Python 的一个光学字符识别模块，可用它来进行图片文字识别。

5.2.1 Tesseract 库的安装

可学习 Tesseract 的 GitHub 地址为 https://github.com/tesseract-ocr/tesseract，Tesseract 下载地址为 https://digi.bib.uni-mannheim.de/tesseract/。接下来，我们将在 Windows 环境下安装 Tesseract 并实现简单的转换和训练。进入下载页面，可以看到有各种 .exe 文件的下载列表，这里可以选择下载 3.0 版本，如图 5-9 所示。

例如可以选择下载 tesseract-ocr-setup-3.05.02.exe。下载完成后双击，便会出现如图 5-10 所示的页面。

Index of /tesseract

Name	Last modified	Size	Description
Parent Directory		-	
debian/	2018-01-10 17:33	-	Debian packages used for cross compilation
doc/	2018-03-28 20:38	-	generated Tesseract documentation
leptonica/	2017-06-20 18:27	-	
mac_standalone/	2017-05-01 11:39	-	
traineddata/	2017-09-27 19:03	-	
tesseract-ocr-setup-3.05.00dev-205-ge205c59.exe	2015-12-08 13:03	24M	
tesseract-ocr-setup-3.05.00dev-336-g0e661dd.exe	2016-05-14 10:03	33M	
tesseract-ocr-setup-3.05.00dev-394-g1ced597.exe	2016-07-11 12:01	33M	
tesseract-ocr-setup-3.05.00dev-407-g54527f7.exe	2016-08-28 13:12	33M	
tesseract-ocr-setup-3.05.00dev-426-g765d14e.exe	2016-08-31 16:01	33M	
tesseract-ocr-setup-3.05.00dev-487-g216ba3b.exe	2016-11-11 13:19	35M	

图 5-9 Tesseract 版本

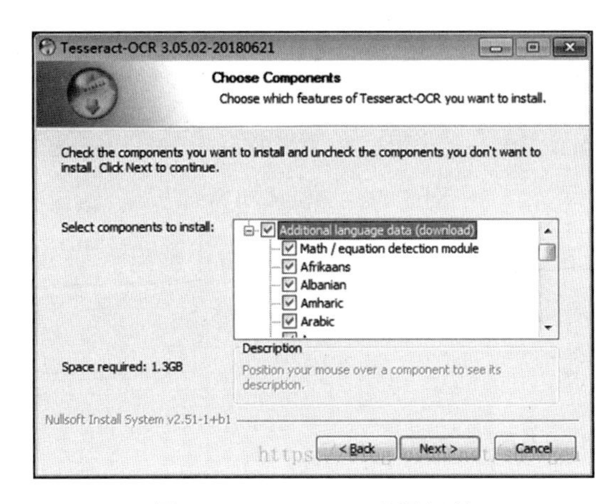

图 5-10 Tesseract 选择组件

此时可以勾选 Additional language data(download) 选项来安装 OCR 识别支持的语言包，这样 OCR 便可以识别多国语言（默认只有英语）。然后一路点击 Next 按钮即可。

为了在全局使用方便，比如安装路径为 C:\Program Files (x86)\Tesseract-OCR，可将该路径添加到环境变量的 Path 中，如图 5-11 所示。还有一个环境变量 TESSDATA_PREFIX 要添加，其指向 C:\Program Files (x86)\Tesseract-OCR\tessdata，可用于语言包。

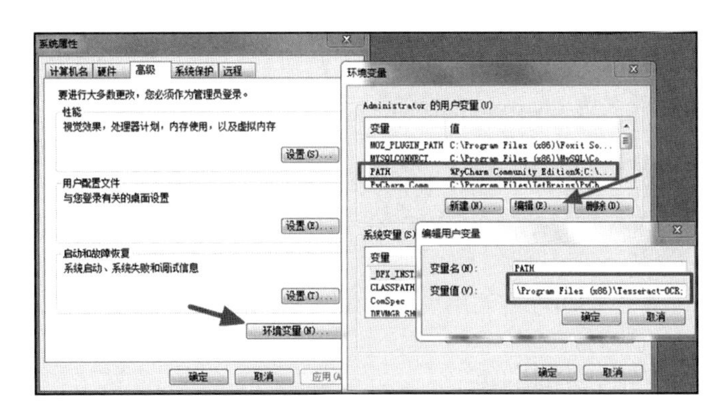

图 5-11 添加 Tesseract 环境变量

测试是否安装成功：在 cmd 中输入 tesseract ，将出现如图 5-12 所示的界面，这便代表已安装成功。

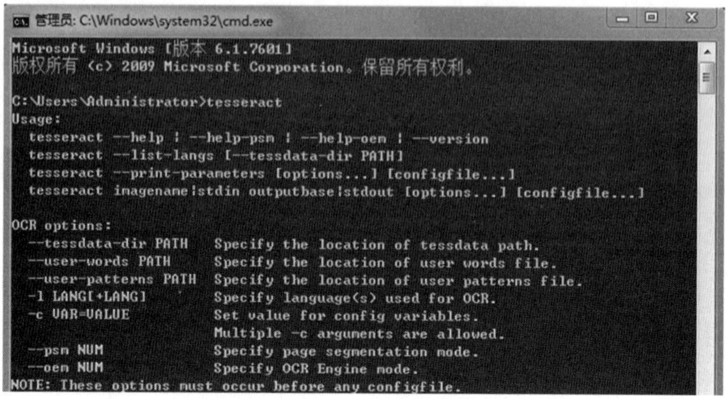

```
管理员: C:\Windows\system32\cmd.exe
Microsoft Windows [版本 6.1.7601]
版权所有 (c) 2009 Microsoft Corporation。保留所有权利。

C:\Users\Administrator>tesseract
Usage:
  tesseract --help | --help-psm | --help-oem | --version
  tesseract --list-langs [--tessdata-dir PATH]
  tesseract --print-parameters [options...] [configfile...]
  tesseract imagename|stdin outputbase|stdout [options...] [configfile...]

OCR options:
  --tessdata-dir PATH   Specify the location of tessdata path.
  --user-words PATH     Specify the location of user words file.
  --user-patterns PATH  Specify the location of user patterns file.
  -l LANG[+LANG]        Specify language(s) used for OCR.
  -c VAR=VALUE          Set value for config variables.
                        Multiple -c arguments are allowed.
  --psm NUM             Specify page segmentation mode.
  --oem NUM             Specify OCR Engine mode.
NOTE: These options must occur before any configfile.
```

图 5-12　测试成功界面

最后，可以安装 PIL 和 pytesseract，方便在 Python 中调用。

```
pip install pillow
pip install pytesseract
```

5.2.2　Tesseract 库的使用

1）直接在命令行调用 tesseract d:\6.png d:\result，代码如下：

```
C:\Users\Administrator>tesseract d:\6.png d:\result
Tesseract Open Source OCR Engine v3.05.02 with Leptonica
```

第一个参数为图片路径，第二个参数为输出结果路径。6.png 的图片如图 5-13 所示。

识别结果的内容为 123%567870，其中有 2 个数字误识别。而使用比较标准的文字，如“Python3WebSpider”，是可以完全识别的。

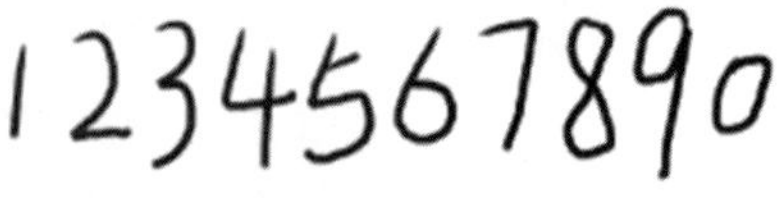

2）要在 Python 中调用它，需要安装 Python、PIL 和 pytesser3。读者可按照 5.2.1 节示例完成安装。然后新建一个记事本文件，改名为 orc.py，内容如下：

1234567890

图 5-13　初始图片

```
from pytesser3 import image_to_string
from PIL import Image
text = image_to_string(Image.open(r'D:\6.png'))
print(text)
```

可尝试在 Python 或 PyCharm 中调用一下，如图 5-14 所示。

5.2.3　Tesseract 库的识别训练

可以通过 jTessBoxEditor 去训练 Tesseract，而且训练样本越多，识别准确度越高。另外，对样本的修正也是一件烦琐的事情，尤其是验证码，一般都会进行各种变形以防止程序轻易识别，不过总体来说只要样本够多，想要达到预期的识别率还是可以的。

图 5-14 Python 中的调用测试

Python 使用 tesseract-ocr 完成验证码识别（包括模型训练和使用部分）的大体流程为：安装 jTessBoxEditor→获取样本文件→ Merge 样本文件→生成 BOX 文件→定义字符配置文件→字符矫正→执行批处理文件→将生成的 traineddata 放入 tessdata 中。

下载 jTessBoxEditor，地址为 https://sourceforge.net/projects/vietocr/files/jTessBoxEditor/；解压后得到 jTessBoxEditor，因为这是由 Java 开发的，所以我们应该确保在运行 jTessBoxEditor 前先安装 JRE（Java Runtime Environment，Java 运行环境）。

1）用 jTessBoxEditor 把要训练的样本图片文件合并成 tif 文件，样本图片一定要是有效的格式图片，运行 jTessBoxEditor 的程序界面如图 5-15 所示。

图 5-15 jTessBoxEditor 程序界面

点击顶栏的 Tools 选项，选择 Merge TIFF，进入你要训练的样本图片所在的目录，按下 Ctrl+Alt+A，选择所有图片点击打开，如图 5-16 所示。

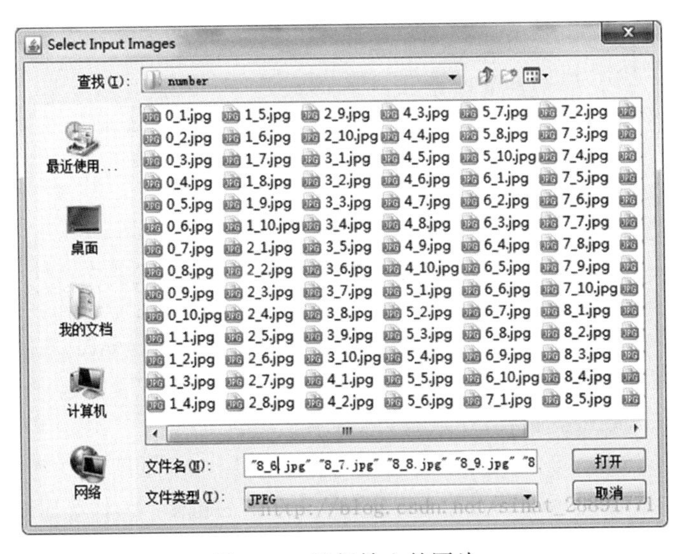

图 5-16 选择输入的图片

然后保存文件名到指定目录，这里假设保存的文件名为 langyp.font.exp0.tif，如图 5-17 所示。

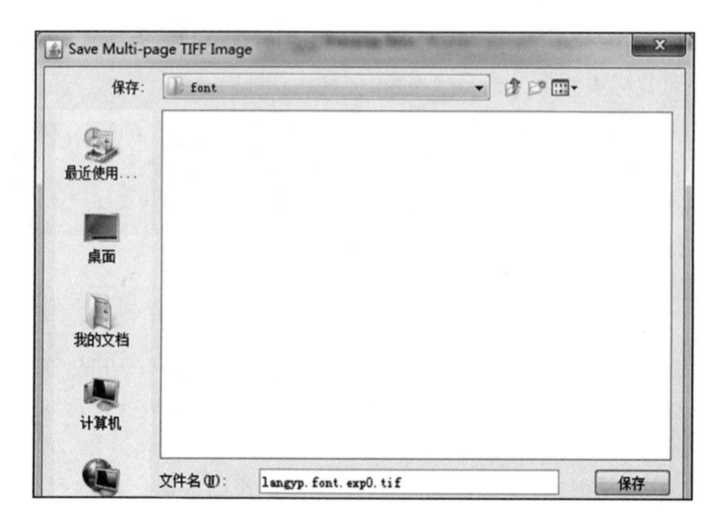

图 5-17　保存选择的图片

2）生成 Box 文件。

打开 cmd，进入 langyp.font.exp0.tif 文件所在目录，执行命令 tesseract langyp.font.exp0.tif langyp.font.exp0 batch.nochop makebox。结果生成如图 5-18 所示的 langyp.font.exp0.box 文件。

图 5-18　生成 .box 文件

3）用 jTessBoxEditor 工具对样本图片进行矫正。

点击 jTessBoxEditor 工具的 Box Editor 选项，点击下方的 open 选项，打开刚生成的 langyp.font.exp0.tif 文件，结果界面如图 5-19 所示。右侧为对应的 Box 文件数据，如果 char 中的字符和当前的样本图片一致则进行矫正，修改 char 中的字符，然后进行 save，这样就矫正了；进入下张样本图片时，同样，矫正后点击 save，当所有样本图片都矫正了，这一步也就完成了。

4）生成 font_properties 文件，注意该文件没有后缀名。

在命令行执行 echo font 0 0 0 0 0 >font_properties，结果生成了如图 5-20 所示的 font_properties 文件。内容为字体名 font，后面带 5 个 0，分别代表字体的粗体、斜体等属性，这里全部是 0。

5）生成 .tr 训练文件。

在命令行执行 tesseract langyp.font.exp0.tif langyp.font.exp0 -l eng -psm 7 nobatch box.train，如图 5-21 所示。

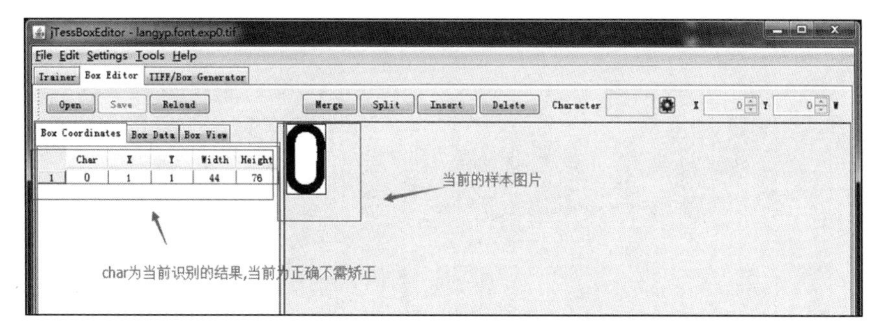

图 5-19 jTessBoxEditor 矫正界面

图 5-20 生成 font_properties 文件

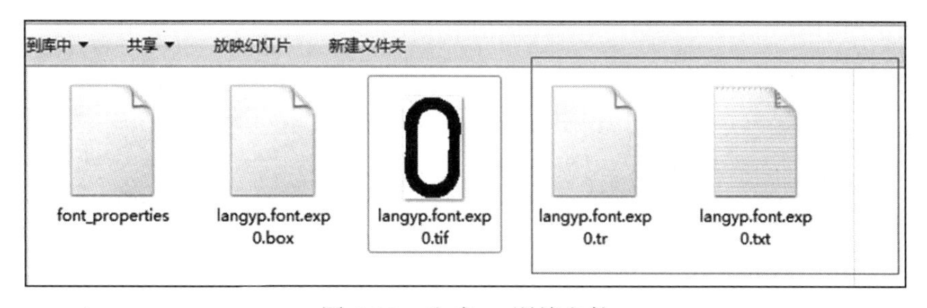

图 5-21 生成 .tr 训练文件

6）生成字符集文件。

在命令行执行 unicharset_extractor langyp.font.exp0.box，结果生成了 unicharset 文件，如图 5-22 所示。

```
C:\Users\Administrator\Downloads\font>unicharset_extractor langyp.font.exp0.box
Extracting unicharset from langyp.font.exp0.box
Wrote unicharset file ./unicharset.
```

图 5-22 生成字符集文件

7）生成 shape 文件。

在命令行执行 shapeclustering -F font_properties -U unicharset -O langyp.unicharset langyp.font.exp0.tr，结果生成了 shapetable 文件和 langyp.unicharset 文件，如图 5-23 所示。

8）生成聚集字符特征文件。

在命令行执行 mftraining -F font_properties -U unicharset -O langyp.unicharset langyp.font.

exp0.tr，结果生成了 pffmtable、inttemp 以及 unicharset 文件，如图 5-24 所示。

```
C:\Users\Administrator\Downloads\font>shapeclustering -F font_properties -U unichar
Reading langyp.font.exp0.tr ...
Building master shape table
Computing shape distances...
Stopped with 0 merged, min dist 999.000000
Computing shape distances... 0
Stopped with 0 merged, min dist 999.000000
Computing shape distances... 0
Stopped with 0 merged, min dist 999.000000
Computing shape distances... 0
Stopped with 0 merged, min dist 999.000000
Computing shape distances... 0
Stopped with 0 merged, min dist 999.000000
Computing shape distances... 0
Stopped with 0 merged, min dist 999.000000
Computing shape distances... 0
Stopped with 0 merged, min dist 999.000000
Computing shape distances... 0
```

图 5-23　生成 shape 文件

```
C:\Users\Administrator\Downloads\font>mftraining -F font_properties -U unicharset -O langyp.unicharset langyp.font.exp0.tr
Read shape table shapetable of 19 shapes
Reading langyp.font.exp0.tr ...
```

图 5-24　生成聚集字符特征文件

9）生成字符正常化特征文件。

在命令行执行 cntraining langyp.font.exp0.tr，结果生成了 normproto 文件，如图 5-25 所示。

```
C:\Users\Administrator\Downloads\font>cntraining langyp.font.exp0.tr
Reading langyp.font.exp0.tr ...
Clustering ...
```

图 5-25　生成字符正常化特征文件

10）用 rename 命令来为步骤 8 和步骤 9 所生成的文件更名，如图 5-26 所示。

在命令行执行如下内容：

```
**rename normproto fontyp.normproto
rename inttemp fontyp.inttemp
rename pffmtable fontyp.pffmtable
rename unicharset fontyp.unicharset
rename shapetable fontyp.shapetable**
```

```
C:\Users\Administrator\Downloads\font>rename normproto fontyp.normproto

C:\Users\Administrator\Downloads\font>rename inttemp fontyp.inttemp

C:\Users\Administrator\Downloads\font>rename pffmtable fontyp.pffmtable

C:\Users\Administrator\Downloads\font>rename unicharset fontyp.unicharset
```

图 5-26　重命名文件

11）合并训练文件。

在命令行执行 combine_tessdata fontyp，如图 5-27 所示。

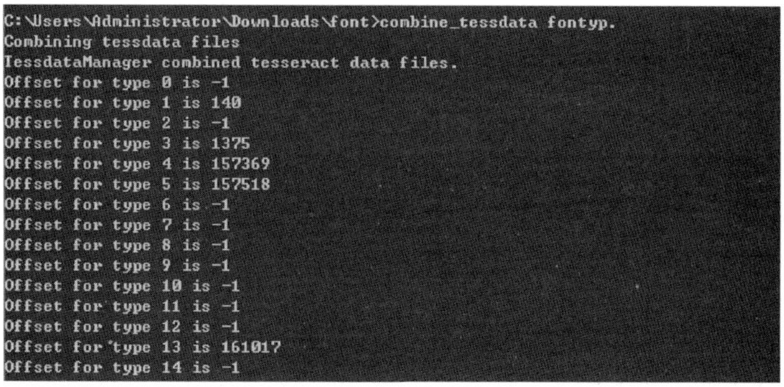

```
C:\Users\Administrator\Downloads\font>combine_tessdata fontyp.
Combining tessdata files
TessdataManager combined tesseract data files.
Offset for type 0 is -1
Offset for type 1 is 140
Offset for type 2 is -1
Offset for type 3 is 1375
Offset for type 4 is 157369
Offset for type 5 is 157518
Offset for type 6 is -1
Offset for type 7 is -1
Offset for type 8 is -1
Offset for type 9 is -1
Offset for type 10 is -1
Offset for type 11 is -1
Offset for type 12 is -1
Offset for type 13 is 161017
Offset for type 14 is -1
```

图 5-27 合并训练文件

12）将 fontyp.traineddata 文件拷贝至 Tesseract-OCR 文件夹里的 tessdata 语言包文件夹里。Windows 系统界面如图 5-28 所示。

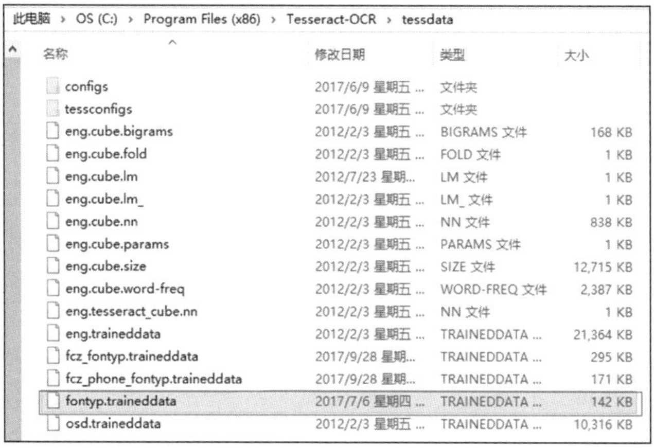

此电脑 › OS (C:) › Program Files (x86) › Tesseract-OCR › tessdata

名称	修改日期	类型	大小
configs	2017/6/9 星期五 ...	文件夹	
tessconfigs	2017/6/9 星期五 ...	文件夹	
eng.cube.bigrams	2012/2/3 星期五 ...	BIGRAMS 文件	168 KB
eng.cube.fold	2012/2/3 星期五 ...	FOLD 文件	1 KB
eng.cube.lm	2012/7/23 星期...	LM 文件	1 KB
eng.cube.lm_	2012/2/3 星期五 ...	LM_ 文件	1 KB
eng.cube.nn	2012/2/3 星期五 ...	NN 文件	838 KB
eng.cube.params	2012/2/3 星期五 ...	PARAMS 文件	1 KB
eng.cube.size	2012/2/3 星期五 ...	SIZE 文件	12,715 KB
eng.cube.word-freq	2012/2/3 星期五 ...	WORD-FREQ 文件	2,387 KB
eng.tesseract_cube.nn	2012/2/3 星期五 ...	NN 文件	1 KB
eng.traineddata	2012/2/3 星期五 ...	TRAINEDDATA ...	21,364 KB
fcz_fontyp.traineddata	2017/9/28 星期...	TRAINEDDATA ...	295 KB
fcz_phone_fontyp.traineddata	2017/9/28 星期...	TRAINEDDATA ...	171 KB
fontyp.traineddata	2017/7/6 星期四 ...	TRAINEDDATA ...	142 KB
osd.traineddata	2012/2/3 星期五 ...	TRAINEDDATA ...	10,316 KB

图 5-28 在 Windows 系统中拷贝 fontyp 文件到 tessdata

Linux 系统中，可输入命令 whereis tesseract 来查找安装文件夹，然后拷贝到如图 5-29 所示的地址。

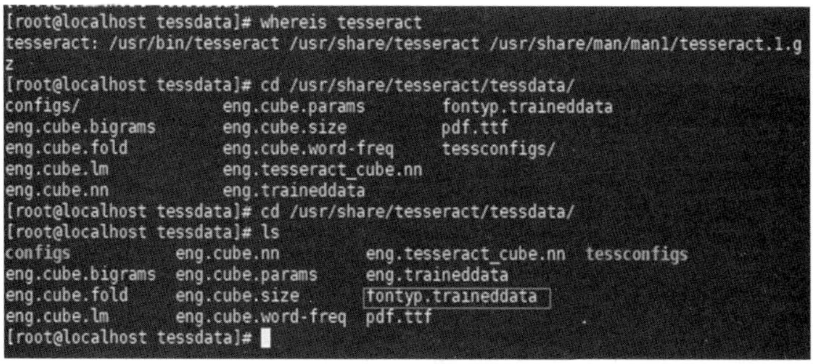

```
[root@localhost tessdata]# whereis tesseract
tesseract: /usr/bin/tesseract /usr/share/tesseract /usr/share/man/man1/tesseract.1.g
z
[root@localhost tessdata]# cd /usr/share/tesseract/tessdata/
configs/            eng.cube.params       fontyp.traineddata
eng.cube.bigrams    eng.cube.size         pdf.ttf
eng.cube.fold       eng.cube.word-freq    tessconfigs/
eng.cube.lm         eng.tesseract_cube.nn
eng.cube.nn         eng.traineddata
[root@localhost tessdata]# cd /usr/share/tesseract/tessdata/
[root@localhost tessdata]# ls
configs           eng.cube.nn           eng.tesseract_cube.nn  tessconfigs
eng.cube.bigrams  eng.cube.params       eng.traineddata
eng.cube.fold     eng.cube.size         fontyp.traineddata
eng.cube.lm       eng.cube.word-freq    pdf.ttf
[root@localhost tessdata]#
```

图 5-29 在 Linux 系统中拷贝 fontyp 文件到 tessdata

13）Python 验证码识别代码如下：

```
from PIL import Image
from pytesseract import pytesseract
image=Image.open('test1.png')
code=pytesseract.image_to_string(image,lang='fcz_fontyp')
print(code)
```

5.3 TensorFlow 库

TensorFlow 是一个开源软件库，用于各种感知和语言理解任务的机器学习。TensorFlow 是 Google 基于 Google Brain 研发的第二代人工智能学习系统，其命名来源于本身的运行原理，是将复杂的数据结构传输至人工智能神经网络中执行分析和处理过程的系统。Tensor（张量）意味着 *N* 维数组，Flow（流）意味着基于数据流图的计算，TensorFlow 为张量从流图的一端流动到另一端的计算过程。它灵活的架构让你可以在多种平台上展开计算，例如台式计算机中的一个或多个 CPU（或 GPU）、服务器、移动设备等。TensorFlow 可用于机器学习和深度神经网络方面的研究，但它的通用性使其也可广泛应用于其他计算领域，如语音识别或图像识别等深度学习领域。

5.3.1 TensorFlow 库的安装

1. 安装 Python

对于初学 TensorFlow 的人来说，因为 TensorFlow 和 OpenCV、NumPy 等第三方库都有着依赖关系，未安装第三方库或版本不正确都会导致 TensorFlow 无法安装，所以还是建议大家使用 Anaconda 来安装 Python 集成环境。Anaconda 指的是一个开源的 Python 发行版本，其包含了 conda 和 Python 等多个科学包及其依赖项，安装 Anaconda 以后，再也不用担心安装 TensorFlow 会踩到无数的坑了。

（1）安装 Anaconda

Anaconda 的下载地址是 https://www.anaconda.com/distribution/，若操作系统是 Windows 64 位，则下载“64-Bit Graphical Installer”，如图 5-30 所示。

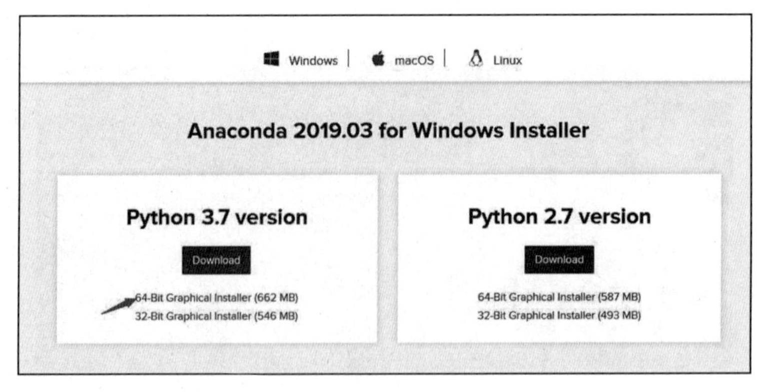

图 5-30 Anaconda 版本

下载完成后，双击开始安装，选择程序安装路径，如图 5-31 所示。

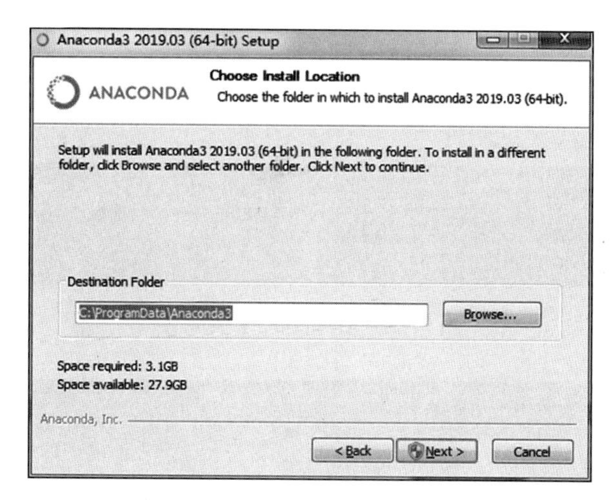

图 5-31　Anaconda 安装路径

这里要注意一下，记得勾选“ Add Anaconda to the system PATH environment variable”，如图 5-32 所示，将 Anaconda 的路径自动配置到环境变量中，虽然安装完成后也可以手动添加，但这里可以一劳永逸，避免出现未知的一些错误。

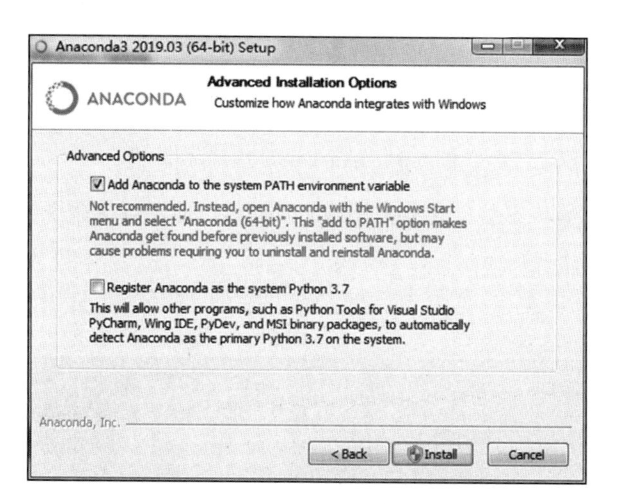

图 5-32　Anaconda 环境变量

点击“Install”静等安装完成！安装完成后，终端输入：

```
conda --version
```

如果输出 conda 的版本号，那就说明 Anaconda 安装成功，如图 5-33 所示。

（2）创建 Anaconda 虚拟环境

直观来说，Anaconda 就像一个虚拟机（VMware），虚拟机安装好以后，就需要安装操作系统！所以我们开始创建一个适合使用 TensorFlow 的 Python 环境吧。我们创建一个名为 tensorbase 的虚拟环境（如图 5-34 所示），此环境使用 3.6 版本的 Python，打开终端输入创建虚拟环境的命令：

```
conda create -n tensorbase python=3.6
```

```
Microsoft Windows [版本 6.1.7601]
版权所有 (c) 2009 Microsoft Corporation。保留所有权利。

C:\Users\Administrator>conda --version
conda 4.6.14
```

图 5-33　Anaconda 安装成功

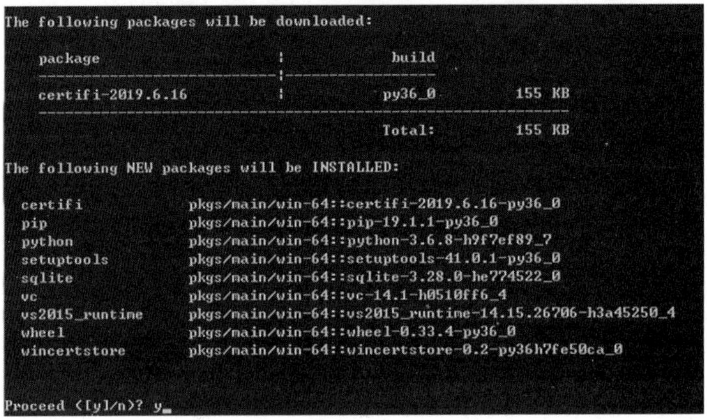

```
The following packages will be downloaded:

    package                    |            build
    ---------------------------|-----------------
    certifi-2019.6.16          |           py36_0         155 KB
    ------------------------------------------------------------
                                           Total:         155 KB

The following NEW packages will be INSTALLED:

  certifi            pkgs/main/win-64::certifi-2019.6.16-py36_0
  pip                pkgs/main/win-64::pip-19.1.1-py36_0
  python             pkgs/main/win-64::python-3.6.8-h9f7ef89_7
  setuptools         pkgs/main/win-64::setuptools-41.0.1-py36_0
  sqlite             pkgs/main/win-64::sqlite-3.28.0-he774522_0
  vc                 pkgs/main/win-64::vc-14.1-h0510ff6_4
  vs2015_runtime     pkgs/main/win-64::vs2015_runtime-14.15.26706-h3a45250_4
  wheel              pkgs/main/win-64::wheel-0.33.4-py36_0
  wincertstore       pkgs/main/win-64::wincertstore-0.2-py36h7fe50ca_0

Proceed ([y]/n)? y
```

图 5-34　Anaconda 虚拟环境

输入 y，然后回车等待安装！安装成功后，我们可以使用以下命令查看所有可用的虚拟环境（如图 5-35 所示）：

```
conda env list
```

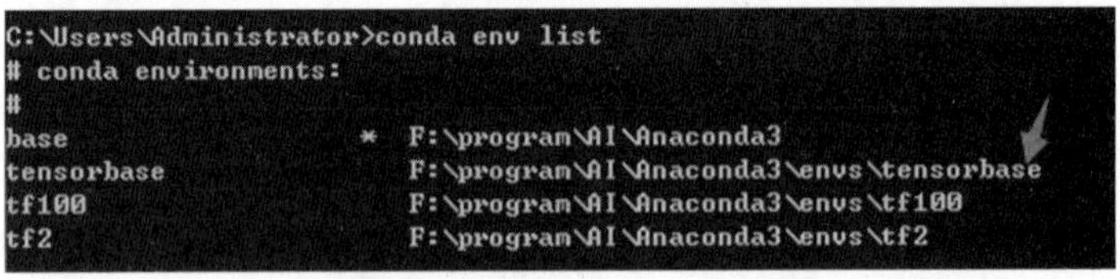

```
C:\Users\Administrator>conda env list
# conda environments:
#
base                  *  F:\program\AI\Anaconda3
tensorbase               F:\program\AI\Anaconda3\envs\tensorbase
tf100                    F:\program\AI\Anaconda3\envs\tf100
tf2                      F:\program\AI\Anaconda3\envs\tf2
```

图 5-35　查看 Anacoda 虚拟环境

2. 安装 TensorFlow

在终端中执行以下命令，从而切换到我们新创建的虚拟环境中：

```
activate tensorbase
```

```
(tensorbase) C:\Users\Administrator>
```

然后，执行以下命令：

```
pip install --upgrade --ignore-installed tensorflow
```

剩下的就是慢慢等待安装过程结束。如果在这个命令之后，有提示说需要升级你的 pip 的版本，那么你可以根据上面的提示进行命令安装。

TensorFlow 分为 CPU 版和 GPU 版，这里安装的是 CPU 版本，因为 TensorFlow 不支持我的 GPU！想要安装 GPU 版的 TensorFlow，还需安装 CUDA 和 cuDNN，这里就不详细介绍安装方法，但如果你想知道 TensorFlow 是否支持你的显卡，则可以通过以下网址查看支持 CUDA 的 GPU 卡：https://developer.nvidia.com/cuda-gpus。等待安装完成后，我们验证一下 TensorFlow 是否安装成功，终端输入命令（python 进入编辑器，然后输入）：

```
import tensorflow as tf
```

如果没有报错的话，说明 TensorFlow 安装成功，如图 5-36 所示。

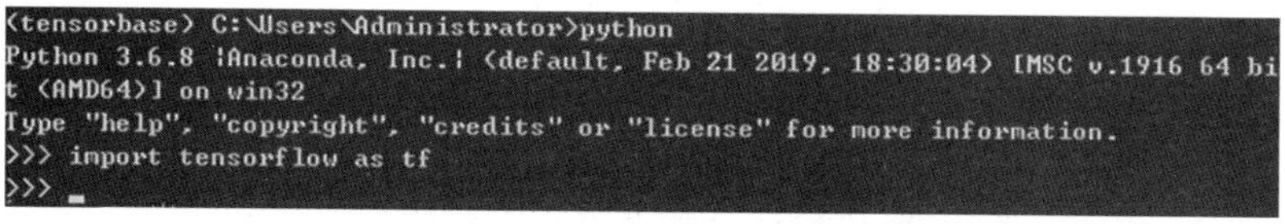

```
(tensorbase) C:\Users\Administrator>python
Python 3.6.8 |Anaconda, Inc.| (default, Feb 21 2019, 18:30:04) [MSC v.1916 64 bi
t (AMD64)] on win32
Type "help", "copyright", "credits" or "license" for more information.
>>> import tensorflow as tf
>>> _
```

图 5-36　TensorFlow 安装成功

3. 将 TensorFlow 环境嵌入 PyCharm 编辑器中

首先下载 PyCharm 软件，下载安装都很简单，本书就不介绍了。然后使用 PyCharm 创建一个项目，如图 5-37 所示。

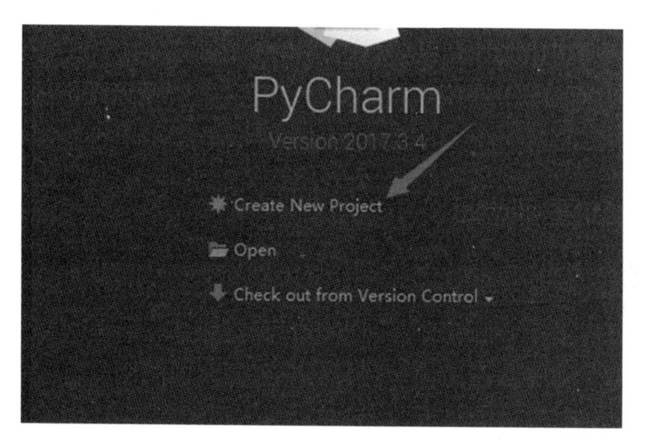

图 5-37　使用 PyCharm 创建新项目

1）设置项目的相关内容，如图 5-38 所示。

注意这里的 Interpreter 的选择，因为我们现在要测试的是 TensorFlow 嵌入我们的 IDE，方便我们后续开发使用，所以这个 Python 解析器就是要选择之前安装 TensorFlow 是对应目录下的解析器，否则的话，我们之后是使用不了 TensorFlow 模块的内容的。

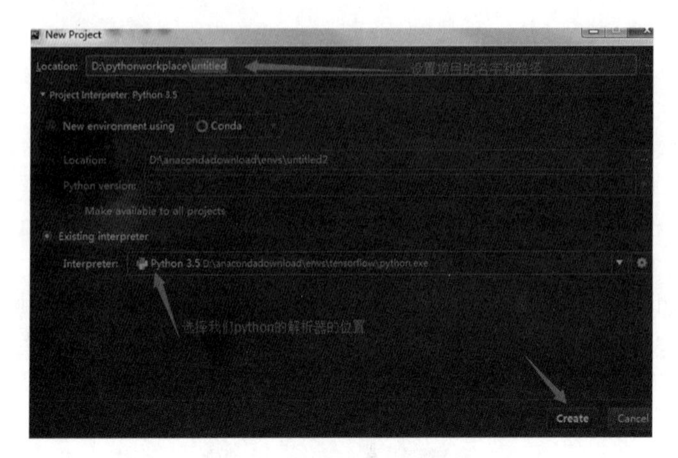

图 5-38　设置新项目参数

2）创建一个 py 文件，用于编写测试代码，如图 5-39 所示。

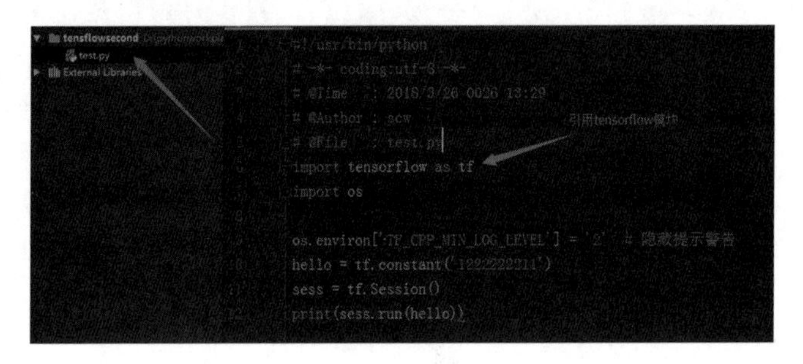

图 5-39　测试代码

3）运行程序代码，如图 5-40 所示。

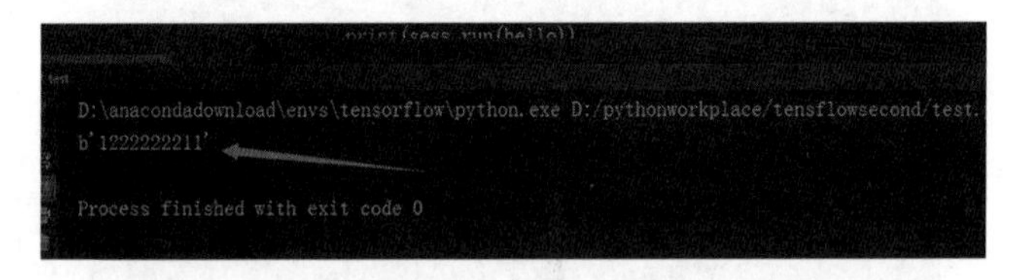

图 5-40　运行程序

5.3.2　TensorFlow 基本操作

TensorFlow 是一种计算图模型，即用图的形式来表示运算过程的一种模型。TensorFlow 程序一般分为图的构建和图的执行两个阶段。图的构建阶段也称为图的定义阶段，该过程会在图模型中定义所需的运算，每次运算的结果以及原始的输入数据都可称为一个节点（operation，缩写为 op）。我们通过程序 5-1 来说明图的构建过程。

程序 5-1：

```
import tensorflow as tf
m1=tf.constant([3,5])
m2=tf.constant([2,4])
result=tf.add(m1,m2)
print(result)

>>Tensor("Add_1:0",shape=(2,),dtype=int32)
```

程序 5-1 定义了图的构建过程，“ import tensorflow as tf” 是在 Python 中导入 tensorflow 模块，并另起名为“ tf”；接着定义了两个常量 op，即 m1 和 m2，均为 1×2 的矩阵；最后将 m1 和 m2 的值作为输入来创建一个矩阵加法 op，并输出最后的结果 result。

我们分析最终的输出结果可知，其并没有输出矩阵相加的结果，而是输出了一个包含三个属性的 Tensor（Tensor 的概念我们会在 5.3.3 节中详细讲解）。以上过程便是图模型的构建阶段：只在图中定义所需要的运算，而没有去执行运算。我们可以用图 5-41 来表示。

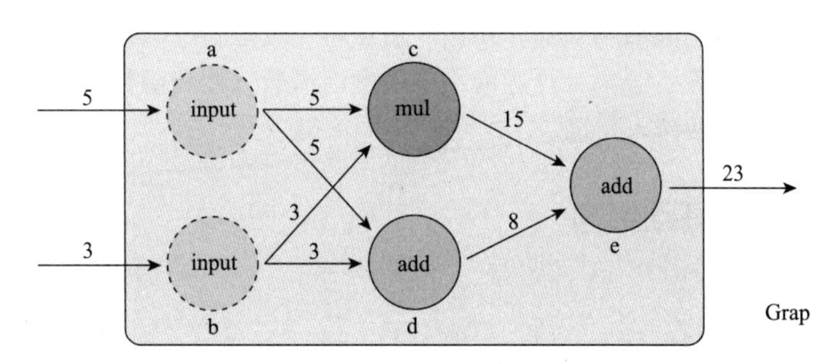

图 5-41 图的构建阶段

第二个阶段为图的执行阶段，也就是在会话（ Session）中执行图模型中定义好的运算。我们通过程序 5-2 来解释图的执行阶段。

程序 5-2：

```
sess=tf.Session()
print(sess.run(result))
sess.close()

>>[5,9]
```

程序 5-2 描述了图的执行过程，首先通过“ tf.Session()”启动默认图模型，再调用 run() 方法启动、运行图模型，传入上述参数 result，执行矩阵的加法，并打印出相加的结果，最后在任务完成时，要记得调用 close() 方法以关闭会话。除了上述的 Session 写法外，我们更建议大家把 Session 写成如程序 5-3 所示的“ with”代码块的形式，这样就无须显示地调用 close 释放资源，而是自动地关闭会话。

程序 5-3：

```
with tf.Session() as sess:
    res=sess.run([result])
print(res)
```

此外，我们还可以利用 CPU 或 GPU 等计算资源来分布式地执行图的运算过程。一般我们无须显示地指定计算资源，TensorFlow 可以自动地进行识别，如果检测到我们的 GPU 环境，则会优先利用 GPU 环境执行我们的程序。但如果我们的计算机中有多于一个可用的 GPU，这就需要我们手动指派 GPU 去执行特定的 op。如程序 5-4 所示，在 TensorFlow 中使用 with...device 语句来指定 GPU 或 CPU 资源执行操作。

程序 5-4：

```
with tf.Session() as sess:
    with tf.device("/gpu:2")
        m1=tf.constant([3,5])
        m2=tf.constant([2,4])
        result=tf.add(m1,m2)
```

上述程序中的“tf.device("/gpu:2")”是指定了第二个 GPU 资源来运行下面的 op。依次类推，我们还可以通过 "/gpu:3"、"/gpu:4"、"/gpu:5" 等来指定第 N 个 GPU 执行操作。TensorFlow 中诸如创建常量、变量、加减赋值操作、函数、占位符、读取器、数据转换、矩阵运算、算术操作、张量操作、规约计算、分割、神经网络中的激活函数、卷积函数、池化函数、损失函数等的其他操作本书在此不做深入介绍。

5.3.3 TensorFlow 基础架构

1. 整体架构

整个系统从底层到顶层可分为七层，如图 5-42 所示。最底层是硬件计算资源，支持 CPU、GPU；网络层支持两种通信协议；数值计算层提供最基础的计算，有线性计算、卷积计算；数据的计算都是以数组的形式来进行；计算图层用来设计神经网络的结构；工作流层提供轻量级的框架调用；最后构造的深度学习网络可以通过 TensorBoard 服务端来进行可视化。

层	功能	组件
视图层	计算图可视化	TensorBoard
工作流层	数据集准备、存储、加载	Keras/TF Slim
计算图层	计算图构造与优化前向计算/后向计算	TensorFlow Core
高维计算层	高维数组处理	Eigen
数值计算层	矩阵计算/卷积计算	BLAS/cuBLAS/cuRAND/cuDNN
网络层	通信	gRPC/RDMA
设备层	硬件	CPU/GPU

图 5-42 TF 整体架构

2. 技术架构

TensorFlow 的系统结构以 C API 为界，将整个系统分为前端和后端两个子系统。前端子系统提供编程模型，负责构造计算图；后端子系统提供运行时环境，负责执行计算图，如图 5-43 所示。TensorFlow 支持各种异构的平台，支持多 CPU/GPU、服务器、移动设备，具有良好的跨平台的特性；TensorFlow 架构灵活，能够支持各种网络模型，具有良好的通用性和可扩展性；此外，TensorFlow 内核采用 C/C++ 开发，并提供了 C++、Python、Java 及 Go 语言的 Client API。tensorflow.js 支持在 Web 端使用 WebGL 运行 GPU 训练深度学习模型，支持在 IOS、Android 系统中加载运行机器学习模型。

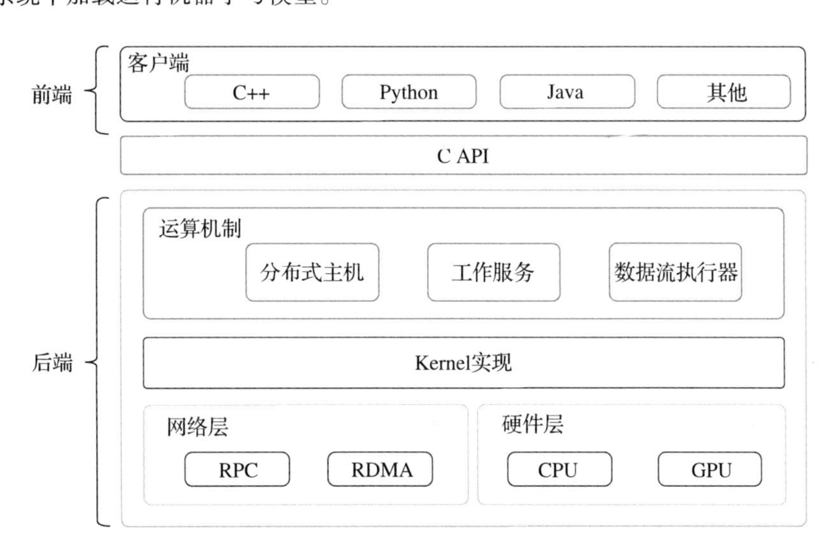

图 5-43 TensorFlow 技术架构

3. 组件交互

Master（主机）节点给两种类型的节点分发任务：

1）/job:ps/task:0 负责模型参数的存储和更新；

2）/job:worker/task:0 负责模型的训练或推理，如图 5-44 所示。

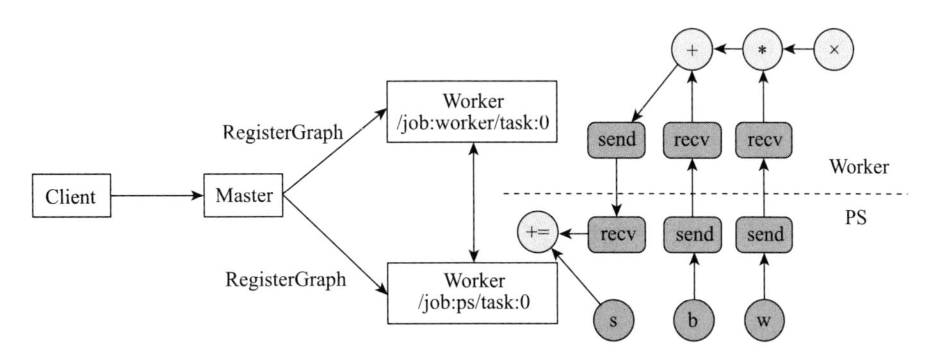

图 5-44 TensorFlow 组件交互模式

组件交互过程为：

1）客户端通过 TensorFlow 的编程接口构造计算图；

2）客户端建立 Session 会话，将 Protobuf 格式的图定义 GraphDef 发送给分布式主机（distributed master)；

3）分布式主机根据 Session.run 的 Fetching 参数，从计算图中反向遍历，找到所依赖的最小子图；然后将该子图再次分裂为多个子图片段，以便在不同进程和设备上运行；

4）分布式主机将这些子图片段分发给工作服务（work service)，并负责任务集的协同；

5）随后工作服务启动本地子图的执行过程，包括处理来自 Master 的请求、调度 OP 的 Kernel 实现并执行子图运算，以及协同任务之间的数据通信。

4. 处理结构

TensorFlow 首先要定义神经网络的结构，然后再把数据放入结构中去运算和训练（training)。TensorFlow 是一个使用数据流图（data flow graph）技术来进行数值计算的开源软件库。数据流图是一个有向图，使用节点（一般用圆形或者方形描述，表示一个数学操作，或者数据输入的起点和数据输出的终点）和线（表示数字、矩阵或者张量）来描述数学计算。数据流图可以方便地将各个节点分配到不同的计算设备上以完成异步并行计算（如图 5-45 所示)，非常适合大规模的机器学习应用。

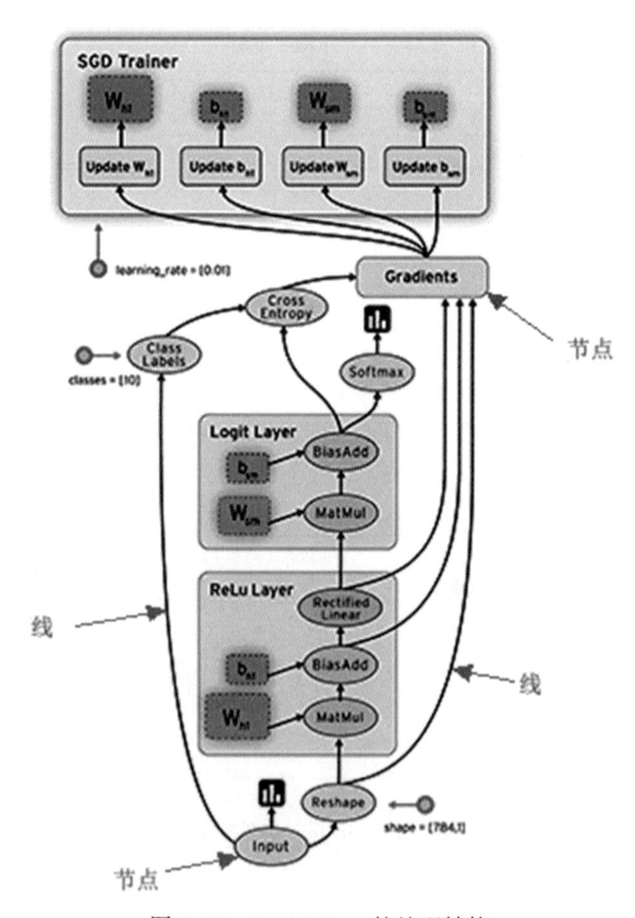

图 5-45 TensorFlow 的处理结构

张量（Tensor）：张量有多种，零阶张量为纯量或标量，比如 [1]；一阶张量为向量（vector），比如一维的 [1, 2, 3]；二阶张量为矩阵（matrix），比如二维的 [[1, 2, 3],[4, 5, 6],[7, 8, 9]]；以此类推，还有三阶三维的，等等。

5.3.4 TensorFlow 创建线性回归模型

我们分 6 个步骤来创建线性回归模型。

1. 创建数据

加载 tensorflow 和 numpy 两个模块，并且使用 numpy 来创建我们的数据。

```
import tensorflow as tf
import numpy as np

# create data
x_data = np.random.rand(100).astype(np.float32)
y_data = x_data*0.1 + 0.3
```

用 tf.Variable 来创建描述 y 的参数。我们可以把 y_data = x_data*0.1 + 0.3 想象成 y=Weights * x + biases，然后神经网络也就是学着把 Weights 变成 0.1，biases 变成 0.3。

2. 搭建模型

```
Weights = tf.Variable(tf.random_uniform([1], -1.0, 1.0))
biases = tf.Variable(tf.zeros([1]))

y = Weights*x_data + biases
```

3. 计算误差

计算 y 和 y_data 的误差，tf.reduce_mean 求平均值，tf.square 求平方。

```
loss = tf.reduce_mean(tf.square(y-y_data))
```

4. 传递误差

反向传递误差的工作就交给 Optimizer（优化器）了，我们使用的误差传递方法是梯度下降法：Gradient Descent Optimizer 用于进行参数的更新，0.5 代表学习率。

```
optimizer = tf.train.GradientDescentOptimizer(0.5)
train = optimizer.minimize(loss)
```

5. 训练

到目前为止，我们只是建立了神经网络的结构，还没有使用这个结构。在使用这个结构之前，我们必须先初始化所有之前定义的 Variable，所以这一步是很重要的。

```
init = tf.global_variables_initializer()
```

接着，我们再创建会话（Session），用会话来执行 init 初始化步骤。并且，用会话来运行（run）每一次训练的数据，逐步提升神经网络的预测准确性。

```
sess = tf.Session()
sess.run(init)
```

```
for step in range(201):
    sess.run(train)
    if step % 20 == 0:
        print(step, sess.run(Weights), sess.run(biases))
```

6. 结果可视化

构建图形，用散点图描述真实数据之间的关系。散点图的结果如图 5-46 所示。

```
import matplot.pyplot as plt
fig = plt.figure()
ax = fig.add_subplot(1,1,1)
ax.scatter(x_data, y_data)
plt.ion()  # 用于连续显示
plt.show()
```

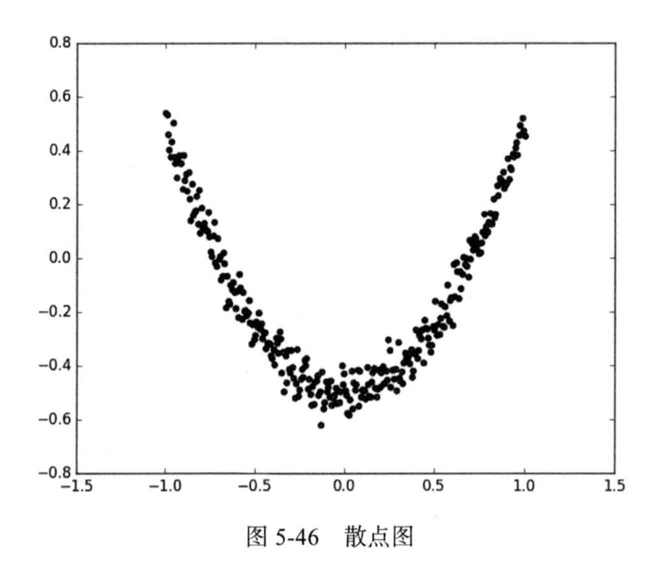

图 5-46 散点图

5.3.5 TensorFlow 识别知乎验证码

本节以爬知乎数据时遇到验证码为例，可使用 TensorFlow 的 CNN（卷积神经网络）来训练一个能自动识别验证码的模型，最后识别线上验证码的准确率在 95% 左右。源码地址为 https://github.com/lonnyzhang423/zhihu-captcha。依赖库包括 Python3、PIL & NumPy & requests、TensorFlow 和 CNN。程序代码目录如图 5-47 所示。

如何运行上面的程序：

1）把验证码样本放到 samples 目录下的 train_mixed_captcha_base64.txt 文件中。

2）训练模型：运行 train 目录下的 model.py 文件，直至达到满意的准确率为止。这时训练好的网络结构和权重值等会保存在 checkpoints 目录下。

3）在 train 目录下的 __init__.py 中恢复训练好的模型，导出 predict_captcha 预测函数。

4）执行 predict_captcha 函数，传入 base64 编码的图片字符串，执行得到预测结果。

Branch: master ▾ New pull request Find file Clone or download ▾

lonnyzhang423 Update README.md Latest commit 5bd3bec on 3 Aug 2018

samples	got enough train captcha! simplipy models	2 years ago
screenshots	update readme	2 years ago
train	update readme	2 years ago
.gitignore	add bold captcha predict model	2 years ago
README.md	Update README.md	last year
__init__.py	got enough train captcha! simplipy models	2 years ago
config.py	got enough train captcha! simplipy models	2 years ago
utils.py	got enough train captcha! simplipy models	2 years ago

图 5-47 程序代码目录图

爬虫请求知乎太频繁时，你会遇到两种验证码，即细字体和粗字体，如图 5-48 所示。

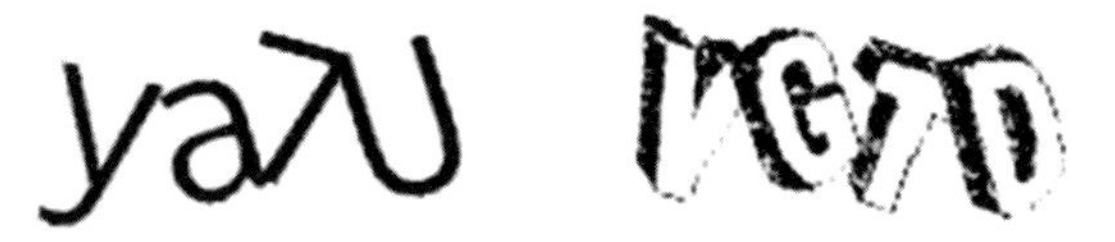

图 5-48 两种验证码

如果把两种验证码混合放到同一个神经网络中训练的话，收敛会比较慢，需要的样本量也就会比较大，只能人工打码或者买打码服务去获取样本。所以我们可以先训练一个分类器，将两种验证码区分开，再分别去训练识别，这样需要的样本量就会少很多了。若收集的样本足够多，就不用上面那种先分类再识别的方法了，直接把样本丢进 CNN 里去训练就好！

图 5-47 的程序代码中的模型使用 TensorFlow 构建了一个简单的 CNN。CNN 包含一个输入层、三个卷积层 + 池化层以及最后一个全连接层。使用 TensorBoard 可以可视化训练的相关情况，训练的网络结构如图 5-49 所示，准确率走势如图 5-50 所示，误差曲线如图 5-51 所示。

最后，使用训练好的模型去 Cover 知乎线上的验证码平均有 90% 的准确率，也就是两次至少命中一次的概率为：$1-0.05\times0.05=0.9975$。当然知乎最近升级了验证码服务，换成腾讯的滑块验证码，上述代码仅供参考学习。

5.4 4 种验证码的解决思路

目前主流的 4 种验证码为输入式验证码、滑动式验证码、宫格式验证码和点击式的图文验证，下面我们来分别讲解它们的解决思路。

1. 输入式验证码

这种验证码主要是通过用户输入图片中的字母、数字、汉字等进行验证，如图 5-52 所示。

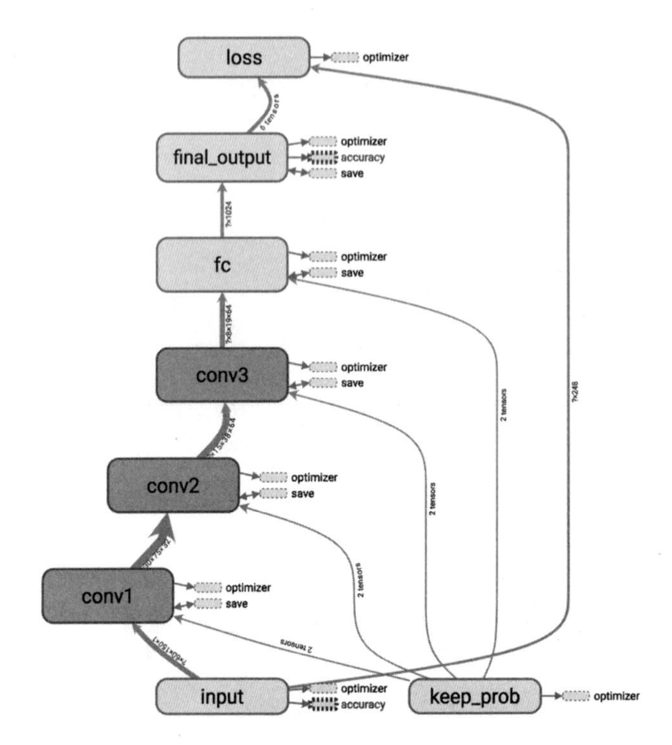

图 5-49　训练的网络结构

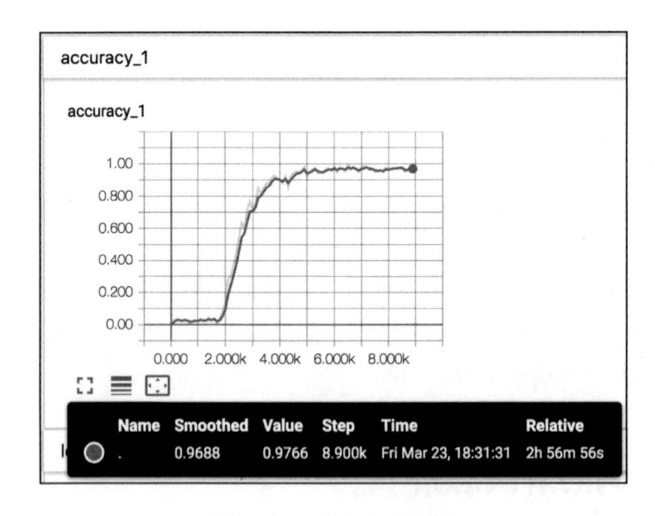

图 5-50　准确率走势图

解决思路：这是最简单的一种验证码，只要识别出里面的内容，然后填入输入框中即可。这种识别技术叫 OCR，这里推荐使用 Python 的第三方库 tesserocr。tesserocr 与 pytesseract 是 Python 的一个 OCR 识别库，但其实是对 Tesseract 做的一层 Python API 封装，pytesseract 是 Google 的 Tesseract-OCR 引擎包装器；所以它们的核心是 Tesseract。对于没有什么背景影响的验证码，直接通过这个库来识别就可以。但是对于有嘈杂的背景的验证码，直接识别的识别率会很低，遇到这种验证码需要先对图片进行灰度化，然后再进行二值化，再去识别，这样识别率会大大提高。

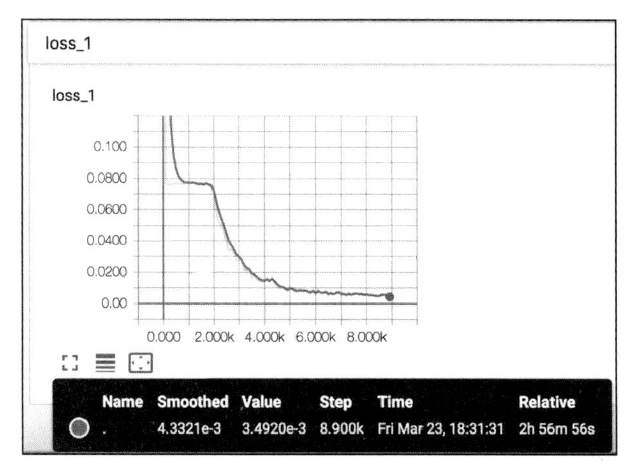

图 5-51 误差走势图

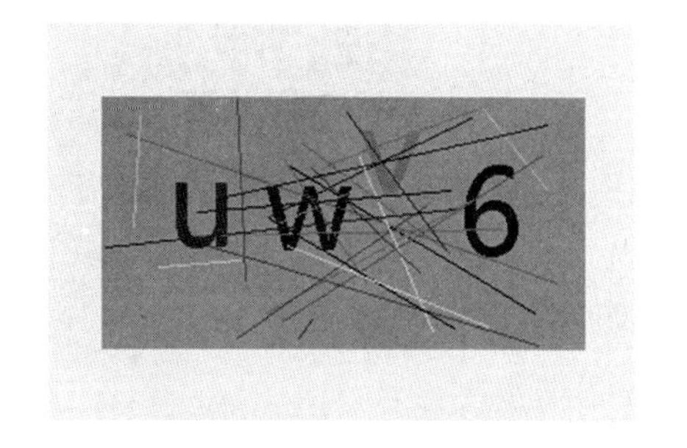

图 5-52 输入式验证码

2. 滑动式验证码

这种是将备选碎片直线滑动到正确的位置，如图 5-53 所示。

解决思路：对于这种验证码就比较复杂一点，但也是有相应的办法。我们直接想到的就是模拟人去拖动验证码的行为，点击按钮，然后看到了缺口的位置，最后把拼图拖到缺口位置处完成验证。

第一步：点击按钮。当没有点击按钮的时候图片中的缺口和拼图是没有出现的，点击后才出现，这为我们找到缺口的位置提供了灵感。

第二步：拖到缺口位置。我们知道拼图应该拖到缺口处，但是这个距离如何用数值来表示？通过第一步观察到的现象，我们可以找到缺口的位置。这里我们可以比较两张图的像素，设置一个基准值，如果某个位置的差值超过了基准值，那我们就找到了这两张图片不一样的位置，当然我们是从那块拼图的右侧开始并且从左到右，找到第一个不一样的位置时就结束，这时的位置应该是缺口的 left，所以我们使用 selenium 拖到这个位置即可。这里还有个疑问，就是如何能自动保存这两张图？我们可以先找到这个标签，然后获取它的 location 和 size，接着是 top = int(location['y'])、bottom = int(location['y'] + size['height'])、left = int(location['x']) 以及 right = int(location['x'] + size['width'])，然后截图，最后抠图填入这四个位置就行。具体的使用可以查看 selenium 文档，点击按钮前抠一张图，点击后再抠一张图。最后拖动时需要模拟人的行为，先加速然后减速。因为这种验证码有行为特征检测，人是不可能做到一直匀速的，否则它就判定为是机器在拖动，这样就无法通过验证了。

3. 宫格验证码

如图 5-54 所示的验证码，爬虫难度比较大，每一次出现的都不一样，就算出现一样的，其拖动顺序也不相同。但是，我们发现不一样的验证码个数是有限的，这里采用模版匹配的方法，把所有出现的验证码保存下来，然后挑出不一样的验证码，按照拖动顺序命名。我们从左到右从上到下，将其分别设为 1、2、3、4。上图的滑动顺序为 4→3→2→1，所以我们命名 4_3_2_1.png。当验证码出现的时候，用我们保存的图片一一枚举，与出现的这种来比较像素，方法见“滑动式验证码”部分。如果匹配上了，拖动顺序就为 4→3→2→1。然后使用 selenium 模拟即可。

图 5-53　滑动式验证码

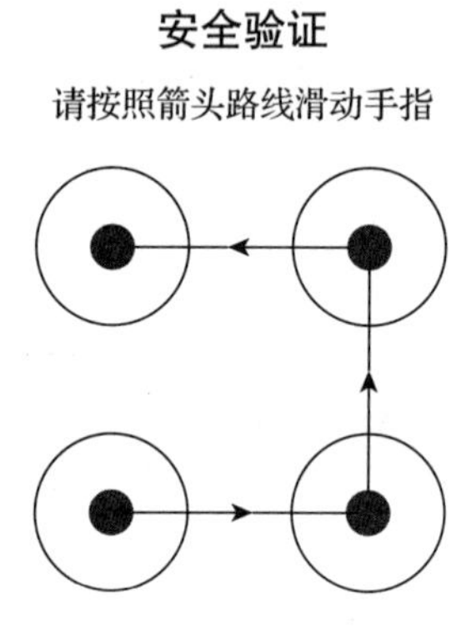

图 5-54　宫格验证码

4. 点击式的图文验证和图标选择

1）图文验证：通过文字提醒用户点击图中相同字的位置从而进行验证。

2）图标选择：给出一组图片，按要求点击其中一张或多张。借用万物识别的难度阻挡机器。

这两种原理相似，只不过一个是给出文字，点击图片中的文字，而一个是给出图片，点出内容相同的图片。这两种都没有特别好的方法，只能借助第三方识别接口来识别出相同的内容。推荐一个方法，把验证码发过去，会返回相应的点击坐标，然后再使用 selenium 模拟点击即可。

5.5　OCR 处理验证码

OCR（Optical Character Recognition，光学字符识别）是指电子设备（例如扫描仪或数码相机）检查纸上打印的字符，通过检测暗、亮的模式来确定其形状，然后用字符识别方法将形状翻译成计算机文字的过程，本节介绍了使用这种图像识别技术输入验证码的方法。

验证码识别基本步骤：

1）预处理

2）灰度化

3）二值化

4）去噪

5）分割

6）识别

在使用 pytesseract 之前，必须安装 Tesseract-OCR，因为 pytesserat 依赖于 Tesseract-OCR，若未安装则无法使用。首先使用 pytesseract 将彩色的图像转化为灰色的图像。

```
# 使用路径导入图片
im = Image.open(imgimgName)
# 使用byte流导入图片
# im = Image.open(io.BytesIO(b))
# 转化到灰度图
imgry = im.convert('L')
# 保存图像
imgry.save('gray-'+imgName)
```

灰度化的图像如图 5-55 所示。

紧接着将所得的图像二值化，将图片处理为只有黑白两色的图片，利于后面的图像处理和识别。

```
# 二值化，采用阈值分割法，threshold为分割点
Threshold = 140
Table = [ ]
For j in range(256):
If j < threshold:
Table.append(0)
Else:
Table.append(1)
Out = imgry.point(table,'1')
Out.save('b'+imgName)
```

二值化的图像如图 5-56 所示。

最后进行识别，得到的结果如图 5-57 所示。

```
# 识别
Text = pytesseract.image_to_string(out)
Print( "识别结果: " +text)
```

0740

识别结果：0740

gray-code.jpg　two-code.jpg　image.png

图 5-55　灰度化图像　图 5-56　二值化图像　图 5-57　识别结果

5.6　实战案例

目前，很多网站为了防止爬虫肆意模拟浏览器登录，采用增加验证码的方式来拦截爬虫。验证码的形式有多种，最常见的就是图片验证码。

1. 基本识别原理概述

1）每一幅图像在结构上，都是由一个个像素组成的矩阵，每一个像素都为单元格。

2）彩色图像的像素由三原色（红、绿、蓝）构成元组，灰度图像的像素是一个单值，每个像素的值范围为（0, 255）。

某系统门户登录界面中的验证码如图 5-58 所示，现在我们要实现自动的验证码识别。

图 5-58 验证码

2. 图像特征

首先，我们仔细观察一下这个验证码图像，可以发现一些如图 5-59 所示的固定特征。

0	0	0	0	1	0	0	0		0	0	0	0	0	0	0	0
0	0	0	1	0	1	0	0		0	0	0	0	0	0	0	0
0	0	1	0	0	0	1	0		0	0	0	0	0	0	0	0
0	1	0	0	0	0	0	1		0	0	0	0	0	0	0	0
1	1	1	1	1	1	1	1		1	0	0	0	0	0	0	0

图 5-59 固定特征

1）验证码中的字符数始终为 6，并且是灰度图像。

2）字符间的间隔看起来每次都一样。

3）每个字符都是完全定义的。

4）图像有许多杂散的黑暗像素，以及穿过图像的线条作为干扰因素。

3. 图像分析

使用一个工具（binary-image）以二进制形式可视化图像（0 表示黑色像素，1 表示白色像素）。图像尺寸为 45×180，每个字符分配 30 个像素的空间来进行适配，从而使它们的间隔比较均匀。因此，取得了验证码识别路上的第一步。如图 5-60 所示的结果：把图像裁剪成 6 个不同的部分，每个部分的宽度均为 30 像素。

4. 字符部分裁剪

图像裁剪的语法如下：

```
from PIL import Image
image = Image.open("filename.png")
cropped_image = image.crop((left, upper, right, lower)
```

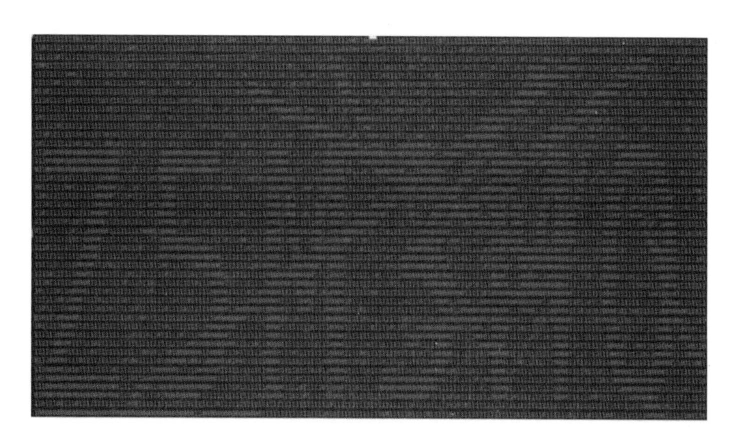

图 5-60 二进制可视化图像

比如要裁剪第一个字符：

```
from PIL import Image
image = Image.open("captcha.png").convert("L")
cropped_image = image.crop((0, 0, 30, 45))
cropped_image.save("cropped_image.png")
```

得到的图像如图 5-61 所示。

将其打包到一个循环中，编写了一个简单的脚本，从该站点获取 500 个验证码图像，并将所有裁剪后的字符保存到一个文件夹中。回顾本节“图像特征”部分观察到的第三点，每个字符都有明确定义。

图 5-61 结果图像

5. 图像去杂

为了“清理”图像中的干扰因素（删除不必要的线和点），我们可以使用一个很简单的算法：字符中的所有像素都是纯黑色（0）。如果它不是完全黑色的，则将它当成白色的。因此，对于值大于 0 的每个像素，将给其重新赋值为 255。使用 load() 函数将图像转换为 45×180 数字矩阵，然后对其进行处理。

```
pixel_matrix = cropped_image.load()
for col in range(0, cropped_image.height):
for row in range(0, cropped_image.width):
if pixel_matrix[row, col] != 0:
pixel_matrix[row, col] = 255
image.save("thresholded_image.png")
```

为了清晰起见，将代码应用于原始图像。原始图像如图 5-62 所示。

图 5-62 原始图像

矫正后的图像如图 5-63 所示。

图 5-63　矫正后的图像

可以看到，并非完全黑暗的所有像素都被删除了，比如通过图像的线。上述方法在图像处理中的专业术语叫作阈值处理，当然还有很多其他的处理方法，阈值处理只是最简单实用的方法。

6. 去除图像中的黑点

回顾本节“图像特征”部分观察到的第四点，图像中有许多杂散的黑暗像素作为干扰因子。循环遍历图像矩阵，如果相邻像素是白色的，并且与相邻像素相对的像素也是白色的，而中心像素是黑色的，则设定中心像素为白色。

```
for column in range(1, image.height - 1):
for row in range(1, image.width - 1):
if pixel_matrix[row, column] == 0 and pixel_matrix[row, column - 1] == 255 and
    pixel_matrix[row, column + 1] == 255:
pixel_matrix[row, column] = 255
if pixel_matrix[row, column] == 0 and pixel_matrix[row - 1, column] == 255 and
    pixel_matrix[row + 1, column] == 255:
pixel_matrix[row, column] = 255
```

处理后的结果如图 5-64 所示。

图 5-64　处理后的结果

经过以上步骤的处理，图像已经只剩下字符框架了。虽然有些字符已经丢失了一些基础像素，但是每个字符的图像骨架基本上都完备。当然这个是必需的，我们进行这么多处理的主要目的就是为每个可能的字符都截取生成合适的字符图。

7. 构建字符图库

将上述算法裁剪得到的所有字符图像都存储于文件夹下。下一个任务是为属于“A-Z0-9”的每个字符找到至少一个样本图像（如图 5-65 所示）。这一步就像“训练”步骤，手动为每个字符选择了一个字符图像并对其更名。

8. 选择最优的字符图

运行其他几个脚本，以确保每个字符的图像中都有最佳的图像，例如，如果有 20 个“A”的字符图像，那么暗色数量最少的图像显然是噪声最少的图像，因此最适合作为骨架图像。选择的原则如下：

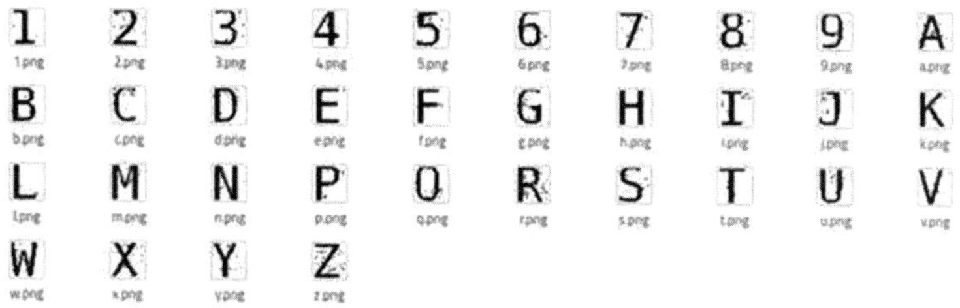

图 5-65 样本图像

1）一个按照字符排序的相似图像（约束条件：黑色像素数量大小，并且相似度>=90%～95%）。

2）一个从每个分组字符获得的最佳图像。

因此，到目前为止，我们生成了一个像素图像库。我们将其转换为像素矩阵，并将位图字符图转为数字点阵 JSON 文件。

9. 识别算法

最后是获取任何新的验证码图像的算法：使用相同的算法尽量减少新图像中不必要的干扰因子。对于新验证码图片中的每个字符，强制通过与生成的 JSON 文件的像素矩阵来匹配，基于相应的黑色像素匹配来计算相似度。如果一个像素是黑色的，其在图像中的位置恰好是待破解的验证码，并且此像素位于字符库中的骨架图像 / 位图内的相同位置处，则计数会递增 1。与骨架图像中黑色像素的数量进行对比，计算匹配百分比，选择具有最高匹配百分比的字符就是识别结果的字符。

最终结果如图 5-66 所示，若得到的字符为 Z5M3MQ，则验证码被成功识别出来了。

```
priyansh@priyansh-Inspiron-3543:~/Projects/CaptchaCracker_BlogPost$ python main.py
Z5M3MQ
priyansh@priyansh-Inspiron-3543:~/Projects/CaptchaCracker_BlogPost$
```

图 5-66 识别结果

5.7 本章小结

本章主要介绍验证码的识别，所以对爬虫验证码涉及的三种主流工具（PIL 库、Tesseract 库和 TensorFlow 库）的语法、类型、识别方法和案例进行了介绍，为下一步的实践操作作铺垫；然后介绍了四种类型的验证码的解决思路；最后讲解了如何使用 Python 程序登录表单，如何使用程序识别验证码。

练习题

1. 识别验证码一般分为哪几个步骤？
2. format 指令的作用。
3. OCR 技术的优点。
4. 人工处理验证码时怎样获取验证码动态匹配码？

Chapter 6 第6章

抓包利器 Fiddler

HTTP 协议是互联网中应用最多的协议，几乎所有的 Web 应用、移动应用都会用到 HTTP 协议。在实现爬虫的工作中，抓包分析是基本功，而提到抓包，便不得不提 HTTP 的抓包利器 Fiddler。Fiddler 作为一个基于 HTTP 协议的免费抓包工具，功能十分强大，它能够捕获到通过 HTTP 协议传输的数据包。本章将详细介绍 Fiddler 的安装和配置，以及 Fiddler 常用的功能捕获会话、实用工具、QuickExec 命令行的使用和 Fiddler 断点功能等。最后会给出使用 Fiddler 工具的实战案例，方便读者实践。

6.1 Fiddler 简介

作为一个 HTTP 协议调试代理工具，Fiddler 本质上是一个 Web 代理服务器，它的默认工作端口是 8888，也是目前最常用的抓包工具之一，它能够记录并检查所有你的电脑和互联网之间的 HTTP 通信，可以针对特定的请求，分析请求数据、设置断点、查看所有的“进出”Fiddler 的数据（指 cookie、html、js、css 等文件）、调试 Web 应用、修改请求的数据，甚至可以修改服务器返回的数据，其功能非常强大，是 Web 调试的利器。Fiddler 要比其他的网络调试器更加简单，因为它不仅暴露 HTTP 通信，还提供了一个用户友好的格式。Fiddler 是用 C# 写出来的，它包含一个简单却功能强大的基于 JScript.NET 的事件脚本子系统，它的灵活性非常棒，可以支持众多的 HTTP 调试任务，并且能够使用 .NET 框架语言进行扩展。

6.2 Fiddler 的安装和配置

本节将从 Fiddler 的安装和配置两个方面进行阐述，包括 PC 端和手机端的配置。

6.2.1　Fiddler 的安装

下载 Fiddler，其官网地址为 https://www.telerik.com/fiddler。如图 6-1 所示，选择 Download now。

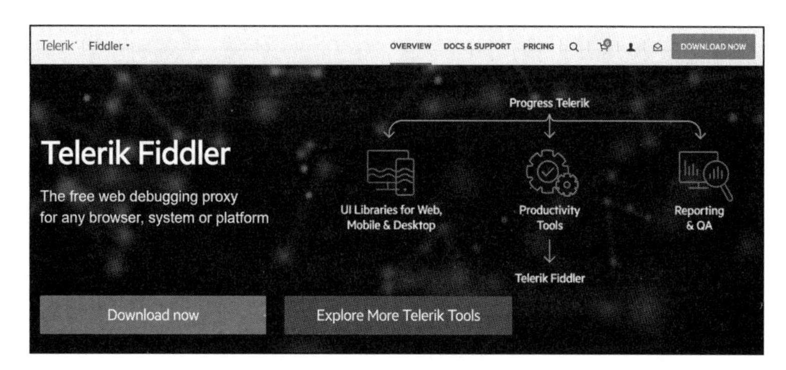

图 6-1　选择 Download now 下载

输入相关信息后，选择用途（如图 6-2 所示），之后点击下载即可。

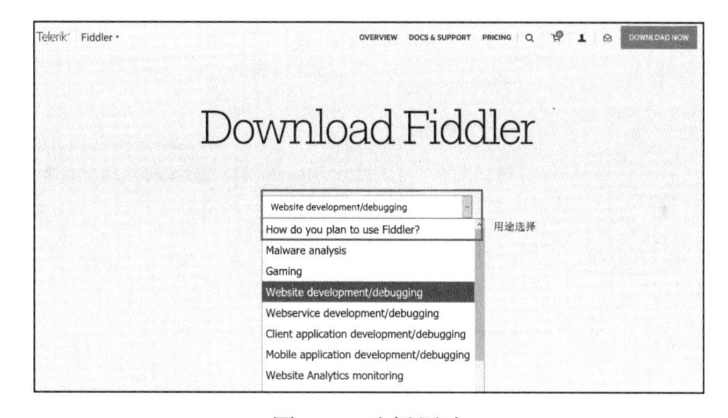

图 6-2　选择用途

下载完成后双击安装包，如图 6-3 所示，点击 I Agree 按钮。

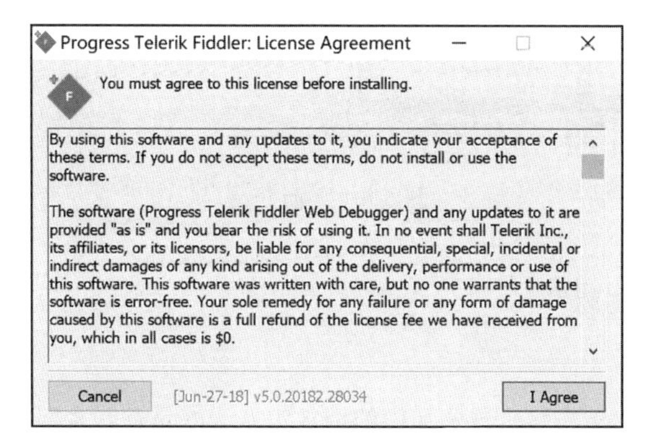

图 6-3　选择 I Agree

选择你想要存放的安装目录，如果不需要修改，则可使用默认的路径。如图 6-4 所示，点击 Install 按钮，等待一段时间便可安装成功。

如图 6-5 所示，到这里我们就初步安装成功了，可点击 Close 按钮结束安装。

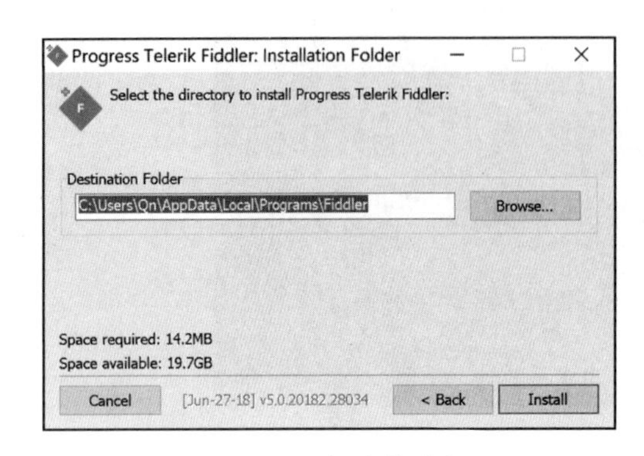

图 6-4 选择安装路径

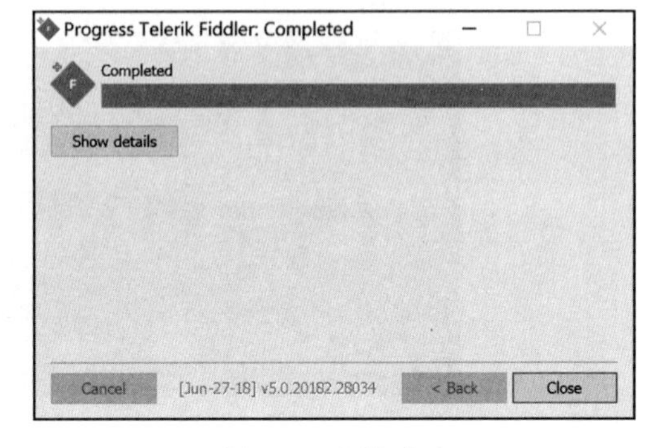

图 6-5 安装成功

为方便读者使用 Fiddler，下面对 Fiddler 的界面进行简单介绍，如图 6-6 所示。

图 6-6 界面介绍

6.2.2 Fiddler 的配置

1. 电脑端配置

那么如何配置 Fiddler 来解析这些加密的请求？方法一是查看官网的安装文档，方法二是看提示，软件公司很人性化地在返回内容里面提示了需要在哪里设置，就是第二行的那一句：

“enable the Tools > Options > HTTPS > Decrypt HTTPS traffic option”。

我们按照提示来进行设置，先在左上角的工具栏里面找到 Tools，然后依次选择 Options、HTTPS，然后勾选 Decrypt HTTPS traffic 选项，继而开始安装证书，如图 6-7 所示。

在弹出的窗口选择 Yes，进行证书的安装，如图 6-8 所示。

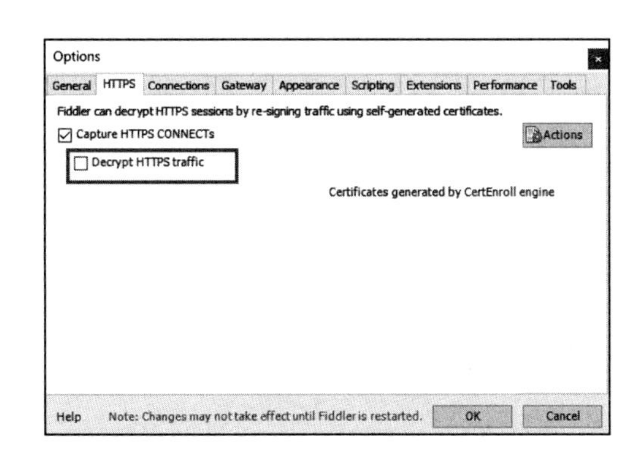

图 6-7　勾选 Decrypt HTTPS traffic

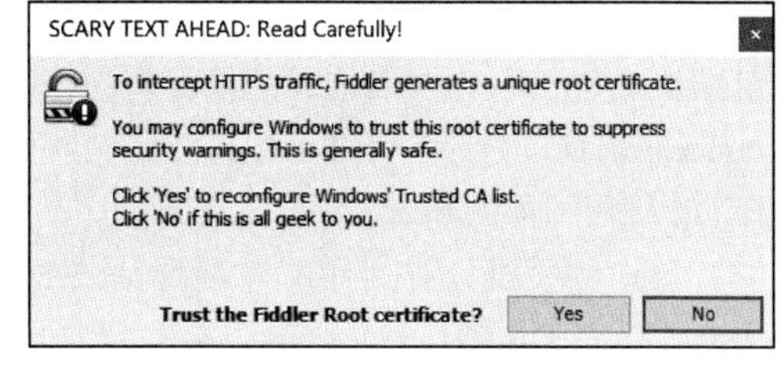

图 6-8　安装证书

安装证书的方法有两种。第一种：勾选后点击右边的 Actions 按钮选择“Trust Root Certificate”选项，然后全部选择 Yes 即可。第二种：勾选后点击右边的 Actions 按钮选择第二个选项将证书导出到桌面，然后再在对应的浏览器里面添加即可。之后再打开一个新的网页（例如百度），查看请求，如图 6-9 所示。

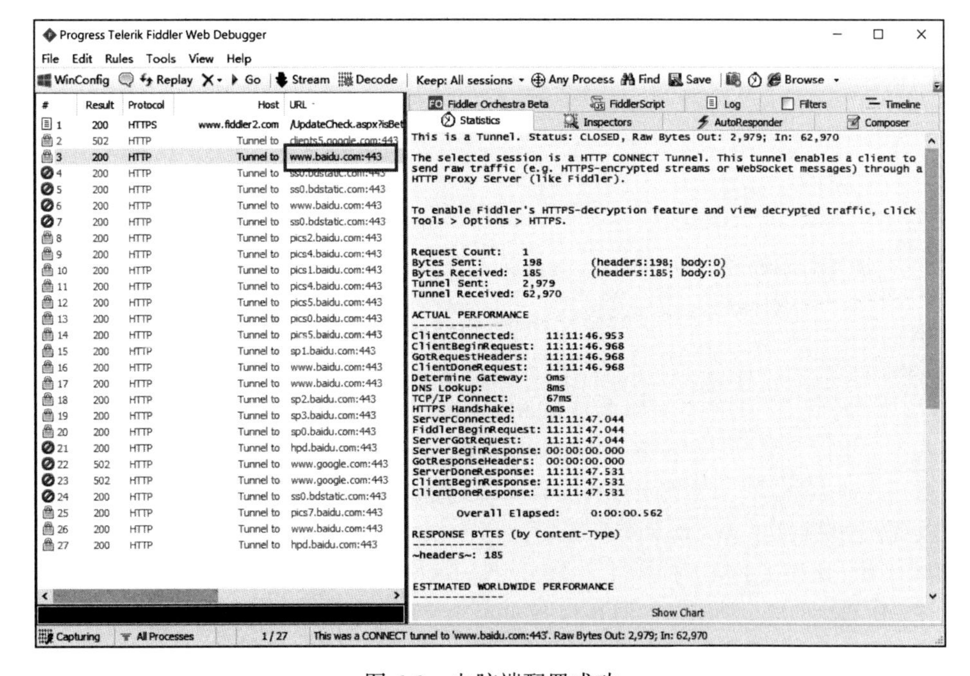

#	Result	Protocol	Host	URL
1	200	HTTPS	www.fiddler2.com	/UpdateCheck.aspx?isBet
2	502	HTTP	Tunnel to	clients5.google.com:443
3	200	HTTP	Tunnel to	www.baidu.com:443
4	200	HTTP	Tunnel to	ss0.bdstatic.com:443
5	200	HTTP	Tunnel to	ss0.bdstatic.com:443
6	200	HTTP	Tunnel to	www.baidu.com:443
7	200	HTTP	Tunnel to	ss0.bdstatic.com:443
8	200	HTTP	Tunnel to	pics2.baidu.com:443
9	200	HTTP	Tunnel to	pics4.baidu.com:443
10	200	HTTP	Tunnel to	pics1.baidu.com:443
11	200	HTTP	Tunnel to	pics4.baidu.com:443
12	200	HTTP	Tunnel to	pics5.baidu.com:443
13	200	HTTP	Tunnel to	pics0.baidu.com:443
14	200	HTTP	Tunnel to	pics5.baidu.com:443
15	200	HTTP	Tunnel to	sp1.baidu.com:443
16	200	HTTP	Tunnel to	www.baidu.com:443
17	200	HTTP	Tunnel to	www.baidu.com:443
18	200	HTTP	Tunnel to	sp2.baidu.com:443
19	200	HTTP	Tunnel to	sp3.baidu.com:443
20	200	HTTP	Tunnel to	sp0.baidu.com:443
21	200	HTTP	Tunnel to	hpd.baidu.com:443
22	502	HTTP	Tunnel to	www.google.com:443
23	502	HTTP	Tunnel to	www.google.com:443
24	200	HTTP	Tunnel to	ss0.bdstatic.com:443
25	200	HTTP	Tunnel to	pics7.baidu.com:443
26	200	HTTP	Tunnel to	www.baidu.com:443
27	200	HTTP	Tunnel to	hpd.baidu.com:443

图 6-9　电脑端配置成功

至此，已经可以监听电脑端浏览器的请求了。

2. 手机端配置

如果想对手机上的 App 进行抓包，那又该怎么办呢？你还需要进行以下操作：首先你的 Fiddler 所在的电脑和手机必须处在同一个局域网内（即连着同一个路由器）。查看你的本机 IP 地址，在 Fiddler 的右上角有一个 Online 按钮，点击一下会显示你的 IP 信息，如图 6-10 所示。

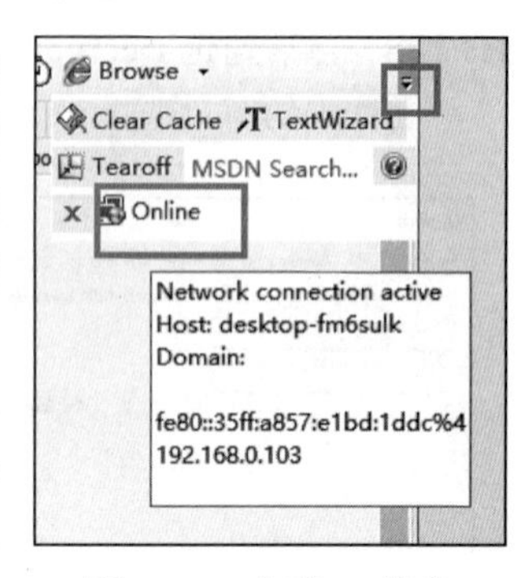

图 6-10 查看 IP 信息

配置连接信息，选择工具栏中的 Tools > Options >Connections，端口默认是 8888，你可以进行修改。勾选 Allow remote computers to connect 选项，然后重启 Fiddler，再次打开时会弹出一个信息，选择 OK 即可，如图 6-11 所示。

打开你的手机，找到你所连接的 WiFi，长按选择修改网络，输入密码后往下拖动，然后勾选显示高级选项，继而在代理一栏选择手动，再将你先前查看的 IP 地址和端口号输入进去，然后保存，如图 6-12 所示。

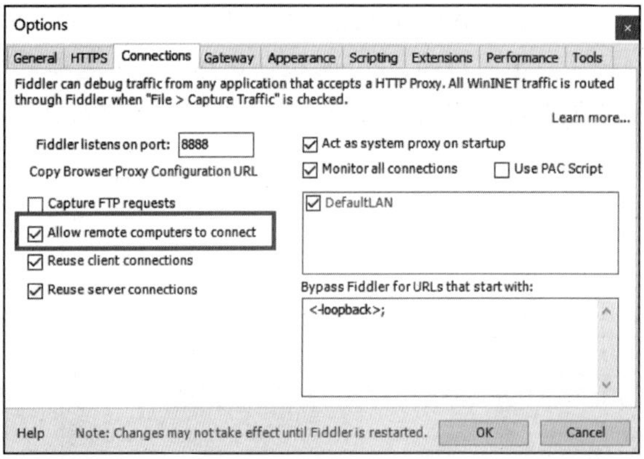

图 6-11 勾选 Allow remote computers to connect 选项

图 6-12 设置地址和端口

最后安装手机证书，在手机浏览器一栏输入电脑的 IP 地址和端口号。这里假设是 192.168.0.103:8888。

进入一个网页，点击最下面那个 FiddlerRoot certificate 下载证书（如图 6-13 所示），下载成功后在设置里面安装，安装步骤为：打开高级设置→安全→从 SD 卡安装证书→找到证书文件→点击后为证书命名→点击确定即可安装成功（我的手机是华为的，具体过程请根据实际机型百度查找，关键词是“从 SD 卡安装证书”）。

测试一下，比如在手机上打开抖音 App，找到评论的那一个请求。可以看到我们已经成功找到了评论所对应的那个请求，如图 6-14 所示。

Fiddler Echo Service

```
GET / HTTP/1.1
Host: 192.168.0.103:8888
Proxy-Connection: keep-alive
Cache-Control: max-age=0
Upgrade-Insecure-Requests: 1
User-Agent: Mozilla/5.0 (Linux; U; Android 9; zh-Hans-CN; HMA-/
Accept: text/html,application/xhtml+xml,application/xml;q=0.9,i
Accept-Encoding: gzip, deflate
Accept-Language: zh-Hans-CN,zh-CN;q=0.8,en-US;q=0.6
X-UCBrowser-UA: dv(HTC 802t);pr(UCBrowser/10.2.0.535);ov(Androi
```

This page returned a **HTTP/200** response

- To configure Fiddler as a reverse proxy instead of seeing this pa see Reverse Proxy Setup
- You can download the FiddlerRoot certificate

图 6-13　下载安装证书

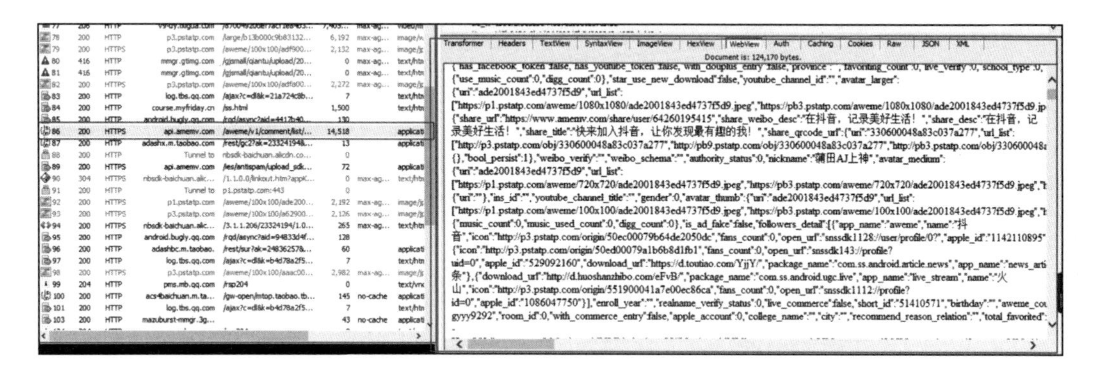

图 6-14　手机端配置成功

6.3　Fiddler 捕获会话

1. Fiddler 如何捕获 HTTPS 会话

在左上角的工具栏里面找到 Tools，然后依次选择 Options→HTTPS，勾选内容如图 6-15 所示。

2. Fiddler 捕获浏览器会话

Fiddler 能拦截所有支持 HTTP 代理的任意程序数据，Fiddler 的运行机制其实就是在浏览器上监听 8888 端口的 HTTP 代理。此时需手动设置浏览器代理，改为 192.168.0.103:8888 即可监听数据。具体步骤如图 6-16 和图 6-17 所示。

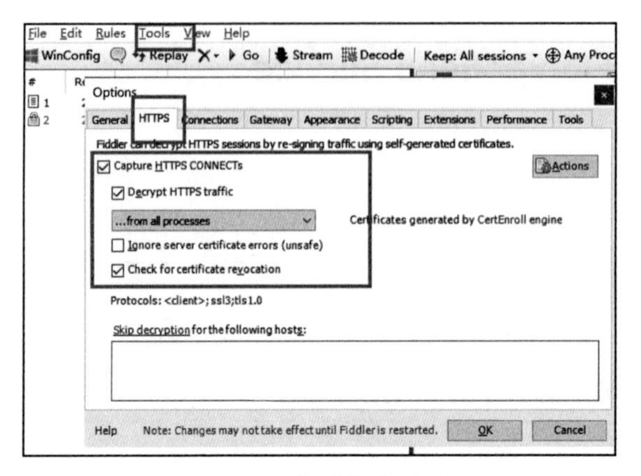

图 6-15　勾选相应选项

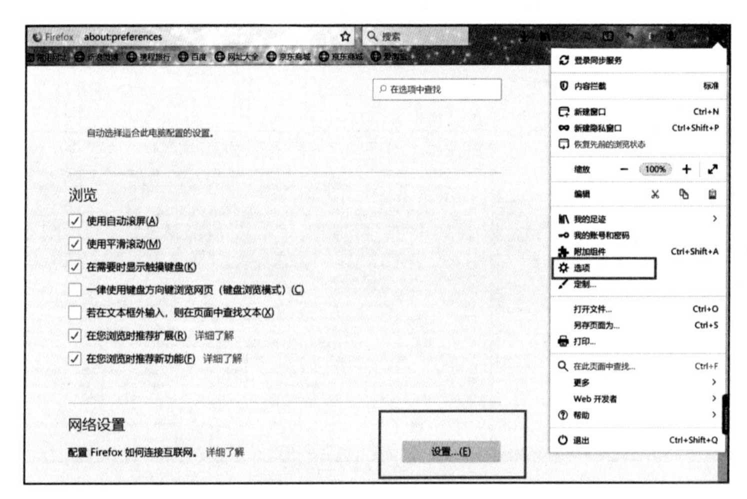

图 6-16　进行网络设置

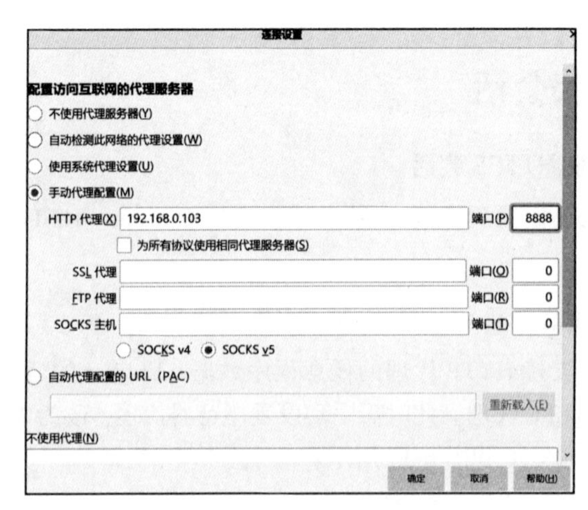

图 6-17　输入地址端口

6.4　QuickExec 命令行的使用

在 Fiddler 中自带了一个 QuickExec 命令行，用户可以直接输入并快速执行脚本命令，如图 6-18 所示。Fiddler 的命令行可参见 https://docs.telerik.com/fiddler/knowledgebase/quickexec。

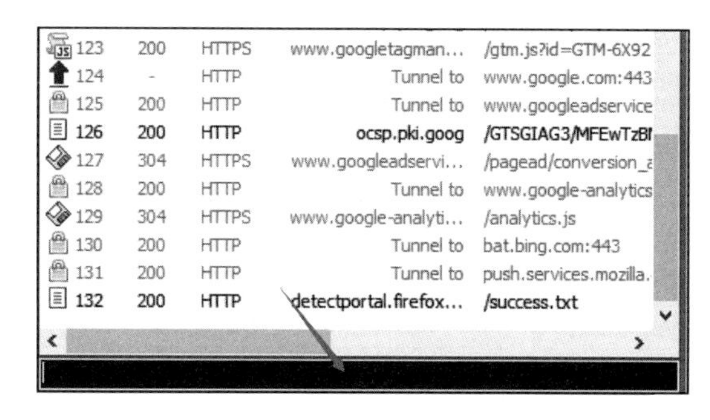

图 6-18　Fiddler 命令行

1. 快捷键

1）Alt+Q：快速将焦点定位到 QuickExec 命令行。

2）Ctrl+I：当选择了一个 session 的时候，可以快速将此 session 的 URL 插入到当前命令行光标处。

2. 命令

多数命令都存在于本地 CustomRules.js 文件中，如果不是最新版 Fiddler，那么可能没有最新的命令。如果要得到最新的命令，要么删除你的 CustomRules.js，要么复制 SampleRules.js 的 ExecAction 到 CustomRules.js 中，常用命令如表 6-1 所示。

表 6-1　常用命令

命　令	功　能
?sometext	此命令可以高亮所有 URL 匹配问号后的字符的全部 session
>size	选择响应尺寸大于指定大小的全部 session
<size	选择响应尺寸小于指定大小的全部 session
=status	选择响应 HTTP 状态码等于指定值的全部 session
=method	选择 request 请求中的 HTTP，method 等于指定值的全部 session
@host	选择包含指定 HOST 的全部 session
bold sometext	加粗显示 URL 中包含指定字符的全部 session
bpafter sometext	中断 URL 中包含指定字符的全部 session 响应
bps	中断 HTTP 响应状态为指定字符的全部 session 响应
bpv or bpm	中断指定请求方式的全部 session 响应
bpu	中断请求 URL 中包含指定字符的全部 session 响应
cls 或 clear	清除所有 session

（续）

命　令	功　　能
dump	将所有 session 打包到 C 盘根目录下（C:\）的一个 zip 压缩包中
g 或 go	放行所有中断的 session
help	用浏览器打开 QuickExec 在线帮助页
hide	将 Fiddler 隐藏到任务栏图标中
urlreplace	将 URL 中的字符串替换成特定的字符串
start	将 Fiddler 设为系统代理
stop	将 Fiddler 从系统代理注销
show	将 Fiddler 从任务栏图标恢复为图形界面，此命令在命令行工具 ExecAction.exe 中使用
select MIME	选择响应类型（Content-Type）为指定字符的所有 session
allbut	选择响应类型（Content-Type）不是指定字符的所有 session
quit	退出 Fiddler
!dns hostname	对目标主机执行 DNS 查找，并在 LOG 选项卡上显示结果

QuickExec 命令行的使用如例 6-1 和例 6-2 所示。

【例 6-1】"=status" 命令如图 6-19 所示

图 6-19 "=502" 命令

【例 6-2】">size" 命令如图 6-20 所示

图 6-20 ">4000" 命令

6.5 Fiddler 断点功能

有的时候，我们希望在传递的中间进行修改后再传递，那么可以使用 Fiddler 的断点功能，断点功能分为以下两种类型。

- **请求时断点**：客户端发起请求，到达 Fiddler 时进行断点，我们可以修改请求内容再发送给服务端。
- **响应时断点**：服务端处理并返回数据给客户端，会先发送到 Fiddler，可以修改响应内容再返回给客户端。

在 Fiddler 菜单栏的 Rules → Automatic Breakpoints 中可以选择断点设置方式，默认不设断点，可以选择请求发送前设断点或者请求发送后设断点，还可以勾选是否忽略返回图片的请求，默认是勾选的。

Before Requests：在请求前设断点。在请求前就设置断点，这样点进 session 可以看到是没有响应的，因为请求还未发出，自然浏览器页面是空白的，不会收到响应结果，除了通过点击的方式设置断点和恢复断点，还可以通过命令行的方式，通过 bpu 服务器地址来对特定的请求设置断点，要清除原来的断点，可以在命令行输入 bpu，从而清除之前所有断点。点击工具栏中的 Go 按钮可以让所有断点恢复运行。

After Responses：在响应之后设断点。这个断点是设置在数据响应已经发送到本机，但还未在浏览器界面上显示的时候，所以浏览器的页面应该也是空白的，可以更改返回数据信息，之后点击继续运行；可以看到浏览器页面出现了自己在响应信息中更改的字段，这里同样也可以通过命令行的方式，通过 bpafter 服务器地址来设置指定服务器的断点，并通过 bpafter 来清除之前断点。点击工具栏中的 Go 按钮可以让所有断点恢复运行。

下面以设置响应时断点为例。

在 Fiddler 界面点击 Rules→Automatic Breakpoints→After Responses 设置好响应时断点。

在浏览器中访问一个网址，如 51cto.com，这时在 Fiddler 的会话列表中可以看到该网址的响应被中断，如图 6-21 所示。

图 6-21 网页响应中断

点击会话，选择 TextView，这部分是响应的内容，表示响应内容已经被编码，我们要点击一下进行解码，如图 6-22 所示。

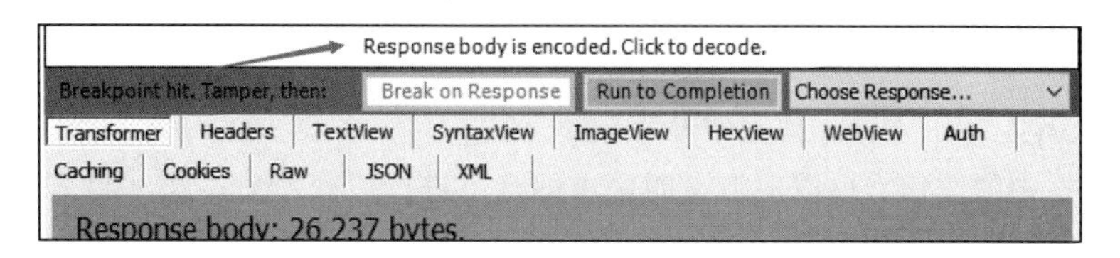

图 6-22 解码

解码之后便可看到原来的响应内容，可以修改响应内容，比如添加了如图 6-23 所示的几行，修改完之后点击 Run to Completion。

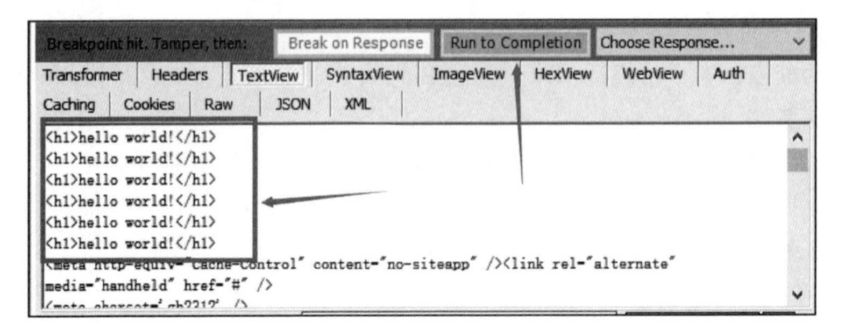

图 6-23 添加“hello world !”

最后返回浏览器，可查看到响应内容已经被修改，如图 6-24 所示。

图 6-24 修改成功

6.6 Fiddler 的实用工具

1. AutoResponder

AutoResponder 允许你拦截指定规则的请求，并返回本地资源或 Fiddler 资源，从而代替服务器响应。

根据如图 6-25 所示的 5 个步骤，我将“baidu”这个关键字与我电脑“C:\Users\Qn\Desktop\baidu.jpg”这张图片绑定了，点击 Save 保存后勾选 Enable rules，再访问 baidu，就会被劫持，展示绑定的图片。

2. 调试 bug

结合状态栏中的按钮，可以对调试时请求的状态进行拦截，图 6-26 中状态栏处的箭头向上，表示拦截该请求发送的时候。

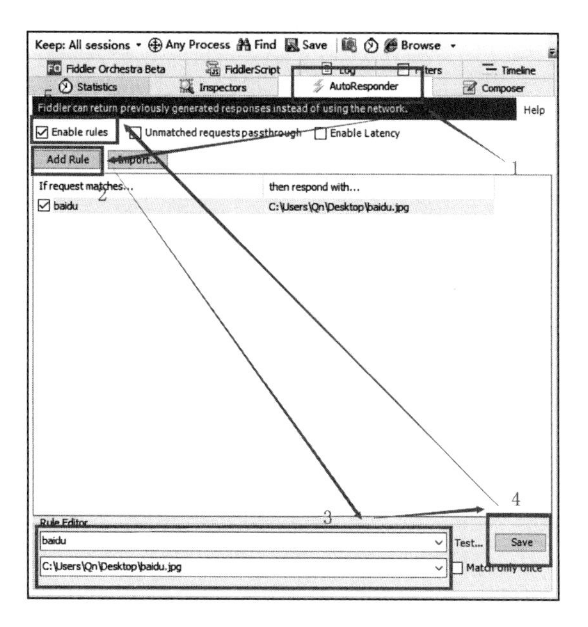

图 6-25 AutoResponder

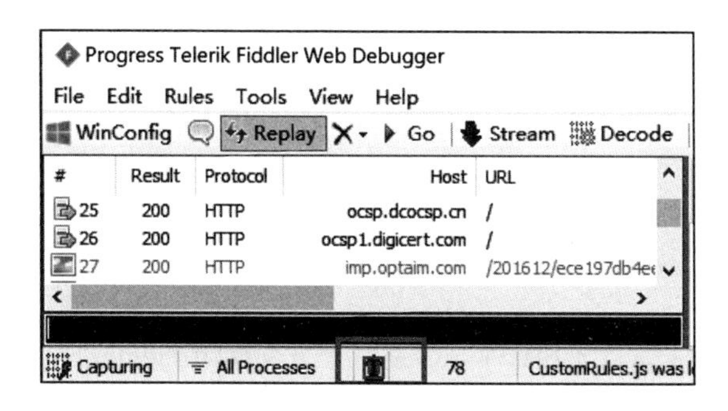

图 6-26 拦截请求发送

图 6-27 中状态栏箭头向下，表示 Fiddler 拦截请求接收的时候。放行断点的时候单击上方的 GO 按钮即可。

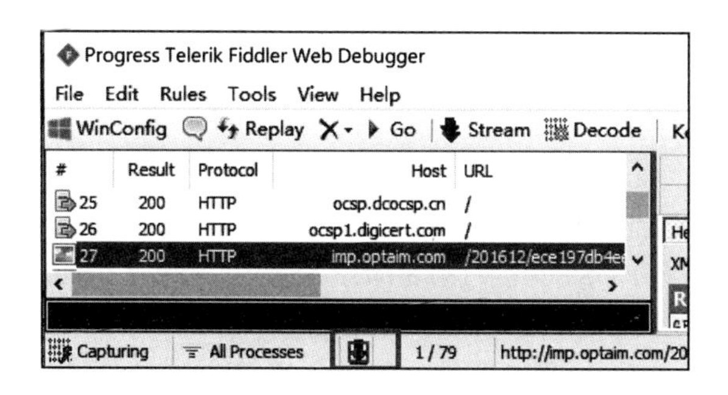

图 6-27 拦截请求接收

3. 解压请求

将 HTTP 请求的东西解压出来，方便阅览，如图 6-28 所示。

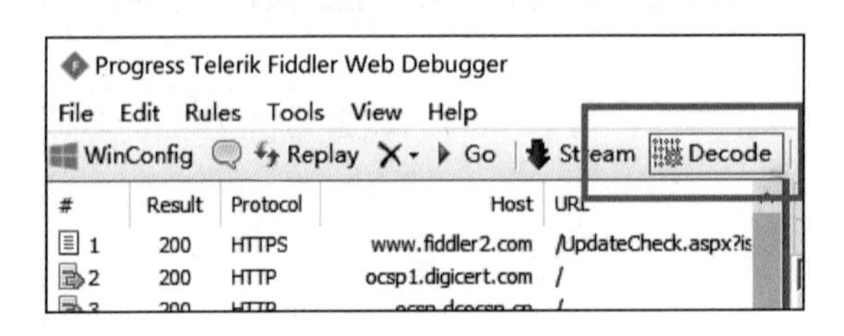

图 6-28　解压请求 Decode

4. 会话保存

需要保存会话时，选中需要保存的会话，单击 Save 按钮，选择保存路径，下次需要的时候打开即可，如图 6-29 所示。

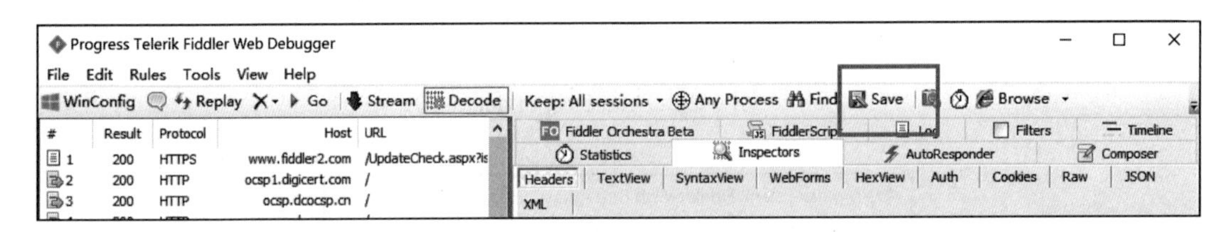

图 6-29　会话保存 Save

6.7　实战案例

Fiddler 的功能非常丰富和实用，本节将从三个方面使用 Fiddler 工具进行实践：抓取数据、抓取 HTTPS 流量以及抓取手机应用。

6.7.1　使用 Fiddler 抓取数据并分析

1）打开 Fiddler 工具，然后在浏览器中输入 www.baidu.com，点开右侧 Inspectors 下的 Headers 区域，查看 Request Headers，Request Headers 区域里面的就是请求头信息，可以看到打开百度首页的是 GET 请求，如图 6-30 所示。

2）当我们点击登录按钮，输入账号和密码登录成功后，查看 Fiddler 抓包的请求头信息，可以看出是 POST 请求，如图 6-31 所示。

3）对抓取的数据进行分析。查看 GET 请求的 Raw 信息，主要分三部分：第 1 部分是请求 URL 地址；第 2 部分是 HOST 地址；第 3 部分是请求头部信息 header，如图 6-32 所示。

再查看博客登录请求 POST 的 Raw 信息，其分为四部分。前面三部分内容都一样，第 3 部分和第 4 部分中间有一空行。第 4 部分内容就是 POST 请求的请求 Body（GET 请求是没有 Body 的），如图 6-33 所示。

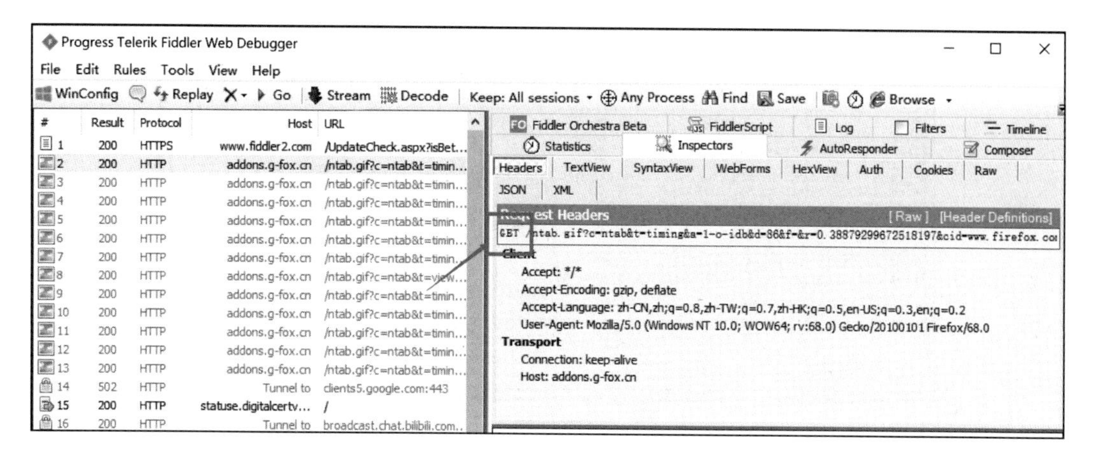

图 6-30　GET 请求

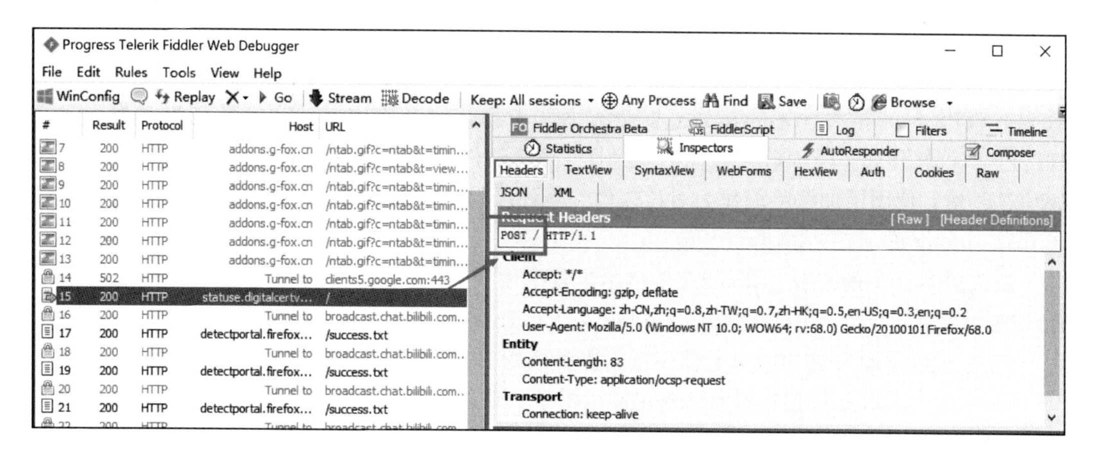

图 6-31　POST 请求

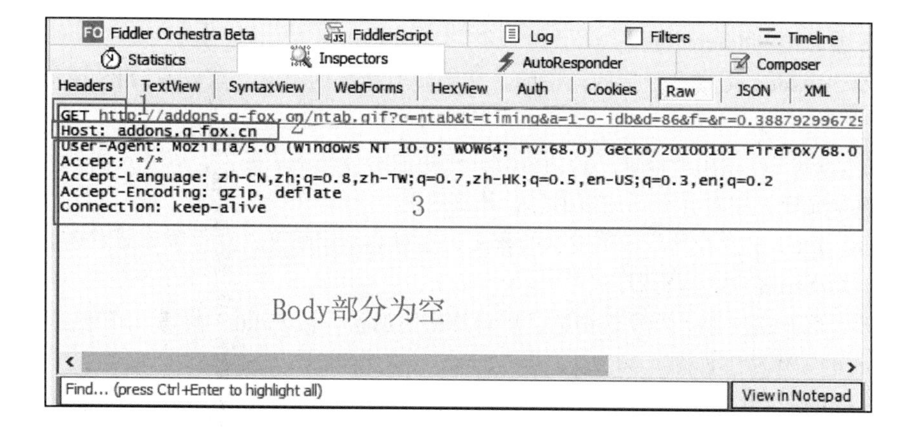

图 6-32　GET 请求的 Raw 信息

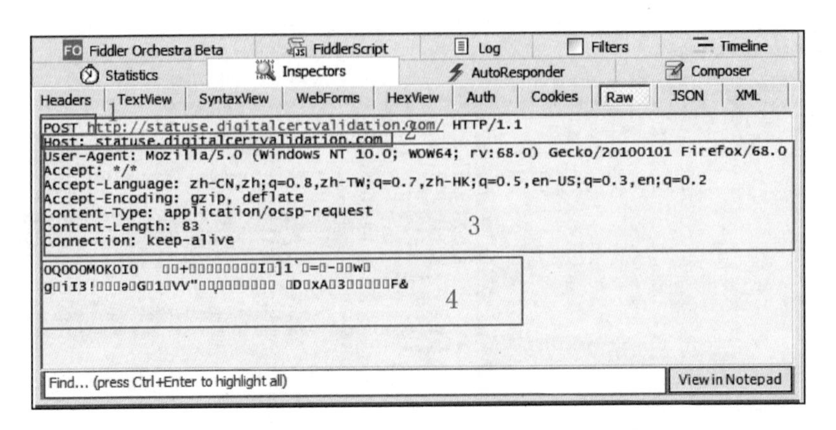

图 6-33 POST 请求的 Raw 信息

6.7.2 使用 Fiddler 抓取 HTTPS 流量

我们使用 Fiddler 工具是为了查看、调试网络流量，但如果不做设置，Fiddler 是无法查看到 HTTPS 包的相关内容的。为了安全方面的考虑，许多应用在传递敏感信息时都会选用 HTTPS 协议来传输，从而确保数据的安全性（杀毒软件和手机防护软件也会检查应用在传递敏感信息时是否使用了加密手段作为对该软件安全评级的一个因素），当需要查看这些流量时就必须开启 Fiddler 的 HTTPS debug 功能。

首先进行证书的安装，在 6.2.2 节已给出详细说明，安装完证书就已经完成了 Fiddler 查看 HTTPS 报文的操作，下面详细阐述 Fiddler 是怎么查看 HTTPS 报文内部的内容的。

首先 Fiddler 截获客户端浏览器发送给服务器的 HTTPS 请求，此时还未建立握手。

第一步，Fiddler 向服务器发送请求进行握手，获取到服务器的 CA 证书，用证书公钥进行解密，验证服务器数据签名，获取到服务器 CA 证书公钥。

第二步，Fiddler 伪造自己的 CA 证书，冒充服务器证书传递给客户端浏览器。

第三步，客户端浏览器生成 HTTPS 通信用的对称密钥，用 Fiddler 伪造的证书公钥加密后传递给服务器，被 Fiddler 截获。

第四步，Fiddler 用自己伪造的证书的私钥解开所截获的密文，获得 HTTPS 通信用的对称密钥。

第五步，Fiddler 用服务器证书公钥将对称密钥加密传递给服务器，服务器用私钥解开后建立信任，握手完成，用对称密钥加密消息，开始通信。

第六步，Fiddler 接收到服务器发送的密文，用对称密钥解开，获得服务器发送的明文。再次加密后，发送给客户端浏览器。

第七步，客户端向服务器发送消息，用对称密钥加密，被 Fiddler 截获，解密后获得明文。

Fiddler 的工作原理如图 6-34 所示。

由于 Fiddler 一直拥有通信用的对称密钥，所以在整个 HTTPS 通信过程中信息对其透明。

简单总结一下就是 Fiddler 用自己的被用户信任过的根证书与客户端通信，假装自己是服务器，获取到客户端向服务器传递的信息，同时以客户端的姿态（以真实的证书）向服务器请求数据，再把收到的数据以 Fiddler 证书加密后传回给客户端，其间所有的数据都是对 Fiddler 可见的，所以就能够解析出内容。

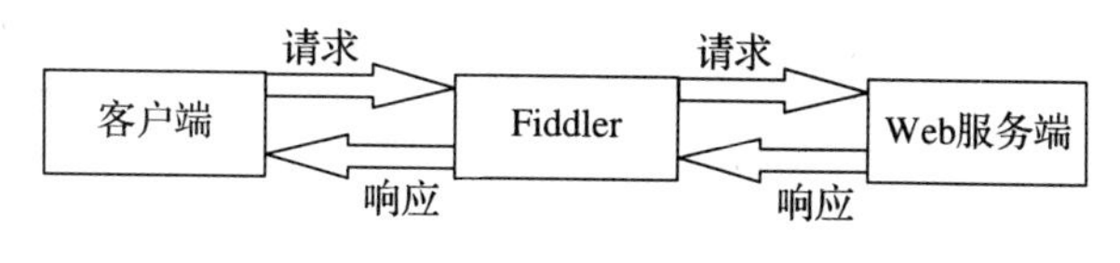

图 6-34　Fiddler 工作原理

在抓取的数据中，选择右边菜单栏中的 Statistics，可以查看会话的基本统计信息，包括收发字节数和各项性能数据，如图 6-35 所示。

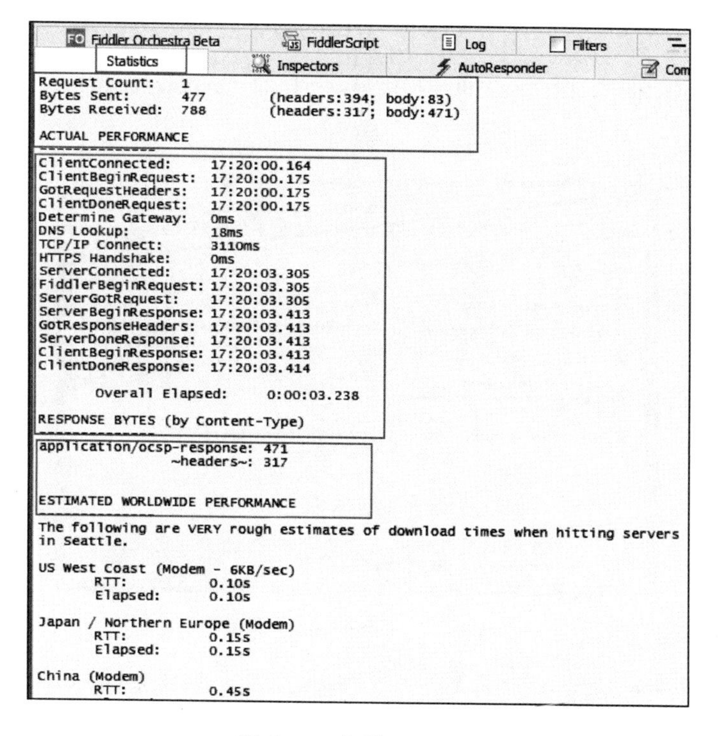

图 6-35　查看 Statistics

6.7.3　使用 Fiddler 抓取手机应用

使用 Fiddler 抓取手机应用数据时，首先请确保你的 Android 设备和你安装 Fiddler 的计算机都连接到一个 WiFi 上，两台机器处在同一个局域网段里。

1）设置 Fiddler 抓包，选择 Tools → Fiddler Options → HTTPS，由于我们只抓手机的，所以这里选择 ...from remote clients only，如图 6-36 所示。

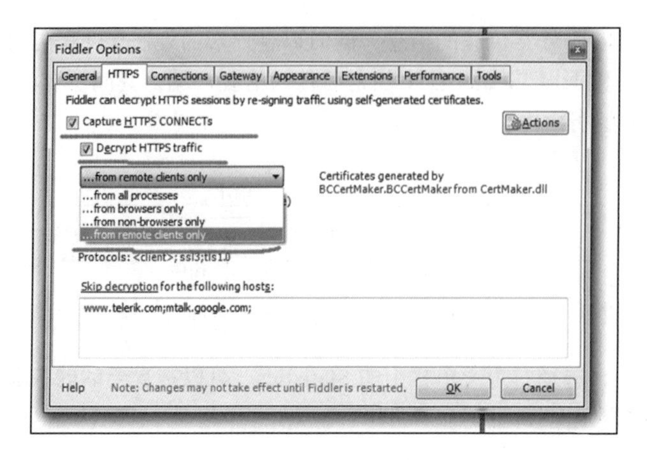

图 6-36　HTTPS 设置

2）选择 Connections，由于是手机连接代理，所以勾选 Allow remote computers to connect，如图 6-37 所示。

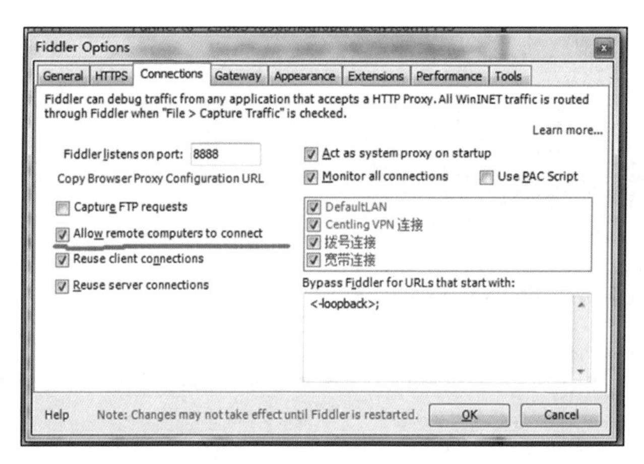

图 6-37　Connections 设置

3）给 Fiddler 安装 CertMaker 插件。由于默认的证书不符合 Android 和 iOS 的证书要求，所以需要下载 CertMaker 插件，双击安装后，重启 Fiddler。注意这一步很重要，必须使用 CertMaker 插件，不要使用默认的证书生成器，否则抓不到包，如图 6-38 所示。

图 6-38　CertMaker 插件

4）手机与 PC 在同一个网段，首先保证手机与 PC 在同一个局域网中，鼠标箭头移动到

Fiddler 右上角的 Online，查看 PC 的 IP 信息（192.168.1.106），如图 6-39 所示。

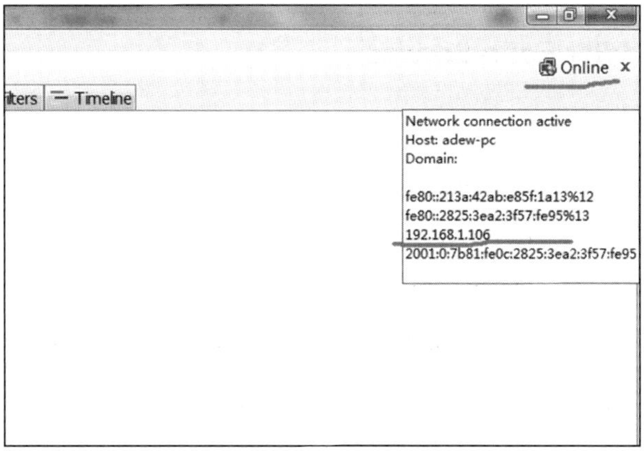

图 6-39 查看 PC 的 IP

手机 IP 是 192.168.1.101，跟 PC 在同一个网段，如图 6-40 所示。

5）设置手机代理。找到连接的无线局域网，设置代理，代理 IP 要与 Online 中的 IP 一致，如图 6-41 所示。

图 6-40 查看手机的 IP

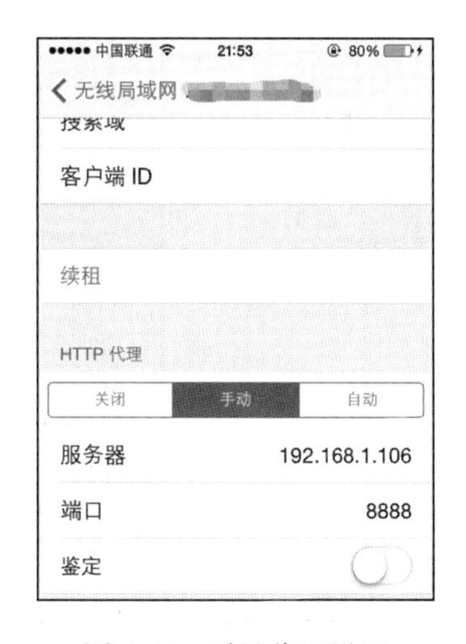

图 6-41 手机代理设置

6）手机安装根证书。在浏览器中输入 http://192.168.1.106:8888，点击最下边的 FiddlerRoot certificate，确定安装，如图 6-42 所示。

至此全部都设置完了，我们来看一下效果，以手机 Web 版 QQ 为例，截图是空间“赞”的请求，如图 6-43 所示。

同理，也可以抓取手机支付宝、淘宝等，不过有些手机走的是 HTTP2 协议，所以抓不到，这种情况就得用 wireshark 抓包了，不过抓取后，解密是个问题。利用 wireshark 抓手机 QQ 中

“赞”的请求的效果如图 6-44 所示。

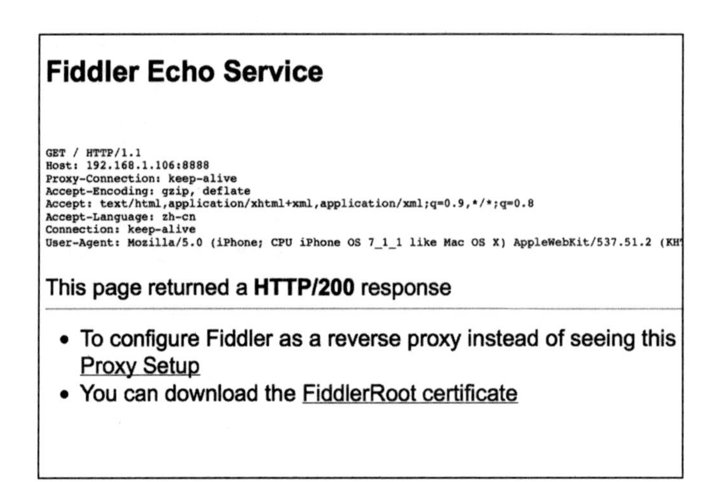

图 6-42　安装根证书

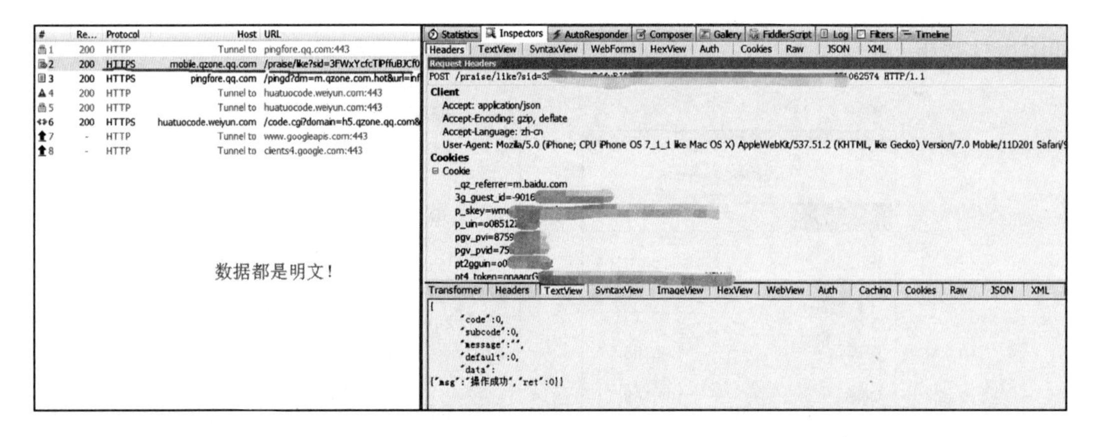

图 6-43　手机明文数据

两种抓不到包的情况如下：

1）Fiddler 并不支持全部协议，目前已知的有 HTTP2、TCP、UDP 和 WebSocket 等，如果应用走了以上协议，那么 Fiddler 肯定是抓不到的。

2）证书写死在 App 中，Fiddler 不能抓取。Fiddler 抓包的原理是中间人攻击，也即是两头瞒，欺骗客户端 & 欺骗服务端；如果 HTTPS 证书写死在 App 里，也就是说，App 不信任 Fiddler 颁发给它的证书，而只信任自己的证书，如此 Fiddler 便没法瞒客户端了，故而 Fiddler 也就抓取不到包。

图 6-44　密文数据

6.8　本章小结

本章讲述了抓包利器 Fiddler，作为一个非常强大的抓包与 Web 调试工具，Fiddler 本质上是一个 HTTP/HTTPS 代理服务器。本章详细介绍了 Fiddler 的安装配置、基本功能、会话、命令行、断点和实用工具等，并给出了实战案例供读者参考。

练习题

1. 使用 Fiddler 保存会话。
2. 使用 QuickExec 命令行选择响应尺寸大于 400KB 的全部 session。
3. Fiddler 断点功能有哪两种类型？
4. 选择响应 HTTP 状态码等于 404 的全部 session。

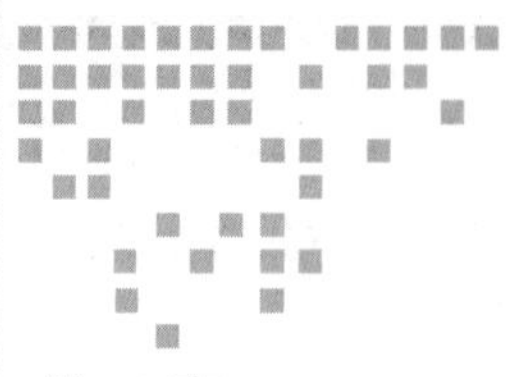

Chapter 7 第7章

数据存储

本章主要介绍两种存储数据的方法：存储在文件中和存储在数据库中。当我们爬取完网页并从网页中提取出数据后，需要把数据保存下来。本章将介绍两种保存数据的方法：

1）存储在文件中，包括 TXT 文件、CSV 文件和 JSON 文件。

2）存储在数据库中，包括 MySQL 数据库和 MongoDB 数据库。

7.1 数据的基本存储

大数据时代下，生活和数据息息相关，越来越多的行业和个人都需要大数据的帮助。这样的背景下，爬虫采集逐渐成为主流。爬取过程中主要使用的是 Python 语言，而在 Python 开发中，数据存储、读取是必不可少的环节，而且可以采用的存储方式也很多，常用的方法有 TXT 文件、CSV 文件、JSON 文件，以及 MySQL 数据库和 MongoDB 数据库等。

7.1.1 数据存储至 TXT

TXT 文件是一种跨平台的文件格式，几乎所有系统都支持这种文件，故而是存储信息的好帮手。将数据保存到 TXT 文件的操作非常简单，但是有个缺点，那就是会降低检索速度。所以如果对检索和数据结构要求不高，则可以采用 TXT 文本存储。下面介绍 TXT 的打开方式。

r：以只读模式打开一个文件，默认模式。

rb：以二进制只读模式打开一个文件。

r+：以读写方式打开一个文件。

rb+：以二进制读写方式打开一个文件，文件指针将会放在文件的开头。

w：以写入的方式打开一个文件，如果该文件已存在，则将其覆盖。

wb：以二进制写入的方式打开一个文件，如果该文件已存在，则将其覆盖。

w+：以读写方式打开一个文件，如果该文件已存在，则将其覆盖。

a：以追加方式打开一个文件，如果该文件已存在，则文件指针将会放在文件结尾。

ab：以二进制追加方式打开一个文件。

a+：以读写方式打开一个文件。

ab+：以二进制追加方式打开一个文件，如果该文件已存在，则文件指针将会放在文件结尾。如果该文件不存在，则创建新文件用于读写。

数据存储至TXT、涉及写入、读取和存储，如下所示。

1. 写入TXT文件

（1）打开TXT文件

```
file_handle=open('1.txt',mode='w')
```

（2）向文件写入数据

第一种写入方式：

```
# write：写入
# \n：换行符
file_handle.write('hello word 你好\n')
```

第二种写入方式：

```
# writelines()将列表中的字符串写入文件中，但不会自动换行，可手动添加换行符
# 参数必须是一个只存放字符串的列表
file_handle.writelines(['hello\n','world\n','你好\n','智游\n','青岛\n'])
```

（3）关闭文件

```
file_handle.close()
```

2. 读取TXT文件

（1）打开文件

```
# 使用r模式打开文件，进行读取文件操作
# 打开文件的模式，默认就是r模式，如果只是读文件，则可以不设置mode的模式
file_handle=open('1.txt',mode='r')
```

（2）读取文件内容

第一种读取方式：

```
# read(int)读取文件内容，默认读取所有数据，也可指定读取长度
# content=file_handle.read(20)
# print(content)
```

第二种读取方式：

```
# readline(int)函数，默认读取文件一行数据
content=file_handle.readline(20)
print(content)
```

第三种读取方式：

```
# readlines()把每一行的数据作为一个元素放在列表中返回，即读取所有行的数据
contents=file_handle.readlines()
print(contents)
```

（3）关闭文件

```
file_handle.close()
```

3. 将文件存储至 TXT

用 open() 函数打开文件，并新建一个文件对象 file，接着写入文本，然后关闭这个文件。

```
file = open('unfo.txt','a',encoding='utf-8')
file.write('Hello world!')
file.write('\n')
file.close( )
```

将获得的文件存储到 TXT 中：

```
def save_as_txt(list):
filename = 'info.txt'
with open(filename,'a',encoding='utf-8')as file:
file.write('\n'.join(list))
```

7.1.2 数据存储至 CSV

CSV（Comma-Separated Value），即逗号分隔值或字符分隔值；CSV 文件以纯文本形式存储表格数据。该文件是一个字符序列，可以由任意数目的记录组成，记录间以某种换行符分隔。每条记录由字段组成，字段间的分隔符是其他字符或字符串，最常见的是逗号或制表符。不过所有记录都有完全相同的字段序列，相当于一个结构化表的纯文本形式。它比 Excel 文件更加简洁，XLS 文件是电子表格，它包含了文本、数值、公式和格式等内容，而 CSV 中不包含这些内容，就是特定字符分隔的纯文本，结构简单清晰。所以，有时候用 CSV 来保存数据是比较方便的。

数据存储至 CSV，涉及写入方式和读取方式，如下所示。

1. 写入

首先，打开 data.csv 文件，然后指定打开的模式为 w（即写入），获得文件句柄，随后调用 csv 库的 writer() 方法来初始化写入对象，传入该句柄，然后调用 writerow() 方法传入每行的数据即可完成写入。

```
import csv
with open('data.csv', 'w') as csvfile:
writer = csv.writer(csvfile)
writer.writerow(['id', 'name', 'age'])
writer.writerow(['10001', 'Mike', 20])
writer.writerow(['10002', 'Bob', 22])
writer.writerow(['10003', 'Jordan', 21])
```

另外，可以调用 writerows() 方法同时写入多行，此时的参数就需要为二维列表，例如：

```
import csv
with open('data.csv', 'w') as csvfile:
writer = csv.writer(csvfile)
writer.writerow(['id', 'name', 'age'])
writer.writerows([['10001', 'Mike', 20], ['10002', 'Bob', 22], ['10003', 'Jordan', 21]])
```

输出效果是相同的，内容如下：

```
id,name,age
10001,Mike,20
10002,Bob,22
10003,Jordan,21
```

2. 读取

可以使用 csv 库来读取 CSV 文件。例如，将刚才写入的文件内容读取出来，代码如下：

```
import csv
with open('data.csv', 'r', encoding='utf-8') as csvfile:
reader = csv.reader(csvfile)
for row in reader:
print(row)
```

运行结果如下：

```
['id', 'name', 'age']
['10001', 'Mike', '20']
['10002', 'Bob', '22']
['10003', 'Jordan', '21']
['10004', 'Durant', '22']
['10005', '王伟', '22']
```

7.1.3 数据存储至 JSON

JSON 格式的数据广泛应用在各种应用中，比 XML 格式更轻量级，所以现在很多应用都选择 JSON 格式来保存数据，尤其是需要通过网络传输（如 socket 传输）数据时，这对于移动应用而言更具有优势。与 XML 格式相比，JSON 格式的数据的数据量更小，所以传输速度更快，也更节省数据流量（省钱），因此在移动应用中，几乎都采用了 JSON 格式。

1. 基于 json 模块的数据存储和读取

```
import json
# 导入json模块
names = ['joker','joe','nacy','timi']
# 创建名字列表
filename='names.json'
with open(filename,'w') as file_obj:
    json.dump(names,file_obj)
```

先导入 json 模块，再创建一个名称列表，第 3 行指定了要将该列表存储到其中的文件的名称。通常使用扩展名 .json 来指出文件存储的数据为 JSON 格式。第 4 行以写入模式打开文件，第 5 行使用函数 json.dump() 将名称列表存储到文件 names.json 中。

我们来看看 names_writer.py 所在文件夹下的 names.json 文件[⊖]，names.json 中的内容如下：

```
["joker", "joe", "nacy", "timi"]
```

下面编写读取此 json 文件的程序：

```
import json
filename='names.json'
with open(filename, 'r') as file_obj:
names = json.load(file_obj)
print(names)
```

控制台打印结果如下：

```
['joker', 'joe', 'nacy', 'timi']
```

读取操作同样需要导入 json 模块，第 3 行代码使用读取模式打开文件，第 4 行使用函数 json.load() 来读取 names.json 中的信息，并将其存储到变量 names 中，最后将其打印出来。打印结果与我们存储时是一样的。你也可以共享 JSON 文件给其他人，这样其他人就可以读取其中的数据了，这是一种程序间共享数据的简单方式。

2. 文件指针

文件指针标记从哪个位置开始读取数据，第一次打开文件时，通常文件指针会指向文件的开始位置，当执行了 read 方法后，文件指针会移动到所读取文件的末尾。

```
file = open('README')
text = file.read()
print text
print '*' * 50
text = file.read()
print text
file.close()
```

3. 文件路径

当你将类似 pi_digits 这样的简单文件名传递给函数 open() 时，Python 将在当前执行的文件（即 .py 程序文件）所在的目录中查找文件。

根据你组织文件的方式，有时可能要打开不在程序文件所属目录中的文件，要让 Python 打开与程序文件不在同一个目录中的文件，需要提供文件路径，并让 Python 到系统的特定位置去查找。

```
file = open('/etc/passwd')
text = file.read()
print text
print type(text)
```

⊖ 提示：如果文件夹下不存在此文件，则会自动创建并写入数据。

```
print len(text)
print '*' * 50
file.close()
```

4. 按行读取文件

read 方法可按行读取文件，但默认会把文件的所有内容一次性读到内存，如果文件太大，那么对内存的占用会非常严重。

读取大文件的正确方法如下：

```
file = open('README')
# 因为不了解要读取的文件的行数，故写成死循环
while  True:
text = file.readline()
# 如果文件指针到文件的最后一行了，那么就读不到内容了
if not text:
    break
    # 每读取一行，末尾都已经有了一个\n
    print text
file.close()
```

5. 复制文件

使用 read 方法复制：

```
# 打开文件
# 源文件以只读方式打开
file_read = open('README')
# 目标文件以写的方式打开
file_write = open('README_CP', 'w')
# 从源文件中读取内容
text = file_read.read()
# 将读取到的内容写到目标文件中去
file_write.write(text)
# 关闭文件
file_read.close()
file_write.close()
```

使用 readline 方法复制：

```
file_read = open('README')
file_copy = open('README_COPY', 'w')
# 读取源文件的内容
while True:
text = file_read.readline()
file_copy.write(text)
if not text:
break
# 关闭文件
file_copy.close()
file_read.close()
```

6. 保存和读取用户生成的数据

对于用户生成的数据，使用 JSON 格式保存它们大有裨益，因为如果不以某种方式进行存

储，等程序停止运行时用户的信息将丢失。

```
import json
# 1
username = raw_input('what is ur name? ')
filename = 'username.json'
with open(filename,'w') as f_obj:
# 2
json.dump(username,f_obj)
# 3
print 'We will rember you when you come back, %s' % username
```

再编写一个程序，向名字被存储到 username.json 的用户发出问候。

```
import json
filename = "username.json"
with open(filename) as f_obj:
username = json.load(f_obj)
print "Welcome back, %s" % username
```

我们需要将这两个程序合并到一个程序中。这个程序运行时，我们将尝试从文件 username.json 中获取用户名，因此先编写一个尝试恢复用户名的 try 代码块。如果这个文件不存在，那么我们就在 except 代码块中提示用户输入用户名，并将其存储在 username.json 中，以便程序再次运行时能够获取它：

```
import json
filename = "username.json"
try:
with open(filename) as f_obj:
username = json.load(f_obj)
except ValueError:
username = raw_input("What is you name? ")
with open(filename,"w") as f_obj:
json.dump(username,f_obj)
print "We'll remember you when you come back %s" % username
# 依赖于try代码块成功执行的代码都应放到else代码块中
else:
print "Welcome back %s " % username
```

7. 实例

编写一个程序，提示用户输入他喜欢的水果，并使用 json.dump() 将这个水果名存储到文件中。再编写一个程序，从文件中读取这个值，并打印消息 “I know your favorite fruit ! It’s ______ .”。

```
import json
filename = "favorite_fruit.json"
fruit = input( "What is your favorite fruit?")
with open(filename,'w') as file_obj:
json.dump(fruit,file_obj)
```

控制台打印结果 1 如图 7-1 所示。

```
What is your favorite fruit?Apple
```

图 7-1　控制台打印结果 1

```
import json
file_name = "favorite_fruit.json"
with open(file_name) as file_obj:
fruit = json.load(file_obj)
print("I know your favorite fruit !  It's " + fruit)
```

控制台打印结果 2 如图 7-2 所示。

```
I know your favorite fruit !  It's Apple
```

图 7-2　控制台打印结果 2

可以看到程序是能正常运行的。这说明我们编写的程序按正常操作运行是没有问题的。

7.2　数据存储至 MySQL 数据库

MySQL 数据库是一种关系型数据库管理系统，是使用 Python 数据存储最常用的存储方式，所使用的是 SQL 语言。Python 标准数据库接口为 Python DB-API，Python DB-API 为开发人员提供了数据库应用程序接口，MySQLdb 是 Python 链接 MySQL 数据库的接口。关系型数据库将数据保存在不同的表中，而不是将所有数据放在一个大仓库内，这样就增加了写入和读取速度，数据的存储也比较灵活。MySQL 数据库存储过程包括引入 API 模块、获取与数据库的连接、执行 SQL 语句和存储过程，以及关闭数据库连接。

7.2.1　配置 MySQL 服务

1. 安装 MySQL

```
root@ubuntu:~# sudo apt-get install mysql-server
root@ubuntu:~# apt isntall mysql-client
root@ubuntu:~# apt install libmysqlclient-dev
```

2. 查询是否安装成功

```
root@ubuntu:~# sudo netstat -tap | grep mysql
root@ubuntu:~# netstat -tap | grep mysql
tcp6 0 0 [::]:mysql [::]:*LISTEN 7510/mysqld
```

3. 开启远程访问 MySQL

1）编辑 mysql 配置文件，注释掉 bind-address = 127.0.0.1。

```
root@ubuntu:~# vi /etc/mysql/mysql.conf.d/mysqld.cnf
# bind-address = 127.0.0.1
```

2）进入 mysql root 账户。

```
root@ubuntu:~# mysql -u root -p123456
```

3）在 mysql 环境中输入 grant all on *.* to username@'%' identified by 'password'。

```
root@ubuntu:~# grant all on *.* to china@'%' identified by '123456';
```

4）刷新"flush privileges;"，然后通过 /etc/init.d/mysql restart 命令来重启 mysql。

```
root@ubuntu:~# flush privileges;
root@ubuntu:~# /etc/init.d/mysql restart
```

5）远程连接时的客户端设置如图 7-3 所示。

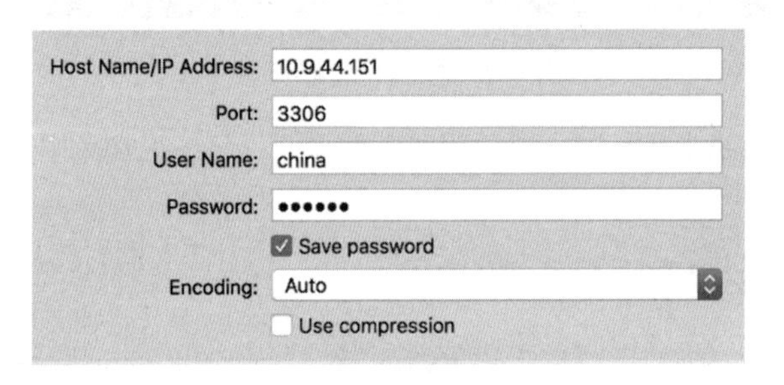

图 7-3　远程连接的客户端设置

7.2.2　安装 PyMySQL

PyMySQL 模块中提供的 API 与 SQLite 3 模块中提供的 API 类似，因为它们遵循的都是 Python DB API 2.0 标准。在标准 Windows 环境下，安装 PyMySQL 的方法是：

```
pip install pymysql
```

PyMySQL 所包含的几个重要方法如下。

- **connect 方法**：连接数据库，根据连接的数据库类型不同，该函数的参数也不相同。connect 函数返回 Connection 对象。
- **cursor 方法**：获取操作数据库的 Cursor 对象。cursor 方法属于 Connection 对象。
- **execute 方法**：用于执行 SQL 语句，该方法属于 Cursor 对象。
- **commit 方法**：在修改数据库后，需要调用该方法以提交对数据库的修改，commit 方法属于 Cursor 对象。
- **rollback 方法**：如果修改数据库失败，一般需要调用该方法进行数据库回滚操作，也就是将数据库恢复成修改之前的样子。

使用 PyMySQL 连接数据库，并实现简单的增、删、改、查功能，代码如下：

```
from pymysql import *
import json
def connectDB():
```

```
    db = connect('127.0.0.1','root','password','databasename')
    return db
db = connectDB()
def creatTable(db):
    cursor = db.cursor()
    sql = '''
    CREATE TABLE Persons
        (
            id INT PRIMARY KEY NOT NULL,
            name TEXT NOT NULL,
            age INT NOT NULL,
            address CHAR(50),
            salary REAL
        );
    '''
    try:
        cursor.execute(sql)
        db.commit()
        return True
    except:
        db.rollback()
    return False
def insertRecords(db):
    cursor = db.cursor()
    try:
        cursor.execute('DELETE FROM persons')
        cursor.execute("INSERT INTO persons(id,name,age,address,salary)\
                     VALUES(1,'Paul',32,'California',2000.00)");
        cursor.execute("INSERT INTO persons(id,name,age,address,salary)\
                         VALUES(2,'Allen',25,'Texas',3000.00)");
        cursor.execute("INSERT INTO persons(id,name,age,address,salary)\
                         VALUES(3,'Teddy',23,'Norway',2500.00)");
        cursor.execute("INSERT INTO persons(id,name,age,address,salary)\
                         VALUES(4,'Mark',19,'Rich',5000.00)");
        db.commit()
        return True
    except Exception as e:
        print(e)
        db.rollback()
    return False
def selectRecords(db):
    cursor = db.cursor()
    sql = 'SELECT name,age,address,salary FROM Persons ORDER BY age DESC'
    cursor.execute(sql)
    results = cursor.fetchall()
    print(results)
    fields = ['name','age','address','salary']
    records = []
    for row in results:
        records.append(dict(zip(fields,row)))
    return json.dumps(records)
if creatTable(db):
    print('成功创建Persons表')
else:
    print('Persons表已经存在')
if insertRecords(db):
    print('成功插入数据')
else:
```

```
    print('插入记录失败')
print(selectRecords(db))
db.close()
```

运行返回结果如下：

```
Persons表已经存在
成功插入数据
(('Paul', 32, 'California', 2000.0), ('Allen', 25, 'Texas', 3000.0), ('Teddy',
    23, 'Norway', 2500.0), ('Mark', 19, 'Rich', 5000.0))
[{"age": 32, "name": "Paul", "salary": 2000.0, "address": "California"},
    {"age": 25, "name": "Allen", "salary": 3000.0, "address": "Texas"}, {"age":
    23, "name": "Teddy", "salary": 2500.0, "address": "Norway"}, {"age": 19,
    "name": "Mark", "salary": 5000.0, "address": "Rich"}]
```

查看数据库，如图 7-4 所示。

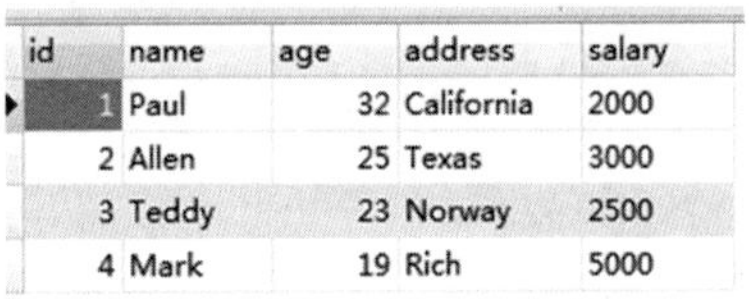

id	name	age	address	salary
1	Paul	32	California	2000
2	Allen	25	Texas	3000
3	Teddy	23	Norway	2500
4	Mark	19	Rich	5000

图 7-4　查看数据库

7.2.3　创建示例项目

安装好 PyMySQL 后就可以在 pipeline 中处理存储的逻辑了。创建项目（item）：scrapy startproject mysql，将其中 4 个项目存储到 MySQL 数据库。

```
# -*- coding: utf-8 -*-
BOT_NAME = 'mysql'
SPIDER_MODULES = ['mysql.spiders']
NEWSPIDER_MODULE = 'mysql.spiders'
MYSQL_HOST = 'localhost'
MYSQL_DBNAME = 'spider'
MYSQL_USER = 'root'
MYSQL_PASSWD = '123456'
DOWNLOAD_DELAY = 1
ITEM_PIPELINES = {
    'mysql.pipelines.DoubanPipeline': 301,
}
```

在 MySQL 中创建项目表的界面如图 7-5 所示。

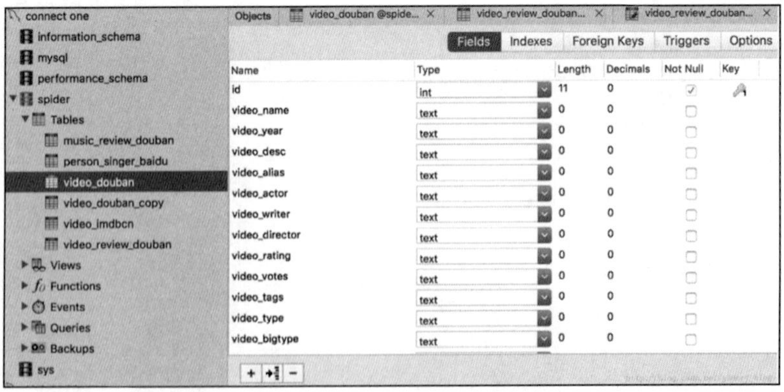

图 7-5　创建项目表

7.2.4 PyMySQL 基本操作

使用 PyMySQL 建立连接的基本操作如下：

```
@python3
import pymysql
# 建立连接，注意数据库写入数据时数据的编码
conn = MySQLdb.connect(host='localhost', port=3306, db='test',
user='root', passwd='', charset='utf8')
# 新建游标，游标操作SQL语句
cur = conn.cursor()
result = cur.execute("insert into students(name) values('Jack')")
result = cur.execute("insert into students(name,age) values(%s,%s)", params)
# SQL对数据库数据有改变的时候，使用commit()提交，否则不生效
conn.commit()
# 返回数据到Python，使用fetchone和fetchall从内存中取数据，取一个清空一个
cur.execute('select * from students where id between 1 and 5')
result=cur.fetchone()
result=cur.fetchall()
# 最后记得关闭连接
cur.close()
conn.close()
```

7.3 数据存储至 MongoDB 数据库

MongoDB 是一款由 C++ 语言编写的非关系型数据库，是一个基于分布式文件存储的开源数据库系统，它的字段值可以是其他文档或数组，但其数据类型只能是 String 文本型。NoSQL 泛指非关系型数据库。传统的 SQL 数据库把数据分隔到各个表中，并用关系联系起来。但是随着 Web 2.0 网站的兴起，大数据量、高并发环境下的 MySQL 扩展性差，大数据下读取、写入的压力大，表结构更改困难，使得 MySQL 应用开发越来越复杂。相比之下，NoSQL 自诞生之初就容易扩展，数据之间无关系，且具有非常高的读写性能。

1. 连接 MongoDB

这里我们使用 PyMongo 库里的 MongoClient，其中第一个参数 host 是 MongoDB 的地址，第二个参数是端口 port（不传参数的话默认是 27017）。

```
client = pymongo.MongoClient(host='127.0.0.1',port=27017)
```

另一种方法是直接传递 MongoDB 的连接字符串，以 mongodb 开头。

```
client = pymongo.MongoClient('mongodb://127.0.0.1:27017/')
```

2. 选择数据库或集合

在 MongoDB 中可以建立多个数据库，其中每个数据库又包含许多集合，类似于关系型数据库中的表。选择数据库有两种方法，这两种方法作用相同。

```
db = client.test    # test数据库
db = client['test']
```

选择好数据库后我们需要指定要操作的集合，与数据库的选择类似。

```
p = db.persons     # persons集合
p = db['persons']
```

3. 添加数据

```
person = {
    'id':'00001',
    'name':'Abc',
    'age':19
}
result = p.insert(person)
# 在PyMongo 3.x版本后，官方推荐使用insert_one()
# 该方法返回的不再是单纯的_id值，我们需要执行result.inserted_id来查看_id值
print(result)
```

此处通过对象的 insert() 方法添加了一条数据，添加成功后返回的是数据插入过程中自动添加的 _id 属性值，这个值是唯一的。另外我们还可以添加多条数据，其以列表的形式进行传递。

```
person = {
    'id':'00001',
    'name':'Abc',
    'age':19
}
person1 = {
    'id':'00002',
    'name':'Dfg',
    'age':20
}
result = p.insert([person,person1])
# 推荐insert_many()方法，之后使用result.inserted_ids查看插入数据的_id列表
print(result)
```

4. 查询数据

我们可以使用 find_one() 或 find() 方法来查询数据，其中 find_one() 得到的是单个数据结果，find() 返回的是一个生成器对象。

```
res = p.find_one({'name':'Abc'})          # 查询name为Abc的人的信息，返回字典型的数据
print(res)
```

find() 可用来查询多条数据，返回 cursor 类型的生存器，需要遍历取得所有的数据结果。

```
res = p.find({'age':20})                  # 查询集合中age为20的数据
# res = p.find({'age':{'$gt':20}})        # 查询集合中age大于20的数据
print(res)
for r in res:
print(r)
```

另外，我们还可以通过正则匹配进行查询。

```
res = p.find({'name':{'$regex':'^A.*'}}) # 查询集合中name以A开头的数据
```

要统计查询的结果一共有多少条数据，需要使用 count() 方法。

```
count = p.find().count()   # 统计集合中所有数据条数
```

排序则直接调用 sort() 方法，根据需求传入升序降序标志即可。

```
res = p.find().sort('age',pymongo.ASCENDING)
    # 将集合中的数据根据age进行排序，pymongo.ASCENDING表示升序，pymongo.DESCENDING表示降序
```

当只需要取得几个元素时，我们可以使用 skip() 方法偏移几个位置，得到去掉偏移个数之后剩下的元素数据。

```
res = p.find({'name':{'$regex':'^A.*'}}).skip(2)
print([ r['name'] for r in res ])   # 打印name以A开头的数据的名称name，从第三个显示
```

5. 更新数据

我们使用 update() 方法来更新数据，并指定更新的条件和需要更新的数据。

```
where = {'name':'Abc'}
res = p.find_one(where)
res['age'] = 25
result = p.update(where, res)       # 推荐使用update_one()或update_many()
print(result)
```

返回的是一条字典型数据，即 {'ok': 1, 'nModified': 1, 'n': 1, 'updatedExisting': True}，其中 ok 表示执行成功，nModified 表示影响的数据条数。

另外，我们还可以使用 $set 操作符对数据进行更新。使用 $set 只更新字典内存在的字段，其他字段则不更新，也不删除。如果不使用该操作符，则会更新所有的数据，而其他存在的字段则会被删除。

```
where = {'age':{'$gt':20}}
result = p.update_many(where,{'$inc':{'age':1}})  # 将集合中年龄大于20的第一条的数据年龄加1
print(result)
print(result.matched_count,result.modified_count)  # 获取匹配的数据条数、影响的数据条数
```

6. 删除数据

可以调用 remove() 方法来删除数据，需要指定删除条件。

```
result = p.remove({'name':'Abc'})  # 删除名称为Abc的数据，推荐使用delete_one() 和delete_
                                     many()，执行后调用result.delete_count,获得删除的数
                                     据条数
```

返回的是一条字典型数据，即 {'ok':1,'n':1}。

7. 实例展示

```
import pymongo
client = pymongo.MongoClient('localhost', 8080)
test1_db = client.test1
sheet_stu = db.stu
info = {name:'oldboy', age:30}
```

```
info_id = stu.insert_one(info).inserted_id
cur_list = [cur for cur in stu.find()]
count = stu.count()
```

7.4 数据存储至 XML

XML 文件已被广泛使用在各种应用中，如 Web、移动 App、桌面 GUI 应用等。不过现在一般不会用 XML 文件来存储大部分的应用数据，当然至少会使用 XML 文件保存一些配置信息。在 Python 中，需要导入 XML 模块或其子模块，并利用提供的 API 来操作 XML 文件。如 xml.etree.ElementTree 模块，可通过该模块的 parse 函数来读取 XML 文件。

由于下面讲解 XML 操作都需要用到 XML 文件，名为 persons.xml 的文件的内容如下：

```
<?xml version="1.0" ?>
<persons>
    <item type="int">20</item>
    <item type="str">names</item>
    <item type="dict" uuid="123">
        <salary type="int">2000</salary>
        <age type="int">30</age>
        <name type="str">Gell</name>
    </item>
    <item type="dict" uuid="45">
        <salary type="int">3000</salary>
        <age type="int">40</age>
        <name type="str">Chen</name>
   </item>
   <item type="dict" uuid="167">
       <salary type="int">4000</salary>
       <age type="int">50</age>
       <name type="str">Ling</name>
    </item>
</persons>
```

接下来将介绍 Python 语言对 XML 文件的具体操作。

1. 读取与检索 XML 文件

```
from xml.etree.ElementTree import parse
doc = parse('./files/persons.xml')
for item in doc.iterfind('item'):
    # 读取id节点的值
    salary = item.findtext('salary')
    # 读取name节点的值
    age = item.findtext('age')
    # 读取price节点的值
    name = item.findtext('name')

    type = item.get('type')
    uuid = item.get('uuid')
    print('type={}'.format(type))
    print('uuid={}'.format(uuid))
```

```
    print('salary={}'.format(salary))
    print('age', '=', age)
    print('name', '=', name)
    print('-----------------')
```

2. 字典转成 XML 字符串

```
import dicttoxml
from xml.dom.minidom import parseString
import os

d = [20,'names',
     {'name':'Gell','age':30,'salary':2000},
     {'name':'Chen','age':40,'salary':3000},
     {'name':'Ling','age':50,'salary':4000}
     ]
bxml = dicttoxml.dicttoxml(d,custom_root='persons')
xml = bxml.decode('utf-8')
print(xml)
print('----------------------')
dom = parseString(xml)
prettyxml = dom.toprettyxml(indent='    ')
print(prettyxml)

# 将XML字符串保存到文件中
os.makedirs('files',exist_ok=True)
f=open('files/persons.xml','w',encoding='utf-8')
f.write(prettyxml)
f.close()
```

3. XML 字符串转为 Python 字典

```
import xmltodict
import pprint

f=open('./files/persons.xml','rt',encoding='utf-8')
xml = f.read()
d=xmltodict.parse(xml)
print(d)
f.close()

pp = pprint.PrettyPrinter(indent=0)
pp.pprint(d)
```

7.5 常见数据存储方式的比较

对常见的 6 种数据存储方式进行相关使用方法的代码比较。

1. 数据写入 Excel 文件

```
# 创建工作表，并设置编码方式为utf-8
workBook = xlwt.Workbook(encoding='utf-8')
```

```
# 新增sheet
sheet = workBook.add_sheet('Python职位表')
sheet.write(0,0,'职位名称')
sheet.write(0,1,'公司名称')          # 设置表头
# 写入数据
sheet.write(1,0,'python开发')
sheet.write(1,1,'网易')
# 关闭保存
workBook.save('Python职位介绍表.xls')# 保存为表.xls
```

2. 数据写入本地 TXT 文件

```
import os
f = open('num.txt', 'a', encoding='utf-8')
for i in range(10):
    f.write(i)                        # 以追加的方式向TXT文件中写入文本内容
```

3. 数据写入 CSV 格式文件

```
import csv
with open("test1.csv","a+", newline='') as csvfile:
    writer = csv.writer(csvfile)
    # 先写入columns_name
    writer.writerow(["index","a_name","b_name"])
    # 用writerows写入多行
    writer.writerows([[0,1,3],[1,2,3],[2,3,4]])
```

4. 数据写入文件型 sqlite3 数据库

```
import sqlite3
class DBManager(object):
    connect=None
    cursor=None
    @classmethod
    def create_db_and_table(cls):                       # 创建数据库和表
        cls.connect=sqlite3.connect('dataDB')      # 创建数据库，创建链接
        cls.cursor=cls.connect.cursor()            # 创建游标
        cls.cursor=execute('if not exists tableName(name text,content text)')#
        cls.concent.commit()
    @classmethod
    def insert_info_to_table(cls,name,content):  # 向表中插入数据
        cls.cursor.execute('insert into tableName(name,content) values("{}","{}")')
        cls.content.commit()
    @classmethod
    def close_db(cls):
        cls.cursor.close()
        cls.content.close()
    @classmethod
    def select_from_table(cls):
        cls.cursor.execute('select name from tbTable where name LIKE "%%_"')
        cls.connect.commit()
        return cls.cursor.fetchall()
```

5. 数据写入 MySQL 数据库

```
import sqlite3
class TaobaospiderPipeline(object):
```

```
    def__init__(self):
        self.connect = sqlite3.connect('taobaoDB')
        self.cursor = self.connect.cursor()
        self.cursor.execute('create table if not exists taobaoTable (name text,price text)')
    def process_item(self, item, spider):
        self.cursor.execute('insert into taobaoTable (name,price)VALUES ("{}","{}")')
        self.connect.commit()
        return item
    def close_spider(self ,spider):
        self.cursor.close()
        self.connect.close()
```

6. 数据写入 MongDB 非关系型数据库

```
from scrapy.conf import settings
import pymongo
class DoubanspiderPipeline(object):
    def__init__(self):
        # 获取setting主机名、端口号和数据库名
        host = settings['MONGODB_HOST']
        port = settings['MONGODB_PORT']
        dbname = settings['MONGODB_DBNAME']
        # pymongo.MongoClient(host, port)创建MongoDB链接
        client = pymongo.MongoClient(host=host,port=port)
        # 指向指定的数据库
        mdb = client[dbname]
        # 获取数据库里存放数据的表名
        self.post = mdb[settings['MONGODB_DOCNAME']]
    def process_item(self, item, spider):
        data = dict(item)   # 按格式转化
        # 向指定的表里添加数据
        self.post.insert(data)
        return item
```

7.6 本章小结

我们可以在不同情境下使用不同的数据存储方式。如果仅用来存储测试用的数据，则推荐使用 TXT 或 CSV 格式，因为这两种格式的写入和读取都非常方便，可以很快速地打开文件查看。但当数据量比较大、要与别人交换或别人也要访问时，使用数据库是一个明智的选择。如果存储的数据不是关系型数据格式，则推荐选择 MongoDB，甚至可以直接存储爬取的 JSON 格式数据而不用进行解析。如果是关系型的数据格式，那么可以使用 MySQL 存储数据。

练习题

1. 数据存储的方法有哪些？
2. 将文件存储至 TXT 的步骤及语句。
3. 数据存储至 MySQL 数据库的优点。
4. MongoDB 数据库中更新数据的语句。

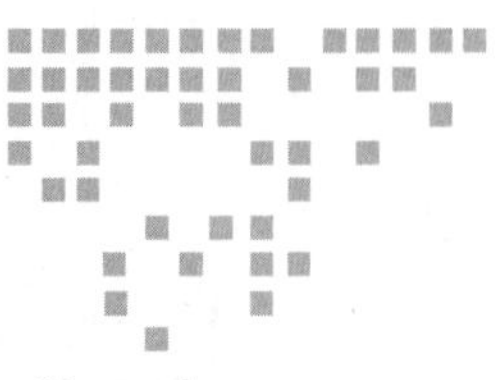

Chapter 8 第8章

Scrapy 爬虫框架

Scrapy 是用纯 Python 语言实现的一个为爬取网站数据、提取结构性数据而编写的应用框架，Scrapy 使用了 Twisted 异步网络框架来处理网络通信，可以加快我们的下载速度，不用自己去实现异步框架，并且包含了各种中间件接口，可以灵活地实现各种需求。Scrapy 可以应用在包括数据挖掘、信息处理或存储历史数据等一系列的程序中，其最初是为页面抓取（更确切地说是网络抓取）而设计的，也可以应用于获取 API 所返回的数据（例如 Amazon Associates Web Services）或者通用的网络爬虫。

8.1 Scrapy 框架介绍

关于 Scrapy 框架的最简单的安装方法是：通过 anaconda → environments →最右边界面的第一个选项 all，在搜索框里搜索 scrapy →选择安装。或者在 terminal 或者 cmd 中使用 pip 安装就好。

```
# python 3+
pip3 install scrapy
```

Scrapy 内部实现了包括并发请求、免登录、URL 去重等很多复杂操作，用户不需要明白 Scrapy 内部具体的爬取策略，只需要根据自己的需求去编写小部分的代码，就能抓取到所需要的数据。Scrapy 框架如图 8-1 所示。

图 8-1 中带箭头的线条表示数据流向，首先从初始 URL 开始，调度器（Scheduler）会将其交给下载器（Downloader），下载器向网络服务器（Internet）发送服务请求以进行下载，得到响应后将下载的数据交给爬虫（Spider），爬虫会对网页进行分析，分析出来的结果有两种：一种是需要进一步抓取的链接，这些链接会被传回调度器；另一种是需要保存的数据，它们则被送到项目管道（Item Pipeline），Item 会定义数据格式，最后由 Pipeline 对数据进行清洗、去重等

处理，继而存储到文件或数据库。

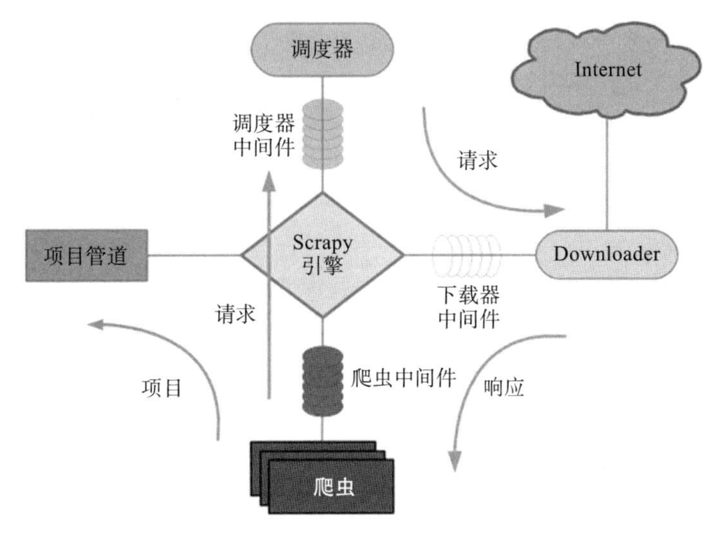

图 8-1　Scrapy 框架

8.2　Scrapy 框架详解

Scrapy 由 Python 语言编写，是一个快速、高层次的屏幕抓取和 Web 抓取框架，用于抓取 Web 站点并从页面中提取出结构化的数据。Scrapy 用途广泛，可以用于数据挖掘、监测和自动化测试等。

8.2.1　框架内组件及作用

Scrapy 框架内包含的组件如下：

- **爬虫中间件**（Spider Middleware）：位于 Scrapy 引擎和爬虫之间的框架，主要用于处理爬虫的响应输入和请求输出。
- **调度器中间件**（Scheduler Middleware）：位于 Scrapy 引擎和调度器之间的框架，主要用于处理从 Scrapy 引擎发送到调度器的请求和响应。
- **调度器**：用来接收引擎发过来的请求，压入队列中，并在引擎再次请求的时候返回。它就像是一个 URL 的优先队列，由它来决定下一个要抓取的网址是什么，同时在这里会去除重复的网址。
- **下载器中间件**（Downloader Middleware）：位于 Scrapy 引擎和下载器之间的框架，主要用于处理 Scrapy 引擎与下载器之间的请求及响应。代理 IP 和用户代理可以在这里设置。
- **下载器**：用于下载网页内容，并将网页内容返回给爬虫。
- **Scrapy 引擎**（ScrapyEngine）：用来控制整个系统的数据处理流程，并进行事务处理的触发。

- **爬虫**：爬虫主要是干活的，用于从特定网页中提取自己需要的信息，即所谓的项目（又称实体）。也可以从中提取 URL，让 Scrapy 继续爬取下一个页面。
- **项目管道**：负责处理爬虫从网页中爬取的项目，主要的功能就是持久化项目、验证项目的有效性、清除不需要的信息。当页面被爬虫解析后，将被送到项目管道，并经过几个特定的次序来处理其数据。

8.2.2 Scrapy 运行流程

Scrapy 运行流程如下：

1）引擎从调度器中取出一个 URL 用于接下来的抓取；

2）引擎把 URL 封装成一个请求（request）传给下载器；

3）下载器把资源下载下来，并封装成一个响应（response）；

4）爬虫解析响应；

5）解析出的是项目，则交给项目管道进行进一步的处理；

6）解析出的是链接 URL，则把 URL 交给调度器等待下一步的抓取。

8.2.3 数据流向

Scrapy 数据流是由执行流程的核心引擎来控制的，流程如图 8-2 所示。

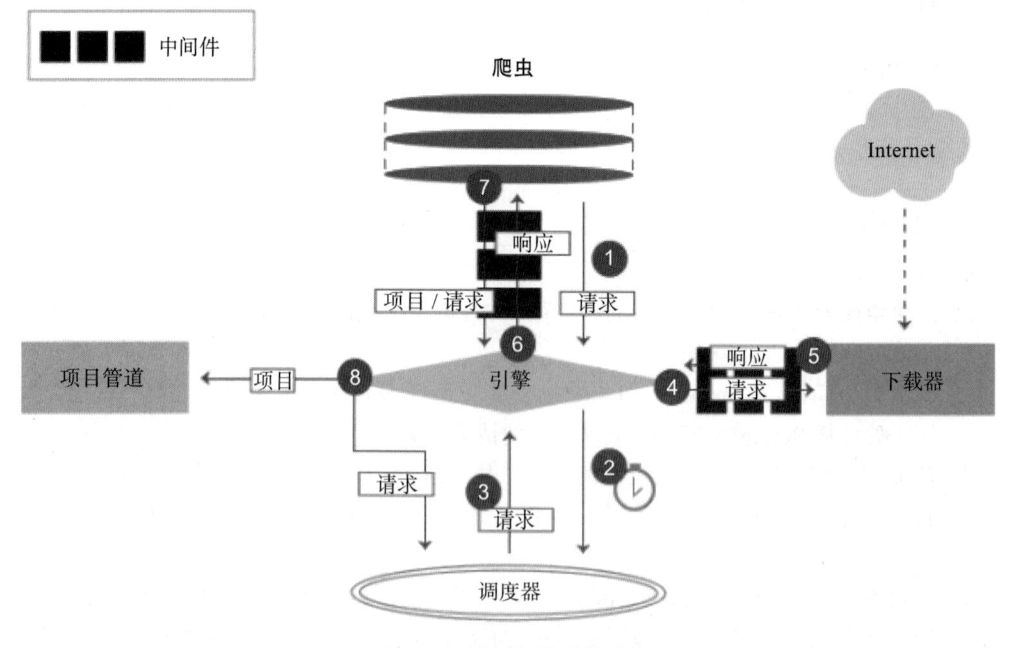

图 8-2 框架组件数据流

1）引擎打开网站，找到处理该网站的爬虫并向该爬虫请求第一个要爬取的 URL。

2）引擎从爬虫中获取到第一个要爬取的 URL，并在调度器中以请求调度。

3）引擎向调度器请求下一个要爬取的 URL。

4）调度器返回下一个要爬取的 URL 给引擎，引擎通过下载中间件转给下载器。

5）一旦页面下载完毕，下载器便会生成一个该页面的响应，并通过下载器中间件将其发送给引擎。

6）引擎从下载器中接收到响应并通过爬虫中间件发送给爬虫处理。

7）爬虫处理响应，并返回爬取到的项目及新的请求给引擎。

8）引擎将爬虫爬取到的项目传给项目管道，将爬虫返回的请求传给调度器。

9）从第 2 步重复直到调度器中没有更多的请求，引擎便会关闭该网站。

8.3 Scrapy 框架中的 Selector

当我们取得了网页的响应之后，最关键的就是如何从繁杂的网页中把我们需要的数据提取出来，Python 中常用以下模块来处理 HTTP 文本解析问题：

- BeautifulSoup：作为程序员间非常流行的网页分析库，它通常基于 HTML 代码的结构来构造一个 Python 对象，对不良标记的处理也非常合理，但它有一个缺点，就是“慢”。
- lxml：一个基于 ElementTree 的 Python 化的 XML 解析库。

我们可以在 Scrapy 中使用任意熟悉的网页数据提取工具，如上面的两种，但是，Scrapy 本身也为我们提供了一套提取数据的机制，我们称之为选择器 Selector，它通过特定的 XPath 或者 CSS 表达式来选择 HTML 文件中的某个部分。XPath 是一门用来在 XML 文件中选择节点的语言，也可以用在 HTML 上。CSS 是一门将 HTML 文档样式化的语言。选择器由它定义，并与特定的 HTML 元素的样式相关连。Selector 是基于 lxml 来构建的，支持 XPath 选择器、CSS 选择器以及正则表达式，功能全面、解析速度快且和准确度高。

1. 直接使用

Selector 是一个可以独立使用的模块。我们可以直接利用 Selector 这个类来构建一个 Selector 对象，然后调用它的相关方法如 xpath()、css() 等来提取数据。

例如，针对一段 HTML 代码，我们可以用如下方式来构建 Selector 对象，从而提取出数据：

```
from scrapy import Selector

body = '<html><head><title>Hello World</title></head><body></body></html>'
selector = Selector(text=body)
title = selector.xpath('//title/text()').extract_first()
print(title)
```

运行结果如下所示：

```
Hello World
```

这里我们没有在 Scrapy 框架中运行，而是把 Scrapy 中的 Selector 单独拿出来使用了，构建时传入 text 参数，就生成了一个 Selector 对象，然后就可以像前面我们所使用的 Scrapy 中的解析方式一样，调用 xpath()、css() 等方法来提取了。注意，我们查找的是源代码中 title 内的文本，在 XPath 选择器的最后加上 text() 方法就可以实现文本的提取了。

以上内容就是 Selector 的直接使用方式。同 Beautiful Soup 等库类似，Selector 其实也是强大的网页解析库。如果方便的话，我们也可以在其他项目中直接使用 Selector 来提取数据。

2. Scrapy Shell

由于 Selector 主要是与 Scrapy 结合使用，如 Scrapy 回调函数中的参数 response 直接调用 xpath() 或者 css() 方法来提取数据，所以在这里我们借助 Scrapy Shell 来模拟 Scrapy 请求的过程，以便讲解相关的提取方法。

开启 Scrapy Shell，在命令行输入如下命令：

```
scrapy shell http://doc.scrapy.org/en/latest/_static/selectors-sample1.html
```

我们进入到 Scrapy Shell 模式。这个过程其实是，Scrapy 发起了一次请求，请求的 URL 就是刚才命令行下输入的 URL，然后把一些可操作的变量传递给我们，如 request、response 等，如图 8-3 所示。

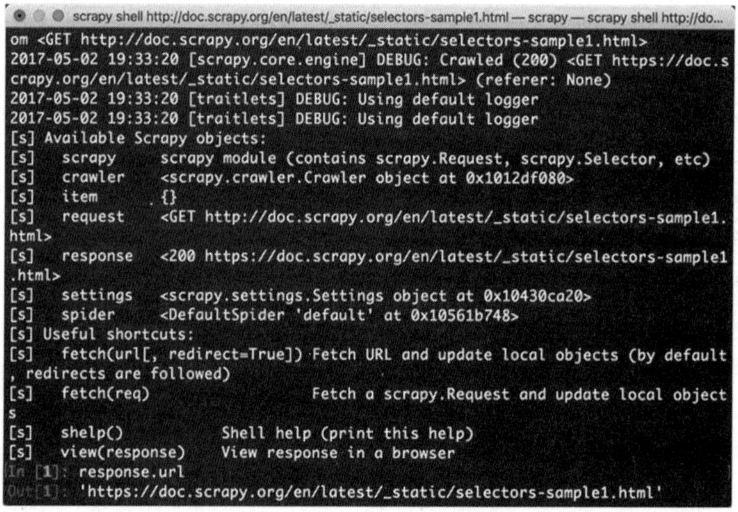

```
scrapy shell http://doc.scrapy.org/en/latest/_static/selectors-sample1.html — scrapy — scrapy shell http://do...
om <GET http://doc.scrapy.org/en/latest/_static/selectors-sample1.html>
2017-05-02 19:33:20 [scrapy.core.engine] DEBUG: Crawled (200) <GET https://doc.s
crapy.org/en/latest/_static/selectors-sample1.html> (referer: None)
2017-05-02 19:33:20 [traitlets] DEBUG: Using default logger
2017-05-02 19:33:20 [traitlets] DEBUG: Using default logger
[s] Available Scrapy objects:
[s]   scrapy     scrapy module (contains scrapy.Request, scrapy.Selector, etc)
[s]   crawler    <scrapy.crawler.Crawler object at 0x1012df080>
[s]   item       {}
[s]   request    <GET http://doc.scrapy.org/en/latest/_static/selectors-sample1.
html>
[s]   response   <200 https://doc.scrapy.org/en/latest/_static/selectors-sample1
.html>
[s]   settings   <scrapy.settings.Settings object at 0x10430ca20>
[s]   spider     <DefaultSpider 'default' at 0x10561b748>
[s] Useful shortcuts:
[s]   fetch(url[, redirect=True]) Fetch URL and update local objects (by default
, redirects are followed)
[s]   fetch(req)                  Fetch a scrapy.Request and update local object
s
[s]   shelp()           Shell help (print this help)
[s]   view(response)    View response in a browser
In [1]: response.url
Out[1]: 'https://doc.scrapy.org/en/latest/_static/selectors-sample1.html'
```

图 8-3 Scrapy Shell 模式

接下来，演示的实例都将页面的源码作为分析目标，页面源码如下所示：

```
<html>
    <head>
        <base href='http://example.com/' />
        <title>Example website</title>
    </head>
    <body>
        <div id='images'>
            <a href='image1.html'>Name: My image 1 <br /><img src='image1_thumb.jpg' /></a>
            <a href='image2.html'>Name: My image 2 <br /><img src='image2_thumb.jpg' /></a>
```

```
            <a href='image3.html'>Name: My image 3 <br /><img src='image3_thumb.jpg' /></a>
            <a href='image4.html'>Name: My image 4 <br /><img src='image4_thumb.jpg' /></a>
            <a href='image5.html'>Name: My image 5 <br /><img src='image5_thumb.jpg' /></a>
        </div>
    </body>
</html>
```

3. XPath选择器

进入Scrapy Shell之后，我们将主要操作response这个变量来进行解析。因为我们解析的是HTML代码，Selector将自动使用HTML语法来分析。

response有一个属性selector，我们调用response.selector返回的内容就相当于用response的body构造了一个Selector对象。通过这个Selector对象我们可以调用解析方法如xpath()、css()等，通过向方法传入XPath或CSS选择器参数就可以实现信息的提取。

我们使用如下代码来感受一下：

```
>>> result = response.selector.xpath('//a')
>>> result
    [<Selector xpath='//a' data='<a href="image1.html">Name: My image 1 <'>,
    <Selector xpath='//a' data='<a href="image2.html">Name: My image 2 <'>,
    <Selector xpath='//a' data='<a href="image3.html">Name: My image 3 <'>,
    <Selector xpath='//a' data='<a href="image4.html">Name: My image 4 <'>,
    <Selector xpath='//a' data='<a href="image5.html">Name: My image 5 <'>]
>>> type(result)
scrapy.selector.unified.SelectorList
```

打印结果的形式是由Selector组成的列表，其实它是SelectorList类型，SelectorList和Selector都可以继续调用xpath()和css()等方法来进一步提取数据。

在上面的代码中，我们提取了a节点。接下来，我们将尝试继续调用xpath()方法来提取a节点内包含的img节点，如下所示：

```
>>> result.xpath('./img')
[<Selector xpath='./img' data='<img src="image1_thumb.jpg">'>,
 <Selector xpath='./img' data='<img src="image2_thumb.jpg">'>,
 <Selector xpath='./img' data='<img src="image3_thumb.jpg">'>,
 <Selector xpath='./img' data='<img src="image4_thumb.jpg">'>,
 <Selector xpath='./img' data='<img src="image5_thumb.jpg">'>]
```

我们获得了a节点里面的所有img节点，结果为5。值得注意的是，选择器的最前方加上了“.”（点），这代表提取元素内部的数据，而如果没有加点，则代表从根节点开始提取。此处我们使用了./img的提取方式，则代表从a节点里进行提取。如果此处我们使用的是//img，则代表依旧是从html节点里进行提取。

我们刚才使用了response.selector.xpath()方法来对提取数据。Scrapy提供了两个实用的快捷方法，即response.xpath()和response.css()，它们二者的功能完全等同于response.selector.xpath()和response.selector.css()。方便起见，后面可统一直接调用response的xpath()和css()方法进行选择。现在我们得到的是SelectorList类型的变量，该变量是由Selector对象组成的列表。可以用索引单独取出其中某个Selector元素，如下所示：

```
>>> result[0]
<Selector xpath='//a' data='<a href="image1.html">Name: My image 1 <'>
```

我们可以像操作列表一样操作这个 SelectorList，比如现在想提取出 a 节点元素，就可以直接利用 extract() 方法，如下所示：

```
>>> result.extract()
['<a href="image1.html">Name: My image 1 <br><img src="image1_thumb.jpg"></a>',
'<a href="image2.html">Name: My image 2 <br><img src="image2_thumb.jpg"></a>',
'<a href="image3.html">Name: My image 3 <br><img src="image3_thumb.jpg"></a>',
'<a href="image4.html">Name: My image 4 <br><img src="image4_thumb.jpg"></a>',
'<a href="image5.html">Name: My image 5 <br><img src="image5_thumb.jpg"></a>']
```

还可以通过改写 XPath 表达式来选取节点的内部文本和属性，如下所示：

```
>>> response.xpath('//a/text()').extract()
['Name: My image 1 ', 'Name: My image 2 ', 'Name: My image 3 ', 'Name: My image 4 ',
    'Name: My image 5 ']
>>>response.xpath('//a/@href').extract()
['image1.html', 'image2.html', 'image3.html', 'image4.html', 'image5.html']
```

我们只需要再加一层 /text() 就可以获取节点的内部文本，或者加一层 /@href 就可以获取节点的 href 属性。其中，@ 符号后面的内容就是要获取的属性名称。

4. CSS 选择器

Scrapy 的选择器同时还对接了 CSS 选择器，借助 response.css() 方法可以使用 CSS 选择器来选择对应的元素。例如，在上文我们选取了所有的 a 节点，那么 CSS 选择器同样可以做到，如下所示：

```
>>> response.css('a')
[<Selector xpath='descendant-or-self::a' data='<a href="image1.html">Name: My image 1 <'>,
<Selector xpath='descendant-or-self::a' data='<a href="image2.html">Name: My image 2 <'>,
<Selector xpath='descendant-or-self::a' data='<a href="image3.html">Name: My image 3 <'>,
<Selector xpath='descendant-or-self::a' data='<a href="image4.html">Name: My image 4 <'>,
<Selector xpath='descendant-or-self::a' data='<a href="image5.html">Name: My image 5 <'>]
```

同样，调用 extract() 方法就可以提取出节点，如下所示：

```
>>> response.css('a').extract()
['<a href="image1.html">Name: My image 1 <br><img src="image1_thumb.jpg"></a>',
'<a href="image2.html">Name: My image 2 <br><img src="image2_thumb.jpg"></a>',
'<a href="image3.html">Name: My image 3 <br><img src="image3_thumb.jpg"></a>',
'<a href="image4.html">Name: My image 4 <br><img src="image4_thumb.jpg"></a>',
'<a href="image5.html">Name: My image 5 <br><img src="image5_thumb.jpg"></a>']
```

5. 正则匹配

Scrapy 的选择器还支持正则匹配。比如，示例中 a 节点内的文本类似于 Name: My image 1，现在我们只想把 Name: 后面的内容提取出来，这时就可以借助 re() 方法，实现如下：

```
>>> response.xpath('//a/text()').re('Name:\s(.*)')
['My image 1 ', 'My image 2 ', 'My image 3 ', 'My image 4 ', 'My image 5 ']
```

我们给 re() 方法传了一个正则表达式，其中 (.*) 就是要匹配的内容，输出的结果就是正则表达式匹配的分组，结果会依次输出。

如果同时存在两个分组，那么结果会按序输出，如下所示：

```
>>> response.xpath('//a/text()').re('(.*?):\s(.*)')
['Name', 'My image 1 ', 'Name', 'My image 2 ', 'Name', 'My image 3 ', 'Name',
    'My image 4 ', 'Name', 'My image 5 ']
```

类似 extract_first() 方法，re_first() 方法可以选取列表的第一个元素，用法如下：

```
>>> response.xpath('//a/text()').re_first('(.*?):\s(.*)')'Name'
>>> response.xpath('//a/text()').re_first('Name:\s(.*)')'My image 1 '
```

不论正则匹配了几个分组，结果都会等于列表的第一个元素。值得注意的是，response 对象不能直接调用 re() 和 re_first() 方法。如果想要对全文进行正则匹配，可以先调用 xpath() 方法再正则匹配，如下所示：

```
>>> response.re('Name:\s(.*)')
    Traceback (most recent call last):
    File "<console>", line 1, in <module>
    AttributeError: 'HtmlResponse' object has no attribute 're'
>>> response.xpath('.').re('Name:\s(.*)<br>')
    ['My image 1 ', 'My image 2 ', 'My image 3 ', 'My image 4 ', 'My image 5 ']
>>> response.xpath('.').re_first('Name:\s(.*)<br>')
    'My image 1 '
```

通过上面的例子，可以看到，直接调用 re() 方法会提示没有 re 属性。但是，这里首先调用 xpath('.') 选中全文，然后调用 re() 和 re_first() 方法，如此就可以进行正则匹配了。

Scrapy 包括两个常用选择器和正则匹配功能。熟练掌握 XPath 语法、CSS 选择器语法、正则表达式语法可以大大提高数据提取效率。这里简单举一个 XPath 的使用案例，如例 8-1 所示。

【例 8-1】使用 Selector 的实例

```
import scrapy
class Cnblog_Spider(scrapy.Spider):
    name = "cnblog"
    allowed_domains = ["cnblogs.com"]
    start_urls = [
        'https://www.cnblogs.com/',
    ]
    def parse(self, response):
        title = response.xpath('//a[@class="titlelnk"]/text()').extract()
        link = response.xpath('//a[@class="titlelnk"]/@href').extract()
        read = response.xpath('//span[@class="article_comment"]/a/text()').extract()
        comment = response.xpath('//span[@class="article_view"]/a/text()').extract()
        print('这是title: ', title)
        print('这是链接: ', link)
        print('这是阅读数', read)
        print('这是评论数', comment)
```

可以看到，直接使用 response.xpath() 就可以了，当然使用 response.css() 也是一样。

8.4 Beautiful Soup 库的使用

Beautiful Soup 是爬虫必学的技能，最主要的功能是从网页抓取数据。Beautiful Soup 自动将输入文档转换为 Unicode 编码，输出文档转换为 utf-8 编码。Beautiful Soup 支持 Python 标准库中的 HTML 解析器，还支持一些第三方的解析器。

8.4.1 简单示例

假设有这样一个 aa.html，具体内容如下：

```
<!DOCTYPE html>
<html>
<head>
        <meta content="text/html;charset=utf-8" http-equiv="content-type" />
        <meta content="IE=Edge" http-equiv="X-UA-Compatible" />
        <meta content="always" name="referrer" />
      <link href="https://ss1.bdstatic.com/5eN1bjq8AAUYm2zgoY3K/r/www/cache/bdorz/baidu.min.css"
         rel="stylesheet" type="text/css" />
        <title>百度一下，你就知道 </title>
</head>
<body link="# 0000cc">
    <div id="wrapper">
        <div id="head">
                <div class="head_wrapper">
                    <div id="ul">
                        <a class="mnav" href="http://news.baidu.com" name="tj_
                         trnews">新闻 </a>
                        <a class="mnav" href="https://www.hao123.com" name="tj_
                         trhao123">hao123 </a>
                        <a class="mnav" href="http://map.baidu.com" name="tj_
                         trmap">地图 </a>
                        <a class="mnav" href="http://v.baidu.com" name="tj_
                         trvideo">视频 </a>
                        <a class="mnav" href="http://tieba.baidu.com" name="tj_
                         trtieba">贴吧 </a>
                        <a class="bri" href="//www.baidu.com/more/" name="tj_
                         briicon" style="display: block;">更多产品 </a>
                    </div>
                </div>
        </div>
    </div>
</body>
</html>
```

创建 bs4 对象：

```
from bs4 import BeautifulSoup
file = open('./aa.html', 'rb')
html = file.read()
bs = BeautifulSoup(html,"html.parser")
print(bs.prettify())          # 缩进格式
print(bs.title)               # 获取title标签的所有内容
print(bs.title.name)          # 获取title标签的名称
print(bs.title.string)        # 获取title标签的文本内容
```

```
print(bs.head)                    # 获取head标签的所有内容
print(bs.div)                     # 获取第一个div标签中的所有内容
print(bs.div["id"])               # 获取第一个div标签的id值
print(bs.a)                       # 获取第一个a标签中的所有内容
print(bs.find_all("a"))           # 获取所有的a标签中的所有内容
print(bs.find(id="ul"))           # 获取id="ul"

# 获取所有的a标签，并遍历打印a标签中的href值
for item in bs.find_all("a"):
    print(item.get("href"))

# 获取所有的a标签，并遍历打印a标签的文本值
for item in bs.find_all("a"):
    print(item.get_text())
```

8.4.2 四大对象种类

Beautiful Soup 将复杂的 HTML 文档转换成了一个复杂的树形结构，每个节点都是 Python 对象，所有对象可以归纳为 4 种：

- Tag
- NavigableString
- BeautifulSoup
- Comment

下面来介绍这 4 种对象。

1. Tag

Tag 通俗点讲就是 HTML 中的一个个标签，例如：

```
from bs4 import BeautifulSoup
file = open('./aa.html', 'rb')
html = file.read()
bs = BeautifulSoup(html,"html.parser")

# 获取title标签的所有内容
print(bs.title)

# 获取head标签的所有内容
print(bs.head)

# 获取第一个a标签的所有内容
print(bs.a)

# 类型
print(type(bs.a))
```

我们可以利用 soup 加标签名轻松地获取这些标签的内容，这些对象的类型是 bs4.element. Tag。但请注意，它查找的是在所有内容中第一个符合要求的标签。

对于 Tag，它有两个重要的属性：name 和 attrs。

```
from bs4 import BeautifulSoup
file = open('./aa.html', 'rb')
```

```
html = file.read()
bs = BeautifulSoup(html,"html.parser")

# [document]          # bs对象本身比较特殊，它的name即为 [document]
print(bs.name)

# head                # 对于其他内部标签，输出的值便为标签本身的名称
print(bs.head.name)

# 在这里，我们把a标签的所有属性打印输出，得到的类型是一个字典
print(bs.a.attrs)

# 还可以利用get方法传入属性的名称，二者是等价的
print(bs.a['class']) # 等价 bs.a.get('class')

# 可以对这些属性和内容等进行修改
bs.a['class'] = "newClass"
print(bs.a)

# 还可以对这个属性进行删除
del bs.a['class']
print(bs.a)
```

2. NavigableString

既然已经得到了标签的内容，那么我们要想获取标签内部的文字该怎么办？很简单，用 .string 即可，例如：

```
from bs4 import BeautifulSoup
file = open('./aa.html', 'rb')
html = file.read()
bs = BeautifulSoup(html,"html.parser")

print(bs.title.string)
print(type(bs.title.string))
```

3. BeautifulSoup

BeautifulSoup 对象表示的是一个文档的内容。大部分时候，可以把它当作 Tag 对象，是一个特殊的 Tag，我们可以分别获取它的类型、名称以及属性，例如：

```
from bs4 import BeautifulSoup
file = open('./aa.html', 'rb')
html = file.read()

bs = BeautifulSoup(html,"html.parser")
print(type(bs.name))
print(bs.name)
print(bs.attrs)
```

4. Comment

Comment 是一个特殊类型的 NavigableString 对象，其输出的内容不包括注释符号。

```
from bs4 import BeautifulSoup
file = open('./aa.html', 'rb')
```

```
html = file.read()
bs = BeautifulSoup(html,"html.parser")

print(bs.a)
# 此时不能出现空格和换行符，a标签如下：
# <a class="mnav" href="http://news.baidu.com" name="tj_trnews"><!--新闻--></a>
print(bs.a.string)        # 新闻
print(type(bs.a.string)) # <class 'bs4.element.Comment'>
```

8.4.3 遍历文档树

遍历文档时涉及下面 9 种属性的使用。

1）.contents：获取 Tag 的所有子节点，返回一个列表。

```
# Tag的.content属性可以将Tag的子节点以列表的方式输出
print(bs.head.contents)
# 用列表索引来获取它的某一个元素
print(bs.head.contents[1])
```

2）.children：获取 Tag 的所有子节点，返回一个生成器。

```
for child in  bs.body.children:
    print(child)
```

3）.descendants：获取 Tag 的所有子孙节点。

4）.strings：如果 Tag 包含多个字符串，即在子孙节点中有内容，则可以用此获取，而后进行遍历。

5）.parents：递归得到父辈元素的所有节点，返回一个生成器。

6）.previous_sibling：获取当前 Tag 的上一个节点，属性通常是字符串或空白，真实结果是当前标签与上一个标签之间的顿号和换行符。

7）.next_sibling：获取当前 Tag 的下一个节点，属性通常是字符串或空白，真实结果是当前标签与下一个标签之间的顿号与换行符。

8）.previous_siblings：获取当前 Tag 的上面的所有兄弟节点，返回一个生成器。

9）.next_siblings：获取当前 Tag 的下面的所有兄弟节点，返回一个生成器。

8.4.4 搜索文档树

搜索文档树时，我们常使用 find_all() 和 find() 两种方法，下面分别进行介绍。

1. find_all(name, attrs, recursive, text, **kwargs)

接下来介绍一下 find_all() 的更多用法——过滤器。这些过滤器贯穿整个搜索 API，过滤器可以应用于 Tag 的 name、节点的属性以及字符串等。

（1）name 参数

字符串过滤：会查找与字符串完全匹配的内容。

```
a_list = bs.find_all("a")
print(a_list)
```

正则表达式过滤：如果传入的是正则表达式，那么 bs4 会通过 search() 来匹配内容。

```
from bs4 import BeautifulSoup
import re
file = open('./aa.html', 'rb')
html = file.read()

bs = BeautifulSoup(html,"html.parser")

t_list = bs.find_all(re.compile("a"))
for item in t_list:
    print(item)
```

列表：如果传入一个列表，bs4 将会与列表中任一元素匹配到的节点返回。

```
t_list = bs.find_all(["meta","link"])
for item in t_list:
    print(item)
```

方法：传入一个方法，根据方法来匹配。

```
from bs4 import BeautifulSoup
file = open('./aa.html', 'rb')
html = file.read()

bs = BeautifulSoup(html,"html.parser")

def name_is_exists(tag):
    return tag.has_attr("name")

t_list = bs.find_all(name_is_exists)
for item in t_list:
    print(item)
```

（2）kwargs 参数

```
from bs4 import BeautifulSoup
import re
file = open('./aa.html', 'rb')
html = file.read()

bs = BeautifulSoup(html,"html.parser")

# 查询id=head的Tag
t_list = bs.find_all(id="head") print(t_list)

# 查询href属性包含ss1.bdstatic.com的Tag
t_list = bs.find_all(href=re.compile("http://news.baidu.com"))
print(t_list)

# 查询所有包含class的Tag（class在Python中属于关键字，所以加_以示区别）
t_list = bs.find_all(class_=True)
for item in t_list:
    print(item)
```

(3) attrs 参数

并不是所有的属性都可以使用上面这种方式进行搜索，比如 HTML 的 data-* 属性：

```
t_list = bs.find_all(data-foo="value")
```

如果执行这段代码，那么便会报错。我们可以使用 attrs 参数来定义一个字典，从而搜索包含特殊属性的 Tag：

```
t_list = bs.find_all(attrs={"data-foo":"value"})
for item in t_list:
    print(item)
```

(4) text 参数

通过 text 参数可以搜索文档中的字符串内容，与 name 参数的可选值一样，text 参数接受字符串、正则表达式。

```
from bs4 import BeautifulSoup
import re
file = open('./aa.html', 'rb')
html = file.read()

bs = BeautifulSoup(html, "html.parser")

t_list = bs.find_all(attrs={"data-foo": "value"})
for item in t_list:
    print(item)

t_list = bs.find_all(text="hao123")
for item in t_list:
    print(item)

t_list = bs.find_all(text=["hao123", "地图", "贴吧"])
for item in t_list:
    print(item)

t_list = bs.find_all(text=re.compile("\d"))
for item in t_list:
    print(item)
```

当我们搜索 text 中的一些特殊属性时，同样也可以传入一个方法来达到我们的目的：

```
def length_is_two(text):
    return text and len(text) == 2

t_list = bs.find_all(text=length_is_two)
for item in t_list:
    print(item)
```

(5) limit 参数

可以传入一个 limit 参数来限制返回的数量，当搜索出的数据量为 5，而设置了 limit=2 时，只会返回前 2 个数据。

```
from bs4 import BeautifulSoup
import re
file = open('./aa.html', 'rb')
html = file.read()

bs = BeautifulSoup(html, "html.parser")

t_list = bs.find_all("a",limit=2)
for item in t_list:
    print(item)
```

对于 find_all，除了上面一些常规的写法，还可以对其进行一些简写：

```
# 两者是相等的
# t_list = bs.find_all("a") => t_list = bs("a")
t_list = bs("a") # 两者是相等的
# t_list = bs.a.find_all(text="新闻") => t_list = bs.a(text="新闻")
t_list = bs.a(text="新闻")
```

2. find(name, attrs, recursive, text, **kwargs)

与 find_all() 方法一样，find() 方法也包含 5 个参数。find_all() 方法将返回文档中符合条件的所有 Tag，若我们只想得到一个结果，比如文档中只有一个标签匹配，那么使用 find_all() 方法来查找标签就不太合适，使用 find_all() 方法并设置参数 limit=1 还不如直接使用 find() 方法。下面两行代码是等价的：

```
soup.find_all('title', limit=1)
# [<title>The Dormouse's story</title>]

soup.find('title')
# <title>The Dormouse's story</title>
```

唯一的区别是 find_all() 方法的返回结果是一个元素的列表，而 find() 方法直接返回结果。find_all() 方法在没有找到目标时返回空列表，find() 方法在没有找到目标时返回 None。

```
from bs4 import BeautifulSoup
import re
file = open('./aa.html', 'rb')
html = file.read()

bs = BeautifulSoup(html, "html.parser")

# 返回只有一个结果的列表
t_list = bs.find_all("title",limit=1)
print(t_list)

# 返回唯一值
t = bs.find("title")
print(t)

# 如果没有找到，则返回None
t = bs.find("abc") print(t)
```

从结果可以看出，尽管传入了 limit=1，但是 find_all() 的返回值仍然为一个列表，当我们只需要取一个值时，远不如 find() 方法方便。然而，如果未搜索到值，则将返回一个 None。在上面介绍 BeautifulSoup4 的时候，我们知道可以通过 bs.div 来获取第一个 div 标签，如果我们需要获取第一个 div 下的第一个 div，那么可以这样：

```
t = bs.div.div

# 等价于
t = bs.find("div").find("div")
```

8.4.5 CSS 选择器

BeautifulSoup 支持大部分的 CSS 选择器，在 Tag 获取 BeautifulSoup 对象的 .select() 方法中传入字符串参数，即可使用 CSS 选择器的语法找到 Tag。

常用的 8 种操作如下所示。

1. 通过标签名查找

```
print(bs.select('title'))
print(bs.select('a'))
```

2. 通过类名查找

```
print(bs.select('.mnav'))
```

3. 通过 id 查找

```
print(bs.select('#u1'))
```

4. 组合查找

```
print(bs.select('div .bri'))
```

5. 属性查找

```
print(bs.select('a[class="bri"]'))
print(bs.select('a[href="http://tieba.baidu.com"]'))
```

6. 直接子标签查找

```
t_list = bs.select("head > title")
print(t_list)
```

7. 兄弟节点标签查找

```
t_list = bs.select(".mnav ~ .bri")
print(t_list)
```

8. 获取内容

```
t_list = bs.select("title")
print(bs.select('title')[0].get_text())
```

8.5 CrawlSpider 的使用

CrawlSpider 是 Spider 的派生类，Spider 类的设计原则是只爬取 start_url 列表中的网页，而 CrawlSpider 类定义了一些规则（Rule）来提供跟进链接的方便的机制，从爬取的网页结果中获取链接并继续爬取工作。

8.5.1 Spider 的简单用法

Spider 是用户编写的用于从单个网站（或者一些网站）爬取数据的类。其包含了一个用于下载的初始 URL，涉及如何跟进网页中的链接、如何分析页面中的内容，以及提取生成项目（Item）的方法。为了创建一个 Spider，你必须继承 scrapy.Spider 类，且定义以下三个属性：

- name：用于区别 Spider。该名字必须是唯一的，不可以为不同的 Spider 设定相同的名字。
- start_urls：包含了 Spider 在启动时进行爬取的 URL 列表。因此，第一个被获取到的页面将是其中之一。后续的 URL 则从初始 URL 获取到的数据中提取。
- parse()：是 Spider 的一个方法。被调用时，每个初始 URL 完成下载后生成的响应（response）对象都会作为唯一的参数传递给该函数。该方法负责解析返回的数据（response data）、提取数据（生成项目）以及生成需要进一步处理的 URL 的请求（request）对象。

这里举一个使用 Spider 爬取数据的实例，如例 8-2 所示。

【例 8-2】使用 Spider 的实例

```
from scrapy.spiders import Spider
class BlogSpider(Spider):
    name = 'woodenrobot'
    start_urls = ['http://woodenrobot.me']
    def parse(self, response):
        titles = response.xpath('//a[@class="post-title-link"]/text()').extract()
        for title in titles:
            print title.strip()
```

8.5.2 CrawlSpider 概述

CrawlSpider 继承自 Spider，主要用于爬取有规则的 url。Spider 类只能爬取 start_urls 中的 url，而 CrawlSpider 类定义了一些规则 rules 来爬取那些具有一定规则的网站，同时，CrawlSpider 也有一些独特属性如下所示。

- rules：是 Rule 对象的集合，用于匹配目标网站并排除干扰。
- parse_start_url：用于爬取起始响应，必须要返回项目、请求中的一个。

因为 rules 是 Rule 对象的集合，所以这里也要介绍一下 Rule。它包含几个参数：link_extractor、callback=None、cb_kwargs=None、follow=None、process_links=None、process_request=None。其中的 link_extractor 既可以自己定义，也可以使用已有 LinkExtractor 类，主要参数为：

- allow：满足括号中“正则表达式”的值会被提取，如果为空，则全部匹配。
- deny：与这个正则表达式（或正则表达式列表）不匹配的 URL 一定不会被提取。
- allow_domains：会被提取的链接的 domains。
- deny_domains：一定不会被提取的链接的 domains。
- restrict_xpaths：使用 XPath 表达式，和 allow 共同作用以过滤链接。还有一个类似的 restrict_css。

CrawlSpider 类和 Spider 类的最大不同是 CrawlSpider 多了一个 rules 属性，其作用是定义“提取动作”。rules 中可以包含一个或多个 Rule 对象，Rule 对象中又包含了 LinkExtractor 对象。下面是官方提供的例子，我们从源代码的角度解读一些常见问题。

```
import scrapy
from scrapy.contrib.spiders import CrawlSpider, Rule
from scrapy.contrib.linkextractors import LinkExtractor

class MySpider(CrawlSpider):
    name = 'example.com'
    allowed_domains = ['example.com']
    start_urls = ['http://www.example.com']

    rules = (
        # 提取匹配'category.php'的链接并跟进链接
        Rule(LinkExtractor(allow=('category\.php', ), deny=('subsection\.php', ))),

        # 提取匹配 'item.php' 的链接并使用spider的parse_item方法进行分析
        Rule(LinkExtractor(allow=('item\.php', )), callback='parse_item'),
    )

    def parse_item(self, response):
        self.log('Hi, this is an item page! %s' % response.url)

        item = scrapy.Item()
        item['id'] = response.xpath('//td[@id="item_id"]/text()').re(r'ID: (\d+)')
        item['name'] = response.xpath('//td[@id="item_name"]/text()').extract()
        item['description'] = response.xpath('//td[@id="item_description"]/text()').extract()
        return item
```

问题 1：CrawlSpider 如何工作的？

因为 CrawlSpider 继承了 Spider，所以具有 Spider 的所有函数。首先由 start_requests 对 start_urls 中的每一个 URL 发起请求（make_requests_from_url），这个请求会被 parse 接收。在 Spider 里面的 parse 需要我们定义，但 CrawlSpider 定义 parse 去解析响应（self._parse_response(response, self.parse_start_url, cb_kwargs={}, follow=True)）。_parse_response 可根据有无 callback、follow 和 self.follow_links 来执行不同的操作。

问题 2：CrawlSpider 如何获取 rules？

CrawlSpider 类会在 __init__ 方法中调用 _compile_rules 方法，然后在其中复制 rules 中的各个 Rule 获取要用于回调（callback），要进行处理的链接（process_links）和要进行的处理请求（process_request）。

一般来说，CrawlSpider 的整体爬取流程如下：

1）爬虫文件首先根据起始 url，获取该 url 的网页内容；

2）链接提取器会根据指定提取规则，将网页内容中的链接提取；

3）规则解析器会根据指定解析规则，将链接提取器中提取到的链接中的网页内容根据指定的规则进行解析；

4）将解析数据封装到 item 中，然后提交给管道进行持久化存储。

关于 CrawlSpider 的使用方式如例 8-3 所示。

【例 8-3】CrawlSpider 的使用实例

```
def _parse_response(self, response, callback, cb_kwargs, follow=True):
    # 若传入callback，则使用callback解析页面并获取解析得到的请求或项目
        if callback:
            cb_res = callback(response, **cb_kwargs) or ()
            cb_res = self.process_results(response, cb_res)
            for requests_or_item in iterate_spider_output(cb_res):
                yield requests_or_item
    # 其次判断有无follow，用_requests_to_follow解析响应是否有符合要求的link
        if follow and self._follow_links:
            for request_or_item in self._requests_to_follow(response):
                yield request_or_item
```

其中 _requests_to_follow 又会获取 link_extractor（这个是我们传入的 LinkExtractor）解析页面得到的 link（link_extractor.extract_links(response)），对 URL 进行加工（process_links，需要自定义），对符合的 link 发起请求。同时，使用 .process_request（需要自定义）来处理响应。

8.5.3 使用 CrawlSpider 获取 rules

CrawlSpider 类会在 __init__ 方法中调用 _compile_rules 方法，然后在其中浅拷贝 rules 内的各个 Rule，从而获取要用于回调（callback）并进行处理的链接（process_links），以及要进行处理的请求（process_request）。获取 rules 的方法可参考例 8-4。

【例 8-4】使用 CrawlSpider 获取 rules 的实例

```
def _compile_rules(self):
    def get_method(method):
        if callable(method):
            return method
        elif isinstance(method, six.string_types):
            return getattr(self, method, None)
    self._rules = [copy.copy(r) for r in self.rules]
    for rule in self._rules:
        rule.callback = get_method(rule.callback)
        rule.process_links = get_method(rule.process_links)
        rule.process_request = get_method(rule.process_request)
```

由上面的讲解可知，_parse_response 会处理有 callback 的响应。cb_res= callback(response,**cb_kwargs)or()，而 _requests_to_follow 会将 self._response_downloaded 传给 callback，用于对页面中匹配的 URL 发起请求。r=Request(url=link.url, callback=self._response_downloaded)，那么 Rule

是如何定义的呢？请参考例 8-5。

【例 8-5】定义 Rule

```
class Rule(object):
def __init__(self,link_extractor,callback=None,cb_kwargs=None,follow=None,process_
    links=None, process_request=identity):
    self.link_extractor = link_extractor
    self.callback = callback
    self.cb_kwargs = cb_kwargs or {}
    self.process_links = process_links
    self.process_request = process_request
    if follow is None:
        self.follow = False if callback else True
    else:
        self.follow = follow
```

因此 LinkExtractor 会传给 link_extractor。

8.5.4　使用 CrawlSpider 进行模拟登录

CrawlSpider 和 Spider 一样，都使用 start_requests 发起请求，接下来会用例 8-6 的代码说明如何模拟登录。

【例 8-6】使用 CrawlSpider 进行模拟登录的实例

```
def start_requests(self):
    return [Request("http://www.zhihu.com/# signin", meta = {'cookiejar' : 1},
callback = self.post_login)]
def post_login(self, response):
    print 'Preparing login'
# 以下语句用于抓取请求网页后返回网页中的_xsrf字段的成功提交表单的value
    xsrf = Selector(response).xpath('//input[@name="_xsrf"]/@value').extract()[0]
    print xsrf
# FormRequeset.from_response是Scrapy提供的一个函数，用于post表单
# 登录成功后，会调用after_login回调函数
    return [FormRequest.from_response(response,  # "http://www.zhihu.com/login",
        meta = {'cookiejar' : response.meta['cookiejar']}, headers = self.headers,
        formdata = { '_xsrf': xsrf, 'email': 'email', 'password': 'password' },
callback = self.after_login,
dont_filter = True )]
# make_requests_from_url会调用parse，就可以与CrawlSpider的parse进行衔接了
def after_login(self, response) :
    for url in self.start_urls :
        yield self.make_requests_from_url(url)
```

8.6　Scrapy Shell 的使用

Scrapy Shell 是一个交互式的 Shell，一旦你习惯使用 Scrapy Shell，便会发现 Scrapy Shell 对于开发爬虫来说是一个非常好用的测试工具。Scrapy Shell 可以看成是一个内置了几个有用的功能函数的 Python 控制台程序。

8.6.1 启动 Scrapy Shell

Scrapy Shell 是一个交互终端，用于在未启动 Spider 的情况下尝试及调试你的爬取代码。其本意是用来测试提取数据的代码，不过也可以将其作为正常的 Python 终端，在上面测试任何 Python 代码。该终端可用来测试 XPath 或 CSS 表达式、查看它们的工作方式及从爬取的网页中提取的数据。在编写 Spider 时，该终端提供了交互性测试你的表达式代码的功能，免去了每次修改后运行 Spider 的麻烦。可以使用如下命令启用 shell：

```
scrapy shell <url>
```

其中，<url> 就是想抓取的页面 URL。

8.6.2 功能函数

Scrapy Shell 中含有的功能函数为：

- shelp()：输出一系列可用的对象和函数。
- fetch(request_or_url)：从给定的 URL 或既有的请求对象中重新生成响应对象，并更新原有的相关对象。
- view(response)：使用浏览器打开原有的响应对象（换句话说就是 HTML 页面）。

8.6.3 Scrapy 对象

使用 Scrapy Shell 下载指定页面的时候，会生成一些可用的对象，比如响应对象和 Selector 对象（HTML 和 XML 均适用）。这些可用的对象包括：

- crawler：当前的 Crawler 对象。
- Spider：处理 URL 的 Spider。
- request：最后获取页面的请求对象。
- response：一个包含最后获取页面的响应对象。
- sel：最新下载页面的 Selector 对象。
- settings：当前的 Scrapy settings。

8.6.4 Scrapy Shell 示例

1. 修改 Scrapy Shell 的请求方式

```
>>> request = request.replace(method="POST")
>>> fetch(request)
        [s] Available Scrapy objects:
        [s]   crawler    <scrapy.crawler.Crawler object at 0x1e16b50>
...
```

2. 从 Spider 中调用 Scrapy Shell

在爬虫运行过程中，有时需要检查某个响应是否是你所期望的。这个需求可以通过 scrapy.shell.inspect_response 函数来实现。以下是一个关于如何从 Spider 中调用 Scrapy Shell 的示例。

```
from scrapy.spider import Spider
class MySpider(Spider):
    name = "myspider"
    start_urls = ["http://example.com", "http://example.org", "http://example.net"]
    def parse(self, response):
        # We want to inspect one specific response.
        if ".org" in response.url:
            from scrapy.shell import inspect_response
            inspect_response(response)
```

当你启动爬虫的时候，控制台将打印出类似如下的信息：

```
2019-08-20 17:48:31-0400 [myspider] DEBUG: Crawled (200) <GET http://example.
    com> (referer: None)
2019-08-20 17:48:31-0400 [myspider] DEBUG: Crawled (200) <GET http://example.
    org> (referer: None)
    [s] Available Scrapy objects:
    [s]   crawler    <scrapy.crawler.Crawler object at 0x1e16b50>
    ...
>>> response.url
    'http://example.org'
```

注意　当 Scrapy engine 被 scrapy shell 占用的时候，Scrapy shell 中的 fetch 函数是无法使用的。然而，当退出 Scrapy shell 的时候，爬虫将从停止的地方继续爬行。

8.7 Scrapyrt 的使用

Scrapyrt 为 Scrapy 提供了一个调度的 HTTP 接口。有了它，我们便不需要再执行 Scrapy 命令，通过请求一个 HTTP 接口即可调度 Scrapy 任务，因此也就不需要借助命令行来启动项目了。如果项目是在远程服务器运行，那么利用它来启动项目将是一个不错的选择。

8.7.1 GET 请求

目前，GET 请求方式支持如下的参数。

- spider_name：Spider 名称、字符串类型、必传参数。如果传递的 Spider 名称不存在，则返回 404 错误。
- url：爬取链接、字符串类型，若起始链接没有定义则必须要传递这个参数。如果传递了该参数，那么 Scrapy 会直接用该 URL 生成 Request，而忽略 start_requests() 方法和 start_urls 属性的定义。
- callback：回调函数名称、字符串类型、可选参数。如果传递了该参数，那么便会使用此回调函数处理，否则会默认使用 Spider 内定义的回调函数。
- max_requests：最大请求数量、数值类型、可选参数。它定义了 Scrapy 执行请求的 Request 的最大限制，如定义为 5，则表示最多只执行 5 次 Request 请求，其余的则会被忽略。

- start_requests：代表是否要执行 start_requests 方法，其为布尔类型、可选参数。Scrapy 项目中如果定义了 start_requests() 方法，那么项目启动时会默认调用该方法。但是在 Scrapyrt 中就不一样了，Scrapyrt 默认不执行 start_requests() 方法，如果要执行，则需要将 start_requests 参数设置为 true。

返回的是一个 JSON 格式的字符串，我们解析它的结构，如下所示：


```
{
    "status": "ok",
    "items": [
        {
            "text": ""The world as we have created it is a process of o...",
            "author": "Albert Einstein",
            "tags": [
                "change",
                "deep-thoughts",
                "thinking",
                "world"
            ]
        },
        ...
        {
            "text": ""... a mind needs books as a sword needs a whetsto...",
            "author": "George R.R. Martin",
            "tags": [
                "books",
                "mind"
            ]
        }
    ],
    "items_dropped": [],
    "stats": {
        "downloader/request_bytes": 2892,
        "downloader/request_count": 11,
        "downloader/request_method_count/GET": 11,
        "downloader/response_bytes": 24812,
        "downloader/response_count": 11,
        "downloader/response_status_count/200": 10,
        "downloader/response_status_count/404": 1,
        "dupefilter/filtered": 1,
        "finish_reason": "finished",
        "finish_time": "2017-07-12 15:09:02",
        "item_scraped_count": 100,
        "log_count/DEBUG": 112,
        "log_count/INFO": 8,
        "memusage/max": 52510720,
        "memusage/startup": 52510720,
        "request_depth_max": 10,
        "response_received_count": 11,
        "scheduler/dequeued": 10,
        "scheduler/dequeued/memory": 10,
        "scheduler/enqueued": 10,
        "scheduler/enqueued/memory": 10,
```

```
        "start_time": "2017-07-12 15:08:56"
    },
    "spider_name": "quotes"
}
```

这里省略了 items 的绝大部分。status 显示了爬取的状态，items 部分是 Scrapy 项目的爬取结果，items_dropped 是被忽略的 Item 列表，stats 是爬取结果的统计情况。此结果和直接运行 Scrapy 项目得到的统计是相同的。这样一来，我们便可通过 HTTP 接口调度 Scrapy 项目并获取爬取结果，如果 Scrapy 项目部署在服务器上，那么我们可以通过开启一个 Scrapyrt 服务来实现任务的调度并直接取得爬取结果，这很方便。

8.7.2 POST 请求

除了 GET 请求，我们还可以通过 POST 请求来请求 Scrapyrt。但是，此处 Request Body 必须是一个合法的 JSON 配置，在 JSON 里面可以配置相应的参数。目前，JSON 配置支持如下参数。

- spider_name：Spider 名称、字符串类型、必传参数。如果传递的 Spider 名称不存在，则返回 404 错误。
- max_requests：最大请求数量、数值类型、可选参数。它定义了 Scrapy 执行请求的 Request 的最大限制，如定义为 5，则表示最多只执行 5 次 Request 请求，其余的则会被忽略。
- request：Request 配置、JSON 对象、必传参数。通过该参数可以定义 Request 的各个参数，必须指定 URL 字段来指定爬取链接，其他字段可选。

传递 JSON 配置并发起 POST 请求的方式如例 8-7 所示。

【例 8-7】使用 JSON 配置实例

```
{
    "request": {
        "url": "http://quotes.toscrape.com/",
        "callback": "parse",
        "dont_filter": "True",
        "cookies": {
            "foo": "bar"
        }
    },
    "max_requests": 2,
    "spider_name": "quotes"
}
```

我们执行如下命令，传递该 JSON 配置并发起 POST 请求：

```
curl http://localhost:9080/crawl.json -d '{"request":
    {"url": "http://quotes.toscrape.com/", "dont_filter": "True", "callback":
        "parse", "cookies": {"foo": "bar"}
    }, "max_requests": 2, "spider_name": "quotes"
}'
```

运行结果和上文类似，同样是输出了爬取状态、结果、统计信息等内容。

8.8 Scrapy 对接 Selenium

Scrapy 抓取页面的方式和 requests 库类似，都是直接模拟 HTTP 请求，而且 Scrapy 也不能抓取 JavaScript 动态渲染的页面。在前文中抓取 JavaScript 渲染的页面有两种方式。一种是分析 Ajax 请求，找到其对应的接口抓取，Scrapy 同样可以使用此种方式。另一种是直接用 Selenium 或 Splash 模拟浏览器进行抓取，我们不需要关心页面后台发生的请求，也不需要分析渲染过程，只需要关心页面最终结果，可见即可爬。所以，如果 Scrapy 可以对接 Selenium，那么 Scrapy 就可以处理任何网站的抓取了。

本节我们来看看 Scrapy 框架如何对接 Selenium，并以 PhantomJS 进行演示。我们还是来抓取淘宝商品信息，抓取逻辑和前文中用 Selenium 抓取淘宝商品完全相同。

首先新建项目，名为 scrapyseleniumtest，命令如下所示：

```
scrapy startproject scrapyseleniumtest
```

新建一个 Spider，命令如下所示：

```
scrapy genspider taobao www.taobao.com
```

修改 ROBOTSTXT_OBEY 为 False，如下所示：

```
ROBOTSTXT_OBEY = False
```

1. 定义 Item 对象，名为 ProductItem

代码如下所示：

```
from scrapy import Item, Field
class ProductItem(Item):
    collection = 'products'
    image = Field()
    price = Field()
    deal = Field()
    title = Field()
    shop = Field()
    location = Field()
```

这里我们定义了 6 个 Field，也就是 6 个字段，跟之前的案例完全相同。然后定义了一个 collection 属性，即此 Item 保存的 MongoDB 的 Collection 名称。初步实现 Spider 的 start_requests() 方法，如下所示：

```
from scrapy import Request, Spider
from urllib.parse import quote
from scrapyseleniumtest.items import ProductItem
    class TaobaoSpider(Spider):
        name = 'taobao'
        allowed_domains = ['www.taobao.com']
```

```
    base_url = 'https://s.taobao.com/search?q='
    def start_requests(self):
        for keyword in self.settings.get('KEYWORDS'):
            for page in range(1, self.settings.get('MAX_PAGE') + 1):
                url = self.base_url + quote(keyword)
                yield Request(url=url, callback=self.parse, meta={'page':
                    page}, dont_filter=True)
```

首先定义了一个 base_url，即商品列表的 URL ；其后拼接一个搜索关键字，即该关键字在淘宝的搜索结果商品列表页面。关键字用 KEYWORDS 标识，定义为一个列表。最大翻页页码用 MAX_PAGE 表示。它们统一定义在 setttings.py 里面，如下所示：

```
KEYWORDS = ['iPad']
MAX_PAGE = 100
```

在 start_requests() 方法里，我们首先遍历关键字，继而遍历分页页码，构造并生成 Request。由于每次搜索的 URL 是相同的，所以分页页码用 meta 参数来传递，同时设置 dont_filter 不去重。这样爬虫启动的时候，就会生成每个关键字对应的商品列表的每一页的请求了。

2. 对接 Selenium

接下来我们需要处理这些请求的抓取。这次我们对接 Selenium 抓取，用下载器中间件（Downloader Middleware）来实现。在中间件里面的 process_request() 方法中对每个抓取请求进行处理，启动浏览器并进行页面渲染，再用渲染后的结果来构造一个 HtmlResponse 对象并返回。代码实现如下所示：

```
from selenium import webdriver
from selenium.common.exceptions import TimeoutException
from selenium.webdriver.common.by import By
from selenium.webdriver.support.ui import WebDriverWait
from selenium.webdriver.support import expected_conditions as EC
from scrapy.http import HtmlResponse
from logging import getLogger
class SeleniumMiddleware():
    def __init__(self, timeout=None, service_args=[]):
        self.logger = getLogger(__name__)
        self.timeout = timeout
        self.browser = webdriver.PhantomJS(service_args=service_args)
        self.browser.set_window_size(1400, 700)
        self.browser.set_page_load_timeout(self.timeout)
        self.wait = WebDriverWait(self.browser, self.timeout)
    def __del__(self):
        self.browser.close()
    def process_request(self, request, spider):
        """
        用PhantomJS抓取页面
        :param request: Request对象
        :param spider: Spider对象
        :return: HtmlResponse
        """
        self.logger.debug('PhantomJS is Starting')
        page = request.meta.get('page', 1)
```

```
        try:
            self.browser.get(request.url)
            if page > 1:
                input = self.wait.until(
EC.presence_of_element_located((By.CSS_SELECTOR,'#mainsrp-pagerdiv.form> input')))
                submit = self.wait.until(
EC.element_to_be_clickable((By.CSS_SELECTOR,'#mainsrp-pagerdiv.form >span.btn.J_Submit')))
                input.clear()
                input.send_keys(page)
                submit.click()
            self.wait.until(EC.text_to_be_present_in_element((By.CSS_SELECTOR,
                '#mainsrp-pager li.item.active > span'), str(page)))
self.wait.until(EC.presence_of_element_located((By.CSS_SELECTOR,'.m-itemlist.items.item')))
returnHtmlResponse(url=request.url,body=self.browser.page_source,request=request,
    encoding='utf-8', status=200)
        except TimeoutException:
            return HtmlResponse(url=request.url, status=500, request=request)
    @classmethod
    def from_crawler(cls, crawler):
        return cls(timeout=crawler.settings.get('SELENIUM_TIMEOUT'),
                service_args=crawler.settings.get('PHANTOMJS_SERVICE_ARGS'))
```

首先我们在 __init__() 里对一些对象进行初始化，包括 PhantomJS、WebDriverWait 等对象，同时设置页面大小和页面加载超时时间。在 process_request() 方法中，我们通过 Request 的 meta 属性来获取当前需要爬取的页码，调用 PhantomJS 对象的 get() 方法来访问 Request 的对应的 URL。这就相当于从 Request 对象里获取请求链接，然后再用 PhantomJS 加载，而不再使用 Scrapy 里的下载器。最后，一旦页面加载完成，我们便可调用 PhantomJS 的 page_source 属性以获取当前页面的源代码，然后用它来直接构造并返回一个 HtmlResponse 对象。构造这个对象的时候需要传入多个参数，如 url、body 等，这些参数实际上就是它的基础属性。这样我们就成功利用 PhantomJS 来代替 Scrapy 完成了页面的加载，最后将 Response 返回。

在 settings.py 里，我们设置调用刚才定义的 SeleniumMiddleware，如下所示：

```
DOWNLOADER_MIDDLEWARES = {
'scrapyseleniumtest.middlewares.SeleniumMiddleware': 543,
}
```

8.9 实战案例

在本节中，我们将学习如何编写三个独立的程序。第一个程序将使用 Scrapy 进行知乎信息爬取，第二个程序将使用 Scrapy 进行微博信息爬取，第三个程序将使用 Scrapy 进行机票信息爬取。

8.9.1 Scrapy 知乎信息爬取

通过获取知乎某个大 V 的关注列表和被关注列表，查看该大 V 以及其关注用户和被关注用户的详细信息，然后通过层层递归调用，实现获取关注用户和被关注用户的关注列表和被关注列表，最终实现获取大量用户信息。

新建一个 Scrapy 项目 scrapy startproject zhihuuser，移动到新建目录 cd zhihuuser 下。新建 Spider 项目：scrapy genspider zhihu zhihu.com。

1. 定义 spider.py 文件（定义爬取网址、爬取规则等）

```
# -*- coding: utf-8 -*-
import json
from scrapy import Spider, Request
from zhihuuser.items import UserItem
class ZhihuSpider(Spider):
    name = 'zhihu'
    allowed_domains = ['zhihu.com']
    start_urls = ['http://zhihu.com/']
# 自定义爬取网址
    start_user = 'excited-vczh'
    user_url = 'https://www.zhihu.com/api/v4/members/{user}?include={include}'
    user_query = 'allow_message,is_followed,is_following,is_org,is_blocking,employments,answer_
        count,follower_count,articles_count,gender,badge[?(type=best_answerer)].topics'
    follows_url = 'https://www.zhihu.com/api/v4/members/{user}/followees?include=
        {include}&offset={offset}&limit={limit}'
    follows_query  =  'data[*].answer_count,articles_count,gender,follower_
        count,is_followed,is_following,badge[?(type=best_answerer)].topics'
    followers_url  =  'https://www.zhihu.com/api/v4/members/{user}/followees?include=
        {include}&offset={offset}&limit={limit}'
    followers_query  =  'data[*].answer_count,articles_count,gender,follower_
        count,is_followed,is_following,badge[?(type=best_answerer)].topics'
# 定义请求爬取用户信息、关注用户和被关注用户的函数
    def start_requests(self):
        yield  Request(self.user_url.format(user=self.start_user,  include=self.
            user_query), callback=self.parseUser)
        yield Request(self.follows_url.format(user=self.start_user, include=self.
            follows_query, offset=0, limit=20), callback=self.parseFollows)
        yield Request(self.followers_url.format(user=self.start_user, include=self.
            followers_query, offset=0, limit=20), callback=self.parseFollowers)
# 请求爬取用户详细信息
    def parseUser(self, response):
        result = json.loads(response.text)
        item = UserItem()
        for field in item.fields:
            if field in result.keys():
                item[field] = result.get(field)
        yield item
# 定义回调函数，爬取关注用户与被关注用户的详细信息，实现层层迭代
        yield Request(self.follows_url.format(user=result.get('url_token'), include=self.
            follows_query, offset=0, limit=20), callback=self.parseFollows)
        yield Request(self.followers_url.format(user=result.get('url_token'), include=self.
            followers_query, offset=0, limit=20), callback=self.parseFollowers)
# 爬取关注者列表
    def parseFollows(self, response):
        results = json.loads(response.text)
        if 'data' in results.keys():
            for result in results.get('data'):
                yield  Request(self.user_url.format(user=result.get('url_token'),
                    include=self.user_query), callback=self.parseUser)
```

```
        if 'paging' in results.keys() and results.get('paging').get('is_end') == False:
            next_page = results.get('paging').get('next')
            yield Request(next_page, callback=self.parseFollows)
# 爬取被关注者列表
    def parseFollowers(self, response):
        results = json.loads(response.text)
        if 'data' in results.keys():
            for result in results.get('data'):
                yield  Request(self.user_url.format(user=result.get('url_token'),
                    include=self.user_query), callback=self.parseUser)
        if 'paging' in results.keys() and results.get('paging').get('is_end') == False:
            next_page = results.get('paging').get('next')
            yield Request(next_page, callback=self.parseFollowers)
```

2. 定义 items.py 文件（定义爬取数据的信息、使其规整等）

```
# -*- coding: utf-8 -*-
# Define here the models for your scraped items
# See documentation in:
# https://doc.scrapy.org/en/latest/topics/items.html
from scrapy import Field, Item
class UserItem(Item):
    # define the fields for your item here like:
    # name = scrapy.Field()
    allow_message = Field()
    answer_count = Field()
    articles_count = Field()
    avatar_url = Field()
    avatar_url_template = Field()
    badge = Field()
    employments = Field()
    follower_count = Field()
    gender = Field()
    headline = Field()
    id = Field()
    name = Field()
    type = Field()
    url = Field()
    url_token = Field()
    user_type = Field()
```

3. 定义 pipelines.py 文件（存储数据到 MongoDB）

```
# -*- coding: utf-8 -*-
# Define your item pipelines here
# Don't forget to add your pipeline to the ITEM_PIPELINES setting
# See: https://doc.scrapy.org/en/latest/topics/item-pipeline.html
import pymongo
# 存储到MongoDB
class MongoPipeline(object):
    collection_name = 'users'
    def __init__(self, mongo_uri, mongo_db):
        self.mongo_uri = mongo_uri
        self.mongo_db = mongo_db
    @classmethod
```

```
    def from_crawler(cls, crawler):
        return cls(
            mongo_uri=crawler.settings.get('MONGO_URI'),
            mongo_db=crawler.settings.get('MONGO_DATABASE')
        )
    def open_spider(self, spider):
        self.client = pymongo.MongoClient(self.mongo_uri)
        self.db = self.client[self.mongo_db]
    def close_spider(self, spider):
        self.client.close()
    def process_item(self, item, spider):
        self.db[self.collection_name].update({'url_token':item['url_token']},
            dict(item), True)
# 执行去重操作
        return item
```

4. 定义 settings.py 文件（开启 MongoDB、定义请求头、不遵循 robotstxt 规则）

```
# -*- coding: utf-8 -*-
BOT_NAME = 'zhihuuser'
SPIDER_MODULES = ['zhihuuser.spiders']
# Obey robots.txt rules
ROBOTSTXT_OBEY = False  # 是否遵守robotstxt规则，限制爬取内容
# Override the default request headers(加载请求头):
DEFAULT_REQUEST_HEADERS = {
    'Accept': 'text/html,application/xhtml+xml,application/xml;q=0.9,*/*;q=0.8',
    'Accept-Language': 'en',
    'User-agent': 'Mozilla/5.0 (Macintosh; Intel Mac OS X 10_11_6) AppleWebKit/
        537.36 (KHTML, like Gecko) Chrome/64.0.3282.140 Safari/537.36',
    'authorization': 'oauth c3cef7c66a1843f8b3a9e6a1e3160e20'
}
# Configure item pipelines
# See https://doc.scrapy.org/en/latest/topics/item-pipeline.html
ITEM_PIPELINES = {
    'zhihuuser.pipelines.MongoPipeline': 300,
}
MONGO_URI = 'localhost'
MONGO_DATABASE = 'zhihu'
```

开启爬取：scrapy crawl zhihu。部分爬取过程中的信息如图 8-4 所示。

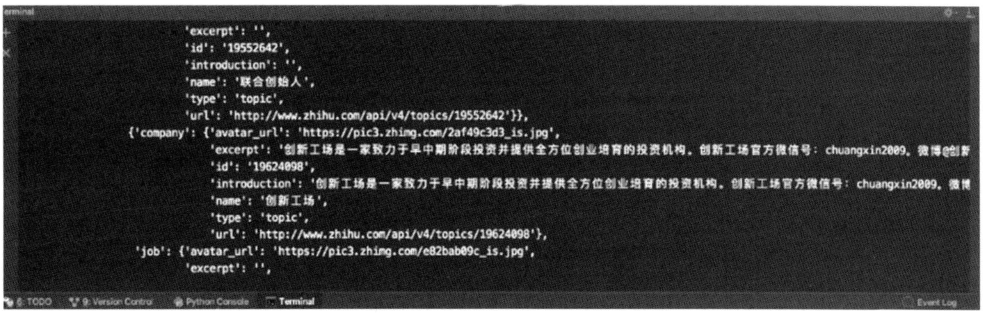

```
             'excerpt': '',
             'id': '19552642',
             'introduction': '',
             'name': '联合创始人',
             'type': 'topic',
             'url': 'http://www.zhihu.com/api/v4/topics/19552642'}},
      {'company': {'avatar_url': 'https://pic3.zhimg.com/2af49c3d3_is.jpg',
                'excerpt': '创新工场是一家致力于早中期阶段投资并提供全方位创业培育的投资机构。创新工场官方微信号：chuangxin2009。微博@创新
                'id': '19624098',
                'introduction': '创新工场是一家致力于早中期阶段投资并提供全方位创业培育的投资机构。创新工场官方微信号：chuangxin2009。微博
                'name': '创新工场',
                'type': 'topic',
                'url': 'http://www.zhihu.com/api/v4/topics/19624098'},
       'job': {'avatar_url': 'https://pic3.zhimg.com/e82bab09c_is.jpg',
             'excerpt': '',
```

图 8-4　部分爬取过程中的信息

存储到 MongoDB 的部分信息如图 8-5 所示。

db.getCollection('users').find({})

users 0.004 sec. 0 50

Key	Value	Type
(1) ObjectId("5a82a245f460a250c4f9...	{ 17 fields }	Object
_id	ObjectId("5a82a245f460a250c4f9a2f0")	ObjectId
allow_message	false	Boolean
answer_count	18321	Int32
articles_count	93	Int32
avatar_url	https://pic3.zhimg.com/v2-1bea18837914a...	String
avatar_url_template	https://pic3.zhimg.com/v2-1bea18837914a...	String
badge	[0 elements]	Array
employments	[1 element]	Array
follower_count	668095	Int32
gender	1	Int32
headline	专业造轮子，拉黑抢前排。<a href="https://li...	Int32
id	0970f947b898ecc0ec035f9126dd4e08	String
name	vczh	String
type	people	String
url	http://www.zhihu.com/api/v4/people/0970...	String
url_token	excited-vczh	String
user_type	people	String
(2) ObjectId("5a82a245f460a250c4f...	{ 17 fields }	Object
(3) ObjectId("5a82a245f460a250c4f...	{ 17 fields }	Object
(4) ObjectId("5a82a245f460a250c4f...	{ 17 fields }	Object
(5) ObjectId("5a82a245f460a250c4f...	{ 17 fields }	Object
(6) ObjectId("5a82a246f460a250c4f...	{ 17 fields }	Object
(7) ObjectId("5a82a246f460a250c4f9...	{ 17 fields }	Object

图 8-5 MongoDB 的部分信息

8.9.2 Scrapy 微博信息爬取

本示例将获取新浪微博指定用户下的所有基本信息，包括粉丝和关注者等，并且通过该用户的关注者和粉丝继续深度爬取，简单来说，只要时间够多，IP 够用，通过一个用户就可以得到新浪微博所有用户的基础信息。

1. 创建项目

```
scrapy startproject weibospider
# 目录层级如下：
weibospider
    -weibospider
        -spiders          # 爬虫目录，创建爬虫文件
            -__init__.py
            _weibo.py     # 写入爬虫相关信息
        __init__.py
        items.py          # 设置数据存储模板，用于结构化数据，如Django中的models
        middlewares.py    # 设置中间下载键，可以设置请求头和IP池
        pipelines.py      # 一般结构化的数据持久化
        setting.py        # 爬虫运行的相关设置
    main.py               # 设置快捷启动
    scrapy.cfg            # 提供基础配置信息，主要配置信息在setting.py中
```

2. 爬取用户信息

```
import scrapy
from scrapy import Request
import json
from weibospider.items import UserItem, UserRelationItem
```

```
class WeiBoUserInfoSpider(scrapy.Spider):
    # 给爬虫唯一命名，通过此命名可以启动爬虫
    name = 'weibo'
    # 通过分析API接口，可以得到用户信息URL
    user_urls = 'https://m.weibo.cn/api/container/getIndex?uid={uid}type=uid&value=
        {uid}&containerid=100505{uid}'
    # 通过分析API接口，可以得到该用户关注者的信息的URL
    followers_urls = 'https://m.weibo.cn/api/container/getIndex?containerid=
        231051_-_followers_-_{uid}&page={page}'
    # 通过分析API接口，可以得到该用户粉丝的信息的URL
    fans_urls = 'https://m.weibo.cn/api/container/getIndex?containerid=231051_-
        _fans_-_{uid}&since_id={since_id}'
    uid_lists = [
        '1767840980',
            '1582188504',
            '1759006061',
            '3908615569'
    ]
    # start_requests会循环生成要访问的网址
    def start_requests(self):
        for uid in uid_lists:
            # 生成器会访问self.parse_urls函数
            yield Request(self.user_urls.format(uid=uid), callback=self.parse_user)
    def parse_user(self, response):
        res = json.loads(response.body_as_unicode())
        # 判断API接口返回成功与否
        if res['ok']:
            # 创建item对象
            user_item = UserItem()
            # 对页面信息进行解析
            user_info = res.get('data').get('userInfo')
            user_param = {
'id':'id','screen_name':'screen_name','profile_image_url':'profile_image_url','profile_
     url':'profile_url','verified_reason':'verified_reason','close_blue_v':'close_
     blue_v','description':'description','gender':'gender','follow_me':'follow_me',
     'following':'following','followers_count':'followers_count','follow_count':'follow_
     count','cover_image_phone':'cover_image_phone','avatar_hd':'avatar_hd'
            }
            for k,v in user_param.items():
                user_item[k] = user_info.get(v)
            # 返回item，用户数据保存
            yield user_item
            """
            关注人信息，Request发送一个请求
            第一个参数为请求URL，第二个参数为执行回调函数
            第三个参数为要传递的值，在回调函数中可通过response.meta获取
            """
            yield Request(self.followers_urls.format(uid = user_item.get('id'),page=1),
                                    callback=self.parse_follower,
                                    meta={'uid':user_item.get('id'),'page':1})
            # 粉丝信息
            yield Request(self.fans_urls.format(uid=user_item.get('id'), since_id=1),
                                    callback=self.parse_fans,
                                    meta={'uid': user_item.get('id'), 'since_id': 1})
```

3. 获取该用户关注者信息

```
def parse_follower(self,response):
    # 解析用户关注信息
    res = json.loads(response.text)
    if res['ok']:
        card_group =  res['data']['cards'][-1]['card_group']
        for card_info in card_group:
            user_info = card_info['user']
            # 得到该用户的ID
            uid = user_info['id']
            print(user_info)
            # 对该用户的全部信息进行录入
          yield Request(self.user_urls.format(uid=uid), callback=self.parse_user)
        # 解析用户和关注者信息之间的关系
        follow_list = []
        for follow in card_group:
            follow_list.append({'id':follow['user']['id'],'name':follow['user']
                ['screen_name']})
        uid = response.meta.get('uid')
        # 创建关注者和之前爬取的用户的关联关系
        user_relation = UserRelationItem()
        user_relation['id'] = uid
        user_relation['fans'] = []
        user_relation['follower'] = follow_list
        yield user_relation
        # 获取下一页的关注信息
        uid = response.meta.get('uid')
        page = int(response.meta.get('page')) + 1
        yield  Request(self.followers_urls.format(uid=uid,page=page),callback=
            self.parse_follower,meta={'uid':uid,'page':page})
```

4. items.py 页面

```
class UserItem(scrapy.Item):
    collections = 'user_info'
    # define the fields for your item here like:
    # name = scrapy.Field()
    id = scrapy.Field()
    screen_name = scrapy.Field()
    profile_image_url = scrapy.Field()
    profile_url = scrapy.Field()
    verified_reason = scrapy.Field()
    close_blue_v = scrapy.Field()
    description = scrapy.Field()
    gender = scrapy.Field()
    follow_me = scrapy.Field()
    following = scrapy.Field()
    followers_count = scrapy.Field()
    follow_count = scrapy.Field()
    cover_image_phone = scrapy.Field()
    avatar_hd = scrapy.Field()
    create_time = scrapy.Field()
class UserRelationItem(scrapy.Item):
    collections = 'user'
    id =scrapy.Field()
```

```
    fans = scrapy.Field()
    follower = scrapy.Field()
```

5. pipelines.py 页面，数据持久化操作

```
import pymongo
from datetime import datetime
from weibospider.items import UserItem, UserRelationItem
# 对传入的item对象增加create_time属性
class UserCreateTimePipeline(object):
    def process_item(self,item,spider):
        if isinstance(item,UserItem):
            item['create_time'] = datetime.now().strftime('%Y-%m-%d %H:%M')
        return item
class WeibospiderPipeline(object):
    def process_item(self, item, spider):
        return item
class WeiboPymongoPipeline(object):
    # 用于保存item数据
    def __init__(self):
        conn = pymongo.MongoClient(host='127.0.0.1',port=27017)
        db = conn['day07_weibo']
        self.collection = db[UserItem.collections]
    def process_item(self, item, spider):
        # 判断，如果传入的是用户的信息，则进行数据持久化
        if isinstance(item,UserItem):
            self.collection.update({'id':item['id']},{'$set':dict(item)},True)
        # 判断，若为该用户粉丝或关注者的信息，则添加到该用户的相应字段中
        if isinstance(item,UserRelationItem):
            self.collection.update(
                {'id':item['id']},
                {'$addToSet':{
                    'fans':{'$each':item['fans']},
                    'follower':{'$each':item['follower']}
                }}
            )
```

6. middlewares.py 设置请求头和 IP

```
import random
from scrapy.conf import settings
from scrapy.contrib.downloadermiddleware.useragent import UserAgentMiddleware
class RandomUserAgent(UserAgentMiddleware):
    def process_request(self, request, spider):
        random.choice(settings['USER_AGENT_LIST'])
        request.headers.setdefault(b'User-Agent', self.user_agent)
class RandomProxy(object):
    def process_request(self, request, spider):
        random_proxy = random.choice(settings['PROXY'])
        request.meta['proxy'] = 'http://%s' %  random_proxy
# 在setting.py中
DOWNLOADER_MIDDLEWARES = {
    # 'weibospider.middlewares.WeibospiderDownloaderMiddleware': 543,
    'weibospider.middlewares.RandomUserAgent': 543,
    'weibospider.middlewares.RandomProxy': 544,
}
```

8.9.3 Scrapy 机票信息爬取

首先，创建一个新的项目：scrapy startproject Airplane。如果你愿意，可以得到是否有餐食的信息，在 items.py 里列了出来。

```
import scrapy
class AirplaneItem(scrapy.Item):
    # define the fields for your item here like:
    # name = scrapy.Field()
    corpn = scrapy.Field()      # 航空公司
    fltno = scrapy.Field()      # 航空公司编号
    plane = scrapy.Field()      # 飞机型号
    pk = scrapy.Field()         # 飞机大小
    dportn = scrapy.Field()     # 出发机场
    aportn = scrapy.Field()     # 到达机场
    dtime = scrapy.Field()      # 出发时间
    atime = scrapy.Field()      # 到达时间
    meat = scrapy.Field()       # 是否有餐食
    on = scrapy.Field()         # 历史准点率
    minp = scrapy.Field()       # 该航班最低票价
    tax = scrapy.Field()        # 民航基金
    remainnum = scrapy.Field()  # 剩余票数
```

将得到的信息保存为 JSON 格式的文件，便于使用，观赏性亦良好。这就需要修改 pipelines.py 的代码，这里对编码进行了处理，使得打开 JSON 文件后看到的是中文，而不是 Unicode 的编码。

```
# -*- coding: utf-8 -*-
import codecs
import json
classAirplanePipeline(object):
    def __init__(self):
        self.file = codecs.open('mywillingtickets.json', 'wb', encoding='utf-8')
    def process_item(self, item, spider):
        line = json.dumps(dict(item)) + '\n'
        self.file.write(line.decode("unicode_escape"))
```

接下来修改 settings.py 文件：

```
BOT_NAME = 'Airplane'
SPIDER_MODULES = ['Airplane.spiders']
NEWSPIDER_MODULE = 'Airplane.spiders'
ITEM_PIPELINES = {'Airplane.pipelines.AirplanePipeline': 1}
# Crawl responsibly by identifying yourself (and your website) on the user-agent
# USER_AGENT = 'Airplane (+http://www.yourdomain.com)'
USER_AGENT = 'Mozilla/5.0 (Windows NT 6.1) AppleWebKit/537.36 (KHTML, like
    Gecko) Chrome/29.0.1547.66 Safari/537.36'
```

在 spiders 文件夹下创建 dict.py；在搜索北京到上海的机票时，界面如图 8-6 所示，出现的是这样的一个网址：http://flight.elong.com/bjs-sha/day1.html。其中的 bjs 和 sha 分别是北京和上海的缩写，也是在数据交换时使用的代号，这里需要一个这样的 dict.py，以便创建一个一一对应的字典，实现输入汉字能生成相应网址的功能。作为测试之用，这里只写了几个。

```
# -*- coding:utf-8 -*-
abbr = {}
```

```
abbr[u'郑州'] = 'cgo'
abbr[u'大连'] = 'dlc'
abbr[u'北京'] = 'bjs'
abbr[u'上海'] = 'sha'
```

最后便是写最关键的爬虫文件 ticket.py 了。思路是这样的，通过使用 firebug 对艺龙网进行搜索机票时的抓包分析，得到了其加载信息时的数据来源 JSON 文件 URL，通过修改 URL 中的起点、终点以及日期，可以得到所需要的信息的 JSON 文件。

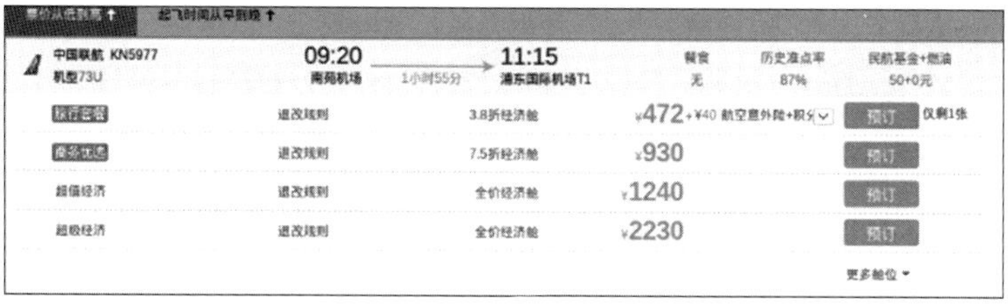

图 8-6　机票信息

之后进行 JSON 文件解析操作，便可以随意获取想要的信息。代码如下：

```
# -*- coding:utf-8 -*-
__author__ = 'fybhp'
import scrapy
from Airplane.items import AirplaneItem
import json,random
from dict import abbr
import datetime
class TicketSpider(scrapy.Spider):
    name = "ticket"
    allowed_domains = ["flight.elong.com"]
    start_urls = []
    def __init__(self):
        DepartCity = raw_input('DepartCity:').decode('utf-8')
        ArriveCity = raw_input('ArriveCity:').decode('utf-8')
        your_price = raw_input('Please give your willing price:')
        self.your_price = your_price
        for i in range(31):
DepartDate=str(datetime.date.today()+datetime.timedelta(days=i))self.start_
    urls. Append('http://flight.elong.com/isajax/OneWay/S?_='+str(random.randint
    (1000000000000,1999999999999))+'&PageName=list&FlightType=OneWay&DepartCity=
    '+\abbr[DepartCity]+'&ArriveCity='+\abbr[ArriveCity]+'&DepartDate='+DepartDate)
    def parse(self,response):
        sel = json.loads(response.body,encoding='utf-8')
        item = AirplaneItem()
        for yige in sel['value']['MainLegs']:
            item['minp'] = yige['minp']
            if  item['minp'] <= int(self.your_price):
                item['corpn'] = yige['segs'][0]['corpn']
                item['dtime'] = yige['segs'][0]['dtime']
                item['atime'] = yige['segs'][0]['atime']
                item['remainnum'] = yige['cabs'][0]['tc']
                # item['fltno'] = yige['segs'][0]['fltno']
                # item['plane'] = yige['segs'][0]['plane']
```

```
                # item['pk'] = yige['segs'][0]['pk']
                # item['dportn'] = yige['segs'][0]['dportn']
                # item['aportn'] = yige['segs'][0]['aportn']
                # item['meat'] = yige['segs'][0]['meat']
                # item['on'] = str(yige['segs'][0]['on']) + '%'
                # item['tax'] = yige['tax']
                yield item
            else:
                continue
```

爬取结束后，得到了 mywillingtickets.json 文件，如图 8-7 所示。

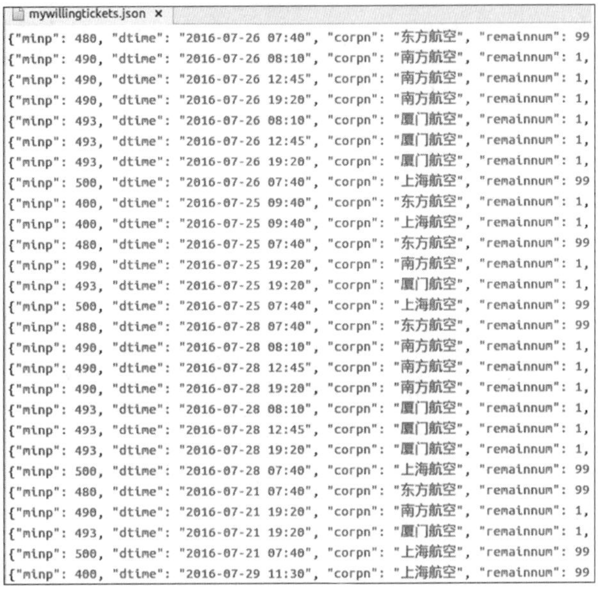

```
mywillingtickets.json ×
{"minp": 480, "dtime": "2016-07-26 07:40", "corpn": "东方航空", "remainnum": 99
{"minp": 490, "dtime": "2016-07-26 08:10", "corpn": "南方航空", "remainnum": 1,
{"minp": 490, "dtime": "2016-07-26 12:45", "corpn": "南方航空", "remainnum": 1,
{"minp": 490, "dtime": "2016-07-26 19:20", "corpn": "南方航空", "remainnum": 1,
{"minp": 493, "dtime": "2016-07-26 08:10", "corpn": "厦门航空", "remainnum": 1,
{"minp": 493, "dtime": "2016-07-26 12:45", "corpn": "厦门航空", "remainnum": 1,
{"minp": 493, "dtime": "2016-07-26 19:20", "corpn": "厦门航空", "remainnum": 1,
{"minp": 500, "dtime": "2016-07-26 07:40", "corpn": "上海航空", "remainnum": 99
{"minp": 400, "dtime": "2016-07-25 09:40", "corpn": "东方航空", "remainnum": 1,
{"minp": 400, "dtime": "2016-07-25 09:40", "corpn": "上海航空", "remainnum": 1,
{"minp": 480, "dtime": "2016-07-25 07:40", "corpn": "东方航空", "remainnum": 99
{"minp": 490, "dtime": "2016-07-25 19:20", "corpn": "南方航空", "remainnum": 1,
{"minp": 493, "dtime": "2016-07-25 19:20", "corpn": "厦门航空", "remainnum": 1,
{"minp": 500, "dtime": "2016-07-25 07:40", "corpn": "上海航空", "remainnum": 99
{"minp": 480, "dtime": "2016-07-28 07:40", "corpn": "东方航空", "remainnum": 99
{"minp": 490, "dtime": "2016-07-28 08:10", "corpn": "南方航空", "remainnum": 1,
{"minp": 490, "dtime": "2016-07-28 12:45", "corpn": "南方航空", "remainnum": 1,
{"minp": 490, "dtime": "2016-07-28 19:20", "corpn": "南方航空", "remainnum": 1,
{"minp": 493, "dtime": "2016-07-28 08:10", "corpn": "厦门航空", "remainnum": 1,
{"minp": 493, "dtime": "2016-07-28 12:45", "corpn": "厦门航空", "remainnum": 1,
{"minp": 493, "dtime": "2016-07-28 19:20", "corpn": "厦门航空", "remainnum": 1,
{"minp": 500, "dtime": "2016-07-28 07:40", "corpn": "上海航空", "remainnum": 99
{"minp": 480, "dtime": "2016-07-21 07:40", "corpn": "东方航空", "remainnum": 99
{"minp": 490, "dtime": "2016-07-21 19:20", "corpn": "南方航空", "remainnum": 1,
{"minp": 493, "dtime": "2016-07-21 19:20", "corpn": "厦门航空", "remainnum": 1,
{"minp": 500, "dtime": "2016-07-21 07:40", "corpn": "上海航空", "remainnum": 99
{"minp": 400, "dtime": "2016-07-29 11:30", "corpn": "上海航空", "remainnum": 99
```

图 8-7　mywillingtickets.json 文件

8.10　本章小结

本章首先详细介绍了 Scrapy 框架，接着重点介绍了 Selector 的用法、Spider 用法以及 CrawlSpider 的用法，然后介绍了 Scrapy shell 和 Scrapyrt 的使用，最后给出了 Scrapy 知乎信息爬取、Scrapy 微博信息爬取和 Scrapy 机票信息爬取等的实战案例。

练习题

1. Scrapy 对接 Selenium 实现京东全站爬虫。
2. 简述爬虫框架及其各组件作用。
3. 列举出 Scrapy shell 的几个功能函数。
4. GET 请求方式支持的参数类型。
5. JSON 配置支持的参数类型。

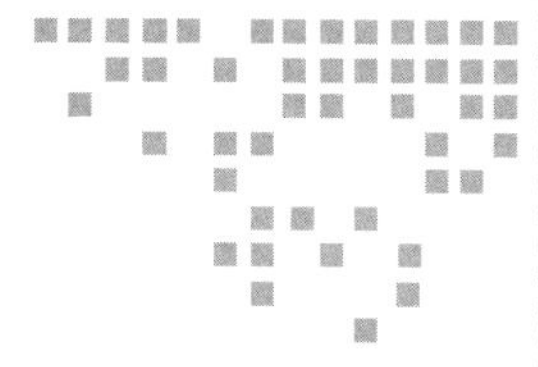

第 9 章 Chapter 9

多线程爬虫

多线程（multithreading）是指从软件或者硬件上实现多个线程并发执行的技术。具有多线程能力的计算机因有硬件支持而能够在同一时间执行多个线程，进而提升整体处理性能。具有这种能力的系统包括对称多处理机、多核心处理器，以及芯片级多处理或同时多线程处理器。多线程是为了同步完成多项任务，通过提高资源使用效率来提高系统的效率。线程是在同一时间内需要完成多项任务时实现的。最简单的比喻：多线程就像火车的每一节车厢，而进程则是火车。车厢离开火车是无法跑动的，同理火车也不可能只有一节车厢。多线程的出现就是为了提高效率。

9.1 多线程和 Threading 模块

Python 提供了多个模块来支持多线程编程，包括 Thread、Threading 和 Queue 模块等。Thread 模块提供了基本的线程和锁定支持；而 Threading 模块则提供了更高级别、功能更全面的线程管理。通过 Queue 模块，用户可以创建一个队列数据结构，用于在多线程之间进行共享。

9.1.1 多线程定义和特点

在一个程序内部也可以实现多个任务并发执行，其中每个任务都被称为线程。线程是比进程更小的执行单位，它是在一个进程中独立的控制流，即程序内部的控制流。

线程的特点是不能独立运行，必须依赖于进程，在进程中运行。每个程序至少有一个线程称为主线程。

- **单线程**：只有一个线程的进程称为单线程。
- **多线程**：有不止一个线程的进程称为多线程。

当程序中的线程数量比较多时，系统将花费大量的时间进行线程的切换，这反而会降低程序的执行效率。但是，相对于优势来说，劣势还是很有限的，所以现在的项目开发中，多线程编程技术得到了广泛的应用。

1）多线程定义：多线程是指程序中包含多个执行流，即在一个程序中可以同时运行多个不同的线程来执行不同的任务，也就是说，允许单个程序创建多个并行执行的线程来完成各自的任务。

2）多线程优点：可以提高 CPU 的利用率。在多线程程序中，一个线程必须等待的时候，CPU 可以运行其他的线程而不是等待当前线程，这样就大大提高了程序的效率。

创建多线程的方式如例 9-1 所示。

【例 9-1】创建多线程的第一种写法

```
import time
import random
import threading

def download(i):
    """
    按顺序逐一下载文件
    """
    print(f"----------------下载{i}文件开始-----------------")
    time.sleep(random.random()*10)
    print(f"---------------下载{i}文件开始------------------")


# 单线程（主线程）
if __name__ == '__main__':

    for i in range(5):
        # 创建线程，target参数传递的是这个线程需要执行的函数
        # args参数传递的是元组格式，可实现文件同时下载
        t = threading.Thread(target=download, args=(i,))
        # 启动线程
        t.start()
```

9.1.2 Threading 模块

Threading 模块支持守护线程，守护线程代表这个线程是不重要的，也就是主线程不会等待它执行完才退出。将一个线程设置成守护线程的方法就是在线程启动前将守护标记设置为 True，在 Threading 模块里就是设置 thread.daemon=True，这样主线程就不会等它了，也就是它结不结束主线程都不会等它。

Thread 类属性如下。

- name：线程名。
- ident：线程的标识符。
- daemon：表示是否是守护线程。

Thread 类方法如下。

- init(group=None,target=None,name=None,args=(),kwargs={},verbose=None, daemon=None)：实例化一个线程对象，需要有一个可调用的 target 参数，以及其余的 args 和 kwargs 参数；还可以传递 name 和 group 参数，不过 group 参数还未实现；verbose 参数也是可以接受的；而 daemon 值则由属性 thread.daemon 来设置。
- start()：开始执行这个线程。
- run()：定义线程的功能，也就是要用这个线程做什么，以你要做的事情来重写这个方法。
- join(timeout=None)：挂起至启动的线程结束，或者设置了 timeout。
- getName()：返回线程名。
- setName(name)：设置线程名。
- isAlive/is_alive()：布尔标志表示线程是否处于进行中。
- isDaemon()：返回线程是否是守护线程。
- setDaemon(daemonic)：将线程都设置为守护线程。线程开始前调用有效。

9.2 使用 Thread 类创建实例

一般使用 Thread 类有三种方式：

- 创建 Thread 的实例，传给它一个函数。
- 创建 Thread 的实例，传给它一个可调用的类的实例。
- 派生 Thread 的子类，并创建子类的实例。

一般选用第一种和第三种，而第二种则接近于面向对象的编程。

9.2.1 可传递函数的 Thread 类实例

例 9-2 的脚本中，我们先实例化 Thread 类，并传递一个函数及其参数，当线程执行的时候，函数也会被执行。

【例 9-2】创建 Thread 类实例并传递一个函数

```
# !/usr/bin/env/ python
import threading
from time import sleep,ctime
# 使用唯一的loop()函数，并把这些常量放进列表loops中
loops=[4,2]
def loop(nloop,nsec):
    print('开始循环',nloop,'at:',ctime())
    sleep(nsec)
    print('循环',nloop,'结束于: ',ctime())
def main():
    print('程序开始于: ',ctime())
    threads=[]
    nloops=range(len(loops))
    for i in nloops:
        t=threading.Thread(target=loop,args=(i,loops[i]))
# 循环实例化两个Thread类，传递函数及其参数，并将线程对象放入一个列表中
```

```
        threads.append(t)
for i in nloops:
        threads[i].start()  # 循环开始线程
    for i in nloops:
        threads[i].join()   # 循环join()方法，让主线程等待所有的线程都执行完毕
        print('任务完成于: ',ctime())
if __name__=='__main__':
    main()
```

执行结果：

```
程序开始于:   Mon Aug 26 17:41:08 2019
开始循环0 at: Mon Aug 26 17:41:08 2019
开始循环1 at: Mon Aug 26 17:41:08 2019
循环1结束于:  Mon Aug 26 17:41:10 2019
循环0结束于:  Mon Aug 26 17:41:12 2019
任务完成于:   Mon Aug 26 17:41:12 2019
```

9.2.2 可调用的 Thread 类实例

创建线程时，与传入函数类似的方法是传入一个可调用的类的实例，用于线程执行，这种方法更加接近面向对象的多线程编程。比起一个函数或者从一个函数组中选择而言，这种可调用的类包含一个执行环境，具有更好的灵活性，如例 9-3 所示。

【例 9-3】创建 Thread 类实例并传递一个可调用的类

```
#!/usr/bin/env python
import threading
from time import sleep,ctime
loops=[4,2]
class ThreadFunc(object):
    def __init__(self,func,args,name=''):
        self.name=name
        self.func = func
        self.args=args
    def __call__(self):
        self.func(*self.args)
def loop(nloop,nsec):
    print('开始循环',nloop,'在: ',ctime())
    sleep(nsec)
    print('结束循环',nloop,'于: ',ctime())
def main():
    print('程序开始于: ',ctime())
    threads = []
    nloops = range(len(loops))
    for i in nloops:
        t = threading.Thread(target=ThreadFunc(loop,(i,loops[i]),loop.__name__))
# 传递一个可调用的类的实例
        threads.append(t)
    for i in nloops:
        threads[i].start()  # 开始所有线程
    for i in nloops:
        threads[i].join()   # 等待所有线程执行完毕
```

```
    print('任务完成于: ',ctime())
if __name__=='__main__':
    main()
        main()
```

执行结果：

```
程序开始于:   Mon Aug 26 17:44:42 2019
开始循环0在:  Mon Aug 26 17:44:42 2019
开始循环1在:  Mon Aug 26 17:44:42 2019
结束循环1于:  Mon Aug 26 17:44:44 2019
结束循环0于:  Mon Aug 26 17:44:46 2019
任务完成于:   Mon Aug 26 17:44:46 2019
```

上述脚本中，主要添加了 ThreadFunc 类，并在实例化 Thread 对象时，通过传参的形式同时实例化了可调用类 ThreadFunc。这里同时完成了两个实例化。

我们来研究一下创建 ThreadFunc 类的思想：我们希望这个类更加通用，而不是局限于 loop() 函数，为此添加了一些新的东西，比如这个类保存了函数自身、函数的参数以及函数名。构造函数 init() 用于设定上述值。当创建新线程的时候，Thread 类的代码将调用 ThreadFunc 对象，此时会调用 call() 这个特殊方法。

9.2.3　派生 Thread 子类

与例 9-3 相比，例 9-4 在创建线程时使用子类要相对更容易阅读。

【例 9-4】创建 Thread 类，以及创建子类

```
#! /usr/bin/env pyhton
import threading
from time import sleep,ctime
loops=[4,2]
class MyThread(threading.Thread):
    def __init__(self,func,args,name=''):
        threading.Thread.__init__(self)
        self.name = name
        self.func = func
        self.args = args
    def run(self):
        self.func(*self.args)
def loop(nloop,nsec):
    print('开始循环',nloop,'在: ',ctime())
    sleep(nsec)
    print('结束循环',nloop,'于: ',ctime())
def main():
    print('程序开始于: ',ctime())
    threads = []
    nloops = range(len(loops))
    for i in nloops:
        t = MyThread(loop,(i,loops[i]),loop.__name__)
        threads.append(t)
    for i in nloops:
        threads[i].start()
```

```
    for i in nloops:
        threads[i].join()
    print('所有的任务完成于: ',ctime())
if __name__ =='__main__':
    main()
```

运行结果：

```
程序开始于:        Mon Aug 26 21:00:37 2019
开始循环 0 在:     Mon Aug 26 21:00:37 2019
开始循环 1 在:     Mon Aug 26 21:00:37 2019
结束循环 1 于:     Mon Aug 26 21:00:39 2019
结束循环 0 于:     Mon Aug 26 21:00:41 2019
所有的任务完成于:  Mon Aug 26 21:00:41 2019
```

与例 9-3 相比，例 9-4 的重要变化在于：MyThread 子类的构造函数必须先调用其父类的构造函数；重写 run() 方法，代替例 9-3 中的 call() 方法。

9.3 多线程方法的使用

Python 代码的执行由 Python 虚拟机（解释器）来控制，同时只有一个线程在执行。对 Python 虚拟机的访问由全局解释器锁（GIL）来控制，正是这个锁能保证同时只有一个线程在运行，从而保证了线程间数据的一致性和状态同步的完整性。例如，线程 2 需要线程 1 执行完成的结果，然而线程 2 又比线程 1 执行时间短，线程 2 执行完成，线程 1 仍在执行，这就是数据的同步性。

在多线程环境中，Python 虚拟机按照以下方式执行。

1）设置 GIL；

2）切换到一个线程去执行；

3）运行；

4）把线程设置为睡眠状态；

5）解锁 GIL；

6）再次重复以上步骤。

9.3.1 多线程创建

1. 使用 _thread.start_new_thread 创建子线程

用这种方式创建的线程为守护线程（主线程“死掉”，“护卫”也随“主公”而去），主线程“死掉”，子线程也“死掉”，不管子线程是否执行完。注意，Python 3 以后已经放弃了这种创建子线程的方式，所以在使用时可能会出错。

```
import_thread
import threading
import time

def doSth(arg):
```

```
    # 拿到当前线程的名称和线程号id
    threadName = threading.current_thread().getName()
    tid = threading.current_thread().ident
    for i in range(5):
        print("%s *%d @%s,tid=%d" % (arg, i, threadName, tid))
        time.sleep(2)

def simpleThread():
    # 创建子线程，执行doSth
    # 用这种方式创建的线程为守护线程
    # 主线程"死掉"，"护卫"也随"主公"而去
    _thread.start_new_thread(doSth,("开启了子线程",))
    mainThreadName = threading.current_thread().getName()
    print(threading.current_thread())
    for i in range(5):
        print("我是主线程@%s" % (mainThreadName))
        time.sleep(1)

        # 阻塞主线程，以使守护线程能够执行完毕
    while True:
        pass

if __name__ == '__main__':
    simpleThread()
```

2. 通过创建 threading.Thread 对象实现子线程

默认创建的不是守护进程，可以通过方法 setDaemon(True) 来修改。

```
import threading
import time

def doSth(arg):
    # 拿到当前线程的名称和线程号id
    threadName = threading.current_thread().getName()
    tid = threading.current_thread().ident
    for i in range(5):
        print("%s *%d @%s,tid=%d" % (arg, i, threadName, tid))
        time.sleep(2)

def threadingThread():
    # 默认不是守护线程
    # args=(,)必须是元组
    t = threading.Thread(target=doSth,args=('我是子线程',))
    # t.setDaemon(True)  # 设置为守护线程
    # 设置主线程名称
    t.setName('线程')
    # 启动线程，调用run()方法
    t.start()
    # 等待子线程执行完
    t.join()
    # 获取线程名称
    print(t.getName(),'执行完毕')

if __name__ == '__main__':
    threadingThread()
```

3. 通过继承 threading.Thread 类来创建对象，从而实现子线程

重写父类的 run 方法。

```
import threading
import time

def doSth(arg):
    # 拿到当前线程的名称和线程号id
    threadName = threading.current_thread().getName()
    tid = threading.current_thread().ident
    print("%s  @%s,tid=%d" % (arg, threadName, tid))
    time.sleep(2)

class MyThread(threading.Thread):
    def __init__(self,name):
        super().__init__()
        # 覆盖了父类的name
        self.name = name

    # 重写父类的run方法
    # run方法以内为“要运行在子线程内的业务逻辑”
    # thread.start()会触发的业务逻辑
    def run(self):
        print(threading.current_thread().getName())
        print(threading.current_thread().daemon)
        # 如果为True，就是守护线程
        # threading.current_thread().ident，线程id
        doSth("线程id为%d"%threading.current_thread().ident)

if __name__ == '__main__':
    for i in range(5):
        mt = MyThread('线程%d'%i)
        # 启动线程
        mt.start()
```

4. 几个重要的 Adef importantAPI()

```
print(threading.currentThread())  # 返回当前的线程变量
# 创建5条子线程
t1 = threading.Thread(target=doSth, args=("巡山",))
t2 = threading.Thread(target=doSth, args=("巡水",))
t3 = threading.Thread(target=doSth, args=("巡鸟",))

t1.start()                        # 开启线程
t2.start()
t3.start()
print(t1.isAlive())               # 返回线程是否处于进行中
print(t2.isDaemon())              # 是否是守护线程
print(t3.getName())               # 返回线程名
t3.setName("巡鸟")                # 设置线程名
print(t3.getName())
print(t3.ident)                   # 返回线程号

# 返回一个包含正在运行的线程的list
```

```
tlist = threading.enumerate()
print("当前活动线程：", tlist)

# 返回正在运行的线程数量（在数值上等于len(tlist)）
count = threading.active_count()
print("当前活动线程有%d条" % (count))
```

9.3.2 多线程冲突及解决

多个线程同时访问一个资源并进行读写操作时，资源改变在多个线程中同时操作，会造成冲突，如例 9-5 所示。

【例 9-5】线程冲突示例

```
import threading
money = 0
def addMoney():
    global money
    for i in range(10000000):
        money += 1
    print(money)

if __name__ == '__main__':
    # addMoney()
    for i in range(2):
        t = threading.Thread(target=addMoney)
        t.start()
输出：
11769218
12363994
```

执行结果应该为：

```
10000000
20000000
```

目前多线程冲突的解决方法有三种：使用互斥锁、使用递归锁和通过线程同步。下面我们来分别进行讲解。

1. 使用互斥锁解决冲突

互斥锁状态：锁定 / 非锁定。

创建锁：lock = threading.Lock()。

互斥锁成对出现，第一种使用方法如下：

```
if lock.acquire():
    money +=1
    lock.release()
```

第二种方法是使用 with 来管理：

```
with lock:
    money +=1
```

互斥锁完整代码示例如下：

```
import threading
import time
money = 0
# 创建线程锁
lock = threading.Lock()
def addMoney():
    global money
    for i in range(10000000):
        money += 1
    print(money)
def addMoneyLock():
    global money
    if lock.acquire():
        # -----下面的代码只有拿到lock对象才能执行-----
        for i in range(10000000):
            money += 1
        # 释放线程锁，以使其他线程能够拿到并执行逻辑
        lock.release()
        # ----------------锁已被释放-----------------
    print(money)
def addMoneyWithLock():
    time.sleep(1)
    global money
    # 独占线程锁
    with lock:  # 阻塞至拿到线程锁
        # -----下面的代码只有拿到lock对象才能执行-----
        for i in range(1000000):
            money += 1
        # 释放线程锁，以使其他线程能够拿到并执行逻辑
        # ----------------锁已被释放-----------------
    print(money)
# 5条线程同时访问money变量，导致结果不正确
def conflictDemo():
    for i in range(5):
        t = threading.Thread(target=addMoney)
        t.start()

# 通过依次独占线程锁解决线程冲突
def handleConflictByLock():
    # 并发5条线程
    for i in range(5):
        t = threading.Thread(target=addMoneyWithLock)
        t.start()
if __name__ == '__main__':
    time.clock()
    # conflictDemo()
    handleConflictByLock()
print(time.clock())
```

2. 使用递归锁解决冲突

由于线程中可能会出现互相锁住对方线程需要的资源，造成死锁局面，所以使用递归锁来解决死锁的问题。

```
import  threading

money = 0
# 创建线程锁
rlock = threading.RLock()
def addMoney():
    global money
    with rlock:
        for i in range(10000000):
            money += 1
    print(money)

if __name__ == '__main__':
    for i in range(5):
        t = threading.Thread(target=addMoney)
        t.start()
```

3. 通过线程同步来解决冲突

使用 t.join() 函数阻塞：

```
import threading
import time

money = 0

def addMoney():
    global money
    for i in range(10000000):
        money += 1
    print(money)

# 通过线程同步（依次执行）解决线程冲突
def handleConflictBySync():
    for i in range(5):
        t = threading.Thread(target=addMoney)
        t.start()
        t.join()   # 一直阻塞到t运行完毕

if __name__ == '__main__':
    time.clock()
    handleConflictBySync()

    print(time.clock())
```

9.3.3　使用 Semaphore 调度线程

Semaphore 是 Python 内置模块 threading 中的一个类，Semaphore 可以控制并发访问的线程个数。Semaphore 管理一个计数器，每调用一次 acquire() 方法，计数器就减一，每调用一次 release() 方法，计数器就加一。计时器的值默认为 1，不能小于 0。当计数器的值为 0 时，调用 acquire() 的线程就会等待，直到 release() 被调用。因此，我们可以利用这个特性来控制线程数量，代码如下所示。

```
from threading import Thread, Semaphore
import time

def test(a):
    # 打印线程的名字
    print(t.name)
    print(a)
    time.sleep(2)
    # 释放 Semaphore
    sem.release()

# 设置计数器的值为 5
sem = Semaphore(5)
for i in range(10):
    # 获取一个 Semaphore
    sem.acquire()
    t = Thread(target=test, args=(i, ))
    t.start()
```

输出结果：

```
Thread-1
0
Thread-2
1
Thread-3
2
Thread-4
3
Thread-5
4
# --- 两秒后 ---
Thread-6
5
Thread-7
6
Thread-8
7
Thread-9
8
Thread-10
9
```

通过分析输出结果，Semaphore 确实成功地控制了同一时间内执行任务的线程数量，但是依然创建了 10 个线程。因此可以看出，Semaphore 可以通过计数器控制同一时间内执行任务的线程数量，但不影响线程的创建。

9.3.4 生产者 - 消费者模式

生产者 - 消费者模式是多线程开发中经常见到的一种模式。生产者的线程专门用来生产一些数据，然后存放到一个中间的变量中。消费者再从这个中间的变量中取出数据进行消费。但是，因为要使用中间变量，而中间变量又经常是一些全局变量，所以需要使用锁来保证数据的完整性。以下是使用 threading.Lock 锁实现的“生产者 - 消费者模式”的一个例子。

```
import threading
import random
import time

gMoney = 1000
gLock = threading.Lock()
# 记录生产者生产的次数，达到10次就不再生产
gTimes = 0

class Producer(threading.Thread):
    def run(self):
        global gMoney
        global gLock
        global gTimes
        while True:
            money = random.randint(100, 1000)
            gLock.acquire()
            # 如果已经达到10次，就不再生产了
            if gTimes >= 10:
                gLock.release()
                break
            gMoney += money
            print('%s当前存入%s元钱，剩余%s元钱' % (threading.current_thread(), money,
                gMoney))
            gTimes += 1
            time.sleep(0.5)
            gLock.release()

class Consumer(threading.Thread):
    def run(self):
        global gMoney
        global gLock
        global gTimes
        while True:
            money = random.randint(100, 500)
            gLock.acquire()
            if gMoney > money:
                gMoney -= money
                print('%s当前取出%s元钱，剩余%s元钱' % (threading.current_thread(),
                    money, gMoney))
                time.sleep(0.5)
            else:
                # 如果钱不够，则可能是已经超过了次数，这时需要判断
                if gTimes >= 10:
                    gLock.release()
                    break
                print("%s当前想取%s元钱，剩余%s元钱，不足！" % (threading.current_
                    thread(),money,gMoney))
            gLock.release()

def main():
    for x in range(5):
        Consumer(name='消费者线程%d'%x).start()
```

```
    for x in range(5):
        Producer(name='生产者线程%d'%x).start()

if __name__ == '__main__':
    main()
```

9.3.5 共享全局变量及锁机制

多线程都是在同一个进程中运行的。因此对于进程中的全局变量，所有线程都是共享的，这就造成了一个问题，因为线程执行的顺序是无序的，所以有可能会造成数据错误。多线程共享全局变量的方法如例 9-6 所示。

【例 9-6】多线程共享全局变量

```
import threading
VALUE = 0
def add_value():
    # 引用全局变量，并保证全局变量不被清零，使用global
    global VALUE
    for x in range(1000):
        VALUE += 1
    print('value:%d' % VALUE)
def main():
    for x in range(2):
        # 创建两个线程
        t = threading.Thread(target=add_value())
        t.start()
if __name__ == '__main__':
    main()
```

运行结果：

```
value:1000
value:2000
Process finished with exit code 0
```

为了解决以上使用共享全局变量的问题，Threading 提供了一个 Lock 类，这个类可以在某个线程访问某个变量的时候加锁，其他线程此时不能进来，直到当前线程处理完并把锁释放后，其他线程才能进来处理，所以对数据加锁是必要的，如例 9-7 所示。

【例 9-7】锁机制应用

```
import threading
VALUE = 0
glock = threading.Lock()
def add_value():
    global VALUE
    # acquire函数进行加锁
    glock.acquire()
    for x in range(1000):
        VALUE += 1
    # release函数进行解锁
    glock.release()
```

```
    print('value:%d' % VALUE)
def main():
    for x in range(2):
        t = threading.Thread(target=add_value())
        t.start()
if __name__ == '__main__':
 main()
```

9.4 Queue 线程安全队列

Python 的 Queue 模块中提供了同步的、线程安全的队列类，包括 FIFO（先进先出）队列 Queue、LIFO（后入先出）队列 LifoQueue。这些队列都实现了锁原语，可以理解为原子操作，即要么不做，要么都做完，能够在多线程中直接使用。可以使用队列来实现线程中的同步。相关函数如下所示。

- 初始化 Queue（MaxSize）：创建一个先进先出的队列。
- qsize()：返回队列的大小。
- empty()：判断队列是否为空。
- full()：判断队列是否满了。
- get()：从队列中取最后一个数据。
- put()：将一个数据放到队列中。

下面通过例 9-8 来展示线程安全队列的创建。

【例 9-8】Queue 线程安全队列创建

```
# encoding: utf-8
from queue import Queue
import time
import threading
def set_value(q):
    index = 0
    while True:
        q.put(index)
        index += 1
        time.sleep(3)
def get_value(q):
    while True:
        print(q.get())
def main():
    q = Queue(4)
    t1 = threading.Thread(target=set_value,args=[q])
    t2 = threading.Thread(target=get_value,args=[q])
    t1.start()
    t2.start()
if __name__ == '__main__':
    main()
```

队列 Queue 多应用在多线程中，对于多线程而言，在访问共享变量时，队列 Queue 是线程安全的。从队列 Queue 的实现来看，队列使用了 1 个线程互斥锁（pthread.Lock()）以及 3 个条件变量（pthread.condition()）来保证线程安全。

- **self.mutex 互斥锁**：任何获取队列的状态（empty()、qsize() 等），或者修改队列的内容的操作（get、put 等）都必须持有该互斥锁。共有两种操作：require 获取锁，release 释放锁。同时该互斥锁被三个共享变量同时享有，即操作 conditiond 时的 require 和 release 也就是操作了该互斥锁。
- **self.not_full 条件变量**：当队列中有元素添加后，会通知（notify）其他等待添加元素的线程，唤醒等待获取（require）互斥锁，或者有线程从队列中取出一个元素后，会通知其他线程唤醒以等待获取互斥锁。
- **self.not_empty 条件变量**：线程添加数据到队列中后，会调用 self.not_empty.notify() 通知其他线程，唤醒等待获取互斥锁后，读取队列。
- **self.all_tasks_done 条件变量**：消费者线程从队列中 get 到任务后，任务处理完成，当所有队列中的任务处理完成后，会使调用 queue.join() 的线程返回，表示队列中的任务已处理完毕。

1. 创建队列对象

```
import Queue
q = Queue.Queue(maxsize = 5)
# 设置队列长度为5，当有大于5个的数据put进队列时，将阻塞数据
# 等待其他线程取走数据，然后继续执行
```

Queue.Queue 类即是一个队列的同步实现。队列长度可为无限或者有限。可通过 Queue 的构造函数的可选参数 maxsize 来设定队列长度。如果 maxsize 小于 1，则表示队列长度无限。

2. 将一个值放入队列中

```
q.put(5)    # put()方法在队尾插入一个元素
```

put() 有两个参数，第一个 item 为必需的，为插入项目的值；第二个 block 为可选参数，默认为 1。如果队列当前已满，且 block 为 1，则 put() 方法会使调用线程暂停，直到空出一个位置。如果 block 为 0，则 put 方法将引发 Full 异常。

3. 将一个值从队列中取出

```
q.get()    # get()方法从队列中删除并返回一个元素
```

可选参数为 block，默认为 True。如果队列为空且 block 为 True，则 get() 会使调用线程暂停，直至有元素可取。如果队列为空且 block 为 False，则队列将引发 Empty 异常。

4. Queue 模块有三种队列及构造函数

- Python Queue 模块的 FIFO 队列先进先出：class queue.Queue(maxsize)。
- LIFO 类似于堆，即先进后出：class queue.LifoQueue(maxsize)。
- 优先级队列，优先级越低（数字越小）越先出来：class queue.PriorityQueue(maxsize)。
- 双端队列：collections.deque。

这里举一个简单的优先级队列的输出方式，如例 9-9 所示。

【例 9-9】优先级队列输出示例

格式：q.put([优先级 , 值])

```
q.put([2,"b"])
q.put([1,"a"])
q.put([3,"c"])
while True:
    data=q.get()
    print(data[1])
```

运行结果为：a, b, c。

队列常用方法（queue = Queue.Queue()）如下：

- queue.qsize()：返回队列的大小。
- queue.empty()：如果队列为空，则返回 True，否则返回 False。
- queue.full()：如果队列满，返回 True，否则返回 False。queue.full 与 maxsize 大小对应。
- queue.get(self, block=True, timeout=None)：获取队列中的一个元素，timeout 为等待时间。
- queue.get_nowait()：相当于 q.get(False)；无阻塞地向队列中 get 任务，当队列为空时，不等待，而是直接抛出 Empty 异常。
- queue.put(self, item, block=True, timeout=None)：写入队列，timeout 为等待时间。
- queue.put_nowait(item)：相当于 q.put(item, False)；无阻塞地向队列中添加任务，当队列为满时，不等待，而是直接抛出 Full 异常。
- queue.task_done()：完成一项工作之后，q.task_done() 函数向任务已经完成的队列发送一个信号。
- queue.join()：阻塞等待队列中的任务全部处理完毕，再执行别的操作。

相关说明如下：

1）queue.put(self, item, block=True, timeout=None) 函数：申请获得互斥锁，获得后，如果队列未满，则向队列中添加数据，并通知其他阻塞的某个线程，唤醒等待获取互斥锁。如果队列已满，则会等待。最终处理完成后释放互斥锁。其中还有阻塞（block）以及非阻塞、超时等。

2）queue.get(self, block=True, timeout=None) 函数：从队列中获取任务，并且从队列中移除此任务。首先尝试获取互斥锁，成功后则从队列中 get 任务，如果此时队列为空，则等待生产者线程添加数据。get 到任务后，会调用 self.not_full.notify() 通知生产者线程，队列可以添加元素了。最后释放互斥锁。

9.5　实战案例

本节我们将学习如何编写两个多线程爬虫程序。代码将使用 requests 来获取页面信息，再用 XPATH/re 来进行数据提取，以获取每个帖子里的用户头像链接、用户主页、用户名、用户性别、用户年龄、段子内容、点赞次数、评论次数等信息，并将其保存到本地 json 文件内；可采用多线程完成程序编写。

9.5.1 多线程爬取糗事百科

Queue 是 Python 中的标准库，可以直接通过 import queue 引用，队列是线程间最常用的交换数据的形式。对于资源，加锁是一个重要的环节。因为 Python 原生的 list、dict 等都是非线程安全的（not thread safe）。而 Queue 是线程安全的（thread safe），因此在满足使用条件时，建议使用队列。

1. 初始化

class queue.Queue(maxsize) FIFO（先进先出）

2. 常用方法

- queue.Queue.qsize()：返回队列的大小。
- queue.Queue.empty()：如果队列为空，则返回 True，否则返回 False。
- queue.Queue.full()：如果队列满了，则返回 True，否则返回 False。
- queue.Queue.get([block[, timeout]])：从队列中取出一个值，timeout 为等待时间。

3. 创建一个“队列”对象

- import queue
- myqueue = queue.Queue(maxsize = 10)

4. 将一个值放入队列中

- myqueue.put(10)

5. 将一个值从队列中取出

- myqueue.get()

目标：爬取糗事百科段子，待爬取页面首页 URL 为 http://www.qiushibaike.com/8hr/page/1。

要求：

1）使用 requests 来获取页面信息，并用 XPATH/re 进行数据提取；

2）获取每个帖子里的用户头像链接、用户主页、用户名、用户性别、用户年龄、段子内容、点赞次数、评论次数等信息；

3）保存到 json 文件内；

4）采用多线程完成程序编写。

示例代码如例 9-10 所示。

【例 9-10】多线程爬取糗事百科

目标：爬取糗事百科段子，待爬取页面首页 URL 为 http://www.qiushibaike.com/8hr/page/1。

要求：

1）使用 requests 来获取页面信息，并用 XPATH/re 进行数据提取；

2）获取每个帖子里的用户头像链接、用户主页、用户名、用户性别、用户年龄、段子内容、点赞次数、评论次数等信息；

3）保存到json文件内；

4）采用多线程完成程序编写。

```
#!/usr/bin/env python
# -*- coding:utf-8 -*-

# 使用了线程库
import threading
# 队列
from Queue import Queue
# 解析库
from lxml import etree
# 请求处理
import requests
# json处理
import json
import time

class ThreadCrawl(threading.Thread):
    def __init__(self, threadName, pageQueue, dataQueue):
        # threading.Thread.__init__(self)
        # 调用父类初始化方法
        super(ThreadCrawl, self).__init__()
        # 线程名
        self.threadName = threadName
        # 页码队列
        self.pageQueue = pageQueue
        # 数据队列
        self.dataQueue = dataQueue
        # 请求报头
        self.headers = {'User-Agent':'Mozilla/5.0 (Windows NT 6.1; Win64; x64)
            AppleWebKit/537.36 (KHTML, like Gecko) Chrome/60.0.3112.101 Safari/537.36'}

    def run(self):
        print "启动 " + self.threadName
        while not CRAWL_EXIT:
            try:
                # 取出一个数字，先进先出
                # 可选参数block，默认值为True
                # 如果对列为空、block为True，则会进入阻塞状态，直到队列有新的数据
                # 如果队列为空、block为False，则弹出一个Queue.empty()异常
                page = self.pageQueue.get(False)
                url = "http://www.qiushibaike.com/8hr/page/" + str(page) +"/"
                # print url
                content = requests.get(url, headers = self.headers).text
                time.sleep(1)
                self.dataQueue.put(content)
                # print len(content)
            except:
                pass
        print "结束 " + self.threadName

class ThreadParse(threading.Thread):
    def __init__(self, threadName, dataQueue, filename, lock):
        super(ThreadParse, self).__init__()
```

```
        # 线程名
        self.threadName = threadName
        # 数据队列
        self.dataQueue = dataQueue
        # 保存解析后数据的文件名
        self.filename = filename
        # 锁
        self.lock = lock

    def run(self):
        print "启动" + self.threadName
        while not PARSE_EXIT:
            try:
                html = self.dataQueue.get(False)
                self.parse(html)
            except:
                pass
        print "退出" + self.threadName

    def parse(self, html):
        # 解析为HTML DOM
        html = etree.HTML(html)

        node_list = html.xpath('//div[contains(@id, "qiushi_tag")]')

        for node in node_list:
            # xpath返回列表，就这一个参数，用索引方式取出来；用户名
            username = node.xpath('./div/a/@title')[0]
            # 图片连接
            image = node.xpath('.//div[@class="thumb"]//@src')#[0]
            # 取出标签下的内容；段子内容
            content = node.xpath('.//div[@class="content"]/span')[0].text
            # 取出标签里包含的内容；点赞
            zan = node.xpath('.//i')[0].text
            # 评论
            comments = node.xpath('.//i')[1].text

            items = {
                "username" : username,
                "image" : image,
                "content" : content,
                "zan" : zan,
                "comments" : comments
            }

            # with后面有两个必须执行的操作：__enter__和_exit__
            # 不管里面的操作结果如何，都会执行打开、关闭
            # 打开锁、处理内容、释放锁
            with self.lock:
                # 写入存储的解析后的数据
                self.filename.write(json.dumps(items, ensure_ascii = False).encode("utf-8") +
                    "\n")

CRAWL_EXIT = False
PARSE_EXIT = False
```

```
def main():
    # 页码的队列，表示20个页面
    pageQueue = Queue(20)
    # 放入1~10的数字，先进先出
    for i in range(1, 21):
        pageQueue.put(i)

    # 采集结果（每页的HTML源码）的数据队列，参数为空表示不限制
    dataQueue = Queue()

    filename = open("duanzi.json", "a")
    # 创建锁
    lock = threading.Lock()

    # 三个采集线程的名字
    crawlList = ["采集线程1号", "采集线程2号", "采集线程3号"]
    # 存储三个采集线程的列表集合
    threadcrawl = []
    for threadName in crawlList:
        thread = ThreadCrawl(threadName, pageQueue, dataQueue)
        thread.start()
        threadcrawl.append(thread)


    # 三个解析线程的名字
    parseList = ["解析线程1号","解析线程2号","解析线程3号"]
    # 存储三个解析线程的列表集合
    threadparse = []
    for threadName in parseList:
        thread = ThreadParse(threadName, dataQueue, filename, lock)
        thread.start()
        threadparse.append(thread)

    # 等待pageQueue队列为空，也就是等待之前的操作执行完毕
    while not pageQueue.empty():
        pass

    # 如果pageQueue为空，则采集线程退出循环
    global CRAWL_EXIT
    CRAWL_EXIT = True

    print "pageQueue为空"

    for thread in threadcrawl:
        thread.join()
        print "1"

    while not dataQueue.empty():
        pass

    global PARSE_EXIT
    PARSE_EXIT = True

    for thread in threadparse:
        thread.join()
```

```
        print "2"

    with lock:
        # 关闭文件
        filename.close()
    print "谢谢使用！"

if __name__ == "__main__":
    main()
```

9.5.2 多线程爬取网站图片

首先将各种工具安装上，包括 Python、IDE 工具 PyCharm，需要准备的模块有 requests、re、lxml（可通过 pip 下载或者在 PyCharm 里面下载）。 假设爬虫的图片网站为 http://123456/，目的是将里面的图片爬取并保存到本地。

首先观察网站的页数，翻页时网址变化为 http://123456/page/2/，显然页数就是后面那个数字。然后用 Chrome 分析网站图片的代码，审查元素指向图片，容易发现图片 URL 都在名为 figure 的标签内，那么我们先把 figure 标签提取出来，再把图片的 URL 提取出来就行了，提取标签当然是用强大的 XPath 实现，如图 9-1 所示。

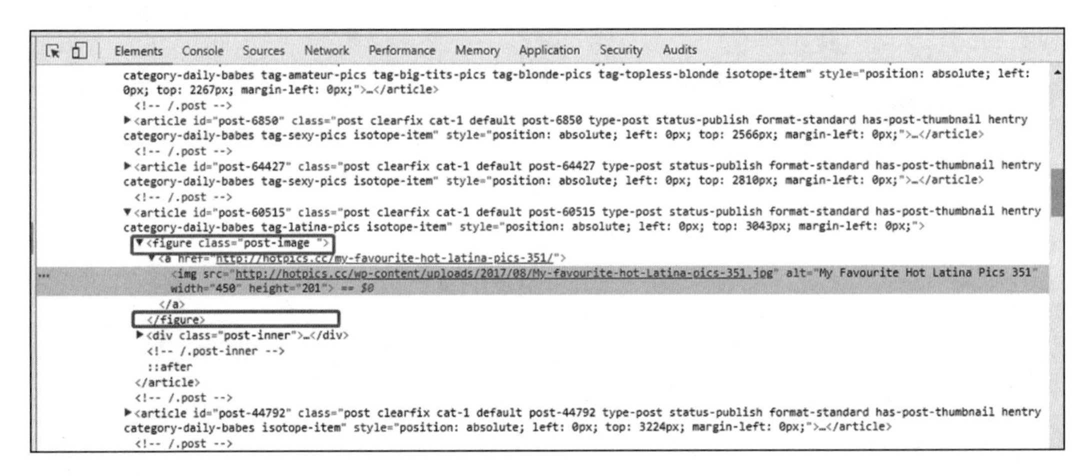

图 9-1 提取标签

多线程爬取网站图片的代码如例 9-11 所示。

【例 9-11】多线程爬取网站图片

```
# coding=utf-8
from lxml import etree
from multiprocessing.dummy import Pool as ThreadPool
import requests
import re
import sys
import time
reload(sys)
```

```
sys.setdefaultencoding("utf-8")
def spider(url):
    print url
    headers = {'User-Agent': 'Mozilla/5.0 (Windows NT 10.0; Win64; x64)
        AppleWebKit/537.36 (KHTML, like Gecko) Chrome/65.0.3325.181 Safari/537.36'}
    html = requests.get(url, headers=headers) # 伪装成浏览器
    selector = etree.HTML(html.text)          # 将网页html变成树结构，用于xpath
    content = selector.xpath('//figure[@class="post-image "]') # 提取figure标签
    for each in content:
        tmp = each.xpath('a/img/@src')        # 把img标签的src属性提取出来
        pic = requests.get(tmp[0])            # 访问图片
        print 'downloading: ' + tmp[0]
        string = re.search('\d+/\d+/(.*?)\\.jpg', str(tmp[0])).group(1)
            # 正则匹配图片名
        fp=open('pic2\\'+string+'.jpg','wb')  # 放到pic2文件夹内，要自己创建
        fp.write(pic.content)
        fp.close
if __name__ == '__main__':
    pool = ThreadPool(2)                      # 双核电脑
    tot_page = []
    for i in range(1,11):                     # 提取1到10页的内容
        link = 'http://123456/page/' + str(i)
        tot_page.append(link)
    pool.map(spider, tot_page)                # 多线程工作
    pool.close()
    pool.join()
```

然后运行一下，爬虫爬取的过程如图 9-2 所示，爬取结果则如图 9-3 所示。

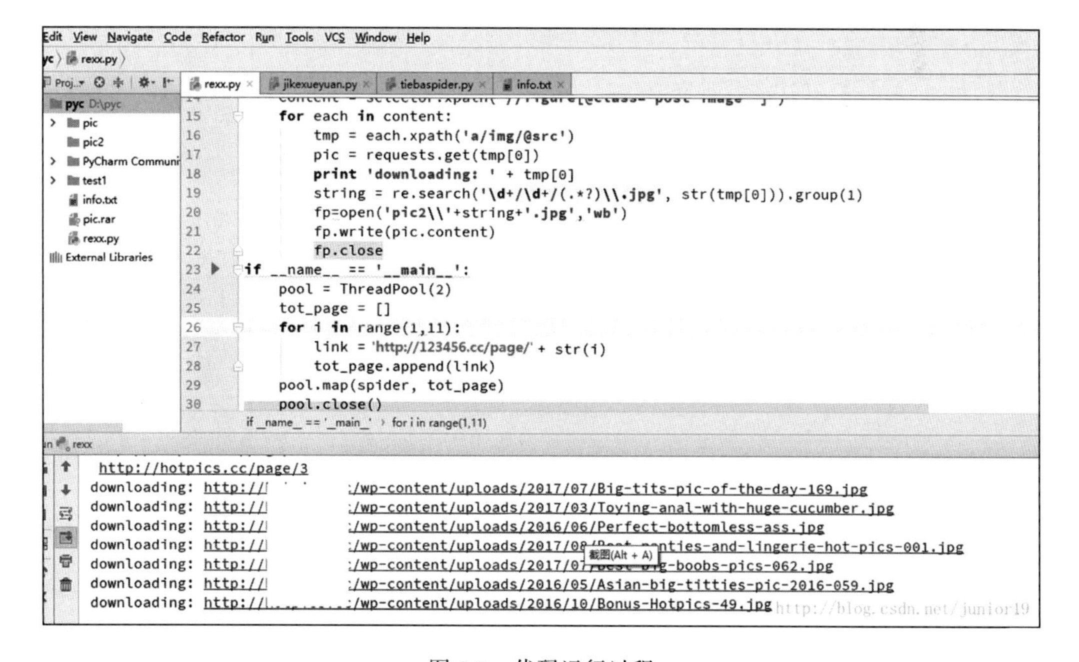

图 9-2　代码运行过程

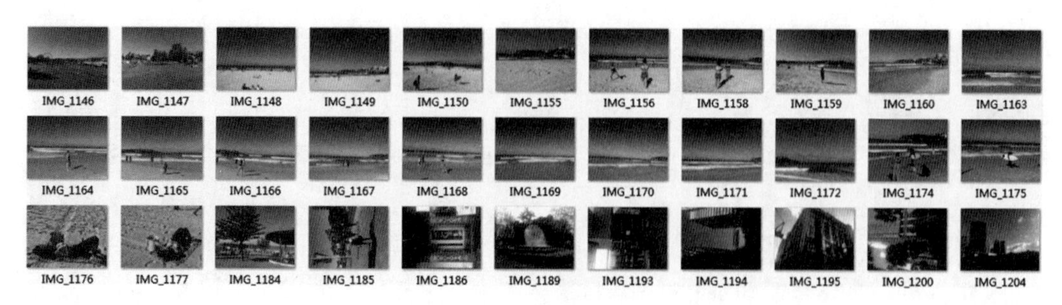

图 9-3 结果示例

9.6 本章小结

本章首先介绍了多线程和 Threading 模块的基本概念；接着介绍了使用 Thread 类创建多模块，但是在 Thread 类创建多模块时，由于全局变量所有线程都是共享的，这就有可能会造成数据错误，为了解决这个问题，Threading 提供了锁机制；然后介绍了 Queue 线程安全队列，Python 的 Queue 模块中提供了同步的、线程安全的队列类，包括 FIFO（先进先出）队列 Queue、LIFO（后入先出）队列 LifoQueue。最后给出了两个多线程爬虫的实战案例。

练习题

1. 多线程的概念以及开启多线程的优点和缺点。
2. Thread 类属性有哪些。
3. 使用 Thread 类创建多模块的三种方法。
4. 为何引入多线程锁机制。
5. 队列在多线程中如何保证线程安全。

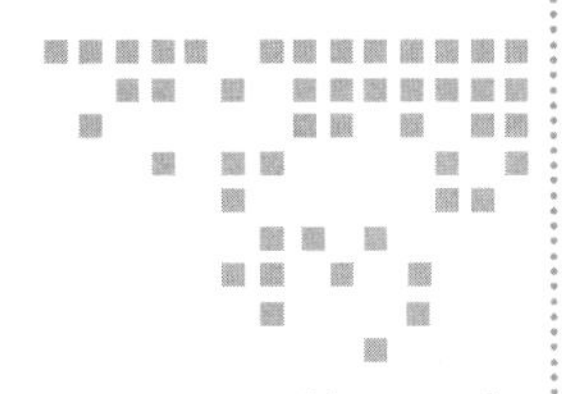

第 10 章 Chapter 10

动态网页爬虫

动态网页是与静态网页相对而言的一种网页编程技术。静态网页随着 HTML 代码的生成，页面的内容和显示效果基本上不会发生变化。而动态网页则不然，页面代码虽然没有变，但显示的内容是可以随着时间、环境或者数据库操作的结果而发生改变的。

10.1 浏览器开发者工具

目前实现动态网页爬虫有两种方法：分析页面请求和 Selenium 模拟浏览器行为。分析页面请求需要先学习浏览器开发者工具的使用和分析，本节会详细介绍。

浏览器开发者工具就是给专业的 Web 应用和网站开发人员使用的工具。它的作用在于，帮助开发人员对网页进行布局（比如 HTML+CSS），帮助前端工程师更好地调试脚本（JavaScript、jQuery 之类的），还可以使用工具查看网页加载过程，获取网页请求，这个过程也叫作抓包。每一个浏览器厂商的浏览器（比如 Chrome、FireFox、Safari）都会有自己的杀手锏，也就是功能上的差别，那么这个时候建议读者找一个最适合自己的浏览器来使用。

10.1.1 调试工具的介绍

通常前端程序员在按照 UI 效果图编辑网页时，不可能一下将代码全部写好，通常情况是边写边调，经过反复调试后才能达到要求的效果，这时候用浏览器开发者工具能形象直观地帮助程序员调试自己的代码，用好 F12 键能显著提高开发者的工作效率，加快调试的速度。

1. 如何调出开发者工具

按 F12 键调出或右击并选择快捷菜单中的命令（或快捷键 Ctrl+Shift+I）调出开发者工具，如图 10-1 所示。

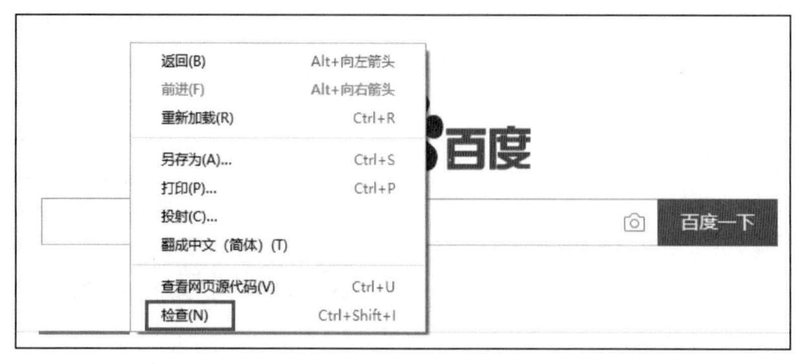

图 10-1 调出开发者工具

调试时使用最多的功能页面是：Elements（元素）、Console（控制台）、Sources（源代码）、Network（网络）等。

- Elements：用于查看或修改 HTML 元素的属性、CSS 属性、监听事件、断点等；CSS 可以即时修改、即时显示；大大方便了开发者调试页面。
- Console：一般用于执行一次性代码，查看 JavaScript 对象，查看调试日志信息或异常信息。
- Sources：用于查看页面的 HTML 文件源代码、JavaScript 源代码、CSS 源代码，此外最重要的是可以调试 JavaScript 源代码、给 JavaScript 代码添加断点等。
- Network：主要用于查看 header 等与网络连接相关的信息。

2. Elements

可以在开发者工具 Elements 一栏中定位到该元素源代码的具体位置。查看元素的属性：定位到元素的源代码之后，可以从源代码中读出该元素的属性，如图 10-2 中所示的 class、src、width 等属性的值。

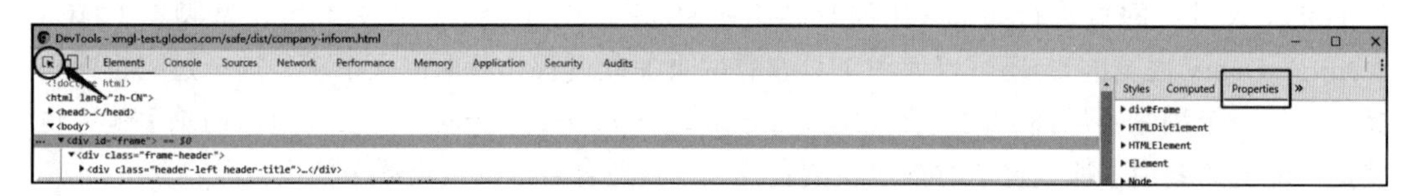

图 10-2 Elements 属性

修改元素的代码与属性：可直接双击想要修改的部分，然后进行修改，或者选中要修改的部分后，右击选择快捷菜单中的相应命令进行修改，如图 10-3 所示。由图中可以看到可对元素进行的操作，包括编辑元素代码（Edit as HTML）、添加属性（Add attribute）、修改属性（Edit attribute）等。选择 Edit as HTML 命令时，元素进入编辑模式，可以对元素的代码进行任意修改。

注意，这个修改仅对当前的页面渲染生效，不会修改服务器的源代码，故而这个功能也是作为调试页面效果来使用的。右边侧栏功能的介绍如图 10-4 所示。

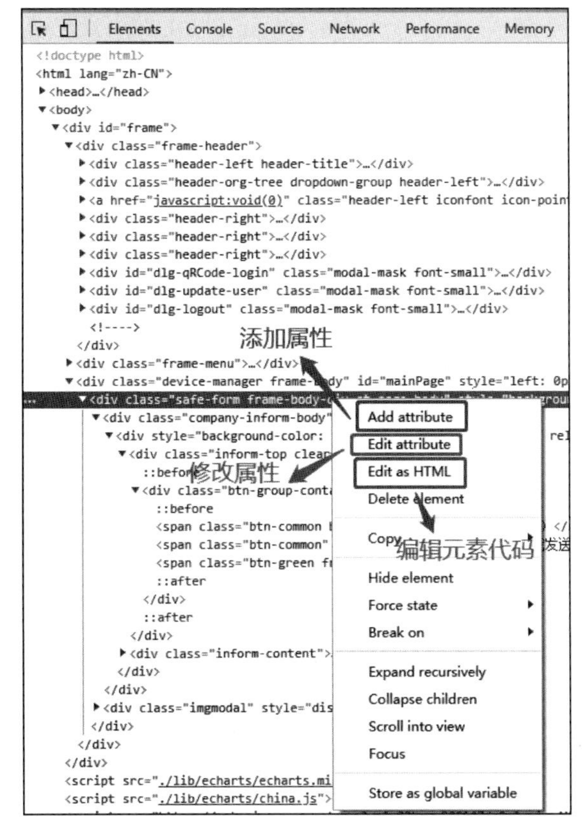

图 10-3　修改元素属性

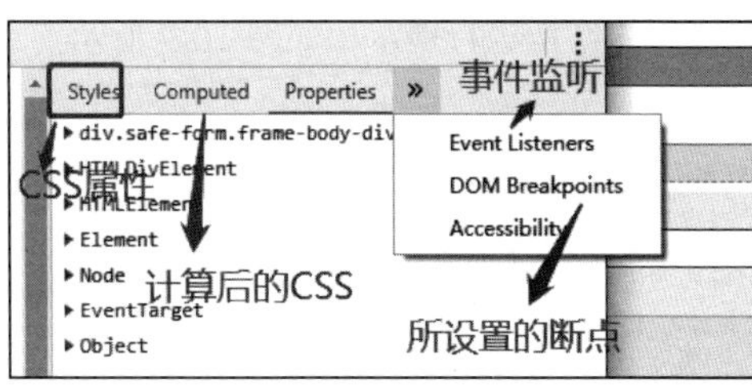

图 10-4　右侧功能栏

3. Console

Console 操作如下。

1）查看 JavaScript 对象及其属性，如图 10-5 所示。

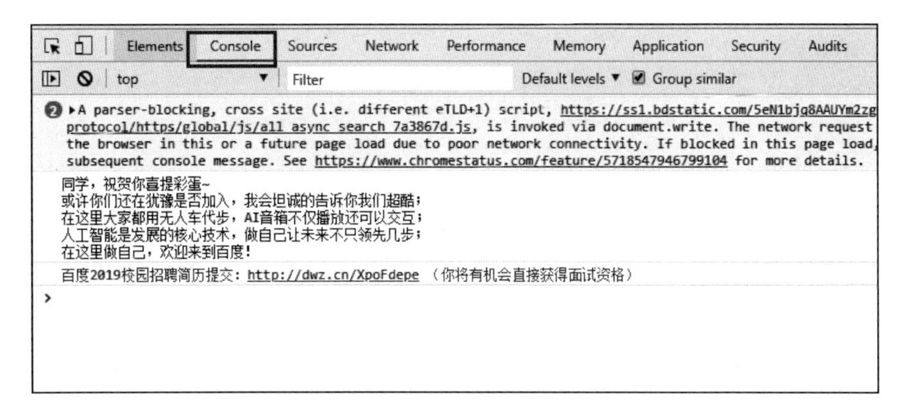

图 10-5　查看 JavaScript 对象

2）执行 JavaScript 语句，如图 10-6 所示。

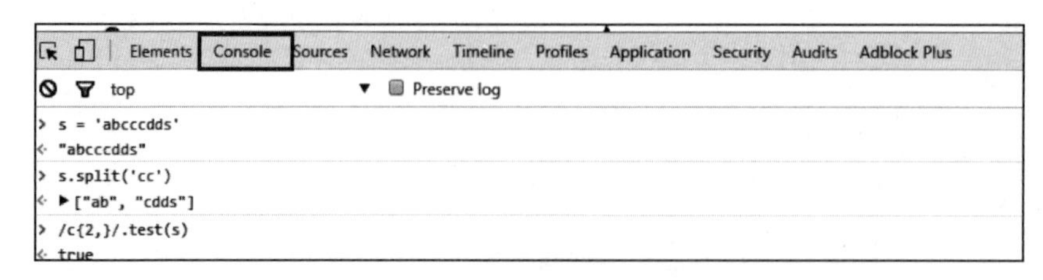

图 10-6　执行 JavaScript 语句

3）查看控制台日志：当网页的 JavaScript 代码中使用了 console.log() 函数时，该函数输出的日志信息会在控制台中显示。日志信息一般在开发调试时启用，而当正式上线后，一般会将该函数去掉。

4. Sources

1）查看文件：在 Sources 页面可以查看到当前网页的所有源文件。在左侧栏中可以看到源文件以树结构进行展示，如图 10-7 所示。

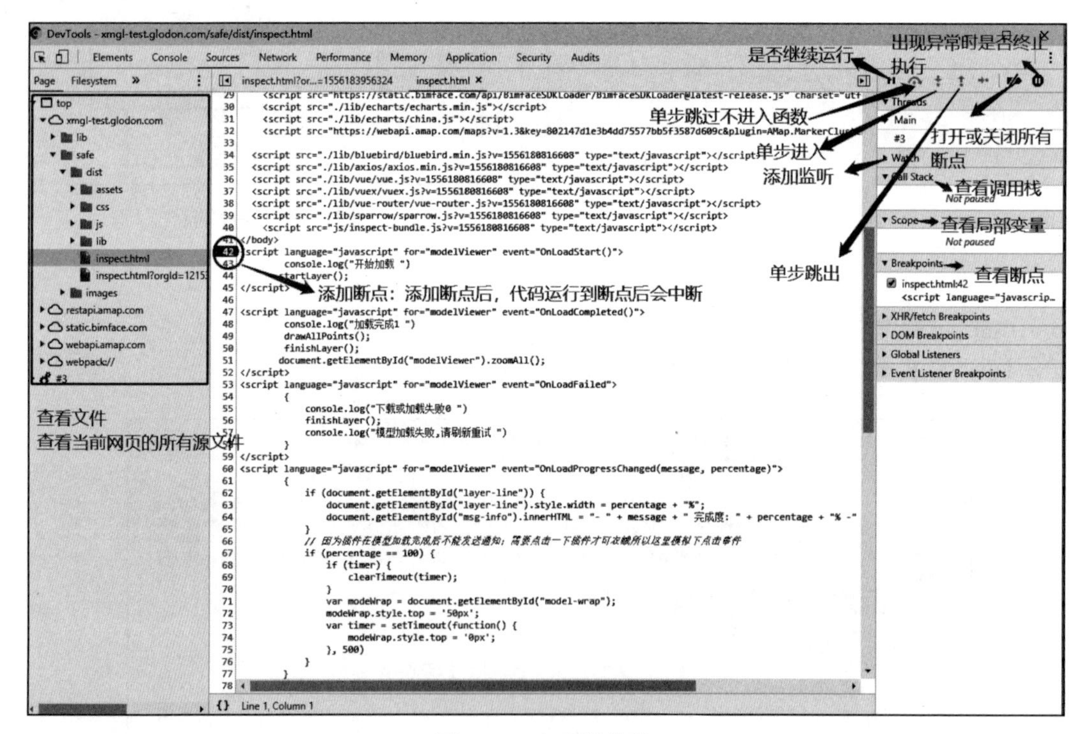

图 10-7　查看源代码

2）添加断点：在源代码左边有行号，点击对应行的行号，便可给该行添加一个断点（再次点击可删除断点）。右键点击断点，在弹出的快捷菜单中选择 Edit breakpoint 命令可以给该断点添加中断条件。

3）中断调试：添加断点后，当 JavaScript 代码运行到断点时会中断（对于添加了中断条件的断点，在符合条件时中断），此时可以通过将光标放在变量上来查看变量。

4）在右侧变量上方，有继续运行、单步跳过等按钮，可以在当前断点后，逐行运行代码，或者直接让其继续运行。

5. Network

点击某个请求文件后（点击左侧 Name 选项），其界面如图 10-8 所示，一共分为 4 个模块。

- Header：面板会列出资源请求的 URL、HTTP 方法、响应状态码、请求头和响应头，以及它们各自的值等。
- Preview：预览面板，用于资源的预览。
- Response：响应信息面板包含的资源中还未进行格式处理的内容。
- Timing：资源请求的时间开销信息。

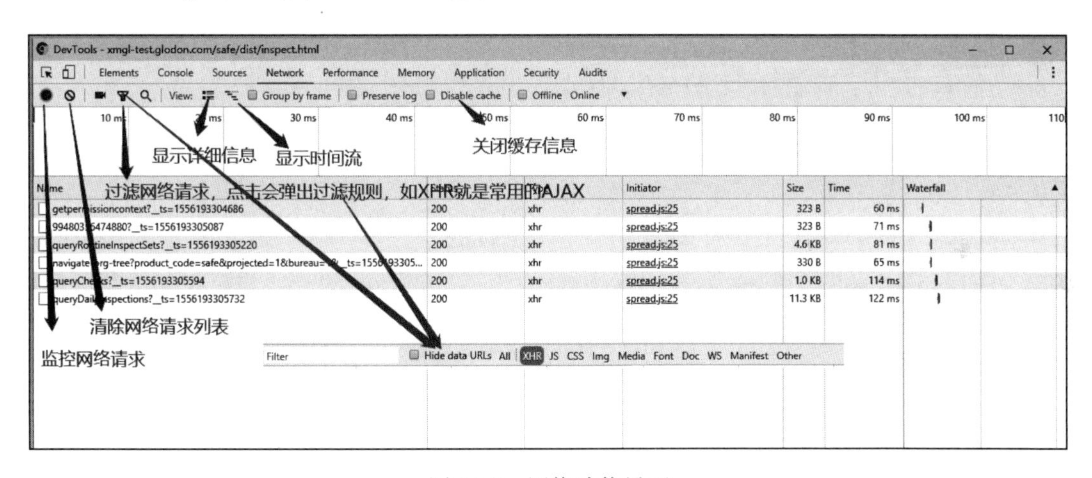

图 10-8　网络功能界面

打开浏览器，按 F12 键，点击 Network 页面，可以查看相关网络请求信息，记住是按下 F12 键之后再刷新页面才会开始记录。

查看网络基本信息，你能看到请求了哪些地址，以及每个 URL 的网络相关请求信息，包括 URL、响应状态码、响应数据类型、响应数据大小和响应时间，如图 10-9 所示。

请求 URL 可进行筛选和分类，包括选择不同分类以及查看请求 URL，如图 10-10 所示。

如果想直接 Filter（红点下方）搜索查询相关 URL，可以在 Filter 搜索栏输入关键字或者正则表达式进行查询，如图 10-11 所示。

Waterfall 能分割重要的请求耗时，查看具体请求耗时发生在哪个地方，鼠标指到相关区域便可看到具体耗时，如图 10-12 所示。

DevTools - xmgl-test.glodon.com/safe/dist/inspect.html

Elements Console Sources Network Performance Memory Application Security Audits

View: Group by frame Preserve log Disable cache Offline Online

Filter Hide data URLs All XHR JS CSS Img Media Font Doc WS Manifest Other

1000 ms 2000 ms 3000 ms 4000 ms 5000 ms 6000 ms 7000 ms 8000 ms 9000 ms 10000 ms 11000 ms 1200(

Name	Status	Type	Initiator	Size	Time	Waterfall 10.00 s
jquery-1.11.3.js	304	script	inspect.html	207 B	142 ms	
echarts.min.js	304	script	inspect.html	162 B	121 ms	
china.js	304	script	inspect.html	161 B	130 ms	
maps?v=1.3&key=802147d1e3b4dd75577bb5f3587d609c&plug...	200	script	inspect.html	5.0 ...	59 ms	
bluebird.min.js?v=1556180816608	304	script	inspect.html	161 B	135 ms	
axios.min.js?v=1556180816608	304	script	inspect.html	161 B	131 ms	
vue.js?v=1556180816608	304	script	inspect.html	162 B	137 ms	
vuex.js?v=1556180816608	304	script	inspect.html	161 B	134 ms	
vue-router.js?v=1556180816608	304	script	inspect.html	161 B	143 ms	
sparrow.js?v=1556180816608	304	script	inspect.html	161 B	146 ms	
inspect-bundle.js?v=1556180816608	304	script	inspect.html	162 B	147 ms	
pluginVersion.js?0.9040857597300802	200	script	inspect.html:17	801 B	28 ms	
data:application/x-...	200	font	inspect.html	(fro...	1 ms	
style1536672475627.css	200	stylesheet	maps?v=1.3&key=80214...	489 B	18 ms	
init?s=rsv3&product=JsInit&key=802147d1e3b4dd75577...ct.ht...	200	script	VM11508:1	641 B	93 ms	
safelogo.png	200	png	vue.js?v=1556180816608...	(fro...	0 ms	
close2.png	304	text/plain	vue.js?v=1556180816608...	160 B	29 ms	
99480356474880?_ts=1556195243405	200	xhr	spread.js:25	323 B	70 ms	
sparrow-icon.ttf?d0rjli	304	font	inspect-bundle.js?v=155...	160 B	62 ms	
glyphicons-halflings-regular.woff2	304	font	inspect-bundle.js?v=155...	207 B	41 ms	
queryRoutineInspectSets?_ts=1556195243560	200	xhr	spread.js:25	4.5 ...	80 ms	
navigate-org-tree?product_code=safe&projected=1&bureau=1...	200	xhr	spread.js:25	330 B	54 ms	
a98397de-b687-4756-9d06-1769a44df50d	200	text/javascript	VM11507:67	0 B	54 ms	
favicon.ico	200	x-icon	Other	4.5 ...	40 ms	
queryChecks?_ts=1556195243911	200	xhr	spread.js:25	1.0 ...	123 ms	
queryDailyInspections?_ts=1556195244061	200	xhr	spread.js:25	11.3...	61 ms	
count?type=f&k=802147d1e3b4dd75577bb5f3587d609c&u=.....	200	script	VM11508:1	534 B	29 ms	

37 requests | 33.0 KB transferred | Finish: 10.64 s | DOMContentLoaded: 1.59 s | Load: 1.66 s

图 10-9 查看网络基本信息

DevTools - xmgl-test.glodon.com/safe/dist/inspect.html

Elements Console Sources Network Performance Memory Application Security Audits

View: Group by frame Preserve log Disable cache Offline Online

Filter Hide data URLs All XHR JS CSS Img Media Font Doc WS Manifest Other

1000 ms 2000 ms 3000 ms 4000 ms 5000 ms 6000 ms 7000 ms 8000 ms 9000 ms 10000 ms 11000 ms 1200(

Name	Status	Type	Initiator	Size	Time	Waterfall
jquery-1.11.3.js	304	script	inspect.html	207 B	142 ms	
echarts.min.js	304	script	inspect.html	162 B	121 ms	
china.js	304	script	inspect.html	161 B	130 ms	
maps?v=1.3&key=802147d1e3b4dd75577bb5f3587d609c&plug...	200	script	inspect.html	5.0 ...	59 ms	
bluebird.min.js?v=1556180816608	304	script	inspect.html	161 B	135 ms	
axios.min.js?v=1556180816608	304	script	inspect.html	161 B	131 ms	

图 10-10 分类与筛选 URL

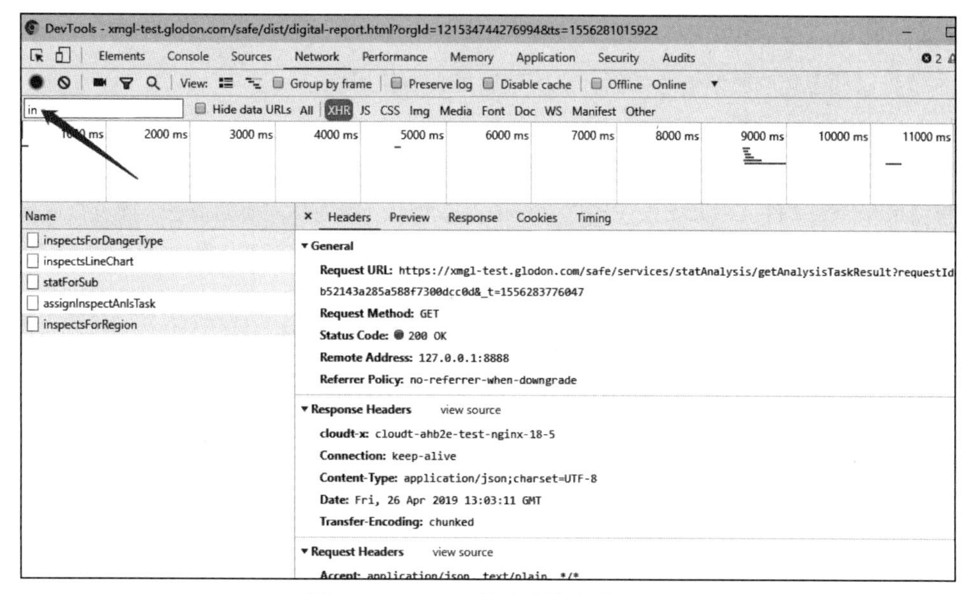

图 10-11　Filter 搜索查询相关 URL

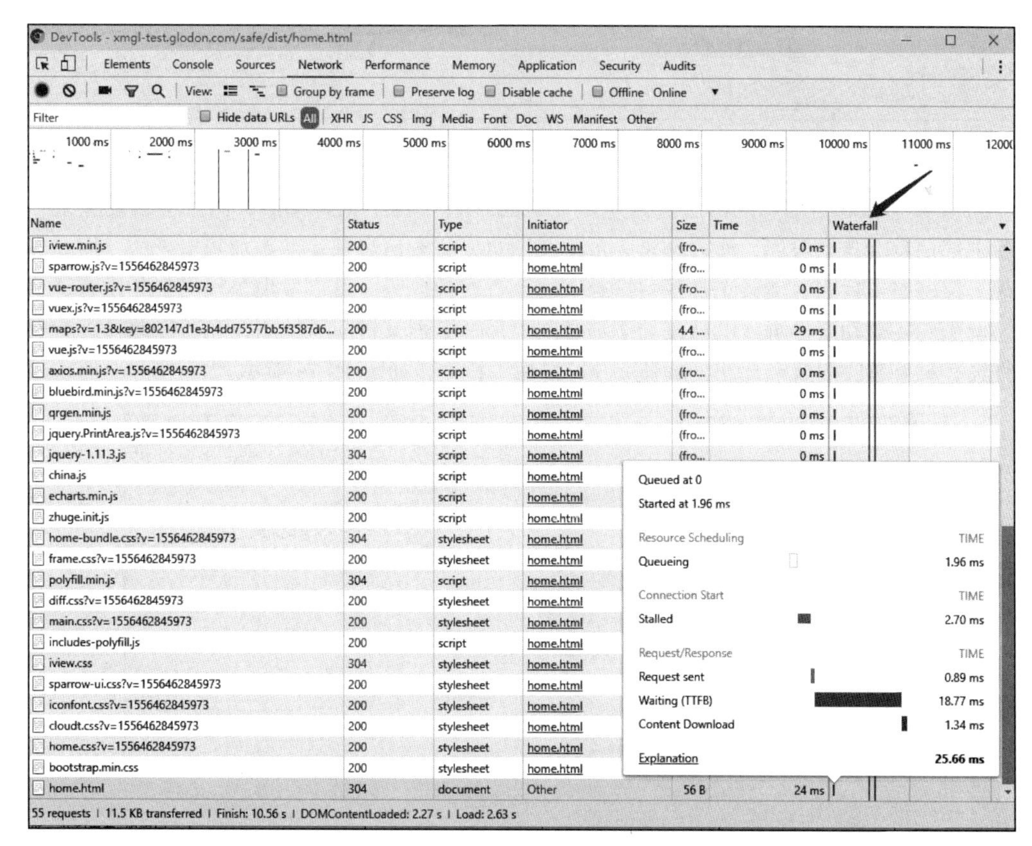

图 10-12　查询请求耗时

10.1.2 调试工具的使用示例

本节将以动态爬取股票信息为例，说明调试工具的使用。

【例 10-1】动态爬取股票信息

本实例目标是从东方财富网获取股票列表，然后根据股票列表逐个到百度股票获取个股信息，最后将结果存储到文件。一开始没发现这是一个动态网页，因为在需要的信息上面直接鼠标右击后在快捷菜单选择“检查”命令，发现信息还算全面，仅代码会变一下，操作如图 10-13 所示。

图 10-13 查看东财网页元素

可以看到，需要信息的网页代码还是存在的，但当展开 td 标签时，网页会自动恢复，该标签内部信息会自动收回，所以这是一个动态网页，所有信息都是动态加载出来的，而非静态呈现。鼠标右击后在快捷菜单选择“检查”命令查看源代码，可以发现源代码中并没有这些信息，说明确实是动态网页。既然是动态加载的，那么数据文件应该依旧存在。因此可查看资源文件里有没有想要的数据文件，结果点开后发现了目标，如图 10-14 所示。

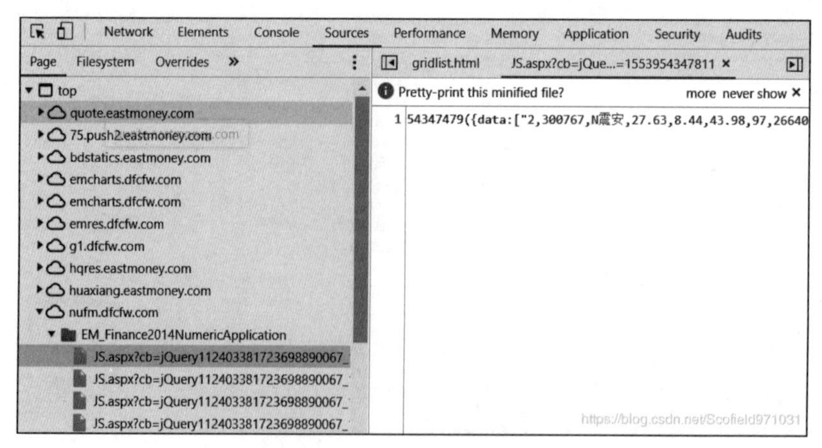

图 10-14 查询东财源代码

直接点击一个进去，复制 URL（右击选择快捷菜单中的 copy link address 命令）并查看内容，如图 10-15 所示。

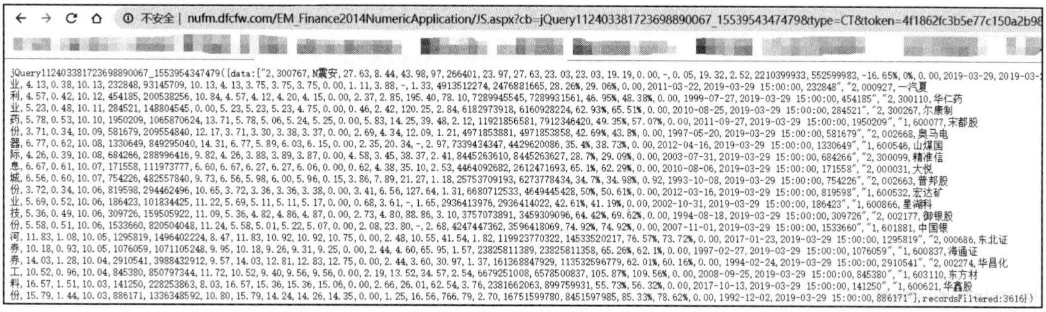

图 10-15　查询 URL 的内容

结果发现首页所有的股票信息都在这个文件里面，这个 URL 就是我们爬取的对象 URL 了。

1）解析网页，返回源代码。

```
import requests
from bs4 import BeautifulSoup
import traceback      # 处理异常
import re

def getHTMLText(url, code='utf-8'):
    try:
        r = requests.get(url, timeout=30)
        r.raise_for_status()
        r.encoding = code
        return r.text
    except:
        return ""
```

2）解析数据文件，使用 re 库提取出股票信息。

```
# 东方财富网，在a标签内找到股票标号，将所有股票标号返回到lst中
def getStockList(lst, stockURL):
    #2 sz 1 sh
    html = getHTMLText(stockURL, "GB2312")
    # soup = BeautifulSoup(html, 'html.parser')
    content = re.findall(r"data:\[(.*?)\],recordsFiltered", html)[0]
    #25
    lists = content.split(",")
    l=1
    while l < len(lists):
        if lists[l-1]=="\"2":
            lst.append("sz"+ lists[l])
        else:
            lst.append("sh" + lists[l])
        l+=26
```

3）根据股票信息，从百度股票获取个股信息，并存放到文件中。

```
def getStockInfo(lst, stockURL, fpath):
    count = 0                                       # 进度
    for stock in lst:
        url = stockURL + stock + ".html"            # https://gupiao.baidu.com/stock/
                                                      sh000001.html
        html = getHTMLText(url)
        try:
            if html == "":
                continue
            infoDict = {}
            soup = BeautifulSoup(html, 'html.parser')
            stockInfo = soup.find('div', attrs={'class': 'stock-bets'})
            name = stockInfo.find_all(attrs={'class': 'bets-name'})[0]
            infoDict.update({'股票名称': name.text.split()[0]})
            keyList = stockInfo.find_all('dt')  # 键
            valueList = stockInfo.find_all('dd') # 值

            for i in range(len(keyList)):
                key = keyList[i].text
                val = valueList[i].text
                infoDict[key] = val                 # 构建键/值对

            with open(fpath, 'a', encoding='utf-8') as f:
                f.write(str(infoDict) + '\n')
                count = count + 1
                print("\r当前进度: {:.2f}%".format(count * 100 / len(lst)), end="")
        except:
            count = count + 1
            print("\r当前进度: {:.2f}%".format(count * 100 / len(lst)), end="")
            continue
```

4）主函数如下：

```
def main()
    stock_list_url = 'http://quote.eastmoney.com/stocklist.html'
    stock_info_url = 'https://gupiao.baidu.com/stock/'
    output_file = 'D:/BaiduStockInfo.txt'
    slist = []
    getStockList(slist,stock_list_url)
    getStockInfo(slist,stock_info_url,output_file)

main()
```

5）输出结果如图 10-16 所示。

```
{'股票名称': 'N震安', '今开': '23.03', '成交量': '97手', '最高': '27.63',
'涨停': '27.63', '内盘': '92手', '成交额': '26.64万', '委比': '100.00%',
'流通市值': '5.53亿', '市盈率MRQ': '19.32', '每股收益': '1.91', '总股本':
'8000.00万', '昨收': '19.19', '换手率': '0.05%', '最低': '23.03', '跌停':
'\n                    12.28', '外盘': '5手', '振幅': '23.97%', '量比':
'--', '总市值': '22.10亿', '市净率': '2.96', '每股净资产': '9.34', '流通股本':
'2000.00万'}
{'股票名称': '福安药业', '今开': '3.75', '成交量': '23.28万手', '最高': '4.13',
'涨停': '4.13', '内盘': '16.91万手', '成交额': '9314.57万', '委比': '100.00%',
'流通市值': '24.70亿', '市盈率MRQ': '--', '每股收益': '-0.30', '总股本':
'11.90亿', '昨收': '3.75', '换手率': '3.89%', '最低': '3.75', '跌停':
'\n                    3.38', '外盘': '6.37万手', '振幅': '10.13%', '量比':
'9.02', '总市值': '49.14亿', '市净率': '1.33', '每股净资产': '3.10',
'流通股本': '5.98亿'}
```

图 10-16　部分结果

10.2　异步加载技术

对于传统的网页，如果要更新网页信息，则需要重新加载整个网页的数据信息，因此会存在加载速度慢的情况，从而导致用户体验差。然而，如果采用异步加载技术来加载网页数据，那么通过后台与服务器之间少量的数据交换就可以完成数据更新。

10.2.1　异步加载技术介绍

异步加载指在加载的同时执行代码，而加载是指：

- 解析 / 编译动态语言的源代码；
- 将动态库掉入内存并链接；
- 动态掉入并解析其他数据文件。

异步加载可以在专门的线程中完成，也可以在执行代码的线程中完成，后者一般称为延迟加载。因为执行代码和所加载的代码或数据有一定依赖关系，所以必须处理好二者的顺序关系。一般是边加载，边执行依赖的已加载部分代码。

在计算机程序中同步的模式会产生阻塞问题，所以为了解决同步解析脚本会阻塞浏览器渲染这一问题，采用异步加载脚本就成了一种好的选择。利用脚本的 async 和 defer 属性就可以实现这种需求：

```
<script type="text/javascript" src="./a.js" async></script>
<script type="text/javascript" src="./b.js" defer></script>
```

以 promise 技术来处理异步脚本加载过程中的依赖问题：

```
    // 执行脚本
function exec(src) {
        const script = document.createElement('script');
        script.src = src;

        // 返回一个独立的promise
        return new Promise((resolve, reject) => {
        var done = false;

        script.onload = script.onreadystatechange = () => {
    if (!done && (!script.readyState || script.readyState === "loaded" || script.
        readyState
=== "complete")) {
    done = true;

    // 避免内存泄露
    script.onload = script.onreadystatechange = null;
    resolve(script);
        }
        }
        script.onerror = reject;
        document.getElementsByTagName('head')[0].appendChild(script);
        });
}
```

```
function asyncLoadJS(dependencies) {
        return Promise.all(dependencies.map(exec));
}

asyncLoadJS(['https://code.jquery.com/jquery-2.2.1.js', 'https://cdn.bootcss.com/
    bootstrap/3.3.7/js/bootstrap.min.js']).then(() => console.log('all done'));
```

10.2.2 AJAX数据爬取

AJAX（Asynchronous Javascript And XML，异步 JavaScript 和 XML），是一种创建交互式网页应用的网页开发技术。简单来说就是在浏览网页时，若当前页面内容已浏览完，则只需要向下滑动，便可自动出现新的内容，而不需要刷新页面。以爬取今日头条的图片为例，其网页展示如图 10-17 所示，使用 Google 浏览器可直观地了解 AJAX 数据爬取。

图 10-17 今日头条网页展示

1. 逻辑分析

首先打开今日头条的网站（https://www.toutiao.com），在搜索框内可以输入任意的内容，比如爬取的是关于风景的图片。使用 Google 浏览器，鼠标右击选择检查，选择 Network 页面，查看所有的网络请求。可以看到第一条网络请求就是当前的链接。点击这条请求，查看 Response 选项，如果这个网页是由该请求的结果渲染出来的，那么该请求的源代码中肯定会包含网页结果中的文字。这里可以使用搜索来进行验证，比如搜索标题结果中的“破万”两个字，可以发现在这个请求中没有匹配的结果。由此说明这些内容是由 AJAX 所加载的。

分析 AJAX 请求，AJAX 的数据类型为 xhr，故选择 XHR，这样显示出来的都是 AJAX 请求，将网页从上拉到最下，可以看见请求逐渐变多。点击第一个请求，可以在右侧区域看到显示出了不同的信息，如图 10-18 所示。

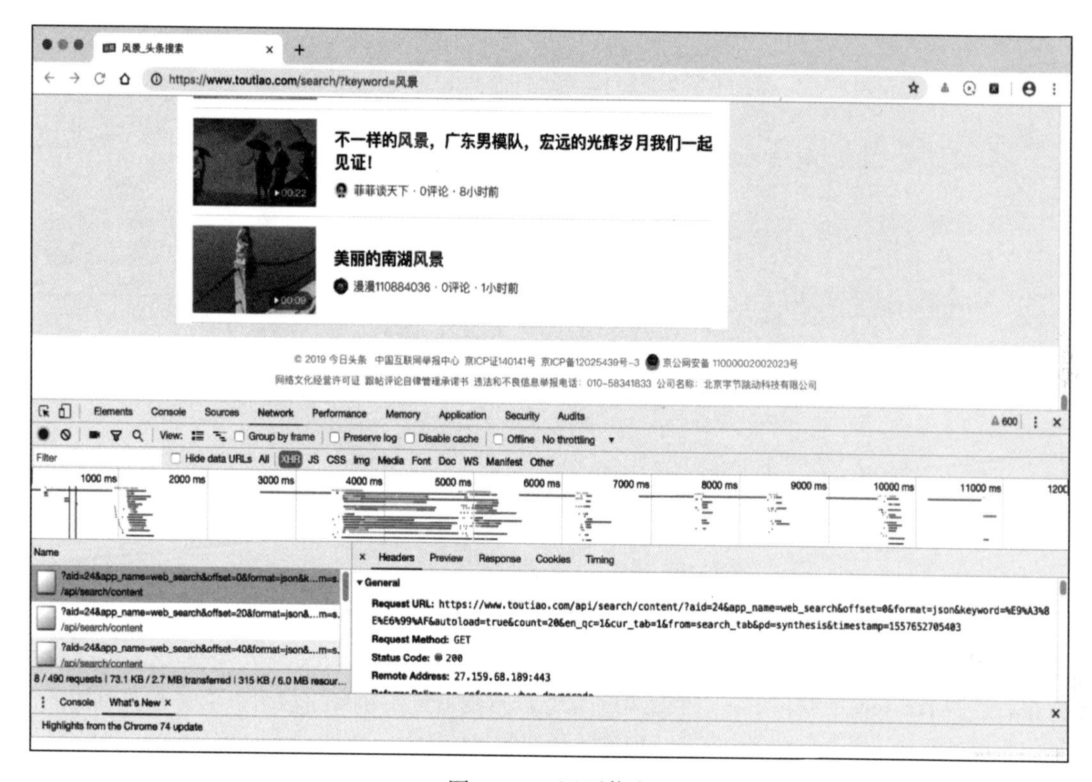

图 10-18　网页信息

复制右边的 Request URL，可以看到 url 中返回了 json 数据，所以第一步分析请求 URL，获取返回的 json 数据。

2. 加载单个 AJAX 请求

点击每个 AJAX 请求，可以看到 Request URL 参数基本相同，唯一有变化的是 offset（偏移量），变化规律为每次增加 20，所以实现方法是传入 offset 作为参数，然后将请求的方式改为 GET。

以第一个请求的 URL 为例。

```
https://www.toutiao.com/api/search/content/?aid=24&app_name=web_search&offset=0&
    format=json&keyword=%E9%A3%8E%E6%99%AF&autoload=true&count=20&en_qc=1&cur_
    tab=1&from=search_tab&pd=synthesis&timestamp=1557652705403
```

我们可以看到，每一个“&”左右间隔的都是参数，“=”是参数值。由此可以构造 URL，然后请求这个链接，如果返回的状态码为 200，那么就使用 response.json() 方法将结果转化为

json 模式的数据并返回，未来爬虫时需要这些“格式化”的数据。

```
# 唯一的变化就是offset
def get_page(offset):
        params = {
        'aid': '24',
        'offset': offset,
        'format': 'json',
        : 'true',
        'count': '20',
        'cur_tab': '1',
        'from': 'search_tab',
        'pd': 'synthesis'
        }
        # 这一部分都是相同的参数
        base_url = 'https://www.toutiao.com/api/search/content/?keyword=%E9%A3
            %8E%E6%99%AF'
    url = base_url + urlencode(params)   # 构造请求的GET地址参数
    print(url)                           # 打印出URL以查看自己构建的是否有效
    try:
            resp = requests.get(url)
            if 200 == resp.status_code:
                print(resp.json())       # 查看返回结果是否正确
                return resp.json()
    except requests.ConnectionError:
            return None
```

3. 解析结果

在获取 json 结果后，我们就要从中解析并提取出所要爬取的数据。在浏览器开发者工具中，单击 Network 后，再次单击下方的 XHR 后，选择点击最左侧 Name 栏的目标请求，这样就在右边的 Preview 中看到了该对象的相关信息。点击下方的 data 字段可以看见很多条数据，每条数据里都有一个 image_list 字段，包含了所要爬取的图片 URL，所以可在刚才返回的结果内将图片 URL 提取出来，通过构造一个生成器，将图片链接和标题返回。

【例 10-2】提取图片链接和图片标题

```
def get_images(json):                    # 将get_page(offset)构建的GET地址参数值
                                           json传入
    if json.get('data'):                 # 确认是否存在data
    data = json.get('data')
    for item in data:                    # 找到data中的图片标题和图片链接列表
    title = item.get('title')
    images = item.get('image_list')
    for image in images:                 # 构造生成器
    yield {
    'image':  image.get('url'),
    'title': title
    }
```

4. 保存图片

将所有图片的 URL 返回后，我们便需要一个方法来下载并保存图片。首先要根据返回的 title 值创建文件夹，然后请求这个图片链接，获取数据，以二进制形式写入文件。图片名称可以根据其内容的 MD5 值来命名。

【例 10-3】保存图片方法

```
# 根据title创建文件夹，再根据图片链接获取图片二进制文件，图片名为内容的MD5值
    def save_image(item):
        img_path = 'img' + os.path.sep + item.get('title')
                                                # os.path.sep，这是路径分割符
        print(img_path)
        if not os.path.exists(img_path): # 如果不存在文件夹就创建一个
        os.makedirs(img_path)
        try:
        resp = requests.get(item.get('image'))
        if codes.ok == resp.status_code:
        # 使用format方法格式化，生成文件路径
        file_path = img_path + os.path.sep + '{file_name}.{file_suffix}'.format(
        # 将文件保存时，通过哈希函数对每个文件进行文件名的自动生成
file_name=md5(resp.content).hexdigest()
        file_suffix='jpg')
        if not os.path.exists(file_path):
        with open(file_path, 'wb') as f: # 若还未下载，则写入文件内容
        f.write(resp.content)
        print('Downloaded image path is %s' % file_path)
        else:
        print('Already Downloaded', file_path)
        except requests.ConnectionError:
        print('Failed to Save Image, item %s' % item)
```

因为获得所有图片的 URL 后，发现唯一变化的是 offset 值，因此我们的程序可以通过 offset 值的改变动态获取所有图片的 url 地址，实现批量多进程下载。

5. 传入 offset 参数，运用多进程进行图片的批量下载

```
def main(offset):
    json = get_page(offset)                         # 获得json的返回结果
    for item in get_images(json):                   # 解析json获得包括标题以及图片链接的词典item
    print(item)                                     # 打印出词典信息
    save_image(item)                                # 保存图片
GROUP_START = 0                                     # offset最多到120
GROUP_END = 6
if __name__ == '__main__':
    pool = Pool()                                   # Python多进程，创建进程池
    # 传入1到20的参数
    groups = ([x * 20 for x in range(GROUP_START, GROUP_END + 1)])
    pool.map(main, groups)                          # main表示执行的方法，groups表示操作的数据
                                                      列表
    pool.close()                                    # 关闭进程池，不再接受新的进程
    pool.join()                                     # 主进程阻塞等待子进程的退出
```

6. 查看结果

在当前路径下会发现生成了一个 img 文件夹，其中包含以 title 命名的各个子文件夹，子文

件夹内是以 MD5 值命名的图片，如图 10-19 所示。

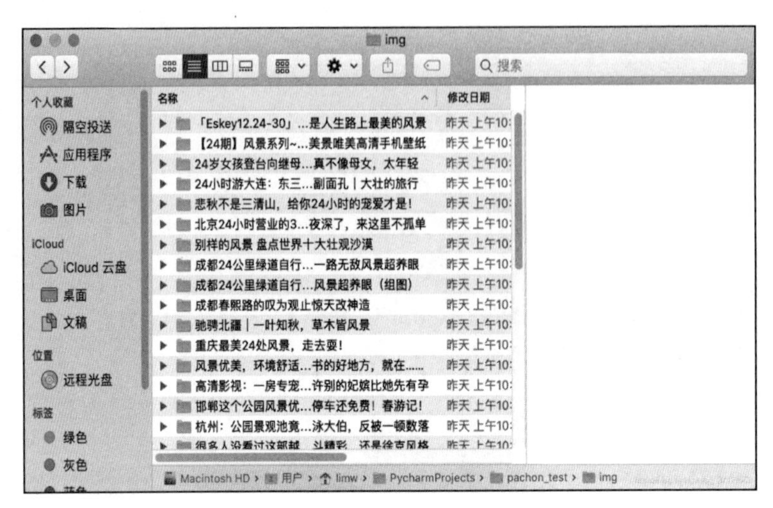

图 10-19 运行结果展示

10.3 表单交互与模拟登录

无论是简单网页还是采用异步加载的网页，都是使用 GET 方法来请求网址，继而请求网页信息，如果想获得登录表单后的信息，就需要进行表单交互。Python 模拟登录网页主要使用的是 urllib、urllib2、cookielib 及 BeautifulSoup 等基本模块，还可以使用像 requests 等更高级一点的模块。

10.3.1 表单交互

想要获取登录之后的信息，只需要使用 requests 库自带的 post 方法即可。只需要构造一个字典，然后利用 post 上传到网页。

```
import requests
params = {
    'name':'xxx',
    'password':'xxx'
        }
res = requests.post(url,data=params)
print(res.text)
```

还是以豆瓣网（https://www.douban.com）为例，打开豆瓣网，在登录选项处鼠标右击选择检查。定位到元素所在位置，代码展示如下。

```
<div class="login">
<form id="lzform" name="lzform" method="post" action="http://www.douban.
    com/accounts/login">
<fieldset>
```

```
    <legend>登录</legend>
    <input type="hidde" value="index_nav" name="source">
    <div class="item-account">
    <input type="text" name="form+email" id="form_email" value class="inp"
        placeholder= "邮箱/手机号" tabindex="1">==$0
    </div>
    <div class="item item-passwd">...</div>
    <div class="item item-submit">...</div>
    <div class=" item-action">...</div>
    </fieldset>
    </form>
    <div style="display:none;">...</div>
    </div>
    <div class="app">...</div>
    ::after
    </div>
    <script>...</script>
</div>
```

找到 form 标签下的 action 属性（这是登录的 URL），以及 input 标签。

```
# 这是登录的URL
url = 'https://accounts.douban.com/login'
headers = {'User-Agent': 'Mozilla/5.0 (Windows NT 10.0; Win64; x64) AppleWebKit/537.36
    (KHTML, like Gecko) Chrome/70.0.3538.110 Safari/537.36'}
params = {
    'source':'index_nav',
    # 这是你的登录账号
    'form_email':'xxx',
    # 这是你的登录密码
    'form_password':'xxx'
}
html = requests.post(url,data=params,headers=headers)
print(html.text)
```

10.3.2　模拟登录

Cookie 是指为了辨别用户身份，网站进行 Session 跟踪而存储在用户本地的数据。公司通过追踪用户的 Cookie 信息来提供定制化信息和兴趣推荐。Cookie 保存了用户的信息，所以我们可以通过提交 Cookie 来模拟登录网站。以登录豆瓣网为例来进行说明。

1）手工输入账号和密码进行登录。

2）在登录后的首页，打开 Network 页面中的信息，找到 Cookie 信息，如图 10-20 所示。

在 headers 中加入 Cookie 信息即可完成模拟登录：

```
import requests
url='https://www.douban.com/'
headers={
    'Cookie':'xxxxxxxxxxx'
}
html=requests.get(url,headers)
print(html.text)
```

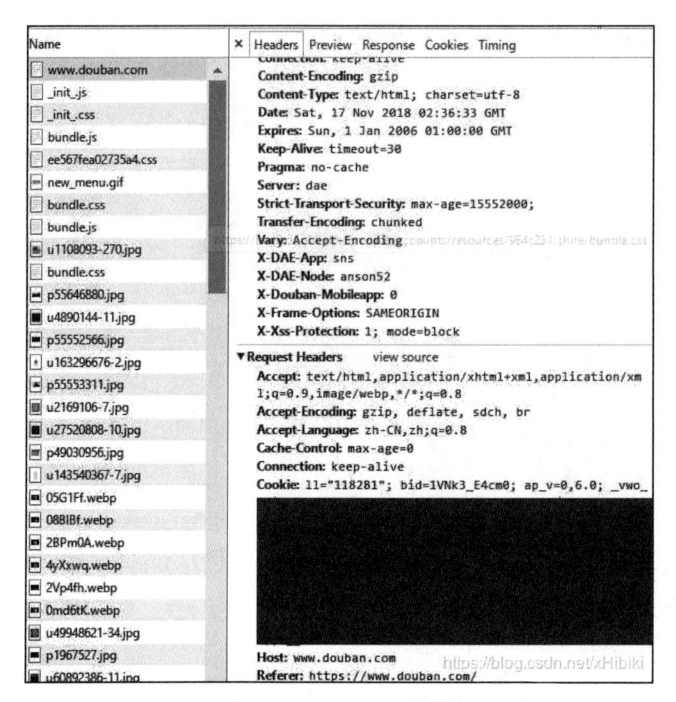

https://blog.csdn.net/xHibiki

图 10-20 Cookie 信息

10.4 Selenium 模拟浏览器

Selenium 可以完全模拟人对浏览器的操作，以便获取动态数据。动态数据由代码生成，在页面初始化的过程中是没有的，也无法进行获取，但是使用 Selenium 以后，可以避免人工登录，只需要得到账号、密码即可实现 Selenium 代替登录。

10.4.1 Selenium 操作浏览器

1. 控制浏览器

Selenium 主要提供的是操作页面上各种元素的方法，但它也提供了操作浏览器本身的方法，比如浏览器的大小，以及浏览器的后退、前进按钮等。

（1）控制浏览器窗口大小

在不同的浏览器大小下访问测试站点，对测试页面截图并保存，然后观察或使用图像比对工具对被测页面的前端样式进行评测。比如可以将浏览器设置成移动端大小（480×800），然后访问移动站点，对其样式进行评估；WebDriver 提供了 set_window_size() 方法来设置浏览器的大小。

```
# coding=utf-8
from selenium import webdriver
driver = webdriver.Firefox()
```

```
driver.get("http://192.168.30.180/Uet-Platform/")
# 参数数字为像素点
print "****设置浏览器宽480、高800显示"**
driver.set_window_size(480, 800)**
driver.quit()
```

对于在 PC 端执行自动化测试脚本，大多数情况是希望浏览器在全屏幕模式下运行，可以使用 maximize_window() 方法，其用法与 set_window_size() 相同，但它不需要传参。

（2）控制浏览器后退和前进

在使用浏览器浏览网页的时候，浏览器提供了后退和前进按钮，可以方便地在当前网页和浏览过的网页之间切换，WebDriver 也提供了对应的 back() 和 forward() 方法来模拟后退和前进按钮，两种方法的使用示例如下所示。

```
# coding=utf-8
from selenium import webdriver
driver = webdriver.Firefox()
# 访问百度首页
first_url= 'http://www.baidu.com'
print "now access %s" %(first_url)
driver.get(first_url)
# 访问新闻页面
second_url='http://news.baidu.com'
print "now access %s" %(second_url)
driver.get(second_url)
# 返回（后退）到百度首页
print "back to %s "%(first_url)
driver.back()
# 前进到新闻页
print "forward to %s"%(second_url)
driver.forward()
driver.quit()
```

输出结果如下：

```
now access http://www.baidu.com
now access http://news.baidu.com
back to http://www.baidu.com
forward to http://news.baidu.com
```

（3）模拟刷新浏览器

```
driver.refresh()
# 刷新当前页面
```

2. 元素操作

（1）常用的元素操作

1）clear()：清除文本，如果是一个文件输入框的话。

2）send_keys(*value)：在元素上模拟按键输入。

3）click()：单击元素。

clear() 方法用于清除文本输入框中的内容，例如登录框内一般默认会有“账号”“密码”等提示信息，用于引导用户输入正确的数据；如果直接向输入框中输入数据，则可能会与输入框中的提示信息拼接，本来用户输入的信息为“username”，结果与提示信息拼接为“账号username”，从而造成输入信息的错误，这个时候可以先使用 clear() 方法清除输入框内的提示信息再进行输入，如下所示。

```
# coding=utf-8
from selenium import webdriver
import unittest, time, re
driver = webdriver.Firefox()
driver.implicitly_wait(30)
base_url =http://192.168.30.180/Uet-Platform/masterLogin.action
driver.get(base_url)
driver.find_element_by_id("txtUserName").clear()
driver.find_element_by_id("txtUserName").send_keys("13554797004")
driver.find_element_by_id("txtPassword").clear()
driver.find_element_by_id("txtPassword").send_keys("123123")
driver.find_element_by_link_text(u"登录").click()
driver.switch_to_frame("lj_left")
driver.find_element_by_xpath("//div[@id='left']/table/tbody/tr[6]/td").click()
driver.find_element_by_link_text(u"****用户单位管理").click()
```

send_keys() 方法模拟键盘向输入框中输入内容。如上面的示例，通过这个方法可向登录框中输入用户名和密码。click() 方法可以用来点击一个按钮，但有一个前提，即它是可以被点击的元素。click() 方法与 send_keys() 方法是 Web 页面操作中最常用到的两个方法。其实，click() 方法不仅可用于点击一个按钮，还能点击任何可以被点击的文字 / 图片链接、复选框、单选框甚至下拉框等。

（2）WebElement 接口常用方法

submit() 方法可用于提交表单，这里特别应用于没有提交按钮的情况（例如在搜索框中输入关键字之后的“回车”操作），故而可以通过 submit() 来提交搜索框的内容。

```
# coding=utf-8
from selenium import webdriver
driver = webdriver.Firefox()
driver.get("http://www.youdao.com")
driver.find_element_by_id('query').send_keys('hello')
# 提交输入框的内容
driver.find_element_by_id('query').submit()
driver.quit()
```

1）size() 方法：返回元素的尺寸。

2）text() 方法：获取元素的文本。

3）get_attribute(name) 方法：获得属性值。

4）is_displayed() 方法：设置该元素是否用户可见。

上述 4 个方法的使用方式见如下代码。

```
# coding=utf-8
```

```
from selenium import webdriver
driver = webdriver.Firefox()
driver.get("http://www.baidu.com")
# 获得输入框的尺寸
size=driver.find_element_by_id('kw').size
print size
# 返回百度页面底部备案信息
text=driver.find_element_by_id("cp").text
print text
# 返回元素的属性值，可以是id、name、type或元素拥有的其他任意属性
attribute=driver.find_element_by_id("kw").get_attribute('type')
print attribute
# 返回元素的结果是否可见，返回结果为True或False
result=driver.find_element_by_id("kw").is_displayed()
print result
driver.quit()
```

运行结果如下：

```
{'width': 526, 'height': 22}
True
```

运行上面的程序并获得运行结果：size() 用于获取百度输入框的宽、高；text() 用于获得百度页面底部的备案信息；get_attribute() 用于获取百度输入的 type 属性的值；is_displayed() 用于返回一个元素是否可见，若可见则返回 True，否则返回 False。

3. 鼠标事件

在现在的 Web 产品中，随着前端技术的发展，页面越来越华丽，鼠标的操作也不仅有单击，现在页面中随处可以看到需要右击、双击、鼠标悬停甚至是鼠标拖动等操作的功能设计。在 WebDriver 中，这些关于鼠标操作的方法由 ActionChains 类提供。

ActionChains 类所提供的鼠标操作的常用方法如下。

1）perform()：执行所有 ActionChains 中存储的行为。

2）click_and_hold(element)：执行左键点击操作。

3）context_click(elem)：执行右击操作。

4）double_click(elem)：执行双击操作。

5）drag_and_drop(source, target)：执行拖放操作。

6）move_to_element(elem)：执行鼠标悬停操作。

关于 ActionChains 类所提供的鼠标操作的常用方法如例 10-4 到例 10-7 所示。

【例 10-4】鼠标右击操作

```
from selenium import webdriver
# 引入ActionChains类
from selenium.webdriver.common.action_chains import ActionChains
driver = webdriver.Firefox()
driver.get("http://yunpan.360.cn")
# 定位到要右击的元素
right_click =driver.find_element_by_id("xx")
```

```
# 对定位到的元素执行鼠标右击操作
ActionChains(driver).context_click(right_click).perform()
```

【例 10-5】鼠标悬停操作

鼠标悬停弹出下拉菜单是功能设计。move_to_element() 方法可以模拟鼠标悬停的动作，其用法与 context_click() 相同。

```
from selenium import webdriver
# 引入ActionChains类
from selenium.webdriver.common.action_chains import ActionChains
driver = webdriver.Firefox()
driver.get("http://www.baidu.com")
# 定位到要悬停的元素
above =driver.find_element_by_id("xx")
# 对定位到的元素执行悬停操作
ActionChains(driver).move_to_element(above).perform()
```

【例 10-6】鼠标双击操作

double_click(on_element) 方法用于模拟鼠标双击操作，用法同上。

```
from selenium import webdriver
# 引入ActionChains类
from selenium.webdriver.common.action_chains import ActionChains
driver = webdriver.Firefox()
# 定位到要悬停的元素
double_click = driver.find_element_by_id("xx")
# 对定位到的元素执行双击操作
ActionChains(driver).double_click(double_click).perform()
```

【例 10-7】鼠标拖放操作

鼠标拖放操作的一个重要函数是 drag_and_drop(element,target)，它是指在源元素上按下鼠标左键，然后移动到目标元素上释放，其中参数 source 指鼠标拖动的源元素，参数 target 指鼠标释放的目标元素。

```
from selenium import webdriver
# 引入ActionChains类
from selenium.webdriver.common.action_chains import ActionChains
driver = webdriver.Firefox()
# 定位元素的源位置
element = driver.find_element_by_name("xxx")
# 定位元素要移动到的目标位置
target = driver.find_element_by_name("xxx")
# 执行元素的拖放操作
ActionChains(driver).drag_and_drop(element,target).perform()
```

4. 键盘事件

有时候我们在测试时需要使用 Tab 键将焦点转移到下一个元素，Keys() 类可以提供键盘上几乎所有按键的方法，前面了解到 send_keys() 方法可以模拟键盘输入，除此之外它还可以模拟键盘上的一些组合键，例如 Ctrl+A、Ctrl+C 等。

```
from selenium.webdriver.common.keys import Keys
# 在使用键盘按键方法前需要先导入Keys 类包
```

以下便是经常使用到的键盘操作。

- send_keys(Keys.BACK_SPACE)：删除键（BackSpace）。
- send_keys(Keys.SPACE)：空格键（Space）。
- send_keys(Keys.TAB)：制表键（Tab）。
- send_keys(Keys.ESCAPE)：回退键（Esc）。
- send_keys(Keys.ENTER)：回车键（Enter）。
- send_keys(Keys.CONTROL,'a')：全选（Ctrl+A）。
- send_keys(Keys.CONTROL,'c')：复制（Ctrl+C）。
- send_keys(Keys.CONTROL,'x')：剪切（Ctrl+X）。
- send_keys(Keys.CONTROL,'v')：粘贴（Ctrl+V）。
- send_keys(Keys.F1)：F1 键。
- send_keys(Keys.F12)：F12 键。

```
# coding=utf-8
from selenium import webdriver
# 引入Keys类
from selenium.webdriver.common.keys import Keys
driver = webdriver.Firefox()
driver.get("http://www.baidu.com")
# 在输入框中输入内容
driver.find_element_by_id("kw").send_keys("seleniumm")
# 删除多输入的一个m
driver.find_element_by_id("kw").send_keys(Keys.BACK_SPACE)
# 输入空格键+"教程"
driver.find_element_by_id("kw").send_keys(Keys.SPACE)
driver.find_element_by_id("kw").send_keys(u"教程")
# Ctrl+A，全选输入框内容
driver.find_element_by_id("kw").send_keys(Keys.CONTROL,'a')
# Ctrl+X，剪切输入框内容
driver.find_element_by_id("kw").send_keys(Keys.CONTROL,'x')
# Ctrl+V，粘贴内容到输入框
driver.find_element_by_id("kw").send_keys(Keys.CONTROL,'v')
# 通过回车键来代替点击操作
driver.find_element_by_id("su").send_keys(Keys.ENTER)
driver.quit()
```

5. 设置元素等待

如今大多数的 Web 应用程序都会使用 AJAX 技术。当浏览器在加载页面时，页面内的元素可能并不是同时加载完成的，这给元素的定位增加了难度。如果因为在加载某个元素时延迟而造成 ElementNotVisibleException 的情况出现，那么自动化脚本的稳定性便会降低。

WebDriver 提供了两种类型的等待：显式等待和隐式等待。

（1）显式等待

显式等待可以使 WebDriver 等待某个条件成立后继续执行，否则在达到最大时长时抛出超时异常（TimeoutException）。

```
# coding=utf-8
from selenium import webdriver
from selenium.webdriver.common.by import By
from selenium.webdriver.support.ui import WebDriverWait
from selenium.webdriver.support import expected_conditions as EC
driver = webdriver.Firefox()
driver.get("http://www.baidu.com")
element = WebDriverWait(driver,5,0.5).until(EC.presence_of_element_located((By.
    ID,"kw")))
element.send_keys('selenium')
driver.quit()
WebDriverWait()
```

它是由 WebDriver 提供的等待方法。在设置时间内，默认每隔一段时间检测一次当前页面元素是否存在，如果超过设置时间导致检测不到，则抛出异常。

具体格式如下：

```
WebDriverWait(driver, timeout, poll_frequency=0.5, ignored_exceptions=None)
```

其中，参数 driver 代表 WebDriver 所驱动的浏览器（如 IE、Firefox、Chrome 等）；timeout 指最长超时时间，默认以秒为单位；poll_frequency 指休眠时间的间隔（步长）时间，默认为 0.5 秒；ignored_exceptions 代表超时后的异常信息，默认抛出 NoSuchElementException 异常。

WebDriverWait() 一般配合 until() 或 until_not() 方法使用，能够根据判断条件而灵活地等待。通俗来讲，程序每隔 x 秒“看一眼”条件，如果条件成立了，则执行下一步；否则继续等待，直到超过设置的最长时间，然后抛出 TimeoutException 异常。

格式如下：

```
WebDriverWait(driver, timeout).until(method, message=' ')
# 调用该方法提供的驱动程序作为一个参数，直到返回值为True

WebDriverWait(driver, timeout).until_not(method, message=' ')
# 调用该方法提供的驱动程序作为一个参数，直到返回值为False
```

使用举例如下：

```
from selenium import webdriver
from selenium.webdriver.support.ui import WebDriverWait
driver=webdriver.Firefox()
driver.get()
# 通过检查某个元素加载状态检查登录是否成功
# 10秒内每隔0.5毫秒扫描1次页面变化，直到定位指定的元素
WebDriverWait(driver, 10).until(lambda driver: driver.find_element_by_id("someId"))
```

我们在使用 expected_conditions 类时对其进行了重命名，通过 as 关键字将其重命名为 EC，并调用 presence_of_element_located() 来判断元素是否存在。除了 expected_conditions 所提供的预期方法之外，我们也可以使用 is_displayed() 方法进行判断，代码如下。

```
# coding=utf-8
```

```
from selenium import webdriver
from selenium.webdriver.support.ui import WebDriverWait
driver = webdriver.Firefox()
driver.get("http://www.baidu.com")
input_ = driver.find_element_by_id("kw")
element = WebDriverWait(driver,5,0.5).until(
lambda driver : input_.is_displayed()
)
input_.send_keys('selenium')
driver.quit()
```

（2）隐式等待

隐式等待是在一定的时长内等待页面所有元素加载完成。WebDriver 提供了 implicitly_wait() 方法来实现隐式等待，默认设置为 0。

```
# coding=utf-8
from selenium import webdriver
from selenium.webdriver.support.ui import WebDriverWait
driver = webdriver.Firefox()
driver.implicitly_wait(10)
driver.get("http://www.baidu.com")
input_ = driver.find_element_by_id("kw22")
input_.send_keys('selenium')
driver.quit()
```

implicitly_wait() 默认参数的单位为秒，本例中设置等待时长为 10 秒。首先，这 10 秒并非一个固定的等待时间，它并不影响脚本的执行速度。其次，它并不针对页面上的某一元素进行等待，当脚本执行到某个元素定位时，如果元素可定位，那么继续执行，而如果元素定位不到，那么它将以轮询的方式不断地判断元素是否可定位到，假设在第 6 秒定位到元素，则继续执行。若超出设置时长（10 秒）还没定位到元素则抛出异常。

在上面的例子中，显然百度输入框的定位 id=kw22 是有误的，那么在超出 10 秒后将抛出异常。

（3）sleep 休眠方法

如果需要脚本在执行到某一位置时做固定时间的休眠（尤其是在脚本调试的过程中），那么可以使用 sleep() 方法，需要说明的是 sleep() 由 Python 的 time 模块提供，sleep 休眠方法的使用如例 10-8 所示。

【例 10-8】sleep 休眠方法

```
# coding=utf-8
from selenium import webdriver
from time import sleep
driver = webdriver.Firefox()
driver.get("http://www.baidu.com")
sleep(2)
driver.find_element_by_id("kw").send_keys("webdriver")
driver.find_element_by_id("su").click()
sleep(3)
driver.quit()
```

当执行到 sleep() 方法时会固定地休眠所设置的时长，然后再继续执行。sleep() 方法默认参数以秒为单位，如果设置时长小于 1 秒，则可以用小数点表示，如 sleep(0.5)。

6. 多表单切换

在 Web 应用中经常会遇到 frame 嵌套页面的应用，WebDriver 每次只能在一个页面上识别元素，对于 frame 嵌套内的页面上的元素，通过直接定位是定位不到的。需要通过 switch_to_frame() 方法将当前定位的主体切换到 frame 中。

```
# coding=utf-8
from selenium import webdriver
import time
import os
driver = webdriver.Firefox()
file_path = 'file:///' + os.path.abspath('frame.html')
driver.get(file_path)
# 切换到iframe(id = "if")
driver.switch_to_frame("if")
# 下面就可以正常地操作元素了
driver.find_element_by_id("kw").send_keys("selenium")
driver.find_element_by_id("su").click()
time.sleep(3)
.quit()
switch_to_frame() # 默认可以直接取表单的id或name属性进行切换
# id = "if"
driver.switch_to_frame("if")
# name = "nf"
driver.switch_to_frame("nf")
# 如果iframe没有可用的id和name，则可以通过下面的方式进行定位
# 先通过xpath定位到iframe
xf = driver.find_element_by_xpath('//*[@class="if"]')
# 再将定位对象传给switch_to_frame()方法
driver.switch_to_frame(xf)
driver.switch_to_default_content()
```

如果完成了在当前表单上的操作，则可以通过 switch_to_default_content() 方法返回到上一层表单。该方法不用指定某个表单的返回，默认对应于它最近的 switch_to_frame() 方法。

7. 多窗口切换

WebDriver 提供的 switch_to_window() 方法可用于切换到任意的窗口。这里以百度首页与注册页为例，展示如何在不同窗口进行切换。

```
# coding=utf-8
from selenium import webdriver
driver = webdriver.Firefox()
driver.implicitly_wait(10)
driver.get("http://www.baidu.com")
# 获得百度搜索窗口句柄
sreach_windows= driver.current_window_handle
driver.find_element_by_link_text(u"****登录").click()
driver.find_element_by_link_text(u"****立即注册").click()
# 获得当前所有打开的窗口的句柄
all_handles = driver.window_handles
```

```
# 进入注册窗口
for handle in all_handles:
if handle != sreach_windows:
driver.switch_to_window(handle)
print 'now register window!'
driver.find_element_by_name("account").send_keys("username")
driver.find_element_by_name("password").send_keys("password")
# 进入搜索窗口
for handle in all_handles:
if handle == sreach_windows:
driver.switch_to_window(handle)
print 'now sreach window!'
driver.find_element_by_id("TANGRAM__PSP_2__closeBtn").click()
driver.find_element_by_id("kw").send_keys("selenium")
driver.find_element_by_id("su").click()
time.sleep(5)
driver.quit()
```

整个脚本的处理过程：首先打开百度首页，通过 current_window_handle 获得当前窗口的句柄，并赋给变量 sreach_windows。接着打开登录窗口，在登录窗口上点击“立即注册”从而打开新的注册窗口。通过 window_handles 获得当前所打开的窗口的句柄，赋值给变量 all_handles。

第一个循环遍历 all_handles，如果 handle 不等于 sreach_handle，那么一定是注册窗口，因为脚本只执行打开的两个窗口。所以，通过 switch_to_window() 切换到注册页进行注册操作。第二个循环类似，判断如果 handle 等于 sreach_windows，那么切换到百度搜索页，关闭之前打开的登录窗口，然后进行搜索操作。

8. 警告框处理

在 WebDriver 中处理 JavaScript 所生成的 alert、confirm 以及 prompt 是很简单的。具体做法是使用 switch_to_alert() 方法定位到 alert/confirm/prompt，然后使用 text/accept/dismiss/send_keys 按需进行操作。

我们先来看看各个弹窗的样式。

alert 弹窗如图 10-21 所示。

confirm 弹窗如图 10-22 所示。

图 10-21 alert 弹窗

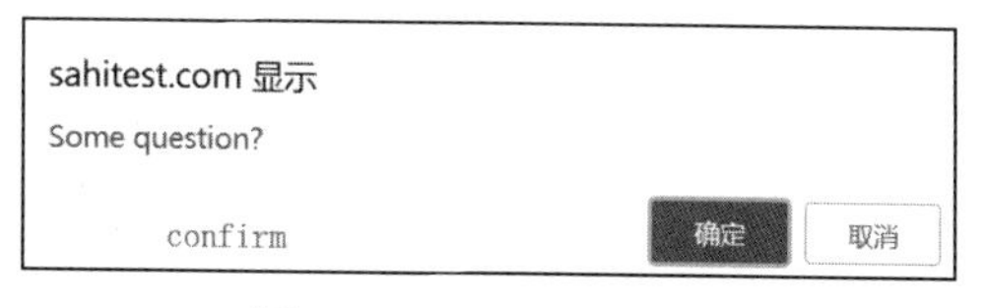

图 10-22 confirm 弹窗

prompt 弹窗如图 10-23 所示。

再来看看 alert 的具体操作。

- .text：返回 alert/confirm/prompt 中的文字信息。
- .accpet：点击确认按钮。
- .dismiss：点击取消按钮。

sahitest.com 显示 prompt
Some prompt?
确定 取消

图 10-23 prompt 弹窗

- .send_keys：输入值，主要是针对 prompt 弹窗使用。
- .authenticate：针对需要身份验证的 alert。

下面我们给出 alert、confirm 以及 prompt 实例操作代码。

alert 操作实例代码如下：

```
# coding = utf-8
from selenium import  webdriver
from selenium.webdriver.common.by import By
import time
from selenium.webdriver.common.alert import Alert

driver = webdriver.Chrome()

print("---------alert操作实例-------")

url1 = "http://sahitest.com/demo/alertTest.htm"
driver.get(url=url1)
driver.maximize_window()

# 定位到alert按钮
driver.find_element(By.XPATH,"//input[@id = 'b1']").click()

# 通过switch_to_alert切换到alert
a1 =driver.switch_to.alert

# 点击alert的确定按钮
a1.accept()
time.sleep(2)
# 打印alert信息
print(a1.text)
```

confirm 操作实例代码如下：

```
# coding = utf-8
from selenium import  webdriver
from selenium.webdriver.common.by import By
import time
from selenium.webdriver.common.alert import Alert

driver = webdriver.Chrome()
print("---------confirm操作实例-------")
url2 = "http://sahitest.com/demo/confirmTest.htm"
# driver= webdriver.Firefox()
driver.get(url=url2)
driver.maximize_window()

# 定位到check for prompt按钮
driver.find_element(By.XPATH,"//input[@name = 'b1']").click()

# 直接实例化alert对象
a2 = Alert(driver)

time.sleep(2)
print(a2.text)
```

```
# a2.accept()
a2.dismiss()
driver.quit()
```

prompt 操作实例代码如下：

```
# coding = utf-8
from selenium import  webdriver
from selenium.webdriver.common.by import By
import time
from selenium.webdriver.common.alert import Alert


driver = webdriver.Chrome()

print("---------prompt操作实例-------")
url3 = "http://sahitest.com/demo/promptTest.htm"
driver.maximize_window()
driver.get(url=url3)

driver.find_element(By.XPATH,"//input[@name = 'b1']").click()
time.sleep(2)

# 通过switch_to.alert切换到alert
a3 = driver.switch_to.alert
print(a3.text)

# 在prompt型alert中输入字符
a3.send_keys("selenium")
time.sleep(2)
a3.accept()

# 页面文本框输出的信息
val = driver.find_element(By.XPATH,"//input[@name = 't1']").get_attribute('value')
time.sleep(3)
print(val)

driver.quit()
```

如果百度搜索设置弹出的弹窗是不能通过前端工具对其进行定位的，则可以通过 switch_to_alert() 方法接收这个弹窗，代码如下所示。

```
# coding=utf-8
from selenium import webdriver
from selenium.webdriver.common.action_chains import ActionChains
driver = webdriver.Firefox()
driver.implicitly_wait(10)
get('http://www.baidu.com')
# 鼠标悬停于"设置"链接
link = driver.find_element_by_link_text(u'设置')
(driver).move_to_element(link).perform()
# 打开搜索设置
driver.find_element_by_class_name('setpref').cick()
# 保存设置
```

```
driver.find_element_by_css_selector('# gxszButton > a.prefpanelgo').click()
# 接收弹窗
driver.switch_to_alert().accept()
driver.quit()
```

9. 上传文件

Web 页面的上传功能一般会有以下几种方式。

(1) 普通上传

普通的附件上传都是将本地文件的路径作为一个值放到 input 标签中，通过 form 表单提交的时候将这个值一并提交给服务器。

(2) 插件上传

插件上传一般是指基于 Flash 与 JavaScript 或 Ajax 技术所实现的上传功能或插件。

1) send_keys() 实现上传。

对于通过 input 标签实现的上传，可以将 input 标签看作一个输入框，通过 send_keys() 传入本地文件路径，从而模拟上传功能。

```
# coding=utf-8
from selenium import webdriver
import os
driver = webdriver.Firefox()
# 打开上传功能页面
file_path = 'file:///' + os.path.abspath('upfile.html')
driver.get(file_path)
# 定位上传按钮，添加本地文件
driver.find_element_by_name("file").send_keys('D:\upload_file.txt')
driver.quit()
```

通过这种方法上传，就不用执行 Windows 控件的步骤。如果能找到上传的 input 标签，则可以通过 send_keys() 方法向其输入一个文件地址来实现上传。

2) AutoIt 实现上传。

AutoIt 目前的最新版本是 v3，这是一个使用类似 BASIC 脚本语言的免费软件，可用于在 WindowsGUI（图形用户界面）中进行自动化操作。它利用模拟键盘按键、鼠标移动和窗口 / 控件的组合来实现自动化任务。其官方网站为 https://www.autoitscript.com/site/，可从网站上下载 AutoIt 并安装，安装完成后，会在菜单中看到以下目录。

- AutoIt Windows Info 用于帮助我们识别 Windows 控件信息。
- Compile Script to.exe 用于将 AutoIt 生成为 exe 执行文件。
- Run Script 用于执行 AutoIt 脚本。
- SciTE Script Editor 用于编写 AutoIt 脚本。

下面以操作 upload.html 上传的弹出窗口为例，来讲解 AutoIt 实现上传的过程。

首先打开 AutoIt Windows Info 工具，点击 Finder Tool，鼠标将变成一个小风扇形状的图标，按住鼠标左键拖动到需要识别的控件上进行如下操作。

- AutoIt Windows Info 识别“文件名”输入框控件；

- AutoIt Windows Info 识别“打开”按钮控件。

通过 AutoIt Windows Info 获得以下信息：窗口的 title 为“选择要加载的文件”，标题的 Class 为 # 32770，文件名输入框的 Class 为 Edit，Instance 为 1，所以 ClassnameNN 为 Edit1；打开按钮的 Class 为 Button，Instance 为 1，所以 ClassnameNN 为 Button1。再根据 AutoIt Windows Info 所识别的控件信息来打开 SciTE Script Editor，编写脚本。

```
ControlFocus("title","text",controlID) Edit1=Edit instance 1
ControlFocus("****选择要加载的文件", "","Edit1")
# 等待10秒，显示upload窗口
WinWait("[CLASS:# 32770]","",10)
# 选择要加载的文件
ControlSetText("选择要加载的文件", "", "Edit1", "D:\\upload_file.txt")
Sleep(2000)
# 点击Button1按钮
ControlClick("选择要加载的文件", "","Button1");
```

在上述代码中，ControlFocus() 方法用于识别 Window 窗口。将 WinWait() 设置为 10 秒用于等待窗口的显示，其用法与 WebDriver 所提供的 implicitly_wait() 类似。ControlSetText() 用于向“文件名”输入框内输入本地文件的路径。这里的 Sleep() 方法与 Python 中 time 模块提供的 Sleep() 方法用法一样，不过它是以毫秒为单位，Sleep(2000) 表示固定休眠 2000 毫秒。ControlClick() 用于点击上传窗口中的“打开”按钮。

AutoIt 的脚本已经写好了，可以通过依次选择菜单栏的 Tools→Go 命令（或键盘输入 F5）来运行一个脚本，将其保存为 upfile.au3。我们还可以通过 Run Script 工具来打开并运行这里保存的脚本，这个脚本被 Python 程序调用，因此我们需要打开 Compile Script to.exe 工具，将其生成为 exe 可执行文件。点击 Browse 按钮选择 upfile.au3 文件，然后点击 Convert 按钮将其生成为 upfile.exe 程序。最后，通过自动化测试脚本调用 upfile.exe 程序来实现上传，如例 10-9 所示。

【例 10-9】调用 upfile.exe 程序实现上传

```
# coding=utf-8
from selenium import webdriver
import os
driver = webdriver.Firefox()
# 打开上传功能页面
file_path = 'file:///' + os.path.abspath('upfile.html')
driver.get(file_path)
# 点击并打开上传窗口
driver.find_element_by_name("file").click()
# 调用upfile.exe上传程序
os.system("D:\upfile.exe")
driver.quit()
```

通过 Python 中 os 模块的 system() 方法可以调用 exe 程序并执行。

10. 操作 Cookie

有时我们需要验证浏览器中是否存在某个 Cookie，因为基于真实的 Cookie 的测试是无法通过白盒和集成测试完成的。WebDriver 提供了操作 Cookie 的相关方法，可以读取、添加和删除 Cookie 信息。

WebDriver 操作 Cookie 的方法有如下几个。

- get_cookies() 获得所有 Cookie 信息。
- get_cookie(name) 返回有特定 name 值的 Cookie 信息。
- add_cookie(cookie_dict) 添加 Cookie，必须有 name 和 value 值。
- delete_cookie(name) 删除特定（部分）的 Cookie 信息。
- delete_all_cookies() 删除所有 Cookie 信息。

关于浏览器 Cookie 信息的获取请参考例 10-10。

【例 10-10】通过 get_cookies() 来获取当前浏览器的 Cookie 信息

```
# coding=utf-8
from selenium import webdriver
import time
driver = webdriver.Chrome()
driver.get("http://www.youdao.com")
# 获得Cookie信息
cookie= driver.get_cookies()
# 将所获得的Cookie信息打印出来
print cookie
driver.quit()
```

执行结果：

```
[{u'domain': u'.youdao.com',
u'secure': False,
u'value': u'aGFzbG9nZ2VkPXRydWU=',
u'expiry': 1408430390.991375,
u'path': u'/',
u'name': u'_PREF_ANONYUSER__MYTH'},
{u'domain': u'.youdao.com',
u'secure': False,
u'value': u'1777851312@218.17.158.115',
u'expiry': 2322974390.991376,
u'path': u'/', u'name':
u'OUTFOX_SEARCH_USER_ID'},
{u'path': u'/',
u'domain': u'www.youdao.com',
u'name': u'JSESSIONID',
u'value': u'abcUX9zdw0minadIhtvcu',
u'secure': False}]
```

通过打印结果可以看出，Cookie 是以字典的形式进行存放的，我们可以按照这种形式向浏览器中写入 Cookie 信息。

```
# coding=utf-8
from selenium import webdriver
import time
driver = webdriver.Firefox()
driver.get("http://www.youdao.com")
```

```
# 向Cookie的name和value中添加会话信息
driver.add_cookie({'name':'key-aaaaaaa', 'value':'value-bbbbbb'})
# 遍历Cookie中的name和value信息并打印，当然还有上面添加的信息
for cookie in driver.get_cookies():
print "%s -> %s" % (cookie['name'], cookie['value'])
driver.quit()
```

执行结果：

```
YOUDAO_MOBILE_ACCESS_TYPE -> 1
_PREF_ANONYUSER__MYTH -> aGFzbG9nZ2VkPXRydWU=
OUTFOX_SEARCH_USER_ID -> -1046383847@218.17.158.115
JSESSIONID -> abc7qSE_SBGsVgnVLBvcu
key-aaaaaaa -> value-bbbbbb
```

从打印结果可以看到，最后一条 Cookie 信息是在脚本执行过程中通过 add_cookie() 方法添加的。通过遍历得到 Cookie 信息，从而找到 key 为 'name' 和 'value' 的特定 Cookie 的 value 值。例如，开发人员开发一个登录功能，当用户登录程序后，会将用户的用户名写入浏览器 Cookie，指定的 key 为 "username"，那么我们就可以通过 get_cookies() 找到 username，打印 value，如果找不到 username 或对应的 value 为空，那么说明保存浏览器的 Cookie 是有问题的。

11. 调用 JavaScript 控制浏览器滚动条

WebDriver 不能操作本地 Windows 控件，对于浏览器上的控件也并非都可以操作。比如浏览器上的滚动条，虽然 WebDriver 提供了操作浏览器的前进和后退按钮，但对于滚动条而言，并没有提供相应的方法。这种情况下就可以借助 JavaScript 方法来控制浏览器滚动条。WebDriver 提供了 execute_script() 方法来执行 JavaScript 代码。

一般会用到滚动条操作的两个场景如下：

1）注册时的法律条文阅读，判断用户是否阅读完成的标准是：滚动条是否拉到最下方。

2）要操作的页面元素不在视觉范围，无法进行操作，需要拖动滚动条。

关于浏览器滚动条位置的标识和控制方法，请参考例 10-11 和例 10-12。

【例 10-11】用于标识滚动条位置

```
......
    <body onload= "document.body.scrollTop=0 ">
    <body onload= "document.body.scrollTop=100000 ">
......
    document.body.scrollTop
```

scrollTop 可以设置或获取滚动条与最顶端之间的距离。如果想让滚动条处于顶部，那么可以设置 scrollTop 的值为 0，如果想让滚动条处于最底端，则可以将这个值设置得足够大，scrollTop 的值以像素为单位。

```
# coding=utf-8
from selenium import webdriver
import time
# 访问百度
driver=webdriver.Firefox()
```

```
driver.get("http://www.baidu.com")
# 搜索
driver.find_element_by_id("kw").send_keys("selenium")
driver.find_element_by_id("su").click()
time.sleep(3)
# 将页面滚动条拖到底部
="document.documentElement.scrollTop=10000"
.execute_script(js)
time.sleep(3)
# 将滚动条移动到页面的顶部
js_="document.documentElement.scrollTop=0"
driver.execute_script(js_)
time.sleep(3)
driver.quit()
```

【例 10-12】通过 JavaScript 代码来实现上下与左右滚动条的任意推动

```
# window.scrollTo(左边距,上边距);
window.scrollTo(0,450);
js=" window.scrollTo(200,1000);"
driver.execute_script(js)
```

12. 窗口截图

WebDriver 提供了截图函数 get_screenshot_as_file() 来截取当前窗口。

```
# coding=utf-8
from selenium import webdriver
driver = webdriver.Chrome()
driver.get('http://www.baidu.com')
try:
driver.find_element_by_id('kw_error').send_key('selenium')
driver.find_element_by_id('su').click()
except :
driver.get_screenshot_as_file("D:\\baidu_error.jpg")
driver.quit()
```

10.4.2 Selenium 和 ChromeDriver 的配合使用

这里介绍的 Selenium+ChromeDriver 可以帮我们解决 AJAX 爬取分析的困难。首先，需要安装 Selenium，下载 ChromeDriver，要求与 Chrome 浏览器版本适配；需要注意的是，应尽量避免让路径中含有中文字符、空白格等特殊字符，放置路径如图 10-24 所示。

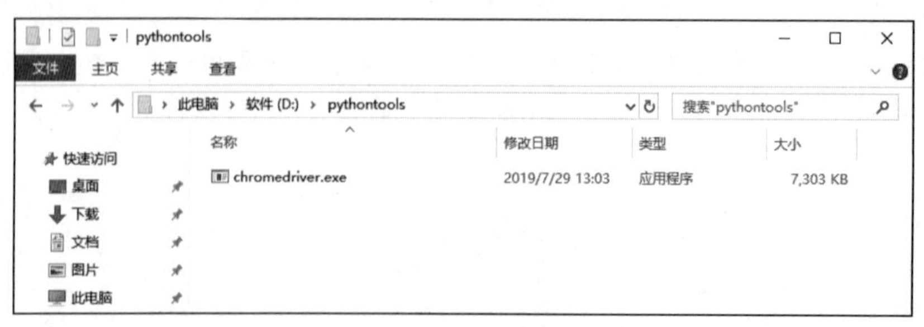

图 10-24 放置路径

安装是否成功可通过例 10-13 来测试。

【例 10-13】测试 Google 浏览器

```
from selenium import webdriver
# 获取ChromeDriver的位置
driver_path = r"D:\pythontools\chromedriver.exe"
driver = webdriver.Chrome(executable_path=driver_path)
# 传入链接
driver.get("https://www.baidu.com/")
```

成功打开了百度首页，如图 10-25 所示。

图 10-25 百度首页

下面我们来介绍结合使用 Selenium 和 ChromeDriver 的常用方法。

1. 基本方法（功能将放在代码的注释行中）

```
import time
from selenium import webdriver
# 获取ChromeDriver的位置
driver_path = r"D:\pythontools\chromedriver.exe"
driver = webdriver.Chrome(executable_path=driver_path)
# 传入链接
driver.get("https://www.baidu.com/")
# 该方法获取网页源代码
print(driver.page_source)
# 打开网页后滞留3秒
time.sleep(3)
# 关闭当前网页
driver.close()
# 关闭整个浏览器
driver.quit()
```

2. 定位元素的方法（以及获取元素的一些属性）

```
import time
from selenium import webdriver
from selenium.webdriver.common.by import By
# 获取ChromeDriver的位置
driver_path = r"D:\pythontools\chromedriver.exe"
```

```
driver = webdriver.Chrome(executable_path=driver_path)
# 传入链接
driver.get("https://www.baidu.com/")
# 获取百度首页输入框
# id定位元素
inputTag = driver.find_element_by_id("kw")
inputTag = driver.find_element(By.ID,"kw")
# name定位元素
inputTag = driver.find_element_by_name("wd")
inputTag = driver.find_element(By.NAME,"wd")
# xpath定位元素
inputTag = driver.find_element_by_xpath("//input[@id='kw']")
inputTag = driver.find_element(By.XPATH,"//input[@id='kw']")
# class_name定位元素
inputTag = driver.find_element_by_class_name("s_ipt")
inputTag = driver.find_element(By.CLASS_NAME,"s_ipt")
# css_selector定位元素父标签的class属性>需要定位的标签
inputTag = driver.find_element_by_css_selector(".quickdelete-wrap > input")
# 向输入框传值
inputTag.send_keys("虎牙")
# 获取id
print(inputTag.id)
# 获取位置
print(inputTag.location)
# 获取标签名
print(inputTag.tag_name)
# 获取大小
print(inputTag.size)
time.sleep(3)
driver.quit()
```

以上罗列了获取标签的常用方法，以及获取属性的方法。

3. 操作表单元素

1）操作输入框，这里以百度输入框为例，参考例 10-14。

【例 10-14】操作表单元素

```
import time
from selenium import webdriver
# 获取ChromeDriver的位置
driver_path = r"D:\pythontools\chromedriver.exe"
driver = webdriver.Chrome(executable_path=driver_path)
# 传入链接
driver.get("https://www.baidu.com/")
# 1 ，操作输入框
# 1.1，获取输入框
# 1.2，向输入框传值
# 1.3，清空输入框
inputTag = driver.find_element_by_id("kw")
inputTag.send_keys("虎牙")
time.sleep(3)
inputTag.clear()
time.sleep(3)
driver.quit()
```

2）操作 checkbox。

```
import time
from selenium import webdriver
driver_path = r"D:\pythontools\chromedriver.exe"
driver = webdriver.Chrome(executable_path=driver_path)
driver.get("")
# 定位checkbox元素
rememberBtn = driver.find_element_by_xpath('//input[@id=""]')
# 该方法第一次勾选
rememberBtn.click()
time.sleep(3)
# 第二次取消勾选
rememberBtn.click()
time.sleep(3)
driver.quit()
```

3）操作 select，请参考例 10-15。

【例 10-15】三种获取方法

```
from selenium import webdriver
from selenium.webdriver.support.ui import Select
driver_path = r"D:\pythontools\chromedriver.exe"
driver = webdriver.Chrome(executable_path=driver_path)
driver.get("")    # 传入链接
selectBtn = Select(driver.find_element_by_name(""))
# 根据下标获取
selectBtn.select_by_index()
# 根据网页标签的value获取
selectBtn.select_by_value("")
# 根据可见文本
selectBtn.select_by_visible_text("")
# 取消所有选中
selectBtn.deselect_all()
```

4）操作按钮。

```
from selenium import webdriver
import time
driver_path = r"D:\pythontools\chromedriver.exe"
driver = webdriver.Chrome(executable_path=driver_path)
driver.get("https://www.baidu.com/")
inputTag = driver.find_element_by_name("wd")
inputTag.send_keys("虎牙")
s_btn = driver.find_element_by_id("su")
s_btn.click()
time.sleep(3)
driver.quit()
```

5）行为链。

```
from selenium import webdriver
from selenium.webdriver.common.action_chains import ActionChains
import time
```

```
driver_path = r"D:\pythontools\chromedriver.exe"
driver = webdriver.Chrome(executable_path=driver_path)
driver.get("https://www.baidu.com/")
inputTag = driver.find_element_by_name("wd")
s_btn = driver.find_element_by_id("su")
action = ActionChains(driver)
# 将鼠标移动到输入框
action.move_to_element(inputTag)
# 向输入框传值
action.send_keys_to_element(inputTag,"虎牙")
# 将鼠标移动到搜索按钮
action.move_to_element(s_btn)
# 点击搜索按钮
action.click(s_btn)
# 执行行为链
action.perform()
time.sleep(3)
driver.quit()
```

6）操作 Cookie。

```
from selenium import webdriver
driver_path = r"D:\pythontools\chromedriver.exe"
driver = webdriver.Chrome(executable_path=driver_path)
driver.get("https://www.baidu.com/")
# 获取所有Cookie并遍历
for cookie in driver.get_cookies():
    print(cookie)
print("*"*50)
# 利用Cookie的key获取value
print(driver.get_cookie("BD_HOME"))
print("*"*50)
# 删除某个Cookie
driver.delete_cookie("BD_HOME")
for cookie in driver.get_cookies():
    print(cookie)
print("*" * 50)
# 删除所有Cookie
driver.delete_all_cookies()
for cookie in driver.get_cookies():
    print(cookie)
driver.quit()
```

4. 显式等待和隐式等待

1）隐式等待，指定一个等待时间，如果该时间内未找到指定节点，则在等待时间结束后抛出异常。

```
from selenium import webdriver
driver_path = r"D:\pythontools\chromedriver.exe"
driver = webdriver.Chrome(executable_path=driver_path)
driver.implicitly_wait(10)
driver.get("https://www.baidu.com/")
inputTag = driver.find_element_by_name("wd")
print(inputTag)
driver.quit()
```

2）显式等待，指定一个最长等待时间，如果该时间内找到指定节点，则返回，如果在最长时间内未找到节点，则抛出异常，显式等待是常用等待。

```
from selenium import webdriver
from selenium.webdriver.common.by import By
from selenium.webdriver.support.ui import WebDriverWait
from selenium.webdriver.support import expected_conditions as EC
driver_path = r"D:\pythontools\chromedriver.exe"
driver = webdriver.Chrome(executable_path=driver_path)
driver.get("https://www.taobao.com/")
wait = WebDriverWait(driver,10)
inputTag = wait.until(
    EC.presence_of_element_located((By.ID,'q'))
)
butTag = wait.until(
    EC.element_to_be_clickable((By.CSS_SELECTOR, '.btn-search'))
)
print(inputTag,butTag)
driver.quit()
```

5. 打开多个窗口和切换窗口

```
from selenium import webdriver
driver_path = r"D:\pythontools\chromedriver.exe"
driver = webdriver.Chrome(executable_path=driver_path)
driver.get("https://www.baidu.com/")
# 新开页面错误演示
# driver.get("https://www.taobao.com/")
driver.execute_script("window.open('https://www.taobao.com/')")
# 虽然新界面淘宝被打开，但此时driver的位置依旧在百度页面，验证如下
print(driver.current_url)
# 切换界面
driver.switch_to.window(driver.window_handles[1])
print(driver.current_url)
# window_handles里面存储的是窗口句柄，它是一个列表，打印如下
print(driver.window_handles)
```

6. 使用代理

```
from selenium import webdriver
driver_path = r"D:\pythontools\chromedriver.exe"
options = webdriver.ChromeOptions()
options.add_argument("--proxy-server=http://+代理ip+端口号")
driver = webdriver.Chrome(executable_path=driver_path,chrome_options=options)
driver.get("http://httpbin.org/ip")
```

10.5　实战案例

本节将进行实际的信息爬取操作，对爬取的内容、使用的方法以及爬取结果进行详细阐述，便于读者理解爬虫过程。

10.5.1 Selenium 职位信息爬取

爬取拉勾网中 Python 的职位信息，包括职位、年薪、负责部门等信息。首先插入 path 模块，之后收集当前页信息并解析方法运用，最后进行职位信息的爬取。

```
# -*- coding:utf-8 -*-
from selenium import webdriver           # webdriver
from selenium.webdriver.common.by import By
from selenium.webdriver.support.ui import WebDriverWait
from selenium.webdriver.support import expected_conditions as EC
from lxml import etree                   # 插入path模块
def start_driver_request():
            lagou = driver.page_source   # 收集当前页信息
            parse(lagou)                 # 解析方法，传入信息
            try:
WebDriverWait(driver,3,3).until(EC.presence_of_all_elements_located((By.XPATH,'//*
    [class="pager_next"]')))             # 每当浏览器需要进行交互动作的时候，都必须进行
                                           智能等待
            finally:
                driver.find_element_by_css_selector('span[action="next"]').click()
                return start_driver_request()
def parse(response):
        soup1 = etree.HTML(response)
        item_job = soup1.xpath('//li/@data-positionname')
        item_company = soup1.xpath('//li/@data-company')
        item_salary = soup1.xpath('//li/@data-salary')
        return print(item_job,item_company,item_salary)
if __name__ == '__main__':
url='https://www.lagou.com/jobs/list_?city=%E5%B9%BF%E5%B7%9E&cl=false&fromSearch=
    true&labelWords=&suginput='
        driver = webdriver.Chrome()
        driver.maximize_window()
    driver.get(url)
        try:
WebDriverWait(driver,3,3).until(EC.presence_of_all_elements_located((By.XPATH,
    '//*[id="submit"]')))
        finally:
            driver.find_element_by_css_selector('input[id="keyword"]').send_keys
                ("python")
            driver.find_element_by_css_selector('input[id="submit"]').click()
            start_driver_request()
```

部分爬取结果如下：

```
职位信息:
['客服专员（偏运营）', '行政助理（前台）', '用户增长运营', '.net程序员', '高级安卓开发工程
    师', '文案策划', '网络营销咨询师（SEO）', '费用税务会计助理', '客服专员', 'BD策划经
    理', '产品经理', '储备干部（仓储管理方向）', 'UI交互设计师', '运营实习生（BM001）',
    '金融销售专员非保险（六险二金）'] ['广州咖客', '广州趣米网络', '作文纸条', '广州汉能',
    '无界互动', '安豆科技', 'Gridsum 国双', '有车以后', '晨风文化', '摘星者', '傲银科
    技', '丰海科技', '广州有信科技有限公司', '至真信息', '平安普惠'] ['3k-5k', '2k-
    4k', '15k-30k', '4k-7k', '13k-18k', '6k-12k', '5k-8k', '4k-6k', '4k-8k',
    '10k-15k', '15k-25k', '3k-5k', '9k-18k', '1k-2k', '6k-12k']
```

```
['Python开发工程师', 'Python开发组长（架构方向）', 'Python讲师', 'Python机器学习工程
    师', 'Python开发工程师', 'Python开发', 'Python开发工程师', 'Python开发工程师',
    'Python工程师', 'Python开发', '量化平台测试工程师-Python', 'Python高级开发工程师',
    'Python开发', 'Python应用工程师（业务系统方向）', 'Python讲师/助教'] ['网易', '省
    省回头车', '圆方圆学院', '佰锐科技', '泉涌信息', '掌昆游戏', '战神联盟', '深圳市星际
    互动娱乐科...', '广府数字', 'BBGAME', '经传多赢', 'AAM中国', '派客朴食', '逗号智
    能', '广州酷码教育咨询有限公司'] ['10k-20k', '15k-22k', '25k-50k', '12k-20k',
    '15k-30k', '10k-15k', '10k-18k', '10k-18k', '12k-18k', '10k-15k',
    '10k-13k', '15k-26k', '7k-14k', '10k-18k', '5k-8k']
```

10.5.2　Selenium 直播平台数据爬取

抓取斗鱼直播平台的直播房间号及其观众人数，最后统计出某一时刻的总直播人数和总观众人数。进入斗鱼首页 http://www.douyu.com/directory/all，来到页面底部点击下一页，发现 URL 地址没有发生变化，这样的话再使用 urllib2 发送请求将获取不到完整数据，这时我们可以使用 Selenium 和 PhantomJS 来模拟浏览器点击下一页，可以获取完整响应数据。

【例 10-16】检查下一页元素

```
<a href="# " class="shark-pager-next">下一页</a>
# 使用Selenium和PhantomJS模拟点击
from selenium import webdriver
# 使用PhantomJS浏览器创建浏览器对象
driver = webdriver.PhantomJS()
# 使用get方法加载页面
driver.get("https://www.douyu.com/directory/all")
# class="shark-pager-next"是下一页按钮，click()是模拟点击
driver.find_element_by_class_name("shark-pager-next").click()
# 打印并查看页面
print driver.page_source
```

这样就可以通过设置一个循环条件，一直点击下去，直到页面加载完。循环终止的条件为最后一页，进入最后一页，检查下一页元素：

```
<a href="# " class="shark-pager-next shark-pager-disable shark-pager-disable-next">
下一页</a>
```

对比发现：当出现 "shark-pager-disable-next" 时，下一页无法点击，这就是循环停止的条件。如果在页面源码里没有找到 "shark-pager-disable-next"，那么其返回值为 -1，可依次作为判断条件。

```
driver.page_source.find("shark-pager-disable-next")
```

对要提取的内容进行分析。查看直播房间名称的元素，得到如下结果：

```
<span class="dy-name ellipsis fl">AI冬Ming</span>
```

使用 BeatuifulSoup 获取元素，代码如下：

```
# 房间名
names = soup.find_all("span", {"class" : "dy-name ellipsis fl"})
```

查看观众人数的元素，得到如下结果：

```
<span class="dy-num fr">75.6万</span>
```

使用 BeatuifulSoup 获取元素，代码如下：

```
# 观众人数
numbers = soup.find_all("span", {"class" :"dy-num fr"})
```

爬取斗鱼直播平台的直播房间号及其观众人数，最后统计出某一时刻的总直播人数和总观众人数的完整代码如下：

```
# !/usr/bin/env python
# -*- coding:utf-8 -*-
from selenium import webdriver
from bs4 import BeautifulSoup as bs
import sys
reload(sys)
sys.setdefaultencoding("utf-8")
class Douyu():
    def __init__(self):
    self.driver = webdriver.PhantomJS()
    self.num = 0
    self.count = 0
    def douyuSpider(self):
    self.driver.get("https://www.douyu.com/directory/all")
    while True:
    soup = bs(self.driver.page_source, "lxml")
    # 房间名，返回列表
    names = soup.find_all("span", {"class" : "dy-name ellipsis fl"})
    # 观众人数，返回列表
    numbers = soup.find_all("span", {"class" :"dy-num fr"})
    for name, number in zip(names, numbers):
    print u "观众人数: -" + number.get_text().strip() + u"-\t房间名: " + name.get_
        text().strip()
    self.num += 1
    count = number.get_text().strip()
    if count[-1]=="万":
    countNum = float(count[:-1])*10000
    else:
    countNum = float(count)
    self.count += countNum
    # 一直点击下一页
    self.driver.find_element_by_class_name("shark-pager-next").click()
    # 如果在页面源码里找到"下一页"为隐藏的标签，则退出循环
    if self.driver.page_source.find("shark-pager-disable-next") != -1:
    break
    print "当前网站直播人数:%s" % self.num
    print "当前网站观众人数:%s" % self.count
if __name__ == "__main__":
    d = Douyu()
    d.douyuSpider()
```

部分运行结果如图 10-26 所示。

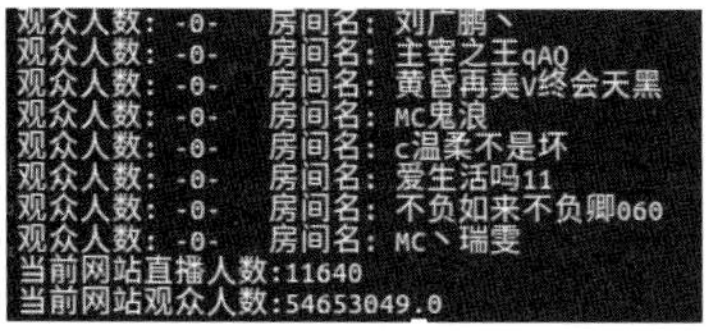

```
观众人数: -0-   房间名: 刘广鹏丶
观众人数: -0-   房间名: 主宰之王qAQ
观众人数: -0-   房间名: 黄昏再美v终会天黑
观众人数: -0-   房间名: MC鬼浪
观众人数: -0-   房间名: c温柔不是坏
观众人数: -0-   房间名: 爱生活吗11
观众人数: -0-   房间名: 不负如来不负卿060
观众人数: -0-   房间名: MC丶瑞雯
当前网站直播人数:11640
当前网站观众人数:54653049.0
```

图 10-26　部分运行结果

10.6　本章小结

本章主要讲解怎样对动态网页进行信息爬取，首先介绍了浏览器开发工具的使用，然后介绍了用异步加载技术来加载网页数据的优势，即后台与服务器之间少量的数据交换就可以完成数据更新，解决了加载速度慢的问题，同时运用 AJAX 技术浏览网页，只需要向下滑动，自动出现新的内容，而不需要刷新页面；表单交互使用 requests 库自带的 post 方法比较简单；Selenium 模拟浏览器避免人工操作，可以直接使用账号密码登录。

练习题

1. 什么是 AJAX，它有什么特点？
2. 获取 AJAX 数据的方式及其优缺点？
3. 哪两种方式可以查询提交表单的字段？
4. 什么是 Cookie ？

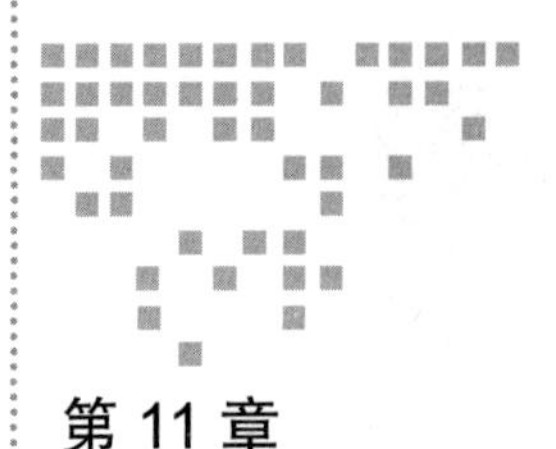

Chapter 11 第 11 章

分布式爬虫

经过前面章节的学习，大家已经对 Python 爬虫有了初步的了解，对于一些常见的网站爬虫，应该也能够轻松实现。不难发现，我们在使用单一爬虫进行数据爬取时存在一个很明显的缺陷，那就是速度慢，在需要进行大规模数据采集时，这种速度难以满足我们的需求。此时，我们需要分布式爬虫的帮助。什么是分布式爬虫？分布式爬虫是指共用同一个爬虫程序，即把同一个爬虫程序同时部署到多台电脑上运行，这样可以提高爬虫速度。

11.1　分布式爬虫概述

对于商业搜索引擎（比如 Google、百度等）来说，它们采用多台分布在世界各地的服务器同时进行信息爬取，让其协同完成爬取工作，这里的“协同”其实就用到了分布式的概念，分布式爬虫架构是这些公司必须采用的技术。面对海量待抓取网页，只有采用分布式架构，才有可能在较短时间内完成一轮抓取工作。

分布式爬虫可以分为若干个分布式层级，不同的应用可能由其中部分层级构成。大型分布式爬虫主要分为以下 3 个层级：分布式数据中心、分布式抓取服务器以及分布式爬虫程序。整个爬虫系统由全球多个分布式数据中心共同组成，每个数据中心负责抓取本地区周边的互联网网页，比如欧洲的数据中心抓取英国、法国、德国等欧洲国家的网页，由于爬虫与要抓取的网页地缘较近，因此在抓取速度上会较远程抓取快很多。每个数据中心又由多台高速网络连接的抓取服务器构成，而每台服务器又可以部署多个爬虫程序。通过多层级的分布式爬虫体系，才可能保证抓取数据的及时性和全面性。

对于同一中心的多台抓取服务器，不同机器之间的分工协同方式会有差异，常见的分布式架构有两种：主从分布式爬虫和对等分布式爬虫。

11.1.1　主从分布式爬虫

对于主从分布式爬虫，不同的服务器承担不同的角色分工，其中有一台专门负责对其他服务器提供 URL 分发服务，而其他机器则进行实际的网页下载。URL 服务器维护待抓取 URL 队列，并从中获得待抓取网页的 URL，分配给不同的抓取服务器，另外还要对抓取服务器之间的工作进行负载均衡，使得各服务器承担的工作量大致相等，不至于出现忙闲不均的情况。抓取服务器之间没有通信联系，每个待抓取服务器只和 URL 服务器进行消息传递。

Google 采用的便是此种主从分布式爬虫，在如图 11-1 所示的架构中，因为 URL 服务器承担着很多管理任务，同时待抓取 URL 队列数量巨大，所以 URL 服务器很容易成为整个系统的瓶颈。

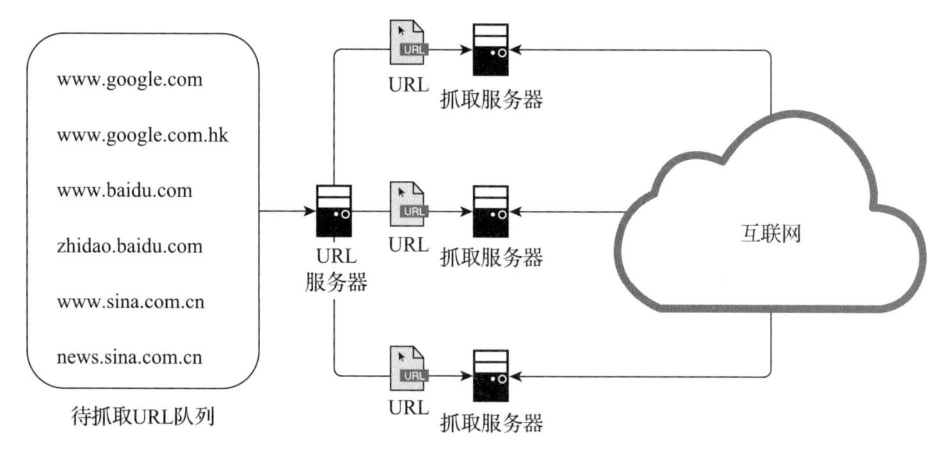

图 11-1　主从分布式爬虫

11.1.2　对等分布式爬虫

在对等分布式爬虫体系中，服务器之间不存在分工差异，每台服务器承担相同的功能，各自负担一部分 URL 的抓取工作，图 11-2 便是其中一种对等分布式爬虫，Mercator 爬虫采用此种体系结构。

由于没有 URL 服务器存在，每台待抓取服务器的任务分工就成了问题。在如图 11-2 所示的体系结构下，服务器不得不自己来判断某个 URL 是否应该由自己来抓取，或者将这个 URL 传递给相应的服务器。至于采取的判断方法，则是对网址的主域名进行哈希计算，之后取模（即 hash[域名]%m，这里的 m 为服务器个数），如果计算所得的值和服务器编号匹配，则自己下载该网页，否则将网址转发给对应编号的抓取服务器。

以图 11-2 的例子来说，因为有 3 台服务器，所以取模的时候 m 设定为 3，图中的 1 号抓取服务器负责抓取哈希取模后值为 1 的网页，当其接受网址 www.google.com 时，首先利用哈希函数计算这个主域名的哈希值，之后对 3 取模，发现取模后值为 1，属于自己的职责范围，于是就自己下载网页；如果接受网页 www.baidu.com，哈希后对 3 取模，发现值等于 2，不属于自己的职责范围，则会将这个要下载的 URL 转发给 2 号抓取服务器，由 2 号抓取服务器来进行下载。通过这种方式，每台服务器平均承担大约 1/3 的抓取工作量。

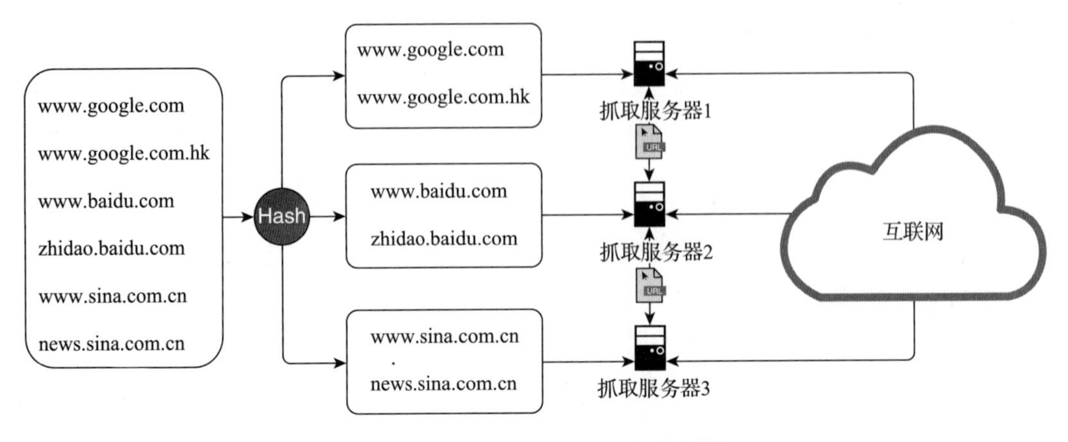

图 11-2 对等分布式爬虫（哈希取模）

由于没有 URL 分发服务器，所以此种方法不存在系统瓶颈问题，另外其哈希数不是针对整个 URL，而只针对主域名，所以可以保证同一网站的网页都由同一台服务器抓取，这样一方面可以提高下载效率（DNS 域名解析可以缓存），另一方面也可以主动控制对某个网站的访问速度，避免对某个网站的访问压力过大。

图 11-2 的这种体系结构也存在一些缺点，假设在抓取过程中某个服务器宕机，或者此时新加入了一台抓取服务器，那么因为取模时 m 是以服务器个数确定的，所以此时 m 值发生变化，导致部分 URL 哈希取模后的值跟着变化，这意味着几乎所有任务都需要重新进行分配，无疑会导致资源的极大浪费。

为了解决哈希取模的对等分布式爬虫存在的问题，UbiCrawler 爬虫提出了改进方案，即放弃哈希取模方式，转而采用一致性哈希方法来确定服务器的任务分工。一致性哈希将网站的主域名进行哈希，映射为一个范围在 0～2 的 32 次方之间的某个数值，大量的网站主域名会被平均地哈希到这个数值区间。可以如图 11-3 所示的那样，将哈希值范围首尾相接，即认为数值 0 和最大值重合，这样可以将其看作有序的环状序列，从数值 0 开始，沿着环的顺时针方向，哈希值逐渐增大，直到环的结尾。而某个抓取服务器则负责该环状序列的一个片段，即落在某个哈希取值范围内的 URL 都由该服务器负责下载。这样便可确定每台服务器的职责范围。

我们以图 11-3 为例来说明其优势，假设 2 号抓取服务器接收到了域名 www.baidu.com，经过哈希计算后，2 号服务器知道其在自己的管辖范围内，于是自己下载这个 URL。在此之后，2 号服务器收到了 www.sina.com.cn 这个域名，经过哈希计算，可知是 3 号服务器负责的范围，于是将这个 URL 转发给 3 号服务器。如果 3 号服务器死机，那么 2 号服务器得不到回应，于是知道 3 号服务器出了状况，此时顺时针按照环的大小顺序查找，将 URL 转发给第一个碰到的服务器，即 1 号服务器，此后 3 号服务器的下载任务都由 1 号服务器接管，直到 3 号服务器重新启动为止。

从上面的流程可知，如果某台服务器出了问题，那么本来应该由这台服务器负责的 URL 便会由顺时针的下一个服务器接管，并不会对其他服务器的任务造成影响，这样就解决了哈希取模方式的弊端，将影响范围从全局限制到了局部，新加入下一台服务器的情况也是如此。

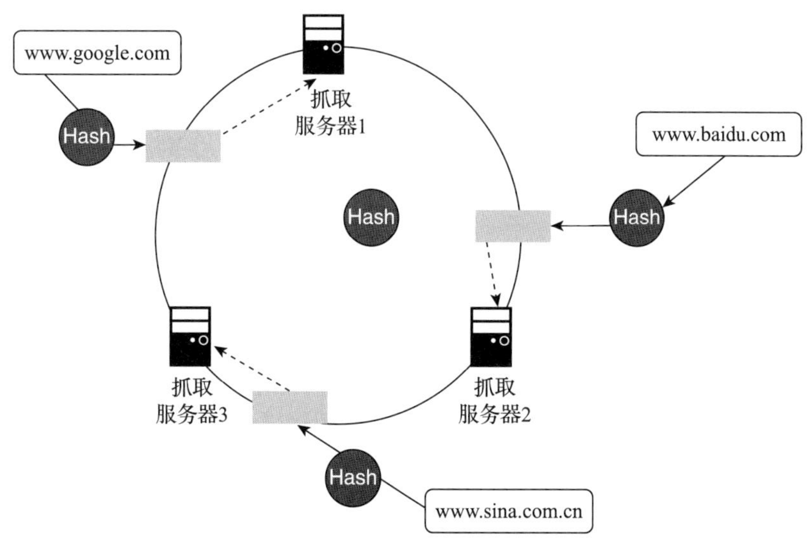

图 11-3　对等分布式爬虫（一致性哈希）

11.2　Scrapy-redis 分布式组件

在了解分布式爬虫架构之前，首先回顾一下 Scrapy 的架构，如图 11-4 所示。

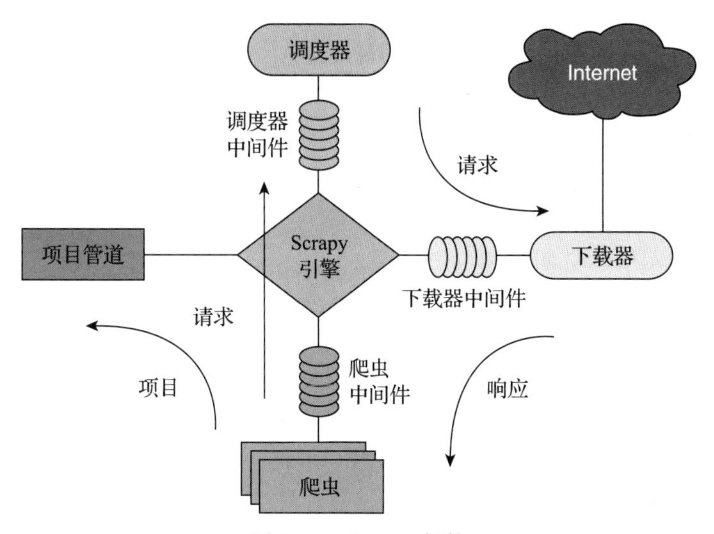

图 11-4　Scrapy 架构

对于图 11-4，从下往上看，Spider（爬虫）生成的请求经由 Scheduler（调度器）发送给 Downloader（下载器），Downloader 从 Internet 下载所需要的网络数据，返回 Response（响应）给 Spider，Spider 接着把数据放进 Item 容器。

如图 11-5 所示，Scrapy-redis 在 Scrapy 的架构上增加了一个 redis 队列。Scheduler 把 Spider

生成的请求发送给 redis 队列，之后 Scheduler 又从队列中取出请求，其他爬虫也可以从队列中取出请求。

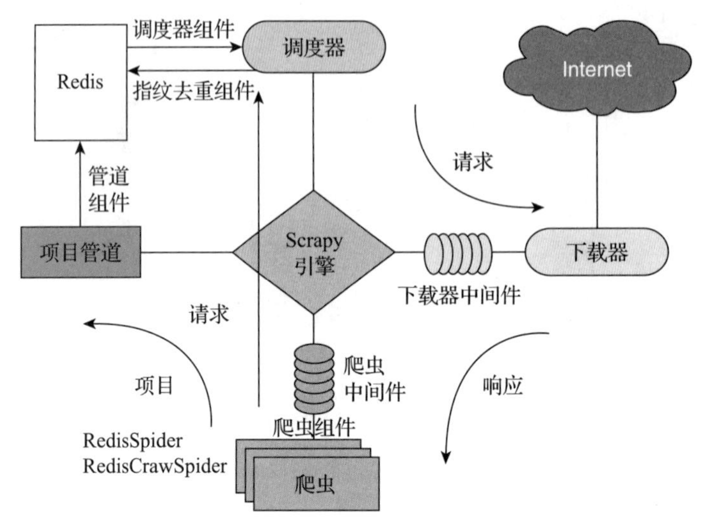

图 11-5 Scrapy-redis 架构

每一个爬虫的 Scheduler 都从队列中取出请求和存入请求，这样就可以实现多个爬虫、多台机器同时爬取的目标。

Scrapy 是一个通用的爬虫框架，但是不支持分布式。为了更方便地实现 Scrapy 分布式爬取，Scrapy-redis 提供了一些以 redis 为基础的组件。

11.2.1 Scrapy-redis 简介

Scrapy-redis 是一个基于 redis 数据库的 Scrapy 组件，它提供了四种组件，通过它可以快速实现简单分布式爬虫程序。

Scrapy-redis 的四种组件如下：

1）Scheduler（调度）：Scrapy 改造了 Python 本来的 collection.deque（双向队列）并形成了自己的 Scrapy queue，而 Scrapy-redis 的解决方案是把这个 Scrapy queue 换成 redis 数据库，从同一个 redis-server 存放要爬取的 Request，便能让多个 Spider 去同一个数据库里读取。Scheduler 负责对新的 Request 进行入列操作（加入 Scrapy queue），并执行诸如取出下一个要爬取的 Request（从 Scrapy queue 中取出）等的操作。它把待爬取队列按照优先级建成了一个字典结构，比如：

```
{
    优先级0 : 队列0
    优先级1 : 队列1
    优先级2 : 队列2
}
```

然后根据 Request 中的优先级来决定该入哪个队列，出列时则按优先级较小的优先出列。为了管理这个比较高级的队列字典，Scheduler 需要提供一系列的方法。但是原来的 Scheduler 已经无法使用，所以使用 Scrapy-redis 的 Scheduler 组件。

2）Duplication Filter（去重）：在 Scrapy 中使用集合来实现这个 Request 去重功能，把已经发送的 Request 指纹放入到一个集合中，这个指纹实际上就是 Request 的散列值，把下一个 Request 的指纹拿到集合中比对，如果该指纹存在于集合中，则说明这个 Request 发送过了，如果没有则继续操作。关于如何去重，我们可以看看 Scrapy 的源代码，如下所示：

```
import hashlib
def request_fingerprint(request, include_headers=None):
    if include_headers:
        include_headers = tuple(to_bytes(h.lower())
                                for h in sorted(include_headers))
    cache = _fingerprint_cache.setdefault(request, {})
    if include_headers not in cache:
        fp = hashlib.sha1()
        fp.update(to_bytes(request.method))
        fp.update(to_bytes(canonicalize_url(request.url)))
        fp.update(request.body or b")
        if include_headers:
            for hdr in include_headers:
                if hdr in request.headers:
                    fp.update(hdr)
                    for v in request.headers.getlist(hdr):
                        fp.update(v)
        cache[include_headers] = fp.hexdigest()
    return cache[include_headers]
```

request_fingerprint() 就是计算 Request 指纹的方法，其方法内部使用的是 hashlib 的 sha1() 方法。计算的字段包括 Request 的 Method、URL、Body、Headers 这几部分内容，这里只要有一点不同，那么计算的结果就不同。计算得到的结果是加密后的字符串，也就是指纹。每个 Request 都具备独有的指纹，指纹就是一个字符串，判定字符串是否重复比判定 Request 对象是否重复容易得多，所以指纹可以作为判定 Request 是否重复的依据。那么我们如何判定重复呢？ Scrapy 是这样实现的，如下所示：

```
def __init__(self):
    self.fingerprints = set()

def request_seen(self, request):
        # self.request_fingerprints就是一个指纹集合
        fp = self.request_fingerprint(request)

        # 这就是判重的核心操作
        if fp in self.fingerprints:
            return True
        self.fingerprints.add(fp)
        if self.file:
            self.file.write(fp + os.linesep)
```

在 Scrapy-redis 中去重是由 Duplication Filter 组件来实现的，它通过 redis 的集合不重复的特性，巧妙地实现了 Duplication Filter 去重。Scrapy-redis 调度器从引擎接受 Request，将 Request 的指纹存入 redis 的集合中以检查是否重复，并将不重复的 Request push 写入 redis 的 Request queue。引擎请求 Request（Spider 发出的）时，调度器从 redis 的 Request queue 队列中根据优先级 pop 出一个 Request 返回给引擎，引擎再将此 request 发给 Spider 处理。

3）Item Pipline（管道）：引擎将（Spider 返回的）爬取到的 Item 传给 Item Pipeline，Scrapy-redis 的 Item Pipeline 将爬取到的 Item 存入 redis 的 Items queue。修改过的 Item Pipeline 可以很方便地根据 key 从 Items queue 中提取 Item，从而实现 Items processes 集群。

4）Base Spider（爬虫）：不再使用 Scrapy 原有的 Spider 类，重写的 RedisSpider 继承了 Spider 和 RedisMixin 这两个类，RedisMixin 是用来从 redis 中读取 URL 的类。

当我们生成一个 Spider 来继承 RedisSpider 时，调用 setup_redis 函数，这个函数会去连接 redis 数据库，然后会设置 signal（信号）：

- 一个是 Spider 空闲时的 signal，会调用 spider_idle 函数，这个函数调用 schedule_next_request 函数，保证 Spider 是一直“活着”的状态，并且抛出 DontCloseSpider 异常。
- 一个是抓到一个 Item 时的 signal，会调用 item_scraped 函数，这个函数会调用 schedule_next_request 函数，获取下一个 Request。

Scrapy-redis 可以启动多个爬虫实例来共享一个单一的 redis 队列，是最适合的多域爬虫。

11.2.2 Scrapy-redis 工作机制

假设有四台电脑，其系统分别为 Windows 10、Mac OS X、Ubuntu 16.04、CentOS 7.2，任意一台电脑都可以作为 Master 端或 Slave 端，如图 11-6 所示。

- **Master 端（核心服务器）**：使用 Windows 10，搭建一个 redis 数据库，不负责爬取，只负责 URL 指纹判重、Request 的分配，以及数据的存储。
- **Slave 端（爬虫程序执行端）**：使用 Mac OS X、Ubuntu 16.04、CentOS 7.2，负责执行爬虫程序，以及在运行过程中提交新的 Request 给 Master。

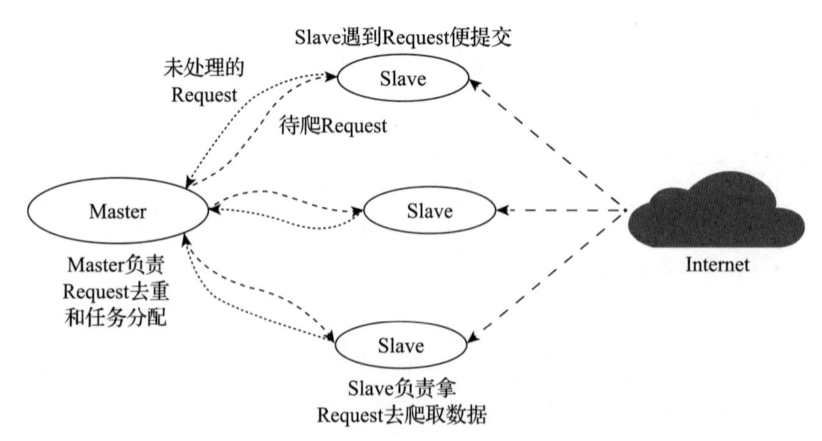

图 11-6　Scrapy-redis 的工作机制

1）首先 Slave 端从 Master 端拿任务（Request、URL）进行数据抓取，Slave 抓取数据的同时，产生新任务的 Request 便会提交给 Master 处理；

2）Master 端只有一个 redis 数据库，负责对未处理的 Request 进行去重和任务分配，让处理后的 Request 加入待爬队列，并且存储爬取的数据。

Scrapy-redis 默认使用的就是这种分布式策略，其实现起来很简单，因为任务调度等工作 Scrapy-redis 都已经做好了，我们只需要继承 RedisSpider 并指定 redis_key。

分布式工作机制的缺点：Scrapy-redis 调度的任务是 Request 对象，里面信息量比较大（URL、callback 函数和 headers 等），可能导致的结果就是降低爬虫速度，而且会占用 redis 大量的存储空间，所以如果要保证效率，那么就需要一定的硬件水平。

11.2.3 Scrapy-redis 安装配置

1. 首先安装 redis

（1）安装 redis

下载 redis 地址：http://redis.io/download。安装完成后，拷贝一份 redis 安装目录下的 redis.conf 到任意目录，建议保存到 /etc/redis/redis.conf。

（2）修改配置文件 redis.conf

打开你的 redis.conf 配置文件，示例如下：

- 非 Windows 系统：sudo vi /etc/redis/redis.conf。
- Windows 系统：C:\Intel\Redis\conf\redis.conf。

在 Master 端的 redis.conf 里注释掉 bind 127.0.0.1，Slave 端才能远程连接到 Master 端的 redis 数据库，如图 11-7 所示。

图 11-7　redis.conf

daemonize no 表示 redis 默认不作为守护进程运行，即在运行 redis-server/etc/redis/redis.conf 时将显示 redis 启动提示画面；daemonize yes 则默认后台运行，不必重新启动新的终端窗口来执行其他命令，看个人喜好和实际需要，如图 11-8 所示。

图 11-8　配置守护进程

（3）测试 Slave 端远程连接 Master 端

测试中，Master 端 Windows 10 的 IP 地址为：192.168.199.108。

1）Master 端按指定配置文件启动 redis-server，示例如下：

- **非 Windows 系统**：sudo redis-server/etc/redis/redis.conf。
- **Windows 系统**：在命令提示符模式下执行 redis-server C:\Intel\Redis\conf\redis.conf 读取默认配置即可。

2）Master 端启动本地 redis-cli，如图 11-9 所示。

```
C:\Users\mrmao>redis-cli
redis 127.0.0.1:6379> ping
PONG
redis 127.0.0.1:6379> flushdb
OK
redis 127.0.0.1:6379> set key1 "hello"
OK
redis 127.0.0.1:6379> set key2 "world"
OK
redis 127.0.0.1:6379>
```

图 11-9　启动本地 redis-cli

3）Slave 端启动 redis-cli -h 192.168.199.108，其中 -h 表示连接到指定主机的 redis 数据库，如图 11-10 所示。

```
Power — Thanks for flying Vim — redis-cli -h 192.168.199.108
Power@PowerMac ~$ redis-cli -h 192.168.199.108
192.168.199.108:6379> keys *
1) "key2"
2) "key1"
192.168.199.108:6379> get key1
"hello"
192.168.199.108:6379> get key2
"world"
192.168.199.108:6379>
```

```
python@ubuntu:~$ sudo redis-cli -h 192.168.199.108
192.168.199.108:6379> keys *
1) "key2"
2) "key1"
192.168.199.108:6379> get key1
"hello"
192.168.199.108:6379> get key2
"world"
192.168.199.108:6379>
```

图 11-10　Slave 端启动 redis-cli

注意，Slave 端无须启动 redis-server，Master 端启动即可。只要 Slave 端读取到了 Master 端的 redis 数据库，则表示能够连接成功，可以实施分布式。

（4）redis 数据库桌面管理工具

Redis Desktop Manager 是一款能够跨平台使用的开源性 redis 可视化工具。Redis Desktop Manager 主要针对 redis 开发设计，拥有直观强大的可视化界面以及完善全面的数据操作功能，可以针对目标 key 执行 rename、delete、addrow、reload value 等操作，支持借助 SSH Tunnel 连接，用户可以通过它对 redis 进行操作管理，从而简化原有的命令语言。

推荐 Redis Desktop Manager，支持 Windows、Mac OS X、Linux 等平台；其下载地址为 https://redisdesktop.com/download，简单的 UI 使用界面如图 11-11、图 11-12 和图 11-13 所示。

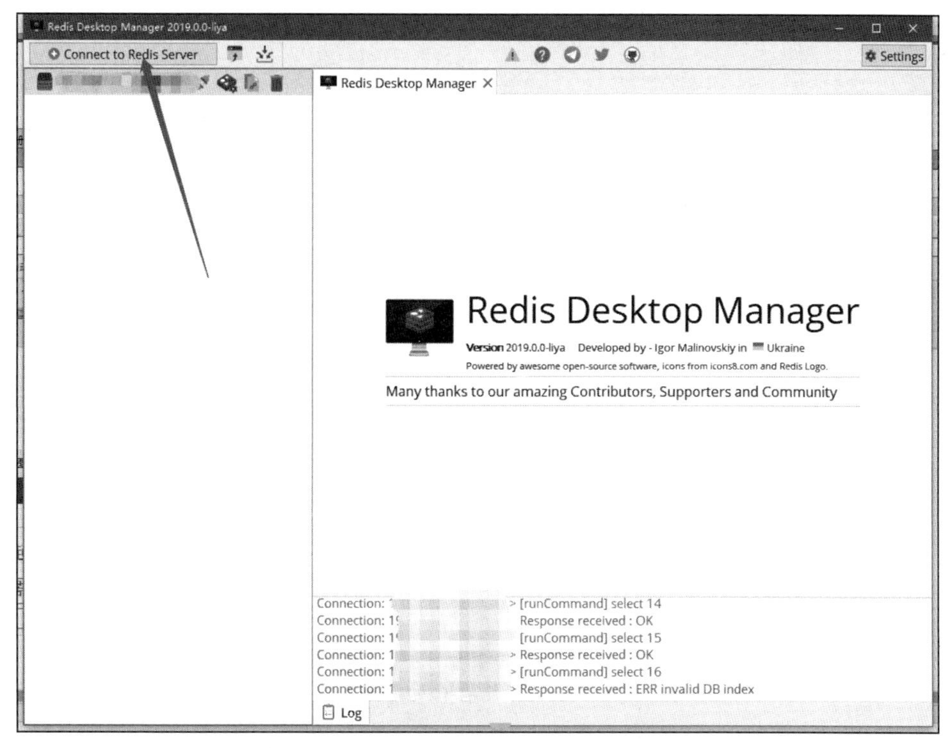

图 11-11　Redis Desktop Manager

Edit Connection Settings192.168.1.156:5551
Connection Settings　Advanced Settings
Main Settings
Name: 胡先生test　给本次连接取个名字
Address: 192.168.1.156　redis所在ip　: 5551　启用端口
Auth: ●●●●●●　密码　Show password
Security
None
SSL
Public Key: (Optional) Public Key in PEM format
Private Key: (Optional) Private Key in PEM format
Authority: (Optional) Authority in PEM format
SSH Tunnel
SSH Address: Remote Host with SSH server : 22
SSH User: Valid SSH User Name
Private Key
Path to Private Key in PEM format
Password
SSH User Password　Show password
Enable TLS-over-SSH (AWS ElastiCache Encryption in-transit)
Test Connection　OK　Cancel

图 11-12　设置连接参数

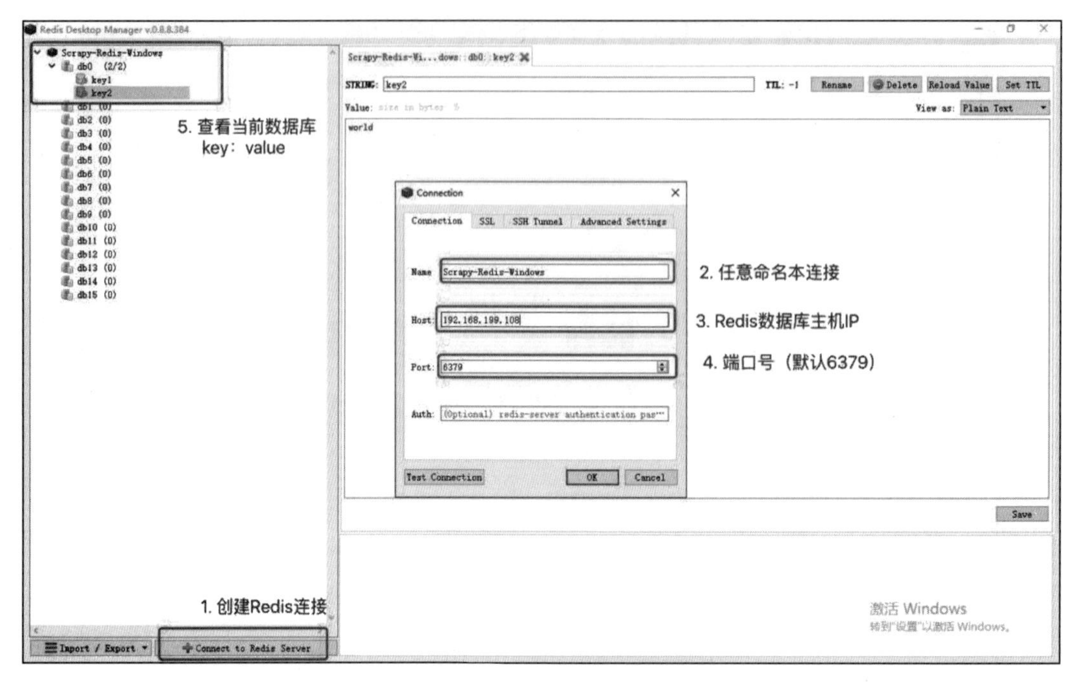

图 11-13　打开数据库查看 key

2. 然后安装 Scrapy-redis

（1）准备工作

安装 scrapy_redis 包，打开 cmd 工具，执行命令 pip install scrapy_redis，如图 11-14 所示。

```
C:\Users\Administrator>pip install scrapy_redis
Collecting scrapy_redis
  Using cached scrapy_redis-0.6.8-py2.py3-none-any.whl
Requirement already satisfied: Scrapy>=1.0 in d:\anaconda3\lib\site-packages (fr
om scrapy_redis)
Requirement already satisfied: redis>=2.10 in d:\anaconda3\lib\site-packages (fr
om scrapy_redis)
Requirement already satisfied: six>=1.5.2 in d:\anaconda3\lib\site-packages (fro
m scrapy_redis)
Requirement already satisfied: Twisted>=13.1.0 in d:\anaconda3\lib\site-packages
 (from Scrapy>=1.0->scrapy_redis)
Requirement already satisfied: w3lib>=1.17.0 in d:\anaconda3\lib\site-packages (
from Scrapy>=1.0->scrapy_redis)
Requirement already satisfied: queuelib in d:\anaconda3\lib\site-packages (from
```

图 11-14　scrapy_redis 安装包

事先准备好一个没有 bug、没有报错的爬虫项目，如图 11-15 所示。

准备好 redis 主服务器以及跟程序相关的 MySQL 数据库，前提是 MySQL 数据库要打开“允许远程连接”，因为 MySQL 安装后 root 用户默认只允许本地连接，如图 11-16 和图 11-17 所示。

图 11-15　准备的一个爬虫项目

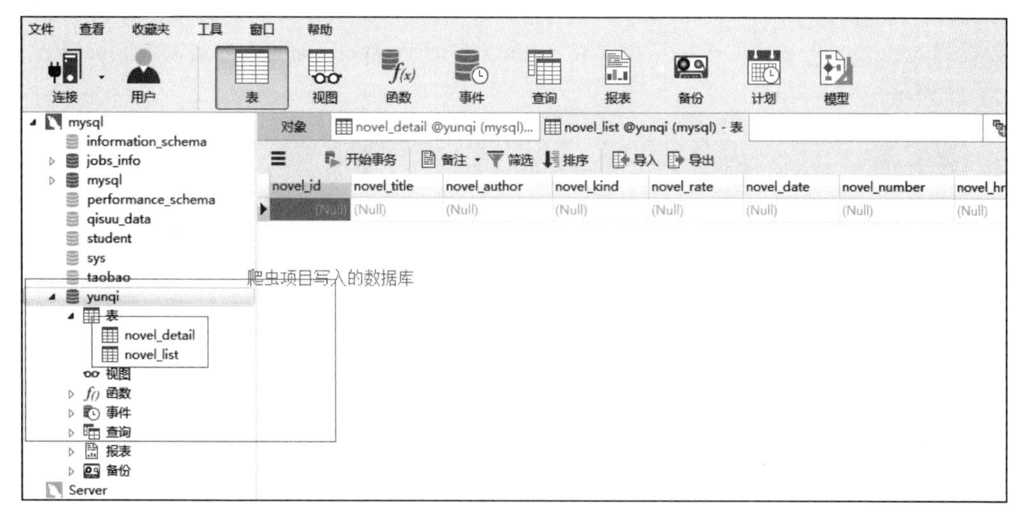

图 11-16　MySQL 数据库

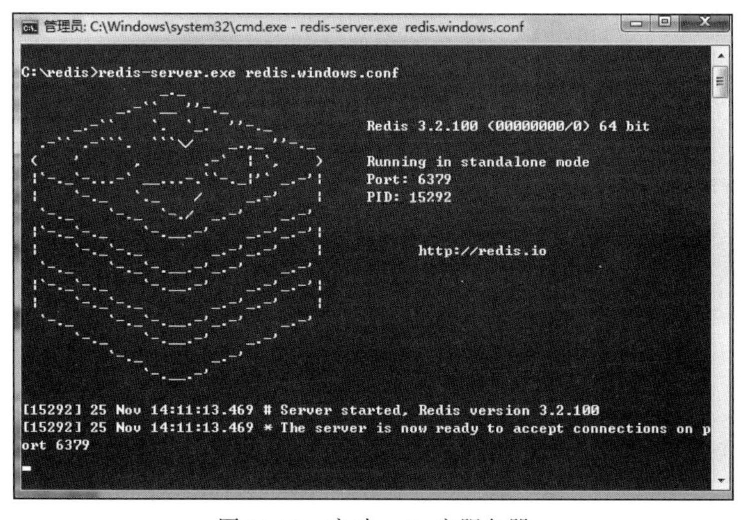

图 11-17　启动 redis 主服务器

（2）部署过程

1）修改爬虫项目的 settings 文件。

在下载的 scrapy_redis 包中，有一个 scheduler.py 文件，里面有一个 Scheduler 类，可用来调度 URL；还有一个 dupefilter.py 文件，里面有一个 RFPDupeFilter 类，可用来去重，所以要在 settings 任意位置文件中添加上它们。

```
# 使用scrapy_redis中的调度器，即保证每台主机爬取的URL地址都不同的Scheduler
SCHEDULER='scrapy_redis.scheduler.Scheduler'
# 配置scrapy使用的去重类，即RFPDupeFilter
DUPEFILTER_CLASS='scrapy_redis.dupefilter.RFPDupeFilter'
```

另外，在 scrapy_redis 包中，还有一个 pipelines 文件，里面的 RedisPipeline 类可以把爬虫的数据写入 redis，更稳定安全，所以要在 settings 中启动 pipelines 的地方启动此 pipeline，如图 11-18 所示。

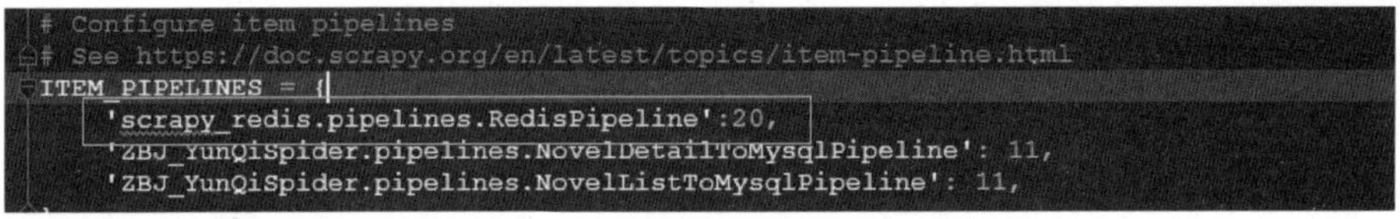

```
# Configure item pipelines
# See https://doc.scrapy.org/en/latest/topics/item-pipeline.html
ITEM_PIPELINES = {
    'scrapy_redis.pipelines.RedisPipeline':20,
    'ZBJ_YunQiSpider.pipelines.NovelDetailToMysqlPipeline': 11,
    'ZBJ_YunQiSpider.pipelines.NovelListToMysqlPipeline': 11,
```

图 11-18　启动 pipeline

最后修改 redis 连接配置，如图 11-19 所示。

```
# HTTPCACHE_ENABLED = True
# HTTPCACHE_EXPIRATION_SECS = 0
# HTTPCACHE_DIR = 'httpcache'
# HTTPCACHE_IGNORE_HTTP_CODES = []
# HTTPCACHE_STORAGE = 'scrapy.extensions.httpcache.FilesystemCacheStorage'

                                    数据库连接信息
MYSQL_HOST = '192.168.10.232'
MYSQL_USER = 'root'
MYSQL_PASSWORD = '123456'
MYSQL_PORT = 3306
MYSQL_DBNAME = 'yunqi'
MYSQL_CHARSET = 'utf8'
#
#使用scrapy_redis中的调度器,来保证每一台主机爬取的url地址都是不一样的,Scheduler
SCHEDULER = 'scrapy_redis.scheduler.Scheduler'
#配置scrapy使用的去重类,RFPDupeFilter
DUPEFILTER_CLASS='scrapy_redis.dupefilter.RFPDupeFilter'

#配置当前项目连接的redis地址
REDIS_URL = 'redis://root:@192.168.10.232:6379'        配置redis主服务器的信息
```

图 11-19　修改 redis 连接配置

2）修改 Spider 爬虫文件。

首先我们要引入一个 scrapy_redis.spider 文件中的一个 RedisSpider 类，然后把 Spider 爬虫文件原来继承的 scrapy.Spider 类改为引入的这个 RedisSpider 类，如图 11-20 所示。

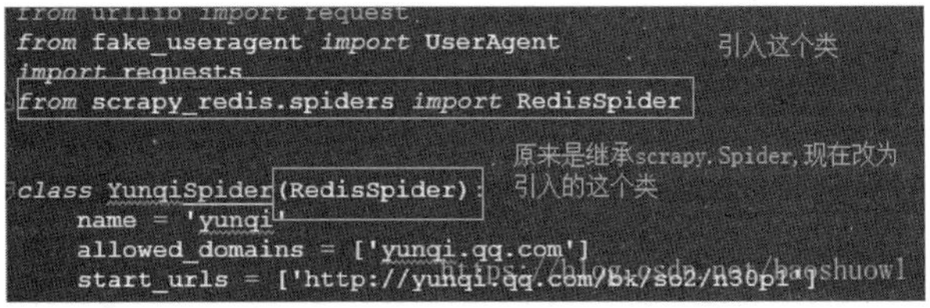

```
from urllib import request
from fake_useragent import UserAgent
import requests
from scrapy_redis.spiders import RedisSpider

class YunqiSpider(RedisSpider):
    name = 'yunqi'
    allowed_domains = ['yunqi.qq.com']
    start_urls = ['http://yunqi.qq.com/bk/so2/n30p1']
```


图 11-20　修改 Spider 爬虫文件

接着把原来的 start_urls 这句代码注释掉，加入 redis_key = ' 自定义 key 值 '，一般以 “爬虫名 :start_urls” 命名，如图 11-21 所示。

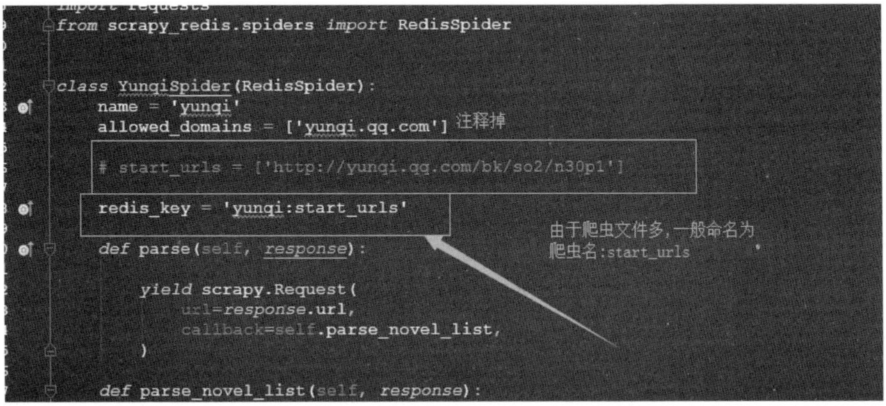

```
import requests
from scrapy_redis.spiders import RedisSpider


class YunqiSpider(RedisSpider):
    name = 'yunqi'
    allowed_domains = ['yunqi.qq.com']

    # start_urls = ['http://yunqi.qq.com/bk/so2/n30p1']

    redis_key = 'yunqi:start_urls'

    def parse(self, response):

        yield scrapy.Request(
            url=response.url,
            callback=self.parse_novel_list,
        )

    def parse_novel_list(self, response):
```


图 11-21　添加 redis_key 值

3）测试部署是否成功。

直接运行我们的项目，如图 11-22 所示。

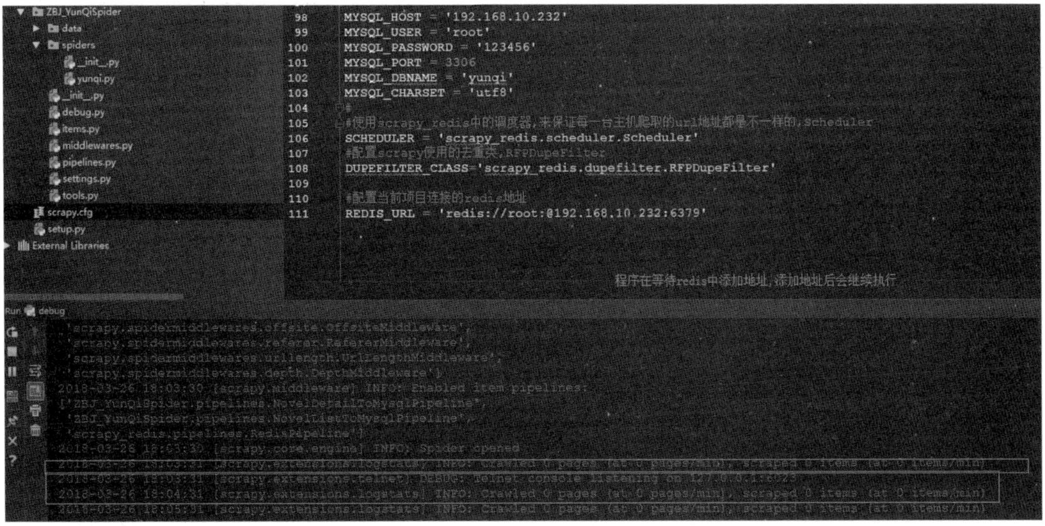

```
98   MYSQL_HOST = '192.168.10.232'
99   MYSQL_USER = 'root'
100  MYSQL_PASSWORD = '123456'
101  MYSQL_PORT = 3306
102  MYSQL_DBNAME = 'yunqi'
103  MYSQL_CHARSET = 'utf8'
104  #
105  #使用scrapy_redis中的调度器,来保证每一台主机爬取的url地址都是不一样的,Scheduler
106  SCHEDULER = 'scrapy_redis.scheduler.Scheduler'
107  #配置scrapy使用的去重类,RFPDupeFilter
108  DUPEFILTER_CLASS='scrapy_redis.dupefilter.RFPDupeFilter'
109
110  #配置当前项目连接的redis地址
111  REDIS_URL = 'redis://root:@192.168.10.232:6379'
```


图 11-22　测试部署

打开 redis 客户端，在 redis 中添加 key 为 yunqi:start_urls 的列表，值为地址，如图 11-23 所示。

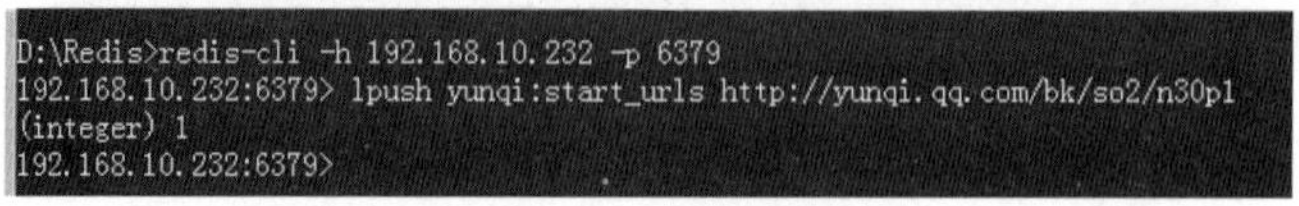

```
D:\Redis>redis-cli -h 192.168.10.232 -p 6379
192.168.10.232:6379> lpush yunqi:start_urls http://yunqi.qq.com/bk/so2/n30p1
(integer) 1
192.168.10.232:6379>
```

图 11-23　打开客户端

添加成功后，程序直接跑了起来。查看数据是否插入，如图 11-24 所示。

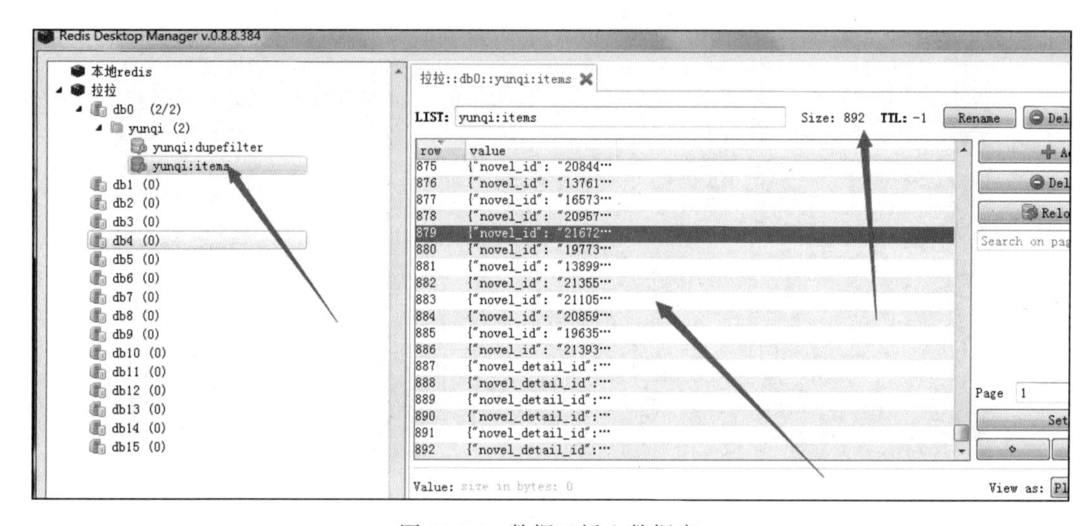

图 11-24　数据已插入数据库

分布式爬虫的部署过程如下：

1）下载 scrapy_redis 模块包；

2）打开现有爬虫项目，找到 settings 文件，配置 Scrapy 项目使用的调度器及过滤器；

3）修改爬虫文件；

4）如果连接的有远程服务，例如 MySQL、redis 等，则需要将远程服务连接开启，以保证在其他主机上能够成功连接；

5）配置远程连接的 MySQL 及 redis 地址；

6）上面的工作做完以后，开启我们的 redis 服务器。

11.2.4　Scrapy-redis 常用配置

一般在配置文件中添加如下几个常用配置选项：

1）使用了 scrapy_redis 的去重组件，在 redis 数据库里进行去重。

```
DUPEFILTER_CLASS = "scrapy_redis.dupefilter.RFPDupeFilter"
```

2）使用了 scrapy_redis 的调度器，在 redis 里分配请求。

```
SCHEDULER = "scrapy_redis.scheduler.Scheduler"
```

3）在 redis 中保持 Scrapy-redis 用到的各个队列，从而允许暂停和暂停后恢复，也就是不清理 redis queues。

```
SCHEDULER_PERSIST = True
```

4）通过配置 RedisPipeline 将 Item 写入 key 为 spider.name : items 的 redis 的 list 中，供后面的分布式处理 Item。这个已经由 Scrapy-redis 实现，不需要我们编写代码，可直接使用。

```
ITEM_PIPELINES = {
    'scrapy_redis.pipelines.RedisPipeline': 100 ,
}
```

5）指定 redis 数据库的连接参数。

```
REDIS_HOST = '127.0.0.1'
REDIS_PORT = 6379
```

11.2.5　Scrapy-redis 键名介绍

在 Scrapy-redis 中都是用 key-value 形式来存储数据，其中有几个常见的 key-value 形式：

1）"项目名 :items" →list 类型，用于保存爬虫获取到的数据 Item，内容是 JSON 字符串。

2）"项目名 :dupefilter" →set 类型，用于爬虫访问的 URL 去重，内容是 40 个字符的 URL 的 hash 字符串。

3）"项目名 :start_urls" →list 类型，用于获取 Spider 启动时爬取的第一个 URL。

4）"项目名 :requests" →zset 类型，用于 Scheduler 调度处理 requests，内容是 Request 对象的序列化字符串。

11.2.6　Scrapy-redis 简单示例

在原来非分布式爬虫的基础上，使用 Scrapy-redis 简单搭建一个分布式爬虫，过程只需要修改一下 Spider 的继承类和配置文件，很简单。

关于原来的非分布式爬虫项目，请参见 https://www.cnblogs.com/pythoner6833/p/9018782.html。

首先修改配置文件，在 settings.py 文件中添加代码，如图 11-25 所示。

```
DUPEFILTER_CLASS = "scrapy_redis.dupefilter.RFPDupeFilter"
SCHEDULER = "scrapy_redis.scheduler.Scheduler"
SCHEDULER_PERSIST = True
ITEM_PIPELINES = {
    'scrapy_redis.pipelines.RedisPipeline': 100,
}
REDIS_HOST = '127.0.0.1'
REDIS_PORT = 6379
```

图 11-25　修改配置文件

然后需要修改的文件是 Spider 文件，原文件代码如图 11-26 所示。

```
import scrapy
# from scrapy_redis.spiders import RedisSpider
# 导入待爬取字段名
from tencent.items import TencentItem, DetailsItem

class TencentWantedSpider(scrapy.Spider):
    name = 'tencent_wanted'
    # allowed_domains = ['hr.tencent.com']

    start_urls = ['https://hr.tencent.com/position.php']
    # redis_key = 'tencent:start_urls'
    base_url = 'https://hr.tencent.com/'

    def parse(self, response):
```

图 11-26　Spider 原文件代码

修改后的代码如图 11-27 所示。

```
# -*- coding: utf-8 -*-
import scrapy
from scrapy_redis.spiders import RedisSpider
# 导入待爬取字段名
from tencent.items import TencentItem, DetailsItem

class TencentWantedSpider(RedisSpider):
    name = 'tencent_wanted'
    # allowed_domains = ['hr.tencent.com']

    # start_urls = ['https://hr.tencent.com/position.php']
    redis_key = 'tencent:start_urls'

    base_url = 'https://hr.tencent.com/'

    def parse(self, response):
```

图 11-27　Spider 修改后的代码

主要修改了两个地方，一个是继承类：由 scrapy.Spider 修改为 RedisSpider。然后 start_urls 已经不需要了，修改为 redis_key = 'xxxxx'，其中，这个键的值暂时是自己取的名字，一般用项目名 start_urls 来代替初始爬取的 URL。由于分布式 Scrapy-redis 中的每个请求都是从 redis 中取出来的，因此在 redis 数据库中设置一个 redis_key 的值，作为初始的 URL，Scrapy 就会自动在 redis 中取出 redis_key 的值（作为初始 URL），并实现自动爬取。

因此，在 redis 中添加代码如图 11-28 所示。也就是说，在 redis 中设置一个键值对，键为 tencent2:start_urls，值为初始化 URL；这样便可将传入的 URL 作为初始爬取的 URL。如此一个简易学习的分布式爬虫环境就搭建完毕了。

```
127.0.0.1:6379> lpush tencent2:start_urls https://hr.tencent.com/position.php?
(integer) 1
```

图 11-28　在 redis 中添加的代码

11.3 redis 数据库

1. redis 简介

redis 是完全开源免费的，遵守 BSD 协议，是一个高性能的 key-value 数据库。redis 与其他 key-value 缓存产品有以下三个特点：

- redis 支持数据的持久化，可以将内存中的数据保存在磁盘内，重启时可以再次加载使用。
- redis 不仅支持简单的 key-value 类型的数据，同时还提供 list、set、zset、hash 等数据结构的存储。
- redis 支持数据的备份，即 master-slave 模式的数据备份。

2. Windows 下安装 redis

下载地址为 https://github.com/MSOpenTech/redis/releases，根据你系统平台的实际情况来选择 32 位或 64 位，这里我们下载 Redis-x64-xxx.zip 压缩包到 C 盘，解压后，将文件夹重新命名为 redis。下载 redis 版本如图 11-29 所示。

图 11-29　下载 redis 版本

打开一个 cmd 窗口，使用 cd 命令切换目录到 C:\redis 运行：

```
redis-server.exe redis.windows.conf
```

可以把 redis 的路径加到系统的环境变量里，后面的那个 redis.windows.conf 可以省略，如果省略，则会启用默认的。输入之后，会显示相关运行界面，如图 11-30 所示。

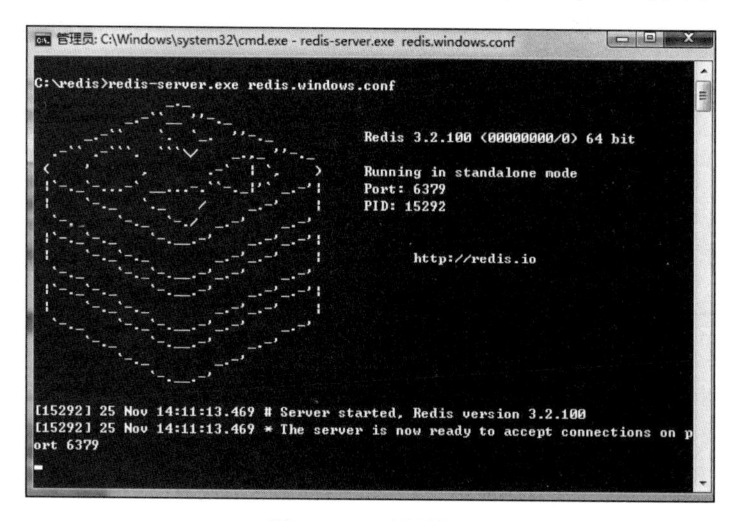

图 11-30　运行界面

这时可另启一个 cmd 窗口，原来的不要关闭，不然就无法访问服务端了；切换到 redis 目录下运行：

```
redis-cli.exe -h 127.0.0.1 -p 6379
```

设置键值对：

```
set myKey abc
```

取出键值对：

```
get myKey
```

运行界面如图 11-31 所示。

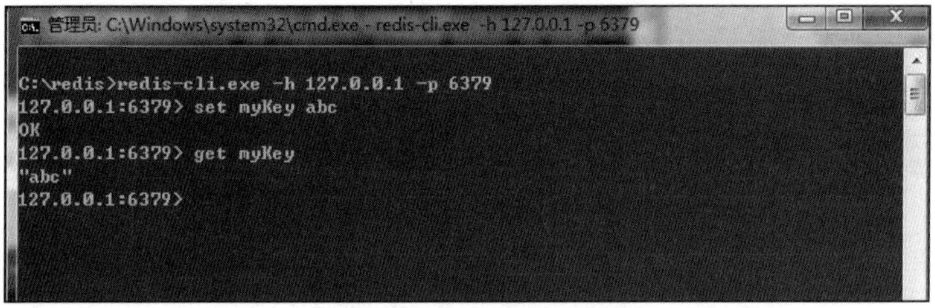

图 11-31　运行界面

3. Linux 下安装 redis

下载地址为 http://redis.io/download，下载最新稳定版本，本教程使用的最新文档版本为 2.8.17，下载并安装。

```
wget http://download.redis.io/releases/redis-2.8.17.tar.gz
tar xzf redis-2.8.17.tar.gz
cd redis-2.8.17
make
```

make 完后 redis-2.8.17 目录下会出现编译后的 redis 服务程序 redis-server，以及用于测试的客户端程序 redis-cli，两个程序均位于安装目录 src 下，下面启动 redis 服务：

```
cd src
./redis-server
```

注意，这种启动 redis 的方式使用的是默认配置；也可以通过启动参数告诉 redis 使用指定配置文件，通过以下命令来启动：

```
cd src
./redis-server ../redis.conf
```

redis.conf 是一个默认的配置文件。我们可以根据需要使用自己的配置文件。启动 redis 服务进程后，就可以使用测试客户端程序 redis-cli 和 redis 服务交互：

```
cd src
./redis-cli
redis> set foo bar
OK
redis> get foo
"bar"
```

4. redis 配置

redis 的配置文件位于 redis 安装目录下，文件名为 redis.conf（Windows 名为 redis.windows.conf）。

可以通过 CONFIG 命令来查看或设置配置项。

redis CONFIG 命令格式如下：

```
redis 127.0.0.1:6379> CONFIG GET CONFIG_SETTING_NAME
redis 127.0.0.1:6379> CONFIG GET loglevel
1)"loglevel"
2)"notice"
```

5. redis 的优势

主要从两个角度去考虑：性能和并发。当然，redis 还具备可以做分布式锁等其他功能，但如果只是为了分布式锁这些其他功能，那么完全还有其他中间件（如 zookpeer 等）可以代替，并非一定要使用 redis。因此，从性能和并发两个角度考虑即可。

（1）性能

如图 11-32 所示，我们在碰到需要执行耗时特别久，且结果不频繁变动的 SQL 时，就特别适合将运行结果放入缓存。这样，后面的请求就可以去缓存中读取，使得请求能够迅速响应。

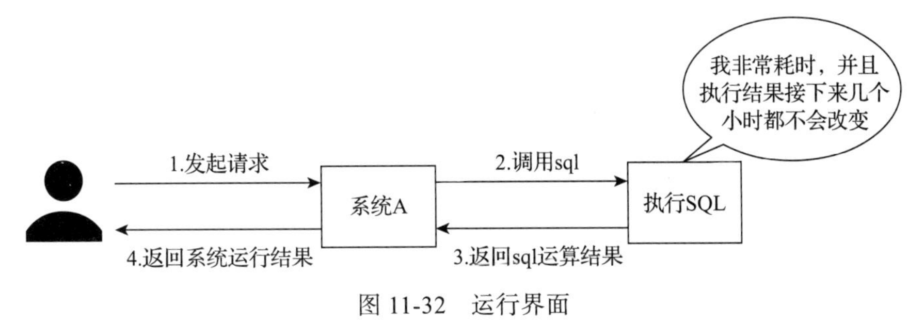

图 11-32 运行界面

（2）并发

在高并发的情况下，所有的请求直接访问数据库，数据库会出现连接异常。这个时候，就需要使用 redis 执行一个缓冲操作，让请求先访问到 redis，而不是直接访问数据库。

为了得到 redis 数据库所有的配置信息，可参考例 11-1 所示代码。

【例 11-1】使用“*”号获取所有配置项

```
redis 127.0.0.1:6379> CONFIG GET *
```

```
1) "dbfilename"
2) "dump.rdb"
3) "requirepass"
4) ""
5) "masterauth"
6) ""
7) "unixsocket"
8) ""
9) "logfile"
10) ""
11) "pidfile"
12) "/var/run/redis.pid"
13) "maxmemory"
14) "0"
15) "maxmemory-samples"
16) "3"
17) "timeout"
18) "0"
19) "tcp-keepalive"
20) "0"
21) "auto-aof-rewrite-percentage"
22) "100"
23) "auto-aof-rewrite-min-size"
24) "67108864"
25) "hash-max-ziplist-entries"
26) "512"
27) "hash-max-ziplist-value"
28) "64"
29) "list-max-ziplist-entries"
30) "512"
31) "list-max-ziplist-value"
32) "64"
33) "set-max-intset-entries"
34) "512"
35) "zset-max-ziplist-entries"
36) "128"
37) "zset-max-ziplist-value"
38) "64"
39) "hll-sparse-max-bytes"
40) "3000"
41) "lua-time-limit"
42) "5000"
43) "slowlog-log-slower-than"
44) "10000"
45) "latency-monitor-threshold"
46) "0"
47) "slowlog-max-len"
48) "128"
49) "port"
50) "6379"
51) "tcp-backlog"
52) "511"
53) "databases"
54) "16"
```

```
55) "repl-ping-slave-period"
56) "10"
57) "repl-timeout"
58) "60"
59) "repl-backlog-size"
60) "1048576"
61) "repl-backlog-ttl"
62) "3600"
63) "maxclients"
64) "4064"
65) "watchdog-period"
66) "0"
67) "slave-priority"
68) "100"
69) "min-slaves-to-write"
70) "0"
71) "min-slaves-max-lag"
72) "10"
73) "hz"
74) "10"
75) "no-appendfsync-on-rewrite"
76) "no"
77) "slave-serve-stale-data"
78) "yes"
79) "slave-read-only"
80) "yes"
81) "stop-writes-on-bgsave-error"
82) "yes"
83) "daemonize"
84) "no"
85) "rdbcompression"
86) "yes"
87) "rdbchecksum"
88) "yes"
89) "activerehashing"
90) "yes"
91) "repl-disable-tcp-nodelay"
92) "no"
93) "aof-rewrite-incremental-fsync"
94) "yes"
95) "appendonly"
96) "no"
97) "dir"
98) "/home/deepak/Downloads/redis-2.8.13/src"
99) "maxmemory-policy"
100) "volatile-lru"
101) "appendfsync"
102) "everysec"
103) "save"
104) "3600 1 300 100 60 10000"
105) "loglevel"
106) "notice"
107) "client-output-buffer-limit"
108) "normal 0 0 0 slave 268435456 67108864 60 pubsub 33554432 8388608 60"
```

```
109) "unixsocketperm"
110) "0"
111) "slaveof"
112) ""
113) "notify-keyspace-events"
114) ""
115) "bind"
116) ""
```

6. 编辑配置

你可以通过修改 redis.conf 文件或使用 CONFIG SET 命令来修改配置。

CONFIG SET 命令基本语法如下：

```
redis 127.0.0.1:6379> CONFIG SET CONFIG_SETTING_NAME NEW_CONFIG_VALUE
```

编辑修改 redis 数据库的配置信息，可参考例 11-2。

【例 11-2】使用 CONFIG SET 命令来修改配置

```
redis 127.0.0.1:6379> CONFIG SET loglevel "notice"
OK
redis 127.0.0.1:6379> CONFIG GET loglevel
1) "loglevel"
2) "notice"
```

11.4 Scrapy-redis 源码分析

Scrapy-redis 就是结合分布式数据库 redis，重写了 Scrapy 中的一些比较关键的代码，将 Scrapy 变成了一个可以在多个主机上同时运行的分布式爬虫。

Scrapy-redis 的官方文档写得比较简洁，没有提及其运行原理，所以如果想全面理解分布式爬虫的运行原理，还是得看 Scrapy-redis 的源代码才行。Scrapy-redis 工程的主体还是 redis 和 scrapy 两个库，工程本身实现的东西不是很多，这个工程就像胶水一样，把这两个插件黏结了起来。Scrapy-redis 的目录结构如图 11-33 所示。

图 11-33 Scrapy-redis 的目录结构

各个模块功能的注释如下：

```
connection.py      连接的配置文件
defaults.py        默认的配置文件
dupefilter.py      去重规则
picklecompat.py    格式化
pipelines.py       序列化变成字符串
queue.py           队列
scheduler.py       调度器
spiders.py         爬虫
utils.py           把字节转换成字符串
```

1. picklecompat.py 文件

```
try:
    import cPickle as pickle  # PY2
except ImportError:
    import pickle
def loads(s):
    return pickle.loads(s)
def dumps(obj):
    return pickle.dumps(obj, protocol=-1)
```

这里使用了 pickle 库，dumps 方法用于实现序列化；loads 方法用于实现反序列化。两个函数，其实就是实现了一个 serializer，因为 redis 数据库不能存储复杂对象（value 部分只能是字符串、字符串列表、字符串集合和 hash，key 部分只能是字符串），所以无论存储什么，我们都必须要先串行化成文本才行。

2. queue.py 文件

其功能为爬取队列的实现，有三个队列实现，首先实现了一个 Base 类，提供基础方法和属性。数据库无法存储 Requet 对象，所以先将 Request 序列化为字符串。

- _encode_requests：将 Request 对象转化为存储对象。
- _decode_requests：将 Request 反序列化为对象。

先进先出队列如例 11-3 所示。

【例 11-3】FifoQueue 类

```
class FifoQueue(Base):
    """Per-spider FIFO queue"""
    def __len__(self):
    """Return the length of the queue"""
    return self.server.llen(self.key)
    def push(self, request):
    """Push a request"""
    self.server.lpush(self.key, self._encode_request(request))
    def pop(self, timeout=0):
    """Pop a request"""
    if timeout > 0:
    data = self.server.brpop(self.key, timeout)
```

```
    if isinstance(data, tuple):
    data = data[1]
    else:
    data = self.server.rpop(self.key)
    if data:
        return self._decode_request(data)
```

上述 push、pop 和 __len__ 方法都是 redis 中的列表操作，其中 self.server 是指 redis 的连接对象。

- __len__ 方法：获取列表的长度。
- push 方法：将 Request 对象序列化后存储到列表中。
- pop 方法：调用的 rpop() 方法，从列表右侧取出数据，然后反序列化为 Request 对象。

Request 在列表中存取的顺序是左侧进、右侧出，有序地进出，先进先出。

后进先出队列的同步实现如例 11-4 所示。

【例 11-4】LifoQueue 类

```
def pop(self, timeout=0):
    """Pop a request"""
    if timeout > 0:
        data = self.server.blpop(self.key, timeout)
        if isinstance(data, tuple):
            data = data[1]
    else:
        data = self.server.lpop(self.key)
    if data:
        return self._decode_request(data)
```

LifoQueue 和 FifoQueue 的区别在于，在 pop() 方法中使用的是 lpop，也就是左侧出去。效果就是先进后出、后进先出（LIFO），类似于栈的操作又称为 StackQueue。

优先队列的同步实现如例 11-5 所示。

【例 11-5】PriorityQueue 类

```
class PriorityQueue(Base):
    """Per-spider priority queue abstraction using redis' sorted set"""
    def __len__(self):
    """Return the length of the queue"""
    return self.server.zcard(self.key)
    def push(self, request):
    """Push a request"""
    data = self._encode_request(request)
    score = -request.priority
    self.server.execute_command('ZADD', self.key, score, data)
    def pop(self, timeout=0):
    """
    Pop a request
    timeout not support in this queue class
    """
    # use atomic range/remove using multi/exec
```

```
    pipe = self.server.pipeline()
    pipe.multi()
    pipe.zrange(self.key, 0, 0).zremrangebyrank(self.key, 0, 0)
    results, count = pipe.execute()
    if results:
    return self._decode_request(results[0])
```

以上使用 redis 中的有序集合，集合中的每个元素都可以设置一个分数，分数便代表优先级。

- __len__ 方法：调用 zcard() 操作返回有序集合的大小，也就是队列的长度。
- push 方法：调用 zadd() 操作向集合中添加元素，这里的分数设置为 Request 优先级的相反数，分数低的会排在集合前面，所以优先级高的 Request 就会在集合的最前面。
- pop 方法：调用 zrange() 操作取出集合中的第一个元素，第一个元素就是优先级最高的 Request，然后调用 zremrangebyrank 将这个元素删除。

3. dupefilter.py 文件

RFPDupeFilter 类继承自 Scrapy 中的 BaseDupeFilter 类。

Scrapy 去重是采用集合来实现的，Scrapy 分布式中的去重便是要利用共享集合，采用 redis 的集合数据结构。

这里的 request_seen() 方法和 Scrapy 中的 request_seen() 方法相似。这里的集合操作的是 server 对象的 sadd() 方法。Scrapy 中的是数据结构，而这里则换成了数据库的存储方式。

鉴别重复的方式还是使用指纹，指纹依靠 request_fingerprint() 方法来获取。获取指纹后直接向集合中添加指纹，添加成功则返回 1，而判定结果返回 False 就是不重复。

4. scheduler.py 文件

为了实现配合 queue 和 dupefilter 使用的调度器 Scheduler，可以在 Scrapy 中的 setting.py 文件内进行设置。

- SCHEDULER_FLUSH_ON_START：是否在爬取开始的时候清空爬取队列。
- SCHEDULER_PERSIST：是否在爬取结束后保持爬取队列不清楚。

向队列中添加或取出 Request 的操作如例 11-6 所示。

【例 11-6】实现两个核心存取方法

```
def enqueue_request(self, request):
    if not request.dont_filter and self.df.request_seen(request):
        self.df.log(request, self.spider)
        return False
    if self.stats:
        self.stats.inc_value('scheduler/enqueued/redis', spider=self.spider)
    self.queue.push(request)
    return True

def next_request(self):
    block_pop_timeout = self.idle_before_close
    request = self.queue.pop(block_pop_timeout)
```

```
        if request and self.stats:
            self.stats.inc_value('scheduler/dequeued/redis', spider=self.spider)
        return request
```

1）enqueue_request 方法：向队列中添加 Request，核心操作就是调用 queue 的 push 操作，以及一些统计和日志操作。

2）next_request 方法：从队列中取出 Request，核心操作就是调用 queue 的 pop 操作，如果队列中存在 Request 则取出，如果队列为空则爬取就会重新开始。

5. spider.py 文件

Spider 主要会通过 connect 接口，给 Spider 绑定了 spider_idle 信号，Spider 初始化时，通过 setup_redis 函数初始化好其与 redis 的连接，之后通过 next_requests 函数从 redis 中取出 start_url，使用的 key 是由 settings 中的 REDIS_START_URLS_AS_SET 来定义的，Spider 使用少量的 start_url，可以发展出很多新的 url，这些 url 会进入 Scheduler 进行判重和调度。直至 Spider 运行到调度池内没有 url 的时候，才会触发 spider_idle 信号，从而触发 Spider 的 next_requests 函数，再次从 redis 的 start_url 池中读取一些 url。

```
    def setup_redis(self, crawler=None):
"""初始化了redis参数，包括使用的种子url的key、批量读取url的数量等信息"""
        # 当Spider空闲时会触发该信号，调用spider_idle函数
            crawler.signals.connect(self.spider_idle, signal=signals.spider_idle)

    def spider_idle(self):
        """空闲的时候触发该函数，尝试请求下一批url，然后等待新的url过来"""
        self.schedule_next_requests()
        raise DontCloseSpider
```

6. connect.py 文件

connect 文件引入了 redis 模块，这是 redis-python 库的接口，用于通过 python 访问 redis 数据库，主要用于实现连接 redis 数据库的功能（返回的是 redis 库的 redis 对象或者 StrictRedis 对象，它们都是可以直接用来进行数据操作的对象）。这些连接接口在其他文件中经常被用到。其中，我们可以看到，要想连接到 redis 数据库，和其他数据库差不多，需要一个 IP 地址、端口号、用户名密码（可选）和一个整型的数据库编号，同时我们还可以在 Scrapy 的 settings 文件中配置套接字的超时时间、等待时间等。

```
import six
from scrapy.utils.misc import load_object
from . import defaults

# 设置映射参数名称
SETTINGS_PARAMS_MAP = {
    'REDIS_URL': 'url',
    'REDIS_HOST': 'host',
    'REDIS_PORT': 'port',
    'REDIS_ENCODING': 'encoding',
}
```

```
def get_redis_from_settings(settings):
    params = defaults.REDIS_PARAMS.copy()
    params.update(settings.getdict('REDIS_PARAMS'))
        for source, dest in SETTINGS_PARAMS_MAP.items():
        val = settings.get(source)
        if val:
            params[dest] = val

    # 允许'redis_cls'作为类的路径
    if isinstance(params.get('redis_cls'), six.string_types):
        params['redis_cls'] = load_object(params['redis_cls'])

    return get_redis(**params)

# 设置可向后兼容的别名
from_settings = get_redis_from_settings

def get_redis(**kwargs):
    redis_cls = kwargs.pop('redis_cls', defaults.REDIS_CLS)
    url = kwargs.pop('url', None)
    if url:
        return redis_cls.from_url(url, **kwargs)
    else:
        return redis_cls(**kwargs)
```

Scrapy-redis 的总体思路：通过重写 Scheduler 和 Spider 类，实现了调度、Spider 启动和 redis 的交互。实现新的 dupefilter 和 queue 类，完成了判重和调度容器与 redis 的交互，因为每个主机上的爬虫进程都会访问同一个 redis 数据库，所以调度和判重都会统一进行管理，以达到分布式爬虫的目的。

当 Spider 被初始化时，同时会初始化一个对应的 Scheduler 对象，这个 Scheduler 对象通过读取 settings 来配置自己的调度容器 queue 和判重工具 dupefilter。每当一个 Spider 产出一个 request 的时候，Scrapy 内核会把这个 request 递交给该 Spider 对应的 Scheduler 对象进行调度，Scheduler 对象通过访问 redis 来对 request 进行判重，如果不重复就把它添加进 redis 的调度池中。当调度条件满足时，Scheduler 对象就从 redis 的调度池中取出一个 request 发送给 Spider，让它爬取。当 Spider 爬取完所有暂时可用的 url 之后，Scheduler 发现这个 Spider 对应的 redis 的调度池空了，于是触发信号 spider_idle，Spider 在收到这个信号之后会直接连接 redis 读取 start_url 池，拿去新的一批 url 入口，然后再次重复上面的工作。

11.5　通过 scrapy_redis 实现分布式爬虫

1. scrapy_redis 工作原理

爬虫调度器将不再负责 url 的调度，而是将 url 上传给 scrapy_redis 组件，由组件负责组织、去重。redis 组件会通过指纹（key）来进行去重操作，并且把请求对象分发给不同的客户端。客户端拿到请求对象后，再交给引擎 – 下载器。pipeline 不再负责本地化操作，而是把数据交给 redis 组件来负责写入 redis 数据库，以达到资源共享、自动合并的目的。

2. Base Spider

不再使用 scrapy 原有的 Spider 类，重写的 RedisSpider 继承了 Spider 和 RedisMixin 这两个类，RedisMixin 是用来从 redis 读取 url 的类。

当我们生成一个 Spider 继承 RedisSpider 时，调用 setup_redis 函数，这个函数会去连接 redis 数据库，然后会设置 signals（信号）：

- 当 spider 空闲时候的 signal，会调用 spider_idle 函数，这个函数调用 schedule_next_request 函数，保证 spider 是一直活着的状态，并且抛出 DontCloseSpider 异常。
- 当抓到一个 item 时的 signal，会调用 item_scraped 函数，这个函数会调用 schedule_next_request 函数，获取下一个 request。

一个简单的通过 scrapy_redis 实现分布式爬虫的示例，如例 11-7 所示。

【例 11-7】分布式爬取读书网的图书名称和封面图片链接

```
# settings.py文件增加配置
# 去重类的引入
DUPEFILTER_CLASS = "scrapy_redis.dupefilter.RFPDupeFilter"
# redis调度器的引用
SCHEDULER = "scrapy_redis.scheduler.Scheduler"
# redis是否本地化的开关
SCHEDULER_PERSIST = True
# 分布式爬虫需配置要访问的redis的主机
REDIS_HOST = '10.11.56.63'  # 主机ip
REDIS_PORT = 6379

ITEM_PIPELINES = {
    'dushuProject.pipelines.DushuprojectPipeline': 300,
    # 导入依赖
    'scrapy_redis.pipelines.RedisPipeline':400,
}
# 延时1s（反爬虫）
DOWMLOAD_DELAY = 1
```

items.py 文件，即要爬取的数据字段：

```
import scrapy
class DushuprojectItem(scrapy.Item):
    title = scrapy.Field()
    img_url = scrapy()
```

pipelines.py 文件，未作修改：

```
class DushuprojectPipeline(object):
    def process_item(self, item, spider):
    return item
```

read2.py 文件（爬虫文件，读书网）：

```
# -*- coding: utf-8 -*-
from scrapy.linkextractors import LinkExtractor
from scrapy.spiders import Rule
from scrapy_redis.spiders import RedisCrawlSpider          # 导入RedisCrawlSpider
class Read2Spider(RedisCrawlSpider):                        # 继承的父类可修改一下
        name = 'read2'                                      # 爬虫名字
        # start_urls = ['https://www.dushu.com/book/1081.html']
                                                            # 初始url
        # 键名称的一般规则，爬虫名字:start_urls
        redis_key = 'read2:start_urls'                      # 由主机提供
        # 指定了页面内链接的提取规则，会被父类自动调用
        rules = (
    Rule(LinkExtractor(allow=r'/book/1081_\d+.html'),callback='parse_item',follow=False),
        )
        # 页面数据解析函数
        # 可以自定义，只要保证callback的参数与这个函数名一致即可
        def parse_item(self, response):
        # 每页的图书列表
        book_list = response.xpath('//div[@class="bookslist"]//li')
        for each in book_list:
        i = {}
        i['title'] = each.xpath('.//h3//@title').extract_first()
        i['img_url'] = each.xpath('.//img/@src').extract_first()
        print(i)
            yield i
```

执行分布式爬虫的步骤：

```
# 本地运行以下命令
scrapy runspider read2.py
# 主机端开启redis服务
# 另开窗口
redis-cli
lpush redis_key start_url                                   # 推送start_url
# 例如lpush read2:star_url "https://www.dushu.com/book/1081.html"
```

远程连接 redis：

```
redis-cli -h ip -p 6379 -a password
```

11.6　实战案例

使用 Scrapy 爬取金庸网网站的所有小说内容，并且使用简易的 flask 框架显示所有书的章节内容，具体的操作步骤如下。

1）操作 novel.py 文件中的内容。

```
# -*- coding: utf-8 -*-
import scrapy
from demo.items import NocelContentItem
```

```
from selenium import webdriver
from demo.items import NovelItem

class NovelSpider(scrapy.Spider):
          name = 'novel'
          allowed_domains = ['jinyongwang.com']
          start_urls = ['http://www.jinyongwang.com/book/']
          baseurl = "http://www.jinyongwang.com"
          def start_requests(self):
          for url in self.start_urls:
          req=scrapy.Request(url,callback=self.novel)
          yield req

          def novel(self,response):
          allurls = []

          tags_li=response.xpath('//ul[@class="list"]/li/p/a/@href')
          # 在这个方法中，for循环是循环返回书
          # for li in tags_li:
          #     url=li.extract_first()
          #     # allurls.append(url)
          #     req=self.baseurl+url.strip()
          #     yield scrapy.Request(url=req,callback=self.novelName)
          # 这里进行测试，只抓取一本书
          url = tags_li.extract_first()
          req = self.baseurl + url.strip()
          # req是单本书的href路径
          yield scrapy.Request(url=req, callback=self.novelName)

          def novelName(self, response):
          """
          :param response: 单本书的信息页面，里面需要获取书的标题和该书章节
          :return: 返回打开的各个章节页面url，同时返回一个item对象
          """
          # 获取书名标签
          novel_name_tag=response.xpath('//h1[@class="title"]/span/text()')
          # 提取书名
          novel_name=novel_name_tag.extract_first().strip()
          # 获取所有章节标签
          tags_li=response.xpath('//ul[@class="mlist"]/li/a')

          """
          # 返回一本书的对象，这个对象继承NovelItem
          NovelItem包含的属性有：novel_name = scrapy.Field()
          """
          novelitem=NovelItem()
          novelitem["novel_name"]=novel_name
          yield novelitem

          # 遍历所有章节
          for li in tags_li:
          """
          定义一个章节，字段如下：
```

```
            书名: novel_name=scrapy.Field()
            章节名: chapter_name = scrapy.Field()
            章节内容: chapter_content = scrapy.Field()
            """
            item = NocelContentItem()
            item["novel_name"]=novel_name
            href=li.xpath('./@href').extract_first().strip()
            item["chapter_name"]=li.xpath('./text()').extract_first().strip()
        # 返回每个章节的url, 还需要进一步打开网页以获取里面的具体内容
    yield scrapy.Request(url=self.baseurl+href,callback=self.content,meta={"item":item})
            def content(self,response):
            """
            :param response: 打开的章节页面
            :return: 返回一个item, 即一个章节格式数据
            """
            # 接收传递过来的章节对象
            item=response.meta.get("item")
            # 获取章节内容
            chapter_content=response.xpath('//*[@id="vcon"]/p/text()').extract()
            content="\n".join(chapter_content)
            # 存入章节内容的数据
            item["chapter_content"]=content
            # 返回一个章节对象
            yield item
```

2）操作 pipelines.py 文件中的内容。

```
# -*- coding: utf-8 -*-
# 定义项目管道
# 不要忘记将管道添加到item_pipeline设置中
# 参见网址https://doc.scrapy.org/en/latest/topics/item-pipeline.html
import pymysql
from demo.items import NocelContentItem, NovelItem
class DemoPipeline(object):
    def open_spider(self,spider):
    print("打开爬虫",spider)
self.connect=pymysql.Connect(host='127.0.0.1',port=3306,user='zx',password='123456',
    database='spider',charset='utf8')
    self.cursor=self.connect.cursor()
    def process_item(self, item, spider):
    # 插入章节内容
    if isinstance(item,NocelContentItem):
    try:
    """
    "开始插入章节内容!!"
    id要根据查找书的结果来与书结合使用
    chapter_name = scrapy.Field()
    chapter_content = scrapy.Field()
    """
# 根据小说名字来匹配小说id, 用于后面作为参数写入小说章节的novel_id字段
    find_novel_id_sql='select novel_id from novels_item where novel_name=%s;'
    self.cursor.execute(find_novel_id_sql, (item["novel_name"]))
    a=self.cursor.fetchone()
```

```
    item_id=a[0]
# 写入章节内容，需要item["chapter_name"]和 item["chapter_content"]字段内容
    sql = 'insert into novels (novel_id,chapter_name,chapter_content)
        values(%s,%s,%s);'
    self.cursor.execute(sql,(item_id,item["chapter_name"], item["chapter_content"]))
    self.connect.commit()
    except:
    self.connect.rollback()

    # 插入一本小说
    elif isinstance(item,NovelItem):
    try:
    """
    开始插入书，只需要书名即可，书的id自动生成
    """
    sql = 'insert into novels_item (novel_name) values(%s);'
    self.cursor.execute(sql, (item["novel_name"]))
    self.connect.commit()
    except:
    self.connect.rollback()
    def close_spider(self,spider):
    print("关闭爬虫")
    self.cursor.close()
    self.connect.close()
```

3）items 的设计如下：

```
class NocelContentItem(scrapy.Item):
    novel_name=scrapy.Field()
    chapter_name = scrapy.Field()
    chapter_content = scrapy.Field()
class NovelItem(scrapy.Item):
    novel_name = scrapy.Field()
```

4）在数据库中获取到所有的数据之后，利用 flask 进行简易的展示：flask 做了充分的架构，做了一个蓝本 mainshow。

```
import pymysql
from flask import Blueprint, render_template, request
mainshow=Blueprint("mainshow",__name__)
@mainshow.route('/')
def index():
        connect = pymysql.Connect(port=3306, host='127.0.0.1', user='zx', password=
            '123456', database='spider')
        cursor=connect.cursor()
        # 获取所有小说
        find_all_novel="select * from novels_item"
        cursor.execute(find_all_novel)
        itemres=cursor.fetchall()

        # 获取所有的章节
        find_all_chapter = "select * from novels order by novel_id,chapter_name"
        cursor.execute(find_all_chapter)
```

```
        novelres = cursor.fetchall()

cursor.close()
        connect.close()
    return render_template('mainshow.html',itemres=itemres,novelres=novelres)

@mainshow.route('/novle/<int:page>')
def ownpage(page):
        connect  =  pymysql.Connect(port=3306,  host='127.0.0.1',  user='zx',  password=
            '123456', database='spider')
        cursor = connect.cursor()

        # 获取传入的章节id，找到章节内容
        find_novel_content = "select * from novels where chapter_id="+str(page)+" ;"
        cursor.execute(find_novel_content)
        novel_content=cursor.fetchone()

        # 根据章节的novel_id字段找到小说的名字
        get_novel_name='select  novel_name  from  novels_item  where  novel_id='+
            str(novel_content[1])+';'
        cursor.execute(get_novel_name)
        novel_name = cursor.fetchone()[0]

        cursor.close()
        connect.close()
        # 返回章节名和小说名
        return  render_template('pageshow.html',  res=novel_content,novel_name=
            novel_name)
```

5）mainshow 页面展示如下：

```
{% extends 'common/base.html' %}
{% block pagecontent %}
<div style="background-color: lightblue;">
    <h1 style="text-align: center">---爬过来的小说---</h1>
    <hr>
    {% for res in itemres %}
    <h1 style="text-align: center;">{{ res.1 }}</h1>
    {% for chapter in novelres %}
    {% if chapter.1 == res.0 %}
    <a href="{{  url_for('mainshow.ownpage',page=chapter.0)  }}">{{  chapter.2  }}
        </a>       
    {% if loop.index %5 ==0 %}
    <br>
    {% endif %}
    {% endif %}
    {% endfor %}
    {% endfor %}
</div>
{% endblock %}
```

6）pageshow 页面展示如下：

```
{% extends 'common/base.html' %}
{% block pagecontent %}
    <style>
    pre {
    background-color: lightblue;
    white-space: pre-wrap; /*css-3*/
    {#white-space: -moz-pre-wrap; /*Mozilla,since1999*/#}
    {#white-space: -o-pre-wrap; /*Opera7*/#}
    word-wrap: break-word; /*InternetExplorer5.5+*/
    border-color: lightblue;
    }
    </style>

    <div style="background-color: lightblue;">
    <h1 style="text-align: center">{{ novel_name }}</h1>
    <h2 style="text-align: center">{{ res.2 }}</h2>
    <hr>
    <pre >{{ res.3 }}</pre>
    </div>
{% endblock %}
```

爬取金庸网网站的所有小说内容，结果如图 11-34 所示。

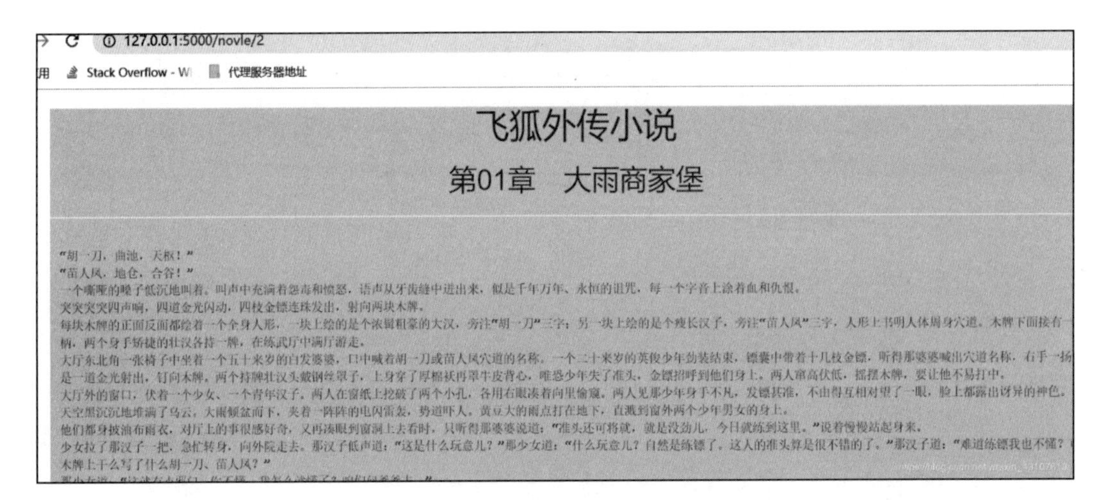

图 11-34　结果展示

11.7　本章小结

本章主要讲述了分布式爬虫的原理及实现过程，分布式爬虫可以使用多台计算机一起进行信息爬取，这提高了爬虫速度。首先概述分布式爬虫及其分类，然后介绍 Scrapy-redis 分布式组件的工作机制和安装配置。通过对 redis 数据库的介绍，了解其优势与缺点。通过对 Scrapy-redis 的源码分析，加深对 Scrapy-redis 的理解。最后结合典型案例分析，介绍了分布式爬虫的配置过程。

练习题

1. 主从分布式爬虫系统的组成部分及其作用？
2. 主从分布式爬虫的工作流程？
3. Scrapy 和 Scrapy-redis 的区别？
4. 分布式爬虫优点？
5. 通过状态管理器来调度 Scrapy，需要解决哪两个问题？

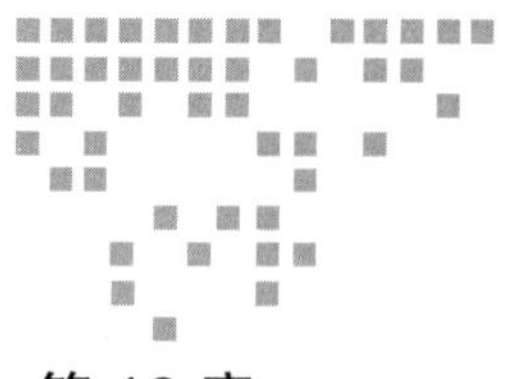

Chapter 12 第 12 章

电商网站商品信息爬虫项目

目前国内最大的电商网站是淘宝网，所以爬取淘宝网商品数据更具有代表性。关于淘宝网，它的整个页面数据是通过 AJAX 获取的，但 AJAX 接口参数复杂，包含加密密钥等，所以对于这种页面，最方便快捷的抓取方法就是通过 Selenium。本章将主要介绍如何利用 Selenium 来抓取淘宝商品，以及如何使用 pyquery 解析得到商品的图片、名称、价格、购买人数、店铺名称和店铺所在地信息，并将其保存到 MongoDB。

12.1 商品信息爬虫功能分析

通常在使用爬虫的时候会爬取很多数据，而其中什么是有用的数据，什么是没用的数据，这是值得去关注的，本章我们将通过一个简单的爬虫来介绍如何使用 Python 进行数据分析。

12.1.1 商品信息爬虫接口分析

首先来看淘宝的接口，它比一般的 AJAX 多一些内容。打开淘宝页面，搜索商品，如 iPad，此时打开开发者工具，截获 AJAX 请求，可以发现获取商品列表的接口，如图 12-1 所示。

其中，该链接包含了多个 GET 参数，要构造 AJAX 链接，可通过直接请求得到返回内容是 JSON 格式，如图 12-2 所示。

但是，这个 AJAX 接口包含多个参数，其中通过 _ksTS 和 rn 参数不能直接发现其规律，要探寻它的生成规律比较烦琐，过多的接口参数也会使代码更复杂。

直接通过 url 来获取商品信息：

```
def get_html(url):
    """获取源码html"""
    try:
```

```
            r = requests.get(url=url, timeout=10)
            r.encoding = r.apparent_encoding
            return r.text
        except:
            print("获取失败")
    def get_data(html, goodlist):
        """使用re库解析商品名称和价格
        tlist:商品名称列表
        plist:商品价格列表"""
        tlist = re.findall(r'\"raw_title\"\:\".*?\"', html)
        plist = re.findall(r'\"view_price\"\:\"[\d\.]*\"', html)
        for i in range(len(tlist)):
            title = eval(tlist[i].split(':')[1])  # eval()函数，用于去掉字符串的引号
            price = eval(plist[i].split(':')[1])
            goodlist.append([title, price])
```

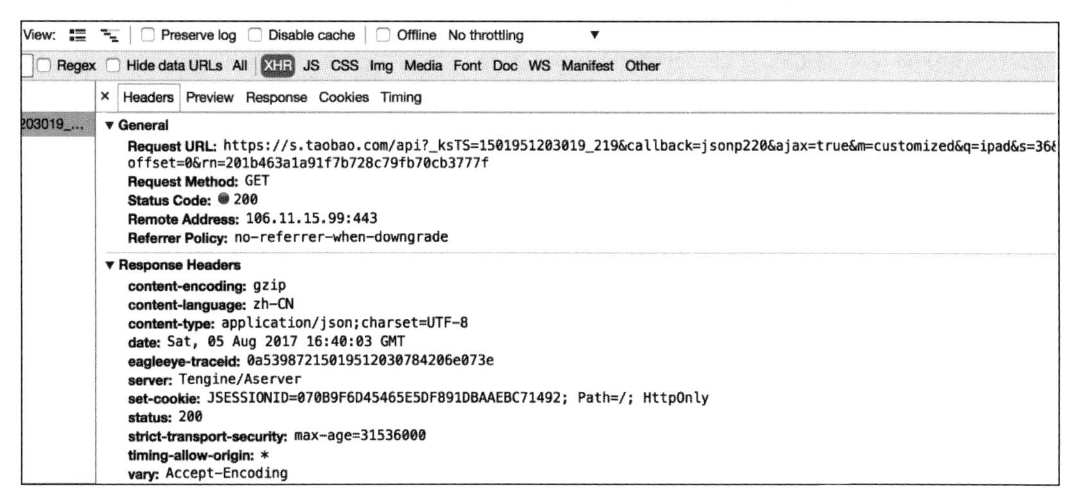

图 12-1　列表接口

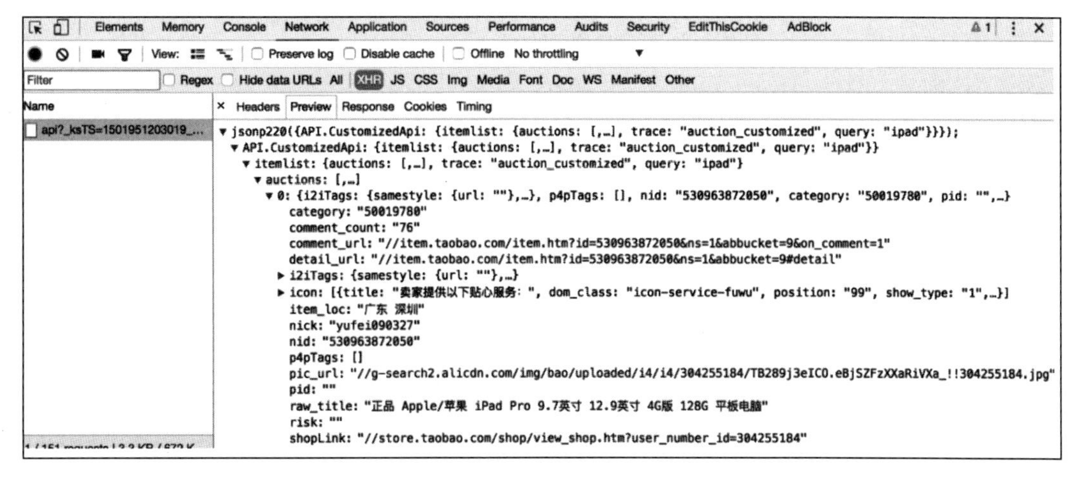

图 12-2　JSON 数据

如果直接用 Selenium 来模拟浏览器的话，就不需要再关注这些接口参数了，只要在浏览器里面可以看到的，都可以爬取。这也是选用 Selenium 爬取淘宝的原因。

12.1.2 商品信息爬虫页面分析

本章的任务是爬取商品的各类信息。图 12-3 是一个商品条目，其中包含商品的基本信息，包括商品图片、名称、价格、购买人数、店铺名称以及店铺所在地，要做的就是将这些信息都抓取下来。

图 12-3 商品条目

12.2 商品信息爬虫实现思路

首先，进行开发环境的配置。针对开发工具 Python3.0+ 和 Windows 系统平台，要确保已经安装 Chrome 浏览器并配置好 ChromeDriver。另外，还需要安装 Python 的 Selenium 库。最后，需要对接 PhantomJS 和 Firefox，请确保安装好 PhantomJS 和 Firefox 并配置好了 GeckoDriver。

Selenium 是一个自动化测试工具，利用它可以驱动浏览器执行特定的动作，如点击、下拉等操作；同时还可以获取浏览器当前呈现的页面的源代码，做到可见即可爬。对于一些 JavaScript 动态渲染的页面来说，此种抓取方式非常有效。

12.2.1 Selenium 环境配置

下面来进行 Selenium 的安装过程，官方网站：http://www.seleniumhq.org。

- GitHub：https://github.com/SeleniumHQ/selenium/tree/master/py。
- PyPI：https://pypi.python.org/pypi/selenium。
- **官方文档**：http://selenium-python.readthedocs.io。
- **中文文档**：http://selenium-python-zh.readthedocs.io。

推荐直接使用 pip 安装，执行如下命令即可：

```
pip3 install selenium
```

若安装失败，则可以更新一下 pip 工具的版本。

```
python -m pip install -u pip
```

没有 pip 工具，则需要去官网下载：

```
https://pypi.python.org/pypi/pip
```

下载完成以后，将 pip 安装包解压到目标文件夹，使用 CMD 命令进入这个解压好的文件夹，输入如下命令：

```
python setup.py install
```

可以正常安装，安装后设置环境变量，一般是在 Python 目录的 \Scripts 下。

进入 Python 命令行交互模式，导入 Selenium 包，如果没有报错，则证明安装成功：

```
$ python3
>>> import selenium
```

Selenium 中的主要工具是 WebDriver，它提供各种语言环境的 API 用来支持编写符合标准软件开发实践的应用程序。WebDriver 与浏览器紧密集成，取代了嵌入到被测 Web 应用中的 JavaScript，避免了 JavaScript 安全模型所带来的限制。WebDriver 工具需要去官网下载：https://www.selenium.dev/projects/。Selenium WebDriver 提供了各种语言的编程接口，用于进行 Web 的自动化测试；当然，也可以用于我们的爬虫。

12.2.2　pyquery 环境配置

pyquery 同样是一个强大的网页解析工具，它提供了和 jQuery 类似的语法来解析 HTML 文档，它支持 CSS 选择器、使用起来非常方便，且安装配置也比较简单。

- GitHub：https://github.com/gawel/pyquery。
- PyPI：https://pypi.python.org/pypi/pyquery。
- **官方文档**：http://pyquery.readthedocs.io。

推荐使用 pip 安装，命令如下：

```
pip3 install pyquery
```

安装完成之后，可在 Python 命令行下测试：

```
$ python3
>>> import pyquery
```

如果没有错误报出，则证明 pyquery 库已经安装好。

12.3　电商网站商品信息编写实战

作为一个完善的电商网站，淘宝网有着所有普通电商网站都拥有的主要元素，包括分类、分页、主题等。首先应确定要爬取哪一类数据，作为爬虫来说，全部爬下来是可以的，但对实际项目来说，没必要爬取全部内容。我们分四步走：1）选入口 URL；2）限定内容页和中间页；3）解析商品内容页；4）数据抽取规则。

12.3.1　获取电商网站商品信息列表

首先，需要构造抓取的 URL：https://s.taobao.com/search?q=iPad。这个 URL 非常简洁，参数 q 就是要搜索的关键字。改变这个参数，即可获取不同商品的列表。将商品的关键字定义成一个变量，构造出这样的一个 URL；需要用 Selenium 进行抓取。实现抓取列表页的方法如下：

```
from selenium import webdriver
from selenium.common.exceptions import TimeoutException
from selenium.webdriver.common.by import By
from selenium.webdriver.support import expected_conditions as EC
from selenium.webdriver.support.wait import WebDriverWait
from urllib.parse import quote
browser = webdriver.Chrome()
wait = WebDriverWait(browser, 10)
KEYWORD = 'iPad'
def index_page(page):
    """
    抓取索引页
    :param page: 页码
    """
        print('正在爬取第', page, '页')
        try:
        url = 'https://s.taobao.com/search?q=' + quote(KEYWORD)
        browser.get(url)
        if page > 1:
                input = wait.until(
            EC.presence_of_element_located((By.CSS_SELECTOR, '#mainsrp-pager div.
                form > input')))
                submit = wait.until(
                EC.element_to_be_clickable((By.CSS_SELECTOR, '#mainsrp-pager
                    div.form > span.btn.J_Submit')))
                input.clear()
                input.send_keys(page)
                submit.click()
            wait.until(
                EC.text_to_be_present_in_element((By.CSS_SELECTOR, '#mainsrp-pager
                    li.item.active > span'), str(page)))
        wait.until(EC.presence_of_element_located((By.CSS_SELECTOR, '.m-itemlist
            .items .item')))
            get_products()
            except TimeoutException:
            index_page(page)
```

首先构造了一个 WebDriver 对象，使用的浏览器是 Chrome。指定一个关键词，如 iPad，接着定义 index_page() 方法，用于抓取商品列表页。访问搜索商品的链接，判断当前的页码，如果大于 1，就进行跳页操作，否则等待页面加载完成。关于翻页操作，首先获取页码输入框，赋值为 input，获取“确定”按钮，赋值为 submit，分别如图 12-4 中的两个元素所示。

等待加载时，使用 WebDriverWait 对象，可以指定等待条件，同时指定一个最长等待时间，这里指定为最长 10 秒。在这个时间内成功匹配了等待条件，页面元素成功加载出来，就立即返回相应结果并继续向下执行，否则到了最大等待时间还没有加载出来时，就直接抛出超时异常。如最终要等待商品信息加载出来，就指定 presence_of_element_located，然后传入 .m-itemlist .items .item 选择器，这个选择器对应的页面内容就是每个商品的信息块，可以到网页里面查看。如果加载成功，就会执行后续的 get_products() 方法，提取商品信息。

到第 [2] 页 [确定]

图 12-4 跳转选项

接着清空输入框，此时调用 clear() 方法即可。随后，调用 send_keys() 方法将页码填充到输入框中，然后点击“确定”按钮。那么，如何确定有没有跳转到对应的页码呢？可以注意到，成功跳转至某一页后，页码都会高亮显示，如图 12-5 所示。

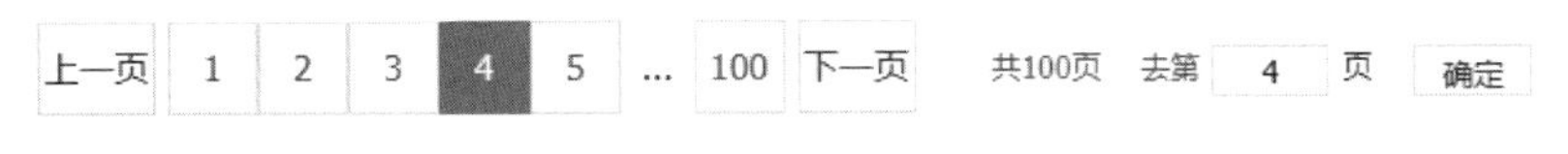

图 12-5 页码高亮显示

现在需要判断当前高亮的页码数是当前的页码数即可，所以这里使用了另一个等待条件 text_to_be_present_in_element，它会等待指定的文本出现在某一个节点里面，此时便返回成功。这里通过参数将高亮的页码节点所对应的 CSS 选择器和当前要跳转的页码传递给该等待条件，这样它就会检测当前高亮的页码节点是不是传过来的页码数，如果是，则证明页面成功跳转到了这一页。刚才实现的 index_page() 方法就可以传入对应的页码，待加载出对应页码的商品列表后，再去调用 get_products() 方法进行页面解析。

12.3.2 电商网站商品信息列表解析

分析商品名称和商品价格等分别由哪个关键字控制，商品名称可能的关键字是“title”和“raw_title”，进一步多看几个商品的名称，发现选取“raw_title”比较合适；商品价格自然就是“view_price”（通过比对淘宝商品展示页面）；所以商品名称和商品价格分别是以 "raw_title":" 名称 " 和 "view_price":" 价格 " 这样的键值对的形式来展示的。分析如何实现：淘宝商品信息并未以 HTML 标签的形式处理数据，而是直接以脚本语言放进来的，所以不需要用 BeautifulSoup 来解析，直接用正则表达式提取关键字信息即可获得信息。

通过下面这个 demo，看看是如何解析商品信息的。

```
# coding:utf-8
import requests
import re
goods = '水杯'
url = 'https://s.taobao.com/search?q=' + goods
r = requests.get(url=url, timeout=10)
html = r.text
tlist = re.findall(r'\"raw_title\"\:\".*?\"', html)      # 正则提取商品名称
plist = re.findall(r'\"view_price\"\:\"[\d\.]*\"', html) # 正则提取商品价格
print(tlist)
print(plist)
print(type(plist))                                        # 正则表达式提取的商品名称和
                                                            商品价格以列表形式存储
print('第一个商品的键值对信息: ', tlist[0])                 # 查看第一个商品的键值对信息
a = tlist[0].split(':')[1]
# 使用split()方法，以":"为切割点将商品的键值分开，提取值，即商品名称
print('第一个商品的名称', a)
print(type(a))                                            # 查看a的类型
b = eval(a)                                               # 使用eval()函数，去掉字符
                                                            串的引号
print('把商品名称去掉引号后', b)                           # 查看去掉引号后的效果
print(type(b))                                            # 查看b的类型
```

接下来，可以通过 get_products() 方法来解析商品列表。直接获取页面源代码，用 pyquery 进行解析，代码实现如下：

```
from pyquery import PyQuery as pq
def get_products():
    """
    提取商品数据
    """
    html = browser.page_source
    doc = pq(html)
    items = doc('#mainsrp-itemlist .items .item').items()
    for item in items:
        product = {
            'image': item.find('.pic .img').attr('data-src'),
            'price': item.find('.price').text(),
            'deal': item.find('.deal-cnt').text(),
            'title': item.find('.title').text(),
            'shop': item.find('.shop').text(),
            'location': item.find('.location').text()
        }
        print(product)
        save_to_mongo(product)
```

调用 page_source 属性获取页码的源代码，构造 PyQuery 解析对象，接着提取商品列表，使用的 CSS 选择器是 #mainsrp-itemlist .items .item，它会匹配整个页面的每个商品。匹配结果是多个，所以又对它进行了一次遍历，用 for 循环对每个结果分别进行解析，每次循环把它赋值为 item 变量，每个 item 变量都是一个 PyQuery 对象，再调用它的 find() 方法，传入 CSS 选择器，就可以获取单个商品的特定内容。

比如，查看一下商品信息的源码如图 12-6 所示。

<img id="J_Itemlist_Pic_544437504605" class="J_ItemPic img" src="//g-search1.alicdn.com/img/bao/uploaded/i4/imgextra/i3/96803462/O1CN01spr3S01bRdjOanMGt_!!0-saturn_solar.jpg_180x180.jpg_.webp"data-src="//g-search1.alicdn.com/img/bao/uploaded/i4/imgextra/i3/96803462/O1CN01spr3S01bRdjOanMGt_!!0-saturn_solar.jpg" alt="南极人四件套全棉纯棉床单被套宿舍三件套床" data-spm-anchor-id="a230r.1.14.i0.544811b0nLz8Z1">

图 12-6　商品信息源码

由图 12-6 知，这是一个 img 节点，包含 id、class、data-src、alt 和 src 等属性。这里可以看到这张图片，因为它的 src 属性被赋值为图片的 URL，所以把它的 src 属性提取出来，就可以获取商品的图片。注意 data-src 属性，它的内容也是图片的 URL，观察后发现此 URL 是图片的完整大图，而 src 是压缩后的小图，这里抓取 data-src 属性来作为商品的图片。需要先利用 find 方法找到图片的这个节点，然后再调用 attr 方法获取商品的 data-src 属性，这样就能成功提取商品图片链接。然后用同样的方法提取商品的价格、成交量、名称、店铺和店铺所在地等信息，接着将所有提取结果赋值为一个字典 product，随后调用 save_to_mongo() 将其保存到 MongoDB 即可。

12.3.3　保存爬取的商品信息

爬取数据只是第一步，第二步就是要将爬取的数据存起来。最容易的方法是存到文件里，通过 Python 写文件的方法存到文件里是可以的，但每次使用数据都要把整个文件打开，然后读取，这不便于操作。通常会选择存进数据库，方便写入和读取数据。这里将 Selenium 爬取的数据存入 MongoDB 中。

MongoDB 作为非关系型数据库，主要优势在于 schema-less。由于爬虫数据一般比较“脏”，不会包含爬取数据的所有 field，所以不需要严格定义 schema 的 MongoDB 十分合适。而 MongoDB 内置的 sharding 分布式系统也保证了它的可扩展性。MongoDB 的 aggregation framework 除了 join 以外可以完全替代 SQL 语句，实现非常快速的统计分析。100GB、20m 数据量（5k per record），对于 MongoDB 来说不是问题，需要全局统计的话就对 sharding 加自带的 Map Reduce 进行优化，需要 filter 的话就做索引，MongoDB 的查询速度是 MySQL 不能比的，而且需要 join 的概率也不大，也不需要 normalize，并且 Python 数据结构中的 dict 足够我们去结构化所抓取的数据。

接下来，将商品信息保存到 MongoDB，实现代码如下：

```
cookies={'cookies':'Cookie:xxx'}
def get_json(url):
        strhtml = requests.get(url,cookies=cookies)
        return strhtml.json()
if __name__ == "__main__":
        url = 'https:// www.taobao.com '
        dep_dict = get_json(url)
        for dep_item in dep_dict['data']:
            for dep in dep_dict['data'][dep_item]:
                a = []
                url = 'https://www.taobao.com/Recommend?dep={}&exclude=&exten-
                    sionImg=255,175'.format(
                urllib.request.quote(dep))  # urllib.request.quote()解决中文编码问题
                arrive_dict = get_json(url)
                for arr_item in arrive_dict['data']:
                    for arr_item_1 in arr_item['subModules']:
                        for query in arr_item_1['items']:
                            if query['query'] not in a:
                                a.append(query['query'])
                for item in a:
                    get_list(dep, item)
MONGO_URL = 'localhost'
MONGO_DB = 'taobao'
MONGO_COLLECTION = 'products'
client = pymongo.MongoClient(MONGO_URL)
db = client[MONGO_DB]
def save_to_mongo(result):
    """
    保存至MongoDB
    :param result: 结果
    """
    try:
        if db[MONGO_COLLECTION].insert(result):
```

```
            print('存储到MongoDB成功')
    except Exception:
        print('存储到MongoDB失败')
```

创建 MongoDB 的连接对象，指定数据库，然后指定 Collection 的名称，接着直接调用 insert() 方法将数据插入到 MongoDB。此处的 result 变量就是在 get_products() 方法里传来的 product，包含单个商品的信息。

12.3.4 电商网站商品信息的页码遍历

刚定义的 get_index() 方法需要接收页码参数 page，实现页码遍历，代码如下：

```
public Optional<List<GoodsInfo>> parse(CrawlerRule crawlerRule, Page page) {
            Matcher matcher = pattern.matcher(page.getHtml().get());
            String spiderUrl = page.getUrl().get();
            if (matcher.find()) {
                String json = matcher.group().replace("g_page_config =", "").
                    replace("};", "}");
                String recommendText = null;
                /**
                 * 判断是否出现相似数据，若出现则不进行下一页数据抓取
                 */
                try {
                    recommendText = JsonPath.read(json, RESULT_TEXT_JSON);
                } catch (Exception e) {
                    logger.info("未匹配到recommendText, {}", recommendText);
                }
                if (StringUtils.isBlank(recommendText)){
                    // 分页数据
                    HashMap tbPager = JsonPath.read(json, RESULT_PAGE_JSON);
                    Integer totalPage = (Integer) tbPager.get("totalPage");
                    Integer currentPage = (Integer) tbPager.get("currentPage");
                    // 如果还有下一页数据，则添加下一页的任务
                    if (++pageNum < totalPage) {
                        String[] urls = spiderUrl.split("&s=");
                        String nextPageUrl = urls[0] + "&s=" + currentPage * 44;
                        page.addTargetRequest(nextPageUrl);
                        logger.info("当前页 {} , 总页数 {} ", currentPage, totalPage);
                    }
                }
MAX_PAGE = 100
def main():
    """
    遍历每一页
    """
    for i in range(1, MAX_PAGE + 1):
        index_page(i)
```

需要调用一个 for 循环。定义最大的页码数为 100，range() 方法的返回结果就是 1 到 100 的列表，按顺序遍历，调用 index_page() 方法。这样淘宝商品爬虫就完成了，最后调用 main() 方法即可运行。抓取入口就是淘宝的搜索页面，链接可以通过直接构造参数访问。例如搜索

iPad，可以直接访问 https://s.taobao.com/search?q=iPad，呈现的是第一页搜索结果，如图 12-7 所示。

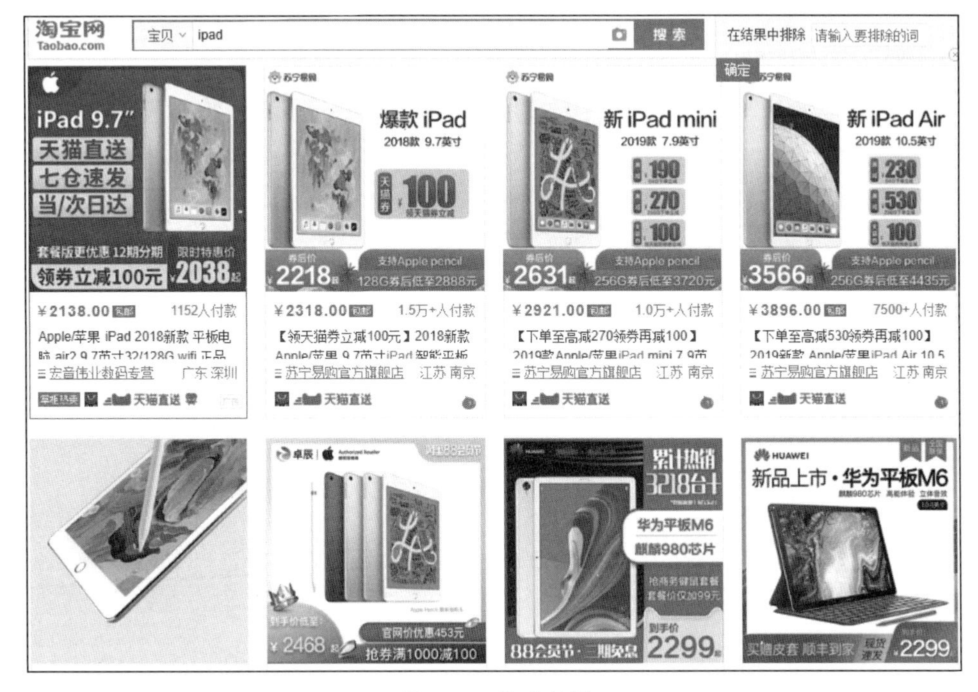

图 12-7　搜索结果

页面下方有一个分页导航，其既包括前 5 页的链接，也包括下一页的链接，还有一个输入任意页码跳转的链接，如图 12-8 所示。

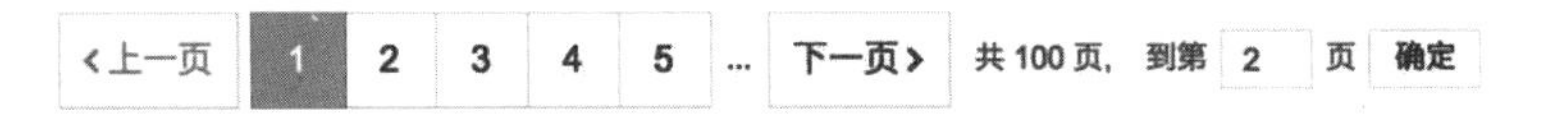

图 12-8　分页导航

商品的搜索结果通常为 100 页，要获取每一页的内容，需要将页码从 1 到 100 按顺序遍历，页码数是确定的。所以，直接在页面跳转文本框中输入要跳转的页码，然后点击“确定”按钮即可跳转到页码对应的页面。

这里不直接点击“下一页”的原因是：一旦爬取过程中出现异常退出，如到第 50 页退出，那么此时点击“下一页”，将无法快速切换到对应的后续页面。此外，在爬取过程中，也需要记录当前的页码数，而且一旦点击“下一页”之后页面加载失败，还需要进行异常检测，检测当前页面是加载到了第几页。整个流程相对比较复杂，所以这里直接用跳转的方式来爬取页面。

当成功加载出某一页商品列表时，利用 Selenium 即可获取页面源代码，然后再用相应的解析库解析即可。这里选用 pyquery 进行解析。下面用代码来实现整个抓取过程。

12.4 pyquery 解析电商网站商品信息

接下来，我们来讲解一下 pyquery。与 Beautiful Soup 一样，初始化 pyquery 的时候，也需要传入 HTML 文本来初始化一个 PyQuery 对象。它的初始化方式有多种，比如直接传入字符串、传入 URL、传入文件名等。

首先，我们先讲解一个实例代码：

```
html =
'''
<div>
    <ul>
        <li class="item-0">first item</li>
        <li class="item-1"><a href="link2.html">second item</a></li>
    <li class="item-0 active"><a href="link3.html"><span class="bold">third
        item</span></a></li>
        <li class="item-1 active"><a href="link4.html">fourth item</a></li>
        <li class="item-0"><a href="link5.html">fifth item</a></li>
    </ul>
</div>
'''
from pyquery import PyQuery as pq
doc = pq(html)
print(doc('li'))
```

运行结果如下：

```
    <li class="item-0">first item</li>
    <li class="item-1"><a href="link2.html">second item</a></li>
<li class="item-0 active"><a href="link3.html"><span class="bold">third
    item</span> </a></li>
    <li class="item-1 active"><a href="link4.html">fourth item</a></li>
    <li class="item-0"><a href="link5.html">fifth item</a></li>
```

这里首先引入了 PyQuery 这个对象，取别名为 pq；然后声明了一个长 HTML 字符串，并将其当作参数传递给 PyQuery 类，这样就成功完成了初始化。接着，将初始化的对象传入 CSS 选择器。在这个实例中，我们传入 li 节点，这样就可以选择所有的 li 节点。

初始化的参数不仅可以以字符串的形式传递，还可以传入网页的 URL，此时只需要指定参数为 url 即可：

```
from pyquery import PyQuery as pq
doc = pq(url='http://www.taobao.com')
print(doc('title'))
```

运行结果如下：

```
<title>淘宝网</title>
```

这样 PyQuery 对象会首先请求这个 URL，然后用得到的 HTML 内容完成初始化，这其实就相当于用网页的源代码以字符串的形式传递给 PyQuery 类来初始化。与下面的功能是相同的：

```
from pyquery import PyQuery as pq
import requests
doc = pq(requests.get('http://cuiqingcai.com').text)
print(doc('title'))
```

传递 URL 后，接着传递本地的文件名，此时将参数指定为 filename 即可：

```
from pyquery import PyQuery as pq
doc = pq(filename='demo.html')
print(doc('li'))
```

12.4.1　pyquery 调用 CSS 选择器

```
html =
'''
<div id="container">
    <ul class="list">
        <li class="item-0">first item</li>
        <li class="item-1"><a href="link2.html">second item</a></li>
        <li class="item-0 active"><a href="link3.html"><span class="bold">third
            item</span></a></li>
        <li class="item-1 active"><a href="link4.html">fourth item</a></li>
        <li class="item-0"><a href="link5.html">fifth item</a></li>
    </ul>
</div>
'''
from pyquery import PyQuery as pq
doc = pq(html)
print(doc('#container .list li'))
print(type(doc('#container .list li')))
```

运行结果如下：

```
    <li class="item-0">first item</li>
    <li class="item-1"><a href="link2.html">second item</a></li>
<li class="item-0 active"><a href="link3.html"><span class="bold">third
    item</span> </a></li>
    <li class="item-1 active"><a href="link4.html">fourth item</a></li>
    <li class="item-0"><a href="link5.html">fifth item</a></li>
    <class 'pyquery.pyquery.PyQuery'>
```

先初始化 PyQuery 对象，传入一个 CSS 选择器 #container.list li，它先选取 id 为 container 的节点，然后再选取其内部的 class 为 list 的节点内部的所有 li 节点。然后，打印输出。这样可以获取到符合条件的节点。

最后，将它的类型打印输出；它的类型依然是 PyQuery 类型。

下一步要查找子节点，使用 find() 方法，传入的参数是 CSS 选择器。这里还是使用前面的 HTML：

```
from pyquery import PyQuery as pq
doc = pq(html)
```

```
items = doc('.list')
print(type(items))
print(items)
lis = items.find('li')
print(type(lis))
print(lis)
```

运行结果如下：

```
    <class 'pyquery.pyquery.PyQuery'>
    <ul class="list">
        <li class="item-0">first item</li>
        <li class="item-1"><a href="link2.html">second item</a></li>
        <li class="item-0 active"><a href="link3.html"><span class="bold">third
            item</span></a></li>
        <li class="item-1 active"><a href="link4.html">fourth item</a></li>
        <li class="item-0"><a href="link5.html">fifth item</a></li>
    </ul>
    <class 'pyquery.pyquery.PyQuery'>
    <li class="item-0">first item</li>
    <li class="item-1"><a href="link2.html">second item</a></li>
<li class="item-0 active"><a href="link3.html"><span class="bold">third item</span>
    </a></li>
    <li class="item-1 active"><a href="link4.html">fourth item</a></li>
    <li class="item-0"><a href="link5.html">fifth item</a></li>
```

选取 class 为 list 的节点，然后调用 find() 方法，传入 CSS 选择器，选取其内部的 li 节点，最后打印输出。发现 find() 方法会将符合条件的所有节点选择出来，结果的类型是 PyQuery 类型。

find() 的查找范围是节点的所有子孙节点，而如果只想查找子节点，那么可以使用 children() 方法：

```
lis = items.children()
print(type(lis))
print(lis)
```

运行结果如下：

```
    <class 'pyquery.pyquery.PyQuery'>
    <li class="item-0">first item</li>
    <li class="item-1"><a href="link2.html">second item</a></li>
<li class="item-0 active"><a href="link3.html"><span class="bold">third item</span>
    </a></li>
    <li class="item-1 active"><a href="link4.html">fourth item</a></li>
    <li class="item-0"><a href="link5.html">fifth item</a></li>
```

要筛选所有子节点中符合条件的节点，则可筛选出子节点中 class 为 active 的节点，向 children() 方法传入 CSS 选择器 .active。

```
lis = items.children('.active')
print(lis)
```

运行结果如下：

```
<li class="item-0 active"><a href="link3.html"><span class="bold">third item
    </span> </a></li>
    <li class="item-1 active"><a href="link4.html">fourth item</a></li>
```

输出结果已经进行过筛选，留下了 class 为 active 的节点。

12.4.2　pyquery 使用 parent() 获取父节点

用 parent() 方法来获取某个节点的父节点，示例如下：

```
html = '''
<div class="wrap">
<div id="container">
<ul class="list">
<li class="item-0">first item</li>
<li class="item-1"><a href="link2.html">second item</a></li>
<li class="item-0 active"><a href="link3.html"><span class="bold">third
    item</span> </a></li>
<li class="item-1 active"><a href="link4.html">fourth item</a></li>
<li class="item-0"><a href="link5.html">fifth item</a></li>
</ul>
</div>
</div>
'''
from pyquery import PyQuery as pq
doc = pq(html)
items = doc('.list')
container = items.parent()
print(type(container))
print(container)
```

运行结果如下：

```
<class 'pyquery.pyquery.PyQuery'>
<div id="container">
<ul class="list">
<li class="item-0">first item</li>
<li class="item-1"><a href="link2.html">second item</a></li>
<li class="item-0 active"><a href="link3.html"><span class="bold">third
    item</span> </a></li>
<li class="item-1 active"><a href="link4.html">fourth item</a></li>
<li class="item-0"><a href="link5.html">fifth item</a></li>
</ul>
</div>
```

这里用 .list 选取 class 为 list 的节点，调用 parent() 方法得到其父节点，其类型依然是 PyQuery 类型。父节点是该节点的直接父节点，它不会再去查找父节点的父节点，即祖先节点。

但是，如果想获取某个祖先节点，则可以使用 parents() 方法：

```
from pyquery import PyQuery as pq
doc = pq(html)
items = doc('.list')
parents = items.parents()
```

```
print(type(parents))
print(parents)
```

运行结果如下：

```
<class 'pyquery.pyquery.PyQuery'>
<div class="wrap">
<div id="container">
<ul class="list">
<li class="item-0">first item</li>
<li class="item-1"><a href="link2.html">second item</a></li>
<li class="item-0 active"><a href="link3.html"><span class="bold">third
    item</span> </a></li>
<li class="item-1 active"><a href="link4.html">fourth item</a></li>
<li class="item-0"><a href="link5.html">fifth item</a></li>
</ul>
</div>
</div>
<div id="container">
<ul class="list">
<li class="item-0">first item</li>
<li class="item-1"><a href="link2.html">second item</a></li>
<li class="item-0 active"><a href="link3.html"><span class="bold">third
    item</span> </a></li>
<li class="item-1 active"><a href="link4.html">fourth item</a></li>
<li class="item-0"><a href="link5.html">fifth item</a></li>
</ul>
</div>
```

输出结果有两个：一个是 class 为 wrap 的节点，一个是 id 为 container 的节点。也就是说，parents() 方法会返回所有的祖先节点。

如果想要筛选某个祖先节点的话，可以向 parents() 方法传入 CSS 选择器，这样会返回祖先节点中符合 CSS 选择器的节点：

```
parent = items.parents('.wrap')
print(parent)
```

运行结果如下：

```
<div class="wrap">
<div id="container">
<ul class="list">
<li class="item-0">first item</li>
<li class="item-1"><a href="link2.html">second item</a></li>
<li class="item-0 active"><a href="link3.html"><span class="bold">third
    item</span> </a></li>
<li class="item-1 active"><a href="link4.html">fourth item</a></li>
<li class="item-0"><a href="link5.html">fifth item</a></li>
</ul>
</div>
</div>
```

上述输出结果少一个节点，只保留了 class 为 wrap 的节点。

12.4.3 pyquery 遍历商品信息

通过观察可知，pyquery 的选择结果可能是多个节点，也可能是单个节点，类型都是 PyQuery 类型，并没有返回像 Beautiful Soup 那样的列表。

对单个节点来说，可直接打印输出，也可直接转成字符串：

```
from pyquery import PyQuery as pq
doc = pq(html)
li = doc('.item-0.active')
print(li)
print(str(li))
```

运行结果如下：

```
<li class="item-0 active"><a href="link3.html"><span class="bold">third
    item</span> </a></li>
<li class="item-0 active"><a href="link3.html"><span class="bold">third
    item</span> </a></li>
```

对多个节点的结果，需要遍历来获取。这里把每一个 li 节点进行遍历，需要调用 items() 方法：

```
from pyquery import PyQuery as pq
doc = pq(html)
lis = doc('li').items()
print(type(lis))
for li in lis:
print(li, type(li))
```

运行结果如下：

```
<class 'generator'>
<li class="item-0">first item</li>
<class 'pyquery.pyquery.PyQuery'>
<li class="item-1"><a href="link2.html">second item</a></li>
<class 'pyquery.pyquery.PyQuery'>
<li class="item-0 active"><a href="link3.html"><span class="bold">third
    item</span> </a></li>
<class 'pyquery.pyquery.PyQuery'>
<li class="item-1 active"><a href="link4.html">fourth item</a></li>
<class 'pyquery.pyquery.PyQuery'>
<li class="item-0"><a href="link5.html">fifth item</a></li>
<class 'pyquery.pyquery.PyQuery'>
```

调用 items() 方法，会得到一个生成器，遍历一下就可以逐个得到 li 节点对象，它的类型是 PyQuery 类型。每个 li 节点还可以通过调用前面所说的方法来进行选择，如继续查询子节点、寻找某个祖先节点等，非常灵活。

提取到节点之后，最终目的是提取节点所包含的信息。比较重要的信息有两类，一是获取属性，二是获取文本，下面分别进行说明。

提取到某个 PyQuery 类型的节点后，就可以调用 attr() 方法来获取属性：

```
html = '''
<div class="wrap">
<div id="container">
<ul class="list">
<li class="item-0">first item</li>
<li class="item-1"><a href="link2.html">second item</a></li>
<li class="item-0 active"><a href="link3.html"><span class="bold">third
    item</span></a></li>
<li class="item-1 active"><a href="link4.html">fourth item</a></li>
<li class="item-0"><a href="link5.html">fifth item</a></li>
</ul>
</div>
</div>
'''
from pyquery import PyQuery as pq
doc = pq(html)
a = doc('.item-0.active a')
print(a, type(a))
print(a.attr('href'))
```

运行结果如下：

```
<a href="link3.html"> <span class="bold">third item</span></a><class 'pyquery
    .pyquery.PyQuery'>
link3.html
```

选中 class 为 item-0 和 active 的 li 节点内的 a 节点，类型是 PyQuery 类型。

调用 attr() 方法；在这个方法中传入属性名称，可以得到这个属性值。

此外，可以通过调用 attr 属性来获取属性，用法如下：

```
print(a.attr.href)
```

结果如下：

```
link3.html
```

选中的 a 节点有 4 个，且打印结果也是 4 个，但当调用 attr() 方法时，返回结果却只是第一个。这是因为，当返回结果包含多个节点时，调用 attr() 方法只会得到第一个节点的属性。

所以，在遇到这种情况时，如果想获取所有的 a 节点的属性，那么就要用到前面所说的遍历：

```
from pyquery import PyQuery as pq
doc = pq(html)
a = doc('a')
for item in a.items():
print(item.attr('href'))
```

此时的运行结果如下：

```
link2.html
link3.html
link4.html
link5.html
```

因此，在进行属性获取时，可以观察返回节点是一个还是多个，如果是多个，则需要遍历才能依次获取每个节点的属性。

12.4.4　pyquery 获取商品信息内部文本

获取节点之后的另一个主要操作就是获取其内部的文本，此时可调用 text() 方法来实现：

```
html = '''
<div class="wrap">
<div id="container">
<ul class="list">
<li class="item-0">first item</li>
<li class="item-1"><a href="link2.html">second item</a></li>
<li class="item-0 active"><a href="link3.html"><span class="bold">third
    item</span> </a></li>
<li class="item-1 active"><a href="link4.html">fourth item</a></li>
<li class="item-0"><a href="link5.html">fifth item</a></li>
</ul>
</div>
</div>
'''
from pyquery import PyQuery as pq
doc = pq(html)
a = doc('.item-0.active a')
print(a)
print(a.text())
```

运行结果如下：

```
<a href="link3.html"><span class="bold">third item</span></a>
third item
```

这里首先选中一个 a 节点，然后调用 text() 方法，就可以获取其内部的文本信息。此时它会忽略掉节点内部包含的所有 HTML，只返回纯文字内容。

但如果想获取这个节点内部的 HTML 文本，则要使用 html() 方法：

```
from pyquery import PyQuery as pq
doc = pq(html)
li = doc('.item-0.active')
print(li)
print(li.html())
```

这里选中第三个 li 节点，然后调用了 html() 方法，返回结果应该是 li 节点内的所有 HTML 文本。运行结果如下：

```
<a href="link3.html"><span class="bold">third item</span></a>
```

同样有一个问题，如果选中的结果是多个节点的话，text() 或 html() 会返回什么内容？通过实例来看一下：

```
html = '''
```

```
<div class="wrap">
<div id="container">
<ul class="list">
<li class="item-1"><a href="link2.html">second item</a></li>
<li class="item-0 active"><a href="link3.html"><span class="bold">third
    item</span></a></li>
<li class="item-1 active"><a href="link4.html">fourth item</a></li>
<li class="item-0"><a href="link5.html">fifth item</a></li>
</ul>
</div>
</div>
'''
from pyquery import PyQuery as pq
doc = pq(html)
li = doc('li')
print(li.html())
print(li.text())
print(type(li.text())
```

运行结果如下：

```
<a href="link2.html">second item</a>
second item third item fourth item fifth item
<class 'str'>
```

结果可能出乎意料，html() 方法返回的是第一个 li 节点的内部 HTML 文本，而 text() 则返回了所有的 li 节点内部的纯文本，中间用一个空格分割开，即返回结果是一个字符串。

所以这个地方值得注意，如果得到的结果是多个节点，并且想要获取每个节点的内部 HTML 文本，则需要遍历每个节点。而 text() 方法不需要遍历就可以获取，它将所有节点取文本之后合并成一个字符串。

pyquery 提供了一系列方法来对节点进行动态修改，如为某个节点添加一个 class、移除某个节点等，这些操作有时会为提取信息带来极大的便利。

由于节点操作的方法太多，下面会举几个典型示例来说明 addClass 和 removeClass 的用法。首先用第一个示例来感受一下：

```
html = '''
<div class="wrap">
<div id="container">
<ul class="list">
<li class="item-0">first item</li>
<li class="item-1"><a href="link2.html">second item</a></li>
<li class="item-0 active"><a href="link3.html"><span class="bold">third
    item</span> </a></li>
<li class="item-1 active"><a href="link4.html">fourth item</a></li>
<li class="item-0"><a href="link5.html">fifth item</a></li>
</ul>
</div>
</div>
'''
from pyquery import PyQuery as pq
doc = pq(html)
```

```
li = doc('.item-0.active')
print(li)
li.removeClass('active')
print(li)
li.addClass('active')
print(li)
```

选中了第三个 li 节点，调用 removeClass() 方法，将 li 节点的 active 这个 class 移除，后又调用 addClass() 方法，将 class 添加回来。每执行一次操作，就打印输出当前 li 节点的内容。

运行结果如下：

```
<li class="item-0 active"><a href="link3.html"><span class="bold">third item
    </span> </a></li>
<li class="item-0"><a href="link3.html"><span class="bold">third item</span>
    </a></li>
<li class="item-0 active"><a href="link3.html"><span class="bold">third item
    </span> </a> </li>
```

可以看到，一共输出 3 次。第二次输出时，li 节点的 active 这个 class 被移除了，第三次 class 又添加回来了。

所以，addClass() 和 removeClass() 这些方法可以动态改变节点的 class 的 attr、text 和 html 属性。当然，除了操作 class 这个属性外，也可用 attr() 方法对属性进行操作。还可用 text() 和 html() 方法来改变节点内部的内容。示例如下：

```
html = '''
<ul class="list">
    <li class="item-0 active"><a href="link3.html"><span class="bold">third
        item</span> </a></li>
</ul>
'''
from pyquery import PyQuery as pq
doc = pq(html)
li = doc('.item-0.active')
print(li)
li.attr('name', 'link')
print(li)
li.text('changed item')
print(li)
li.html('<span>changed item</span>')
print(li)
```

首先选中 li 节点，调用 attr() 方法来修改属性，该方法的第一个参数为属性名，第二个参数为属性值。接着，调用 text() 和 html() 方法来改变节点内部的内容。三次操作后，分别打印输出当前的 li 节点。

运行结果如下：

```
<li class="item-0 active"><a href="link3.html"><span class="bold">third item
    </span> </a></li>
<li class="item-0 active" name="link"><a href="link3.html"><span class="bold">
    third item</span></a></li>
```

```
<li class="item-0 active" name="link">changed item</li>
<li class="item-0 active" name="link"><span>changed item</span></li>
```

调用 attr() 方法后，li 节点多了一个原本不存在的属性 name，其值为 link。接着调用 text() 方法，传入文本后，li 节点内部的文本全被改为传入的字符串文本。最后，调用 html() 方法传入 HTML 文本，li 节点内部便又变为传入的 HTML 文本了。

如果 attr() 方法只传入第一个参数的属性名，则可获取这个属性值；如果传入第二个参数，则可用来修改属性值。对于 text() 和 html() 方法来说，如果不传参数，则可获取节点内部的纯文本和 HTML 文本；如果传入参数，则进行赋值。remove() 方法就是移除，有时会为信息的提取带来非常大的便利。接下来看看下面这一段 HTML 文本：

```
html = '''
<div class="wrap">
    Hello, World
    <p>This is a paragraph.</p>
</div>
'''
from pyquery import PyQuery as pq
doc = pq(html)
wrap = doc('.wrap')
print(wrap.text())
```

现在想提取 Hello, World 这个字符串，而不要 p 节点内部的字符串，先尝试提取 class 为 wrap 的节点内容，运行结果如下：

```
wrap.find('p').remove()
print(wrap.text())
```

选中 p 节点，然后调用 remove() 方法将其移除，然后这时 wrap 内部就只剩下 Hello, World 这句话了，再利用 text() 方法提取即可。

12.4.5 CSS 选择器

CSS 选择器之所以强大，有一个很重要的原因，就是它支持多种多样的伪类选择器，如选择第一个节点、最后一个节点、奇偶数节点以及包含某一文本的节点等。示例如下：

```
html = '''
<div class="wrap">
<div id="container">
<ul class="list">
<li class="item-0">first item</li>
<li class="item-1"><a href="link2.html">second item</a></li>
<li class="item-0 active"><a href="link3.html"><span class="bold">third
    item</span> </a></li>
<li class="item-1 active"><a href="link4.html">fourth item</a></li>
<li class="item-0"><a href="link5.html">fifth item</a></li>
</ul>
</div>
</div>
```

```
'''
from pyquery import PyQuery as pq
doc = pq(html)
li = doc('li:first-child')
print(li)
li = doc('li:last-child')
print(li)
li = doc('li:nth-child(2)')
print(li)
li = doc('li:gt(2)')
print(li)
li = doc('li:nth-child(2n)')
print(li)<code class="lang-python"><span class="pln">
li </span><span class="pun">=</span><span class="pln"> doc</span> <span class=
    "pun">(</span><span class="str">'li:contains(second)'</span><span class="pun">)
    </span>
<span class="kwd">print</span><span class="pun">(</span><span class="pln">li</span>
    <span class="pun">)</span>
```

使用 CSS3 的伪类选择器，依次选择第一个 li 节点、最后一个 li 节点、第二个 li 节点、第三个 li 之后的 li 节点、偶数位置的 li 节点、包含 second 文本的 li 节点，这样就准备好了。

12.5　运行代码

运行代码，可以发现首先会弹出一个 Chrome 浏览器，然后会访问淘宝页面，接着控制台便会输出相应的提取结果。

```
XXXX_!!0-item_ pic.jpg', 'price': '￥3598. 00', 'deal':'162人付款','title': '国
    行Apple/苹果ipad pro wifi版32/128GB 9.7英寸轻薄平板电脑','shop': '卓辰数码旗舰店
    ','location': '浙江杭州'}存储到MongoDB成功
{'image': '//g-search3.alicdn.com/img/bao/uploaded/i4/i1/2719886582/TB2ZdmmuH8k
    puFjy0FcXXaUhpXa_!!2719886582.jpg', 'price': '￥4438.00', 'deal': '4人付款',
    'title': 'Apple/苹果新款iPad Pro 10.5寸平板电脑wifi 4G港版内行现货', 'shop': '君
    1873', 'location': '广东深圳'}存储到MongoDB成功
{'image': '//g-search3.alicdn.com/img/bao/uploaded/i4/i2/1846569652/TB2v7udXV
    ojyKJjy0FiXXbCrVXa_!!69652.png', 'price': '￥6210.00', 'deal': '1人付款',
    'title': 'Apple/苹果二代iPad Pro12.9英寸平板电脑港行原封2017新款现货', 'shop':
    'elvisoooo', 'location': '广东深圳'}存储到MongoDB成功
{'image': '//g-search3.alicdn.com/img/bao/uploaded/i4/i1/424280614/TB2GECvbIPRfK-
    JjSZF0XX BkeVxa_!!424280614.jpg', 'price': '￥2598.00', 'deal': '5人付款',
    'title': 'Apple/苹果iPad air3 平板电脑2017新款iPad 苹果ipad内行港版', 'shop': '简
    易通讯', 'location': '广东深圳'}存储到MongoDB成功
{'image': '//g-search3.alicdn.com/img/bao/uploaded/i4/i3/923209000/TB2AEVyddUnyK-
    JjSZFpXXb9qFXa_!!9 23209000.jpg', 'price': '￥2280.00', 'deal': '4人付款',
    'title': 'Apple/苹果ipad mini2国行32Gwifi/4G苹果平板电脑迷你2代可插卡', 'shop': '
    我是单纯的呀', 'location': '上海'}存储到MongoDB成功
```

可以发现，这些商品信息的结果都是字典形式，将其存储到 MongoDB 里面。再看一下 MongoDB 中的结果，如图 12-9 所示。

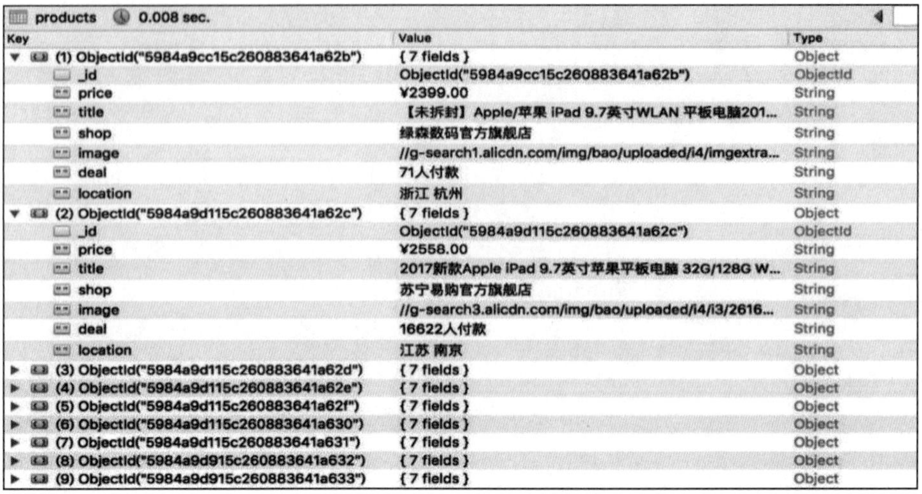

products 0.008 sec.

Key	Value	Type
▼ (1) ObjectId("5984a9cc15c260883641a62b")	{ 7 fields }	Object
_id	ObjectId("5984a9cc15c260883641a62b")	ObjectId
price	¥2399.00	String
title	【未拆封】Apple/苹果 iPad 9.7英寸WLAN 平板电脑201...	String
shop	绿森数码官方旗舰店	String
image	//g-search1.alicdn.com/img/bao/uploaded/i4/imgextra...	String
deal	71人付款	String
location	浙江 杭州	String
▼ (2) ObjectId("5984a9d115c260883641a62c")	{ 7 fields }	Object
_id	ObjectId("5984a9d115c260883641a62c")	ObjectId
price	¥2558.00	String
title	2017新款Apple iPad 9.7英寸苹果平板电脑 32G/128G W...	String
shop	苏宁易购官方旗舰店	String
image	//g-search3.alicdn.com/img/bao/uploaded/i4/i3/2616...	String
deal	16622人付款	String
location	江苏 南京	String
▶ (3) ObjectId("5984a9d115c260883641a62d")	{ 7 fields }	Object
▶ (4) ObjectId("5984a9d115c260883641a62e")	{ 7 fields }	Object
▶ (5) ObjectId("5984a9d115c260883641a62f")	{ 7 fields }	Object
▶ (6) ObjectId("5984a9d115c260883641a630")	{ 7 fields }	Object
▶ (7) ObjectId("5984a9d115c260883641a631")	{ 7 fields }	Object
▶ (8) ObjectId("5984a9d915c260883641a632")	{ 7 fields }	Object
▶ (9) ObjectId("5984a9d915c260883641a633")	{ 7 fields }	Object

图 12-9 保存结果

可以看到，所有的信息都保存到 MongoDB 里了，这说明爬取成功。

12.5.1 爬虫的 Chrome Headless 模式

从 59 版本起，Chrome 就开始支持 Headless 模式（就是无界面模式）了，这样爬取的时候就不会弹出浏览器。要使用此模式，请将 Chrome 升级到 59 版本及以上。启用 Headless 模式的方法如下：

```
chrome_options = webdriver.ChromeOptions()
chrome_options.add_argument('--headless')
browser = webdriver.Chrome(chrome_options=chrome_options)
```

首先，创建 ChromeOptions 对象，接着添加 headless 参数，在初始化 Chrome 时通过 chrome_options 传递这个 ChromeOptions 对象，这样可以成功启用 Chrome 的 Headless 模式。

12.5.2 爬虫对接 Firefox

要对接 Firefox 浏览器，只需更改一处：

```
browser = webdriver.Firefox()
```

这里更改了 browser 对象的创建方式，爬取时就会使用 Firefox 浏览器。

12.5.3 爬虫对接 PhantomJS

如果不使用 Chrome 的 Headless 模式，则可以使用 PhantomJS（一个无界面浏览器）来抓取。抓取时，同样不会弹出窗口，需要将 WebDriver 的声明修改一下：

```
browser = webdriver.PhantomJS()
```

另外，它支持命令行配置；可以设置缓存和禁用图片加载的功能，进一步提高爬取效率。

```
SERVICE_ARGS = ['--load-images=false', '--disk-cache=true']
browser = webdriver.PhantomJS(service_args=SERVICE_ARGS)
```

12.6　本章小结

本章我们用 Selenium 演示了淘宝页面商品信息的抓取。在开发过程中会碰到各类不同的问题，其使一个简单的爬取应用变得如此复杂，对出现问题的分析如下：1）大量 wait 的使用，在程序中加载一个操作很快，但内容被完全加载出来，在时间上是不确定的，需要等待或者循环检测元素是否需要；2）店铺的信息在页面上是不确定的，有的位置采用试错模式，但在 NoSuchElementException 的时候，却使用下一个模式进行提取，以保证信息可以提取到；3）固定时间延迟，在提取“下一页”按钮信息之时，使用 time.sleep(3)，效果很好，某种意义上说，一般的点击和加载操作是需要进行 wait 操作的，否则有很大概率会出错，产生元素不存在、不可见或者已经过期之类的错误提示。

练习题

1. 怎样利用 requests.get(url) 获取网页页面的 html 文件？
2. 通过代码如何找出特定标签的 html 元素？
3. 通过代码如何取得含有特定 CSS 属性的元素？

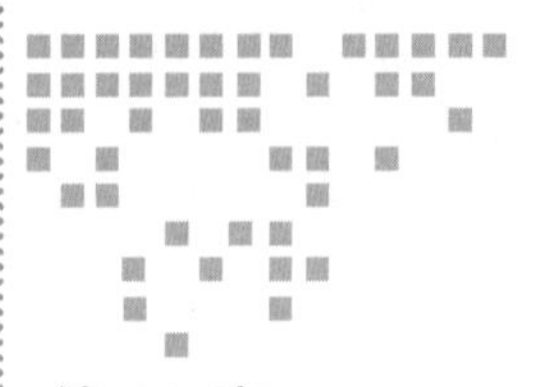

Chapter 13 第 13 章

生活娱乐点评类信息爬虫项目

我们平时去酒店吃饭之前，总喜欢先在网上找找酒店的评价，然后再决定去哪家酒店。携程是知名的第三方消费网站，也是一个本地生活信息及交易平台。因此，在携程上有很多商户的信息和用户点评数据。本章为爬取携程数据的实践内容，所采用的主要关键技术包括使用 Selenium 爬取网站以及将数据存储至 MySQL 数据库。

13.1 功能分析

网络爬虫被广泛应用于互联网搜索引擎或其他类似网站的最重要目的就是可以自动采集所有其能够访问到的页面内容，以获取或更新这些网站的内容和检索方式。从功能上来讲，爬虫一般分为数据采集、数据处理和数据储存三个部分。

13.1.1 项目描述

俗话说："巧妇难为无米之炊。"在数据科学的道路上，数据获取是数据利用、分析等后续工作中的重要前提。虽然如今存在许多开源的数据集，但锻炼自己从浩如烟海的网络中获取原始数据的能力，对于培养数据科学的基础技能来说是十分重要的。本章的目的是根据好评优先顺序来爬取携程网上的北京五星级酒店列表。数据获取主要可以分为两步：

1）通过携程的搜索结果获取餐厅的基本信息和地址；

2）进入每家店铺的网页，获取携程的详细信息和评价。

13.1.2 静态网页抓取

实验环境为 Python3.7，操作系统为 MacOS，编程 IDE 为 PyCharm，浏览器为 Chrome。打开携程网，在页面上选择城市为北京，入住日期为 2019-02-19，退房日期为 2019-02-20，房间数为 1，间住客数为 2 人，酒店级别为五星级 / 豪华，如图 13-1 所示。

图 13-1　分析北京五星级酒店页面

点击图中的“搜索”按钮，在酒店列表页面中选择好评优先排序方式，如图 13-2 所示。

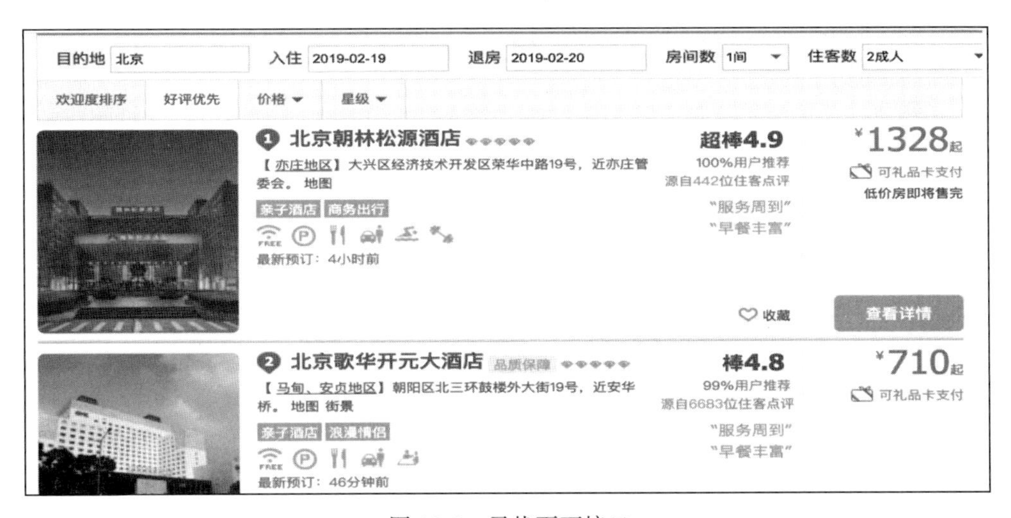

图 13-2　寻找页面接口

每一个酒店都是可点击跳转的，即可交互，所以为动态页面。静态页面可以直接通过页面源码来实现信息的获取。动态页面需要找寻接口，然后从其接口的源码中获取信息。在页面空白处点击右键，选择“检查”，可以看到页面的源码。对于找寻接口，必须选中第一行的“Network”选项。点击页面刷新按钮，在 Filter 中输入“Hotel”，选择“XHR”，即可找到页面接口，如图 13-3 所示。

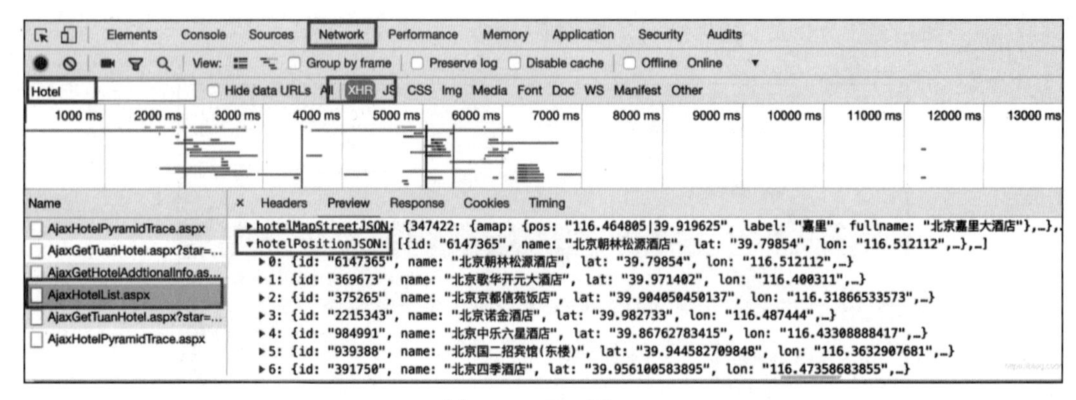

图 13-3 页面接口

由图 13-3 可以看到，左侧列表中的“AjaxHotelList.aspx”就是需要的接口，在右侧的 preview 中可以看到，页面上的酒店列表就存放于“hotelPositionJSON”中。这就意味着，请求这个接口，获取其响应中的 hotelPositionJSON，即可获得酒店列表信息。

13.1.3 动态网页抓取

1. 定制 Requests

有些网页需要对 Requests 的参数进行设置才能获取需要的数据，这包括传递 URL 参数、定制请求头、发送 POST 请求、设置超时等。

（1）传递 URL 参数

为了请求特定的数据，我们需要在 URL 的查询字符串中加入某些数据。如果是自己构建 URL，那么数据一般会跟在一个问号后面，并且以键 / 值的形式放在 URL 中，例如 http://httpbin.org/get?key1=value1。

在 Requests 中，可以直接把这些参数保存在字典中，用 params 构建至 URL 内。例如，传递 keyl=valuel 和 key2=value2 到 http://httpbin.org/get，可以这样编写：

```
import requests
key_dict = {'key1':'valuel','key2':'value2'}
r=requests.get('http://bin.org/get', params=key_dict)
print ("URL已经正确编码:", r.url)
print ("字符串方式的响应体:\n", r.text)
```

通过上述代码的输出结果可以发现 URL 已经正确编码。URL 正确编码形式为 http://httpbin.org/get?key1=value1&key2=value2。

（2）字符串方式的响应体

```
{
"args": {
"keyl":"valuel",
"key2":"value2"
},
```

```
"headers":{
"Accept":"*/*",
"Accept-Encoding":"gzip,deflate",
"Connection":"close",
"Host":"httpbin.org",
"User-Agent":"python-requests/2.12.4"
},
"rigin":"116.49.102.8",
"url":"http://httpbin.org/get?keyl=valuel&key2=value2"
```

2. 定制请求头

请求头 Headers 提供了关于请求、响应或其他发送实体的信息。对于爬虫而言，请求头十分重要，尽管在上一个示例中并没有指定请求头。如果没有指定请求头，或者请求的请求头与实际网页不一致，那么就可能无法返回正确的结果。

Requests 并不会基于定制的请求头 Headers 的具体情况来改变自己的行为，只是在最后的请求中，所有的请求头信息都会被传递进去。

那么，我们如何找到正确的 Headers 呢?

还是要用到 Chrome 浏览器的“检查”命令。使用 Chrome 浏览器打开要请求的网页，右击网页的任意位置，在弹出的快捷菜单中单击“检查”选项。如图 13-4 所示，在随后打开的页面中单击 Network 选项。

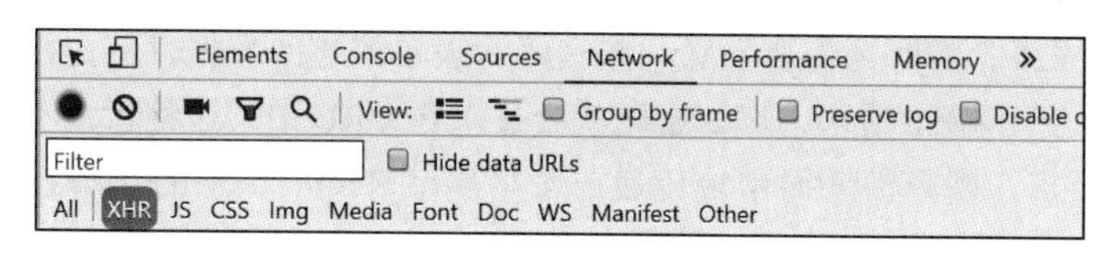

图 13-4　单击 Network 选项

如图 13-5 所示，在左侧的资源中找到需要请求的网页，本例为 https://sz.meituan.com/ 单击需要请求的网页，在 Headers 中可以看到 ResponseHeaders 的详细信息。

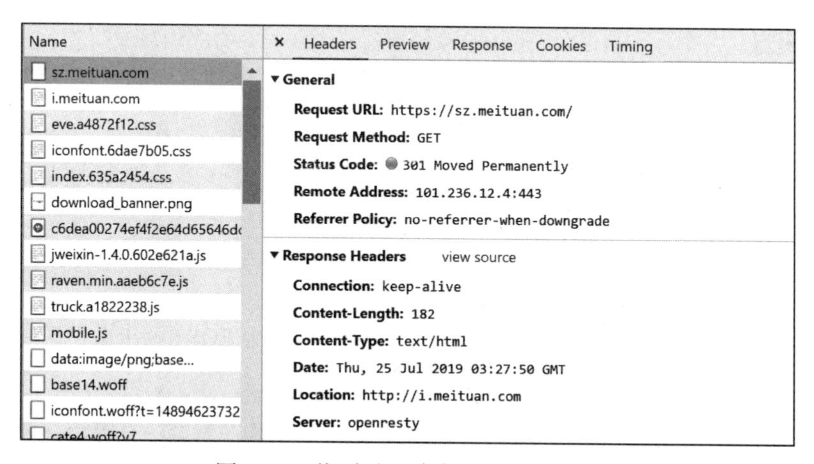

图 13-5　找到需要请求网页的头信息

因此，我们可以看到请求头的信息为：

```
GET I HTTP/1.1
Host:www.santostang.com
Connection : keep-alive
Upgrade-Insecure-Requests: I
User-Agent: Mozilla/5.0 (Windows NT 6.1; WOW64) AppleWebKit/537.36 (KHTML, like
    Gecko)Chrome/57.0.2987.98 Safari/537.36
Accept:
text/html,application/xhtml+xml,application /xml;q=0.9,image/webp,*/*; q=0.8
    Accept Encoding: gzip, deflate, sdch
Accept-Language:  en-US,en;q=0.8,zh-CN;q=0.6,zh;q=0.4,zh-TW;q=0.
```

提取请求头中重要的部分，可以把代码改为：

```
Import requests
Headers = {
'user-agent':'Mozilla/5.0 (Windows NT 6.1; Win 64; x64) AppleWebKit/537.36 (KHTML,
    like Gecko) Chrome/52.0.2743.82 Safari/537.36',
'Host':'www.sant stang.com'
}
r = requests.qet ('http://www.santostang.com/', beaders=headers)
print ("响应状态码:", r.status_code)
```

3. 发送 POST 请求

除了 GET 请求外，有时还需要发送一些编码为表单形式的数据，例如在登录的时候请求就为 POST，如果使用 GET 请求，那么密码就会显示在 URL 中，这种行为不具备安全性。如果要实现 POST 请求，则只需要简单地传递一个字典给 Requests 中的 data 参数，这个数据字典就会在发出请求的时候自动编码为表单形式。

```
import requests
key_dict={'keyl': 'valuel', 'key2':'value2'}
r=requests.post ('http://httpbin.org/post', data=key_dict)
print (r.text)
```

输出结果为：

```
{
"args":{},
"data":"",
"form":{
"keyl":"value}",
"key2":"value2"
},
}
```

可以看到，form 变量的值为 key_dict 输入的值，这样一个 POST 请求就发送成功了。

4. 超时

有时爬虫会遇到服务器长时间不返回的情况，这时爬虫程序就会一直等待，导致爬虫程序无法顺利执行。因此，可以使用 Requests 在 timeout 参数设定的秒数结束之后停止等待响应。

也就是说，如果服务器在 timeout 秒内没有应答，就返回异常。

把秒数设置为 0.001 秒，探索会抛出什么异常？这是为体现 timeout 异常的效果而设置的值，一般会把这个值设置为 20 秒。

```
import requests
link="http://www.santostang.com/"
r = requests.get(link,timeout=0.001)
```

返回的异常为：ConnectTimeout:HTTPConnectionPool(host='www.santostang.com',port=80): Max retries exceeded with url:/(Caused by ConnectTirneoutError(<requests.packages.urllib3.connection.HTTPConnectionobject at0x0000000005B85B00>, 'Connection to www.santostang.com timed out.(connect timeout=0.001)'))。

5. 获取动态网页

前面爬取的网页均为静态网页，这样的网页在浏览器中展示的内容都位于 HTML 源代码内。但是，由于主流网站都使用 JavaScript 来展现网页内容，和静态网页不同的是，在使用 JavaScript 时，很多内容并不会出现在 HTML 源代码中，所以爬取静态网页的技术可能无法正常使用。因此，我们需要用到动态网页抓取的两种技术：通过浏览器审查元素来解析真实网页地址；使用 Selenium 模拟浏览器。

在开始爬取动态网页前，我们还需要了解一种异步更新技术——AJAX（Asynchronous Javascript And XML，异步 JavaScript 和 XML）。它的价值在于，通过在后台与服务器进行少量数据交换就可以使网页实现异步更新。这意味着可以在不重新加载整个网页的情况下对网页的某部分进行更新，一方面减少了网页重复内容的下载，一方面又节省了流量，因此 AJAX 得到了广泛的应用。

相对于使用 AJAX 网页，传统的网页如果需要更新内容，就必须重载整个网页页面。因此，AJAX 使得互联网应用程序更小、更快、更友好。但是，AJAX 网页的爬虫过程比较麻烦。首先，让我们来看看动态网页的例子。打开美团深圳站任意一家店铺，店铺地址为 https://www.meituan.com/meishi/114381647/。如图 13-6 所示，页面下面的评论就是用 JavaScript 加载的，这些评论数据不会出现在网页源代码中。

图 13-6　动态网页的示例

为了验证页面下面的评论是用 JavaScript 加载的，我们可以查看此网页的网页源代码。如

图 13-7 所示，放置该评论的代码里面并没有评论数据，只有一段 JavaScript 代码，最后呈现出来的数据就是通过 JavaScript 提取数据加载到源代码来展示的。

```
▶<div id="page" class="shop-tmall">…</div>
▶<div id="footer" data-spm="a2226n1" class>…</div>
 <div id="LineZing" pagetype="1" shopid="107922698" pageid="1453777677"></div>
▶<script>…</script>
 <script src="//g.alicdn.com/tm/tbs-try/1.3.5/mods/posttry.js"></script>
 <!-- 加script -->
▶<script>…</script>
 <script src="//g.alicdn.com/sd/ctl/ctl.js"></script>
 <script src="//g.alicdn.com/searchInteraction/keyword-inshop-pc/0.0.2/config.js"></script>
 <!--isNewModelCJY:$isNewModelCJY -->
 <script src="//g.alicdn.com/sanwant/shop-render/0.0.11/pages/index/render.js"></script>
 <!-- ${willOffservice}-->
 <!-- isHK:false, isShow:false ,brandId: $brandId isLiangXinYao= false   -->
 <script src="//g.alicdn.com/mtb/videox/0.1.33/videox-pc.js"></script>
 <script src="//g.alicdn.com/kg/tbvideo-replace/0.0.21/index-min.js"></script>
▶<script>…</script>
 <!--2012-09-12 推送做宝贝分类高亮 -->
 <script></script>
```

图 13-7　查看页面的源代码

还可以在天猫电商网站上找到 AJAX 技术的例子。例如，打开天猫的 iPhone XS 的产品页面，单击“累计评价”，可以发现上面的 URL 地址没有任何改变，没有重新加载整个网页并对网页的评论部分进行更新，如图 13-8 所示。

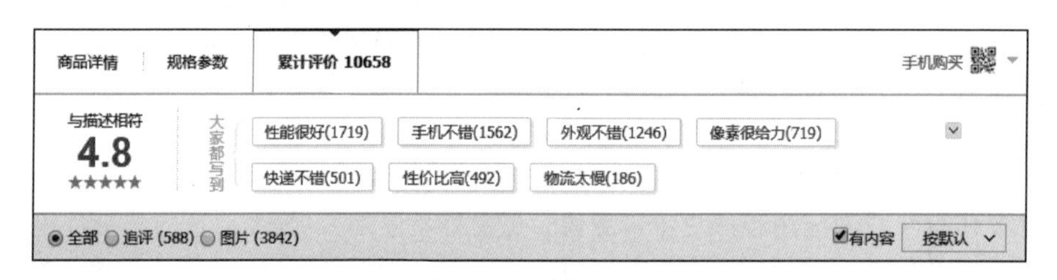

图 13-8　累计评价

如果是使用 AJAX 加载的动态网页，则可以通过两种方法来爬取其中动态加载的内容：通过浏览器审查元素来解析地址；使用 Selenium 模拟浏览器抓取。

6. 解析真实地址抓取

虽然数据并没有出现在网页源代码中，但我们还是可以找到数据的真实地址，请求这个真实地址也可以获得想要的数据。这里会用到浏览器的“检查”功能。下面以美团某店铺为例，目标是抓取店铺下的所有评论。店铺网址为 https://www.meituan.com/meishi/114381647/。

用 Chrome 浏览器打开 https://www.meituan.com/jiehun/1995792/。按下 F12 或 Fn+F12，可得到如图 13-9 所示的页面窗口。

单击页面中的 Network 选项，然后刷新网页。此时，Network 会显示浏览器从网页服务器中得到的所有文件，一般这个过程被称为“抓包”。因为所有文件都已经显示出来了，所以需要的评论数据一定在其中。

图 13-9　检查页面源代码

一般这些数据以 JSON 文件格式获取。因此，可以单击 Network 中的 XHR 选项，然后找到真正的评论文件。评论文件是第一个，单击 Preview 标签即可查看数据。

找到真实的地址后，接下来就可以直接用 requests 请求这个地址并获取数据，代码如下。

```
import requests
link = """https://www.meituan.com/meishi/api/poi/getMerchantComment?uuid=b9af4b50-
    0682-486d-a7f2-cb74c1fe09b8&platform=1&partner=126&originUrl=https%3A%2F%2F
    www.meituan.com%2Fmeishi%2F114381647%2F&riskLevel=1&optimusCode=10&id=11438
    1647&userId=&offset=0&pageSize=10&sortType=1"""
headers = {'User-Agent':'Mozilla/5.0 (Windows; U; Windows NT6.1; en-US; rv:1.9.1.6)
    Gecko/20091201 Firefox/3,5,6'}
r=requests.get(link, headers= headers)
print (r.text)
```

运行上述代码，得到的结果如图 13-10 所示。

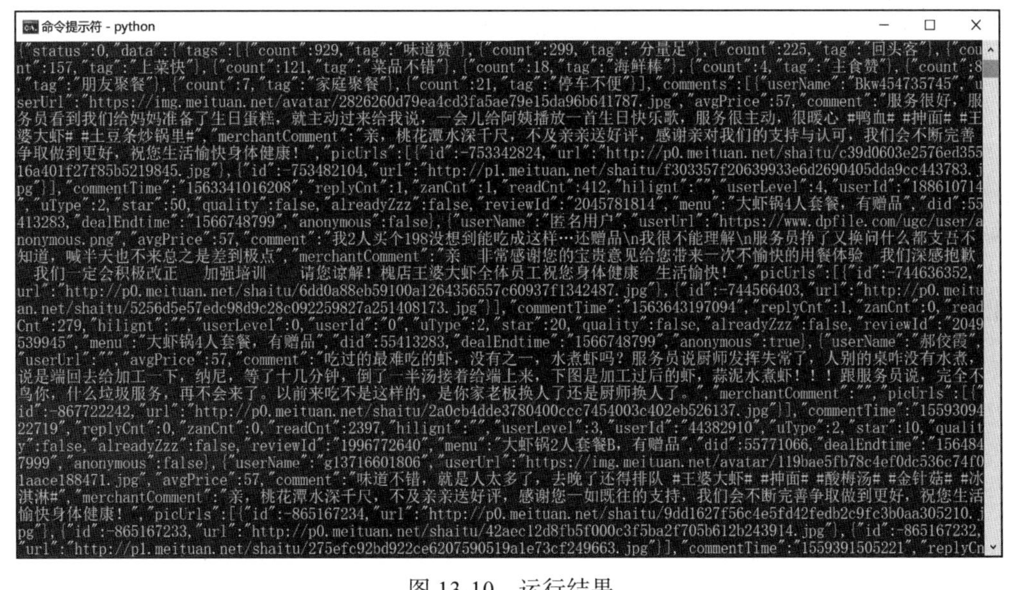

图 13-10　运行结果

综上所述，爬取类似淘宝网评论这种用 AJAX 加载的网页时，从网页源代码中找不到想要的数据；需要用浏览器的审查元素找到真实的数据地址，然后爬取真实的网站。

13.2 请求 - 响应关系

图 13-11 是一个 B/S 架构的请求 / 响应模式的交互过程，交互过程如图 13-11 所示。

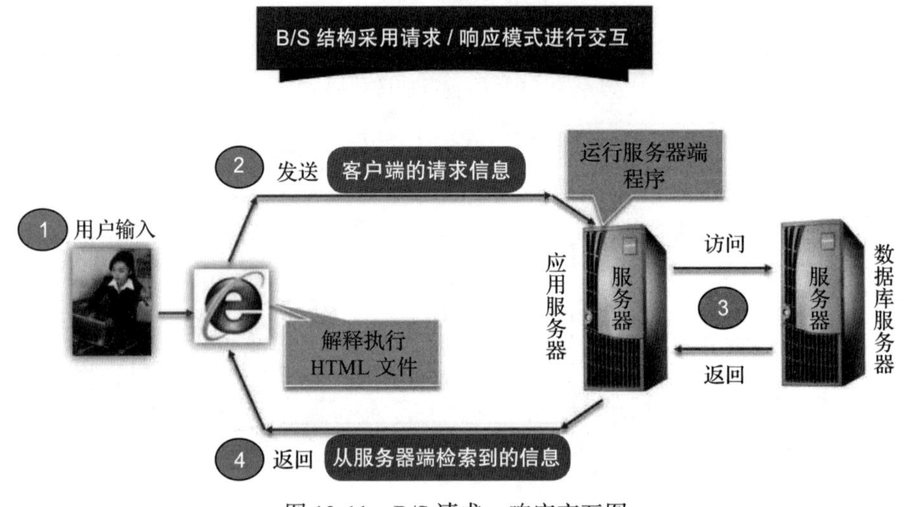

图 13-11 B/S 请求 - 响应交互图

图 13-11 要展现的是一个请求 - 响应关系图。浏览器向服务器请求接口 URL，服务器将结果返回给浏览器进行呈现。图 13-11 不是严格的 HTTPS 协议握手过程。

在网站设计中，纯粹 HTML 格式的网页通常被称为静态网页，早期的网站一般都是由静态网页制作的。在网络爬虫中，静态网页的数据比较容易获取，因为所有数据都呈现在网页的 HTML 代码中。相对而言，使用 AJAX 动态加载网页的数据则不一定会出现在 HTML 代码中，这就给爬虫增加了困难。本节以简单的静态网页抓取来引入介绍功能，下一节将进一步以动态网页抓取为例来进行功能实现。

13.2.1 请求对象

请求对象（即我们需要的酒店列表接口）可用 URL 进行表示。five_star_url：http://hotels.ctrip.com/Domestic/Tool/AjaxHotelList.aspx。

13.2.2 请求方法

可利用 Python 中的 requests 包来实现请求。通过 Chrome 浏览器的开发者选项分析，该请求类型为 POST 型。POST 型请求大多用于提交表单、上传文件等操作。

```
# 发送请求
html = requests.post(url)
```

在静态网页抓取中，有一个强大的 Requests 库能够轻易地发送 HTTP 请求，这个库不仅功能完善，而且操作也非常简单。本节首先介绍如何安装 Requests 库，然后介绍如何使用 Requests 库获取响应内容，最后可以通过定制 Requests 的一些参数来满足我们的需求。

1. 安装 Requests

Requests 库可以通过 pip 安装。打开 cmd 或 terminal，键入以下命令：

```
pip install requests
```

2. 获取响应内容

在 Requests 中，最常用的功能是获取某个网页的内容。现在我们使用 Requests 来获取个人博客主页的内容。

```
import requests
r=requests.get('http://www.santostang.com/')
print("文本编码:",r.encoding)
print("响应状态码:",r.status_code)
print("字符串方式的响应体:",r.text)
```

这样就返回了一个名为 r 的 response 响应对象，其存储了服务器响应的内容，我们可以从中获取需要的信息。上述代码的结果如下：

```
文本编码: UTF-8
响应状态码: 200
字符串方式的响应体: <!DOCTYPE html>
<html lang="zh-CN">
<head>
<meta charset="UTF-8">
```

上例的说明如下：

1）r.text 是服务器响应的内容，会自动根据响应头部的字符编码进行解码。

2）r.encoding 是服务器内容使用的文本编码。

3）r.status_code 用于检测响应的状态码，如果返回 200，则表示请求成功；如果返回 4xx，则表示客户端错误；而如果返回 5xx，则表示服务器错误响应。可以用 r.status_code 来检测请求是否正确响应。

4）r.content 是字节方式的响应体，会自动解码 gzip 和 deflate 编码的响应数据。

5）r.json() 是 Requests 中内置的 JSON 解码器。

13.3 请求头和请求体

根据计算机网络的知识，一般在网络中会以数据包的形式来进行请求，这里不再赘述。数据包包含请求头和请求体。

13.3.1 请求头

在爬虫过程中，如果不设置请求头，那么频繁请求服务器可能会造成客户端 IP 被服务器端封闭等的后果，所以需要对请求头进行伪造。User-Agent 是一个特殊字符串，可以使服务器识别客户使用的操作系统及版本、浏览器及版本等信息。在制作爬虫时加上此信息，可以伪装为浏览器。

```
# 8页
for page in range(1,8):
    data = {
        "StartTime": "2019-02-19",   # 这个值取决于你的抓取时间
        "DepTime": "2019-02-20",
        "RoomGuestCount": "0,1,2",
        "cityId": 1,
        "cityPY": " beijing",
        "cityCode": "010",
        "cityLat": 39.9105329229,
        "cityLng": 116.413784021,
        "page": page,
        "star": 5,
        "orderby": 3
        }
```

这里说明一下，因为北京五星级酒店有 8 页，所以构建一个循环即可实现对每一页进行请求。请求的代码修改如下：

```
html = requests.post(url=five_star_url, headers=headers, data=data)
```

13.3.2 响应

通过 Chrome 浏览器的开发者选项中的“Network”选项，我们获知，所需的北京五星级酒店列表在响应的 hotelPositionJSON 中。获取 hotelPositionJSON 对象，即可得到酒店 ID、酒店名称、酒店地址、酒店评分、酒店 URL 等信息。

```
hotel_list = html.json()["hotelPositionJSON"]
    for item in hotel_list:
        id.append(item['id'])
            name.append(item['name'])
            hotel_url.append(item['url'])
            address.append(item['address'])
            score.append(item['score'])
```

13.3.3 保存响应结果

若想以 CSV 文件的形式来存储爬取的结果，则需要借助 Python 中的 csv 模块。首先，可使用 Numpy 模块将列表整合成矩阵的形式；接着调用 csv.writer，将矩阵写入 CSV 文件中。需要注意的是，编码形式为“utf8-sig”，否则汉字容易出现乱码的情况。

13.4 通过 Selenium 模拟浏览器抓取

使用 Chrome 的“检查”功能找到源地址十分容易，但是有一些网站非常复杂，如天猫产品评论，使用“检查”功能很难找到调用的网页地址。除此之外，有一些数据真实地址的 URL 也较为冗长和复杂，有些网站为了规避这些抓取，会对地址进行加密，使得其中的一些变量让人十分困惑。

因此，这里介绍另一种方法，也就是使用浏览器渲染引擎。直接使用浏览器在显示网页时解析 HTML、应用 CSS 样式并执行 JavaScript 的语句。这种方法在爬虫过程中会打开一个浏览器加载该网页，自动操作浏览器浏览各个网页，顺便把数据抓取下来。用一句简单而通俗的话说，就是使用浏览器渲染方法将爬取动态网页变成爬取静态网页。可以用 Python 的 Selenium 库模拟浏览器完成抓取。Selenium 是一个用于 Web 应用程序测试的工具。Selenium 测试直接运行在浏览器中，浏览器自动按照脚本代码执行单击、输入、打开、验证等操作，就像真正的用户在操作一样。

13.4.1 Selenium 的安装

Selenium 的安装与其他 Python 库一样，可以使用 pip 安装，打开 cmd，找到 Python 安装根目录，输入以下命令：

```
pip install selenium
```

Selenium 的脚本可以控制浏览器进行操作，也可以实现多个浏览器的调用，包括 IE、Firefox、Safari、Google Chrome、Opera 等。最常用的是 Firefox，因此下面的讲解也将以 Firefox 为例，在运行之前需要安装 Firefox 浏览器。首先，使用 Selenium 打开浏览器和一个网页，代码如下：

```
from selenium import webdriver
driver = webdriver.Firefox()
driver.get("https://www.meituan.com/meishi/114381647/")
```

运行之后，发现程序报错，错误为：

```
selenium.common.exceptions.WebDriverException:Message:'geckodriver 'executable
    needs to be in PATH.
```

在 Selenium 之前的版本中，这样做不会报错，但是在 Selenium 的新版本中却无法正常运行。于是，需要从网上下载一个 geckodriver，并将其放入环境变量的 PATH 中。如果使用的是 Windows 系统，则可以到 https://ftp.mozilla.org/pub/firefox/releases/ 下载最新版的 geckodriver，这是一个压缩文件，解压后放在 python 文件夹下的 Scripts 里面，如 C:\python\Scripts\geckodriver.exe；然后在环境变量的 PATH 中加入这个地址。

也可以打开 Python IDLE 输入以下代码：

```
from selenium import webdriver
driver = webdriver.Firefox()
```

13.4.2 Selenium 的实践案例

为了演示 Selenium 是怎么工作的，前面使用 Chrome 浏览器的“检查”功能解析了网页的真实地址，并爬取了酒店评论。接下来，我们将使用 Selenium 方法获取同样的酒店评论数据，作为 Selenium 的实践案例。

由于 Selenium 使用浏览器渲染，因此那些评论数据已经渲染到了 HTML 代码中。我们可以使用 Chrome“检查”的方法来定位元素位置。

使用 Chrome 打开该店铺页面，右击页面，在弹出的快捷菜单中单击“检查”命令。找到评论数据，可以看到该数据的标签为 <div class="desc">" 服务很好 "</div>。

```
<div class="list clear">
<div class="header">
<div class="imgbox" style="height:100%;width:100%;">...</div>
</div>
<div class="info">
<div class="name">Bkw454735745</div>
<div class="date">...</div>
<div class="source">...</div>
<div class="desc">==
<div class===$Θ
"服务很好，服务员看到了我们给妈妈准备的生日蛋糕，就主动过来跟我说，一会儿给阿姨播放一首生日快乐
   歌，服务很主动，很暖心#鸭血#抻面#王婆大虾#土豆条炒锅里#"
</div>
```

在原来所打开的页面的代码数据上使用以下代码获取第一条评论数据。在下面的代码中，使用 CSS 选择器查找元素，找到 class 为 desc 的 div 元素，最后输出 div 元素中的 text 文本。

```
comment = driver.find_element_by_css_selector('div.desc')
print (comment.text)
```

运行上述代码，得到的结果是：“服务很好，服务员看到我们给妈妈准备的生日蛋糕，就主动过来跟我说，一会儿给阿姨播放一首生日快乐歌，服务很主动，很暖心 # 鸭血 ## 抻面 ## 王婆大虾 ## 土豆条炒锅里 #”。如此便获得了第一条评论数据。

13.4.3 Selenium 获取文章的所有评论

在 13.4.2 节中，我们获取了一条评论，如果要获取所有评论，就需要脚本程序能够自动单击“加载更多跟帖”和“下一页”。这样才能够把所有评论显示出来。需要找到“加载更多跟帖”和“下一页”的元素地址，然后让 Selenium 模拟单击并加载评论。具体代码如下：

```
from selenium import webdriver
from selenium.webdriver.firefox.firefox_binary import FirefoxBinary
import time
caps = webdriver.DesiredCapabilities().FIREFOX
caps["marionette"] = False
binary = FirefoxBinary(r'C:\Program Files\Mozilla Firefox\firefox.exe')
driver = webdriver.Firefox()
driver.get("https://www.meituan.com/meishi/114381647/")
```

```
for x in range(0,10) :
    for i in range(0,2) :
        try:
            load_more = driver.find_element_by_css_selector('div.tie-load-more')
            load_more.click()
        except :
            pass
    comments = driver.find_element_by_css_selector('div.post_item_body')
    for eachcomment in comments :
        content = eachcomment.find_element_by_tag_name('p')
        print (content.text)
    try :
        next_page = driver.find_element_by_css_selector('span,z-next')
        next_page.click()
        time.sleep(5)
    except :
        break
```

代码以及前端部分和之前一样，使用 Selenium 打开该文章页面。后面的第一个 for 循环用来加载下一页，这里最大值设置为 10，代表最多加载 10 页。第二个 for 循环用来单击“加载更多跟帖”，通过两次单击将该页的所有评论加载出来。使用 driver.find_element_by_css_selector('div.tie-load-more') 找到该元素，然后使用 .click() 方法模拟单击，最后把所有的评论打印出来。打印出来的结果如图 13-12 所示。

	A	B	C	D	E	F	G	H	I	J
21808	遇见海旅游度假村	烧烤	南澳大鹏新区迎宾路大鹏街道王母东	13622348802	0	周一至周日 全天	4	6	114.4804	22.58883
21809	捞得爽自助火锅	火锅自助	南澳大鹏新区迎宾路72号（大鹏加油	0755-28473485	55	周一至周日 08:00-22:00	3.5	149	114.4717	22.59657
21810	休闲昵站（大鹏店）	西式甜品	南澳大鹏新区岭南路2-3号（如近 大	0755-84313328	51	周一至周日 10:00-24:00	3.5	0	114.4771	22.59642
21811	彩虹米（大鹏店）	蛋糕	南澳大鹏新区大鹏新区大鹏街道中山	13924632728	15	周一至周日 11:00-21:00	3.5	0	114.479	22.59639
21812	船奇啤酒花园	烧烤	南澳大鹏新区王母社区抗美巷1号	18194079313	0	周一至周日 17:00-02:00	3.5	1	114.4773	22.59419
21813	瑜忠面馆	面条	南澳大鹏新区迎宾路与鹏新东路交叉	13410102158	9	周一至周日 07:00-22:00	3.8	11	114.4772	22.5934
21814	众享甜品	港台甜品	南澳大鹏新区建设路19号	13510483856	15	周一至周日 午市 11:30-14:	0	0	114.4749	22.59185
21815	茶房（大鹏店）	饮品店	南澳大鹏新区大鹏街道迎宾路18号岁	13713756602	13	周一至周日 09:30-22:30	3.5	1	114.4764	22.59479
21816	迪尚茶餐厅	茶餐厅	南澳大鹏新区中山路54-1号	0755-84301212	28	周一至周日 08:00-21:00	3	1	114.4819	22.59496
21817	肯德基（大鹏店）	快餐	南澳大鹏新区大鹏镇迎宾北路18号千	0755-84304312	29	周一至周日 全天	4	0	114.4764	22.59405
21818	潮汕鲜牛肉火锅店	牛肉火锅	南澳大鹏新区迎宾路135-1号（名港	0755-89383828	60	周一至周日 11:00-01:00	3.5	53	114.4765	22.59296
21819	洞炸鸡（大鹏佳兆业店）	小吃快餐	南澳大鹏新区迎宾路大鹏佳兆业一层	13246621602	30	周一至周四,周日 10:00-22:	4.3	10	114.4744	22.59431
21820	信の茶	奶茶/果汁	南澳大鹏新区新塘街27号	13138384681	20	周一至周日 10:00-23:00	0	0	114.4777	22.59061
21821	芭比手工蛋糕面包店	蛋糕	南澳大鹏新区大鹏街道文化路12号（	032/15817296924	0	周一至周日 05:00-21:00	0	5	114.481	22.59716
21822	野人部落烧烤吧（大鹏店）	烧烤	南澳大鹏新区中山里村10号	18927421259	30	周一至周日 08:00-24:00	0	1	114.4826	22.59374
21823	金浪海鲜酒楼	海鲜	南澳大鹏新区大鹏新区建设路19号白	0755-84316588	50	周一至周日 11:30-14:00 17	0	3	114.4774	22.58933
21824	西冲烧烤	烧烤	南澳大鹏新区曹屋围20号1楼	13534162426	50	周一至周日 08:00-00:00	0	4	114.4756	22.5881
21825	火旺诱惑海鲜烧烤	烧烤	南澳大鹏新区迎宾路56-12号（大鹏	13688807126	60	周一至周日 10:30-01:30	3.5	4	114.4745	22.59483
21826	家俭诚厨	家常菜	南澳大鹏新区鹏新西路143-145号	0755-89305517	55	周一至周日 11:00-21:00	0	2	114.4759	22.59311
21827	潮汕小肥牛火锅	牛肉火锅	南澳大鹏新区新塘街13号（商会大厦	308752/84303880	50	周一至周日 17:00-02:00	0	4	114.4773	22.59027
21828	胖妹面馆	面条	南澳大鹏新区岭南路6-5号（oppo宏	18928650657	14	周一至周日 09:00-21:00	3.5	8	114.4767	22.59502

图 13-12　运行结果

Selenium 除了可以实现简单的鼠标操作，还可以实现复杂的双击、拖曳等操作。此外，Selenium 还可以获得网页中各个元素的大小，甚至可以执行模拟键盘的操作。

13.5　实战演练 Scrapy 框架实例

爬取携程酒店用户评论并存入 MySQL。本实例采用 Python 3.6 版本来抓取携程网多个酒店的所有用户评论，并存入 MySQL。

携程酒店评分翻页是通过 AJAX 来实现的，使用浏览器自带的 Network 或者任一抓包工具找到数据接口即可，本节将着重描述如何正确搭建框架并使其成功运行。

首先是创建项目，打开 cmd 或 pycharm terminal，将 cd 切换至项目存放位置输入创建项目命令，然后将 cd 切换至 spiders 输入创建 spider 命令，命令如下：

```
scrapy startproject meituan                                        # 创建项目命令
scrapy genspider meituanSpider "ihotel.meituan.com"                # 创建spider命令
scrapy crawl meituanSpider                                         # 最终运行该爬虫命令
```

13.5.1 编写 spider

1）拿到要爬取的携程酒店链接，如该 url（https://hotel.meituan.com/117467078），由于要爬取的所有目标酒店都在本地数据库中，所以可通过 pymysql 读取携程酒店 url list（可拓展：如深度爬取，遍历整个携程网站，爬取所有携程酒店）；

2）编写 start_requests，向酒店 url 发起初次请求：

```
class MeituanspiderSpider(scrapy.Spider):
    conn = pymysql.connect(
        host='host',
        port=3306,
        user='root',
        password='password',
        db='database',
        charset="utf8"
    )
    cursor = conn.cursor()
    name = 'meituanSpider'
    allowed_domains = ['ihotel.meituan.com']
    base_url = 'http://ihotel.meituan.com/group/v1/poi/comment/%s?sortType=
        default&noempty=1&withpic=0&filter=all&limit=100&offset=%s'
                                                        # 上文提到的酒店评论接口

pi def getUrlInfo(self, cursor):
        """return: 酒店url list"""
        query = '''select * from meituanUrl'''
        cursor.execute(query)
        res = cursor.fetchall()
        return res
    def start_requests(self):
        meituanUrlList = self.getUrlInfo(self.cursor)
        for index, meituanUrl in enumerate(meituanUrlList):
            REQUEST = scrapy.Request(
                meituanUrl,
                callback=self.parse,
                meta={'meituanUrl': meituanUrl},        # 向response传参
                )
        yield REQUEST
```

3）处理初次请求，得到总评论数（控制页数循环）、酒店 id 参数：

```
def parse(self, response):
    hotelID = re.findall(r'"poiid":"(.*?)"', str(response.text))[0]    # 酒店id
```

```
    _totalComment = response.xpath("//h2[@id='comment']")[0].xpath('string(.)').
        extract_first()
    totalComment = _totalComment.replace('住客点评(', '').replace(')', '')
                                                  # 评论总数
    total = int(totalComment) // 100 + 1 # 循环总次数
    offset = 0                                    # 页数变量
    for page in range(total):                     # 遍历所有评论
        page_url = self.base_url % (hotelID, offset)
        offset += 100
        yield scrapy.Request(page_url, callback=self.detail_parse})
```

4）处理数据请求接口，提取最终评论内容：

```
def detail_parse(self, response):
    jsonObj = json.loads(response.text)
    commentList = jsonObj['data']['feedback']
    for comment in commentList:
        # 用户名
        user_name = comment['username'].replace('\n', '').replace('"', '').replace
            ('\\', '')
        # 评论
        Comment  = comment['comment'].replace('\n', '').replace('"', '').replace
            ('\\', '')
        # 评论时间
        comment_time = comment['fbtimestamp']
        # 客服回复
        reply  = comment['bizreply'].replace('\n', '').replace('"', '').replace
            ('\\', '')
        # 用户态度
        user_attitude = comment['scoretext']
        # 用户评分
        score = comment['score']
```

13.5.2　编写 item.py

```
class MeituanItem(scrapy.Item):
    # 在这里定义项目的字段
    user_name = scrapy.Field()
    score = scrapy.Field()
    user_attitude = scrapy.Field()
    Comment = scrapy.Field()
    comment_time = scrapy.Field()
    reply = scrapy.Field()
scrapy crawl meituanSpider                        # 最终运行该爬虫命令
```

13.5.3　为 items 对象赋值

```
item = MeituanItem()
            item['user_name'] = user_name
            item['score'] = score
            item['user_attitude'] = user_attitude
            item['Comment'] = Comment
```

```
                item['comment_time'] = comment_time
                item['reply'] = reply
                yield item
```

13.5.4 编写 piplines.py

设置数据库连接池，通过 piplines 将 items 封装的数据存入 MySQL。

1）读取数据库配置，数据库连接信息会在 settings.py 中标明。

```
def __init__(self, dbpool):
        self.dbpool = dbpool
    @classmethod
    def from_settings(cls, settings):
        """读取settings中的配置，连接数据库"""
        dbparams = dict(
            host=settings['MYSQL_HOST'],
            db=settings['MYSQL_DBNAME'],
            user=settings['MYSQL_USER'],
            passwd=settings['MYSQL_PASSWD'],
            cursorclass=pymysql.cursors.DictCursor,
            use_unicode=True,
            charset="utf8mb4"
            # 由于部分评论中存在emoji表情，因此此处字符集选择utf8mb4
        )
        dbpool = adbapi.ConnectionPool('pymysql', **dbparams)
        # **表示将字典扩展为关键字参数，相当于host=xxx,db=yyy....
        return cls(dbpool)        # 相当于dbpool赋给了这个类，self中可以得到
```

2）写入数据库与捕捉错误。

```
# 写入数据库中
    def _conditional_insert(self, tx, item):
        sql = '''insert ignore into meituan_comments(user_name, score, attitude,
            comment, comment_time, response) VALUES (%s,%s,%s,%s,%s,%s)'''
        params = (
            item['user_name'],
            item['score'],
            item['user_attitude'],
            item['Comment'],
            item['comment_time'],
            item['reply'],
        )
        tx.execute(sql, params)
# 错误忽略并打印
    def _handle_error(self, failue, item, spider):
        print(failue)
        pass
```

13.5.5 配置 setting.py

setting 配置一般需要配置请求头信息、robots 协议、打开 piplines、添加异常处理、中间件配置（该实例未涉及）、IP 代理池（该实例未涉及）等。该实例进行了以下配置：

```
HTTPERROR_ALLOWED_CODES = [403]   # 处理403错误
FEED_EXPORT_ENCODING = 'utf-8'    # 爬取字符集设置
# MySQL数据库的配置信息
MYSQL_HOST = 'host'
MYSQL_DBNAME = 'db'
MYSQL_USER = 'root'
MYSQL_PASSWD = 'password'
MYSQL_PORT = 3306
# piplines配置
ITEM_PIPELINES = {
    'meituan.pipelines.MeituanPipeline': 300,
}
# 请求头设置
DEFAULT_REQUEST_HEADERS = {
    'Accept-Language': 'en',
    'Connection':'keep-alive',
    'Accept':'text/html,application/xhtml+xml,application/xml;q=0.9,image/webp,
        image/apng,*/*;q=0.8',
    'User-Agent': 'Mozilla/5.0 (Windows NT 10.0; Win64; x64) AppleWebKit/537.36
        (KHTML, like Gecko) Chrome/70.0.3538.102 Safari/537.36'
}
# robots协议
ROBOTSTXT_OBEY = False
```

13.5.6 完整代码及结果

使用函数的形式来对爬取的北京五星级酒店列表进行封装。

```
# coding=utf8
import numpy as np
import pandas as pd
from bs4 import BeautifulSoup
import requests
import random
import time
import csv
import json
import re
# 显示选项
pd.set_option('display.max_columns', 10000)
pd.set_option('display.max_rows', 10000)
pd.set_option('display.max_colwidth', 10000)
pd.set_option('display.width',1000)
# 北京五星级酒店名单网址
five_star_url = "http://hotels.ctrip.com/Domestic/Tool/AjaxHotelList.aspx"
# 将CSV文件保存在Data目录中
filename = "./Data/Beijing 5 star hotel list.csv"
def Scrap_hotel_lists():
        """
        目的是抓取北京的五星级酒店列表并保存在CSV文件中
        """
        headers = {
            "Connection": "keep-alive",
```

```
            "origin": "http://hotels.ctrip.com",
            "Host": "hotels.ctrip.com",
            "referer": "http://hotels.ctrip.com/hotel/beijing1",
            "user-agent": "Mozilla/5.0 (Windows NT 6.1; Win64; x64) AppleWeb-
                Kit/537.36
                (KHTML, like Gecko) Chrome/69.0.3497.92 Safari/537.36",
            "Content-Type":"application/x-www-form-urlencoded; charset=utf-8"
        }
    id = []
        name = []
        hotel_url = []
        address = []
        score = []
        # 8页
        for page in range(1,8):
            data = {
                "StartTime": "2019-02-19",
                # The value depends on the date you want to scrap.
                "DepTime": "2019-02-20",
                "RoomGuestCount": "0,1,2",
                "cityId": 1,
                "cityPY": " beijing",
                "cityCode": "010",
                "cityLat": 39.9105329229,
                "cityLng": 116.413784021,
                "page": page,
                "star": 5,
                "orderby": 3
            }
            html = requests.post(five_star_url, headers=headers, data=data)
            hotel_list = html.json()["hotelPositionJSON"]
            # 获取响应信息
            for item in hotel_list:
                id.append(item['id'])
                name.append(item['name'])
                hotel_url.append(item['url'])
                address.append(item['address'])
                score.append(item['score'])
            # 随机睡眠几秒，有助于避免被服务器阻止
            time.sleep(random.randint(3,5))
            # 数组的形式
        hotel_array = np.array((id, name, score, hotel_url, address)).T
        list_header = ['id', 'name', 'score', 'url', 'address']
        array_header = np.array((list_header))
        hotellists = np.vstack((array_header, hotel_array))
        with open(filename, 'w', encoding="utf-8-sig", newline="") as f:
            csvwriter = csv.writer(f, dialect='excel')
            csvwriter.writerows(hotellists)
if __name__ == "__main__":
        # 抓取北京五星级酒店列表，并保存为CSV文件
        Scrap_hotel_lists()
        # 读取CSV文件并打印
        df = pd.read_csv(filename, encoding='utf8')
        print("1. Beijing 5 Star Hotel Lists")
        print(df)
```

13.6　调试与运行

完成 MySQL 数据库数据存储后，需要关闭数据库连接。若不关闭数据库连接，则无法在 MySQL 端执行数据库的查询等操作，相当于数据库被占用。

```
# 关闭游标，提交，关闭数据库连接
cursor.close()
db.commit()
db.close()
```

MySQL 数据库查询如下：

```
# 重新建立数据库连接
db = pymysql.connect('localhost', name, password, 'stockDataBase')
cursor = db.cursor()
# 查询数据库并打印内容
cursor.execute('select * from stock_600000')
results = cursor.fetchall()
for row in results:
    print(row)
# 关闭
cursor.close()
db.commit()
db.close()
```

以上逐条打印。也可以在 MySQL 端查看，先选中数据库，然后通过 select 语句查询，结果如图 13-13 和图 13-14 所示。

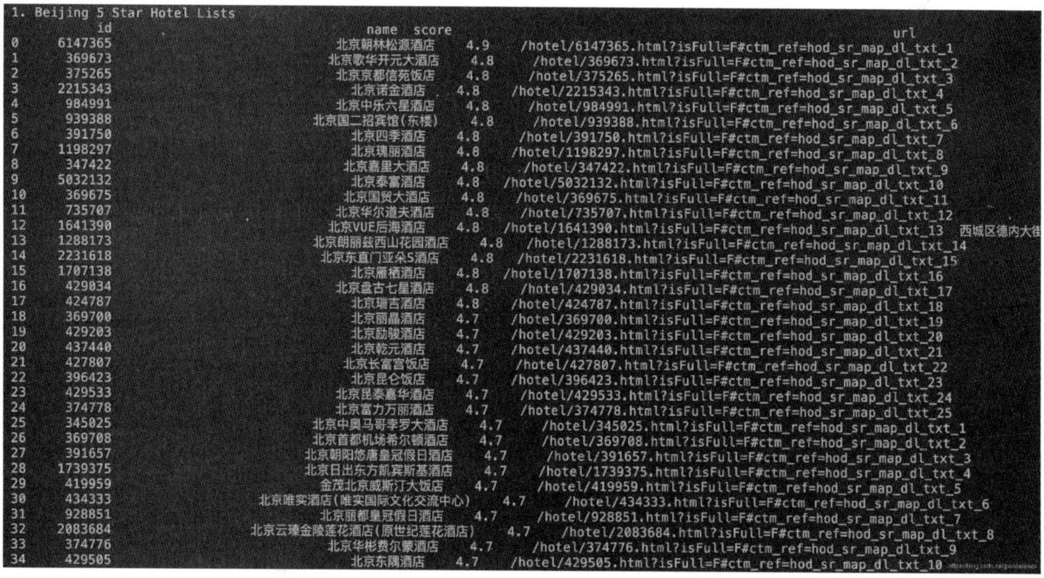

```
1. Beijing 5 Star Hotel Lists
        id                    name  score                                             url
0   6147365              北京朝林松源酒店    4.9   /hotel/6147365.html?isFull=F#ctm_ref=hod_sr_map_dl_txt_1
1    369673              北京歌华开元大酒店   4.8    /hotel/369673.html?isFull=F#ctm_ref=hod_sr_map_dl_txt_2
2    375265              北京京都信苑饭店    4.8    /hotel/375265.html?isFull=F#ctm_ref=hod_sr_map_dl_txt_3
3   2215343                北京诺金酒店    4.8   /hotel/2215343.html?isFull=F#ctm_ref=hod_sr_map_dl_txt_4
4    984991              北京中乐六星酒店    4.8    /hotel/984991.html?isFull=F#ctm_ref=hod_sr_map_dl_txt_5
5    939388            北京国二招宾馆(东楼)   4.8    /hotel/939388.html?isFull=F#ctm_ref=hod_sr_map_dl_txt_6
6    391750                北京四季酒店    4.8    /hotel/391750.html?isFull=F#ctm_ref=hod_sr_map_dl_txt_7
7   1198297                北京瑰丽酒店    4.8   /hotel/1198297.html?isFull=F#ctm_ref=hod_sr_map_dl_txt_8
8    347422               北京嘉里大酒店    4.8    /hotel/347422.html?isFull=F#ctm_ref=hod_sr_map_dl_txt_9
9   5032132                北京泰富酒店    4.8   /hotel/5032132.html?isFull=F#ctm_ref=hod_sr_map_dl_txt_10
10   369675               北京国贸大酒店    4.8    /hotel/369675.html?isFull=F#ctm_ref=hod_sr_map_dl_txt_11
11   735707              北京华尔道夫酒店    4.8    /hotel/735707.html?isFull=F#ctm_ref=hod_sr_map_dl_txt_12
12  1641390              北京VUE后海酒店    4.8   /hotel/1641390.html?isFull=F#ctm_ref=hod_sr_map_dl_txt_13  西城区德内大街
13  1288173           北京朗丽兹西山花园酒店   4.8   /hotel/1288173.html?isFull=F#ctm_ref=hod_sr_map_dl_txt_14
14  2231618             北京东直门亚朵S酒店    4.8   /hotel/2231618.html?isFull=F#ctm_ref=hod_sr_map_dl_txt_15
15  1707138                北京雁栖酒店    4.8   /hotel/1707138.html?isFull=F#ctm_ref=hod_sr_map_dl_txt_16
16   429034              北京盘古七星酒店    4.8    /hotel/429034.html?isFull=F#ctm_ref=hod_sr_map_dl_txt_17
17   424787                北京瑞吉酒店    4.8    /hotel/424787.html?isFull=F#ctm_ref=hod_sr_map_dl_txt_18
18   369700                北京丽晶酒店    4.7    /hotel/369700.html?isFull=F#ctm_ref=hod_sr_map_dl_txt_19
19   429203                北京励骏酒店    4.7    /hotel/429203.html?isFull=F#ctm_ref=hod_sr_map_dl_txt_20
20   437440                北京乾元酒店    4.7    /hotel/437440.html?isFull=F#ctm_ref=hod_sr_map_dl_txt_21
21   427807               北京长富宫饭店    4.7    /hotel/427807.html?isFull=F#ctm_ref=hod_sr_map_dl_txt_22
22   396423                北京昆仑饭店    4.7    /hotel/396423.html?isFull=F#ctm_ref=hod_sr_map_dl_txt_23
23   429533              北京昆泰嘉华酒店    4.7    /hotel/429533.html?isFull=F#ctm_ref=hod_sr_map_dl_txt_24
24   374778              北京富力万丽酒店    4.7    /hotel/374778.html?isFull=F#ctm_ref=hod_sr_map_dl_txt_25
25   345025           北京中奥马哥孛罗大酒店   4.7     /hotel/345025.html?isFull=F#ctm_ref=hod_sr_map_dl_txt_1
26   369708           北京首都机场希尔顿酒店   4.7     /hotel/369708.html?isFull=F#ctm_ref=hod_sr_map_dl_txt_2
27   391657          北京朝阳悠唐皇冠假日酒店   4.7     /hotel/391657.html?isFull=F#ctm_ref=hod_sr_map_dl_txt_3
28  1739375          北京日出东方凯宾斯基酒店   4.7    /hotel/1739375.html?isFull=F#ctm_ref=hod_sr_map_dl_txt_4
29   419959            金茂北京威斯汀大饭店   4.7     /hotel/419959.html?isFull=F#ctm_ref=hod_sr_map_dl_txt_5
30   434333    北京唯实酒店(唯实国际文化交流中心)   4.7     /hotel/434333.html?isFull=F#ctm_ref=hod_sr_map_dl_txt_6
31   928851            北京丽都皇冠假日酒店   4.7     /hotel/928851.html?isFull=F#ctm_ref=hod_sr_map_dl_txt_7
32  2083684  北京云臻金陵莲花酒店(原世纪莲花酒店)   4.7    /hotel/2083684.html?isFull=F#ctm_ref=hod_sr_map_dl_txt_8
33   374776             北京华彬费尔蒙酒店    4.7     /hotel/374776.html?isFull=F#ctm_ref=hod_sr_map_dl_txt_9
34   429505                北京东隅酒店    4.7    /hotel/429505.html?isFull=F#ctm_ref=hod_sr_map_dl_txt_10
```

图 13-13　查询结果

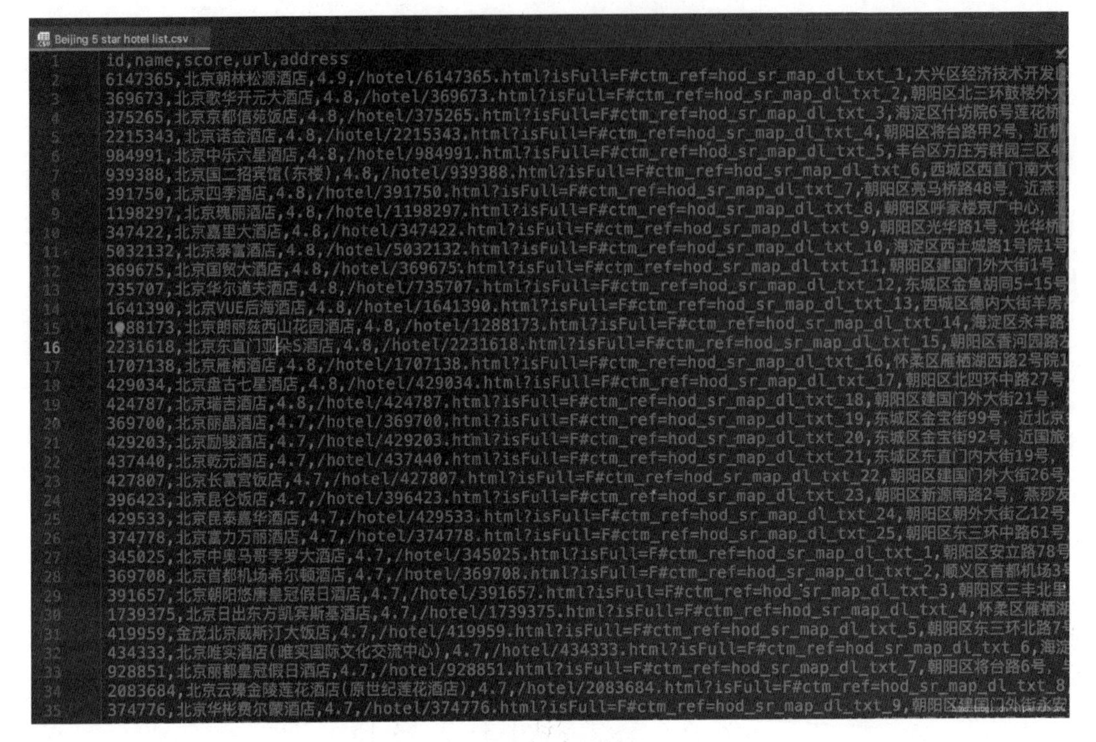

图 13-14　查询结果

13.7　本章小结

生活娱乐点评类信息爬虫应用比较广泛，本章对此进行了全面介绍和总结。本章为爬取携程数据的实践内容，所采用的主要关键技术包括使用 Selenium 爬取网站以及将数据存储至 MySQL 数据库。首先描述了静态网页和动态网页的爬取方法，对请求响应关系进行了介绍，然后讲解了请求头和请求体的知识点。最后，结合实战演练介绍 Scrapy 框架的应用实例。此外，还介绍了通过浏览器审查元素解析地址和通过 Selenium 模拟浏览器抓取从而获取内容的方法，在此基础上可以延伸至多服务器或 Tor 爬虫，尝试一下更换 IP 的爬虫；或者可以将 Tor 爬虫和多线程技术结合起来。

练习题

1. 什么是 B/S 架构？
2. 爬虫过程中，若不设置请求头，会造成什么后果？
3. 如何对 CSV 文件进行存储？
4. 什么是 AJAX，有什么价值？

第 14 章 Chapter 14

图片信息类爬虫项目

互联网中的大量素材库（如图片资料）都可在生活和工作中用于进行分析或参考，我们可以将这些图片爬取并存储到本地，这样使用起来会更加方便。在本章中，我们会以图片信息类爬虫项目为例来讲解如何通过 urllib 模块和 Scrapy 框架实现图片爬虫项目，还会涉及 TensorFlow、KNN 和 CNN 等机器学习训练方法的使用过程。

14.1 功能分析

如果想对某个商品的图片进行设计，则需要参考互联网中的一些素材，此时通过互联网逐个网页地打开查看会比较麻烦，因此我们可以将对应网站中相关栏目下的素材图片全部爬取到本地中使用。在本项目中，需要实现的功能主要包括：获取目标网站下的图片素材；将原图片素材（非缩略图）下载并保存到本地的对应目录中。由于网站列表页中显示的图片 URL 为对应图片的缩略图 URL 地址，而缩略图的像素显然没有原图高，不够清晰，所以我们在项目中需要爬取对应图片的原图 URL，而缩略图和原图的 URL 之间是有一定规律的，这个规律在接下来的实现过程中将具体分析。

14.2 实现思路

为了提高项目开发的效率，避免在项目开发的过程中思路混乱，我们需要在项目开发前先理清该项目的实现思路及实现步骤。本节项目的实现思路及实现步骤如下所示：

1）对要爬取的网页进行分析，发现要获取的内容的规律，总结出提取对应数据的表达式，并且发现不同图片列表页 URL 之间的规律，总结出自动爬取各页的方式；

2）创建 Scrapy 爬虫项目；

3）编写好项目对应的 items.py、pipelines.py、settings.py 文件；

4）创建并编写项目中的爬虫文件，爬取当前列表页面的所有原图片，并自动爬取各图片列表页。

14.2.1 urllib 模块的使用

安装 requests：

```
pip3 install requests
```

获取百度图片搜索 URL 信息如图 14-1 和图 14-2 所示。

图 14-1　搜索关键字为 1 的图片

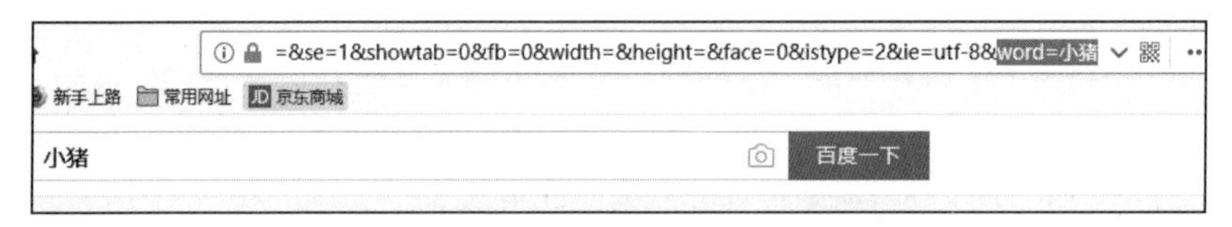

图 14-2　搜索关键字为小猪的图片

通过观察，我们可以发现百度图片搜索页面的 URL，假设关键字为 LOL，则 word=LOL。

```
http://image.baidu.com/search/index?tn=baiduimage&ps=1&ct=201326592&lm=1&cl=2&nc=
    1&ie=utf-8&word=LOL
```

我们需要进行修改，将 index 改成 flip。

```
url="https://image.baidu.com/search/flip?tn=baiduimage&ie=utf-8&word="+word+""
```

编写代码，首先导入要使用的模块。

```
import requests
import os
import re
```

然后，生成一个目录。

```
word=input("请输入你要下载的图片:")
if not os.path.exists(word):
os.mkdir(word)
```

提取信息进行数据下载保存。

```
r=requests.get(url)
```

```
ret=r.content.decode()
result=re.findall('"objURL":"(.*?)",',ret)
for i in result:
    end=re.search('(.jpg|.png|.gif|.jpeg)$',i)  # 判断是否以该格式结尾
    if end == None:
    i=i+'.jpg'
    try:
    with open(word+'/%s'%i[-10:],'ab') as f:
    img=requests.get(i,timeout=3)
    f.write(img.content)
    except Exception as e:
    print(e)
```

接着运行爬虫文件。

```
import requests
import os
import re
word=input("请输入你要下载的图片:")
if not os.path.exists(word):
os.mkdir(word)
url="https://image.baidu.com/search/flip?tn=baiduimage&ie=utf-8&word="+word+""
#http://image.baidu.com/search/index?tn=baiduimage&ps=1&ct=201326592&lm=-1&cl=
    2&nc=1&ie=utf-8&word=LOL
# 将index改成flip
r=requests.get(url)
ret=r.content.decode()
result=re.findall('"objURL":"(.*?)",',ret)
for i in result:
end=re.search('(.jpg|.png|.gif|.jpeg)$',i)        # 判断是否以该格式结尾
if end == None:
i=i+'.jpg'
try:
with open(word+'/%s'%i[-10:],'ab') as f:
img=requests.get(i,timeout=3)
f.write(img.content)
except Exception as e:
print(e)
```

运行结果如图 14-3 所示。

```
C: \Users\lenovo\AppData' \Local \Programs \Python\
请输入你要下载的图片: XXX（仅举例下载风景图片）
Process finished with exit code 0
```

图 14-3　运行结果

14.2.2 Scrapy 框架的使用

目标网页（http://699pic.com/tupian/kaixue.html）如图 14-4 所示。

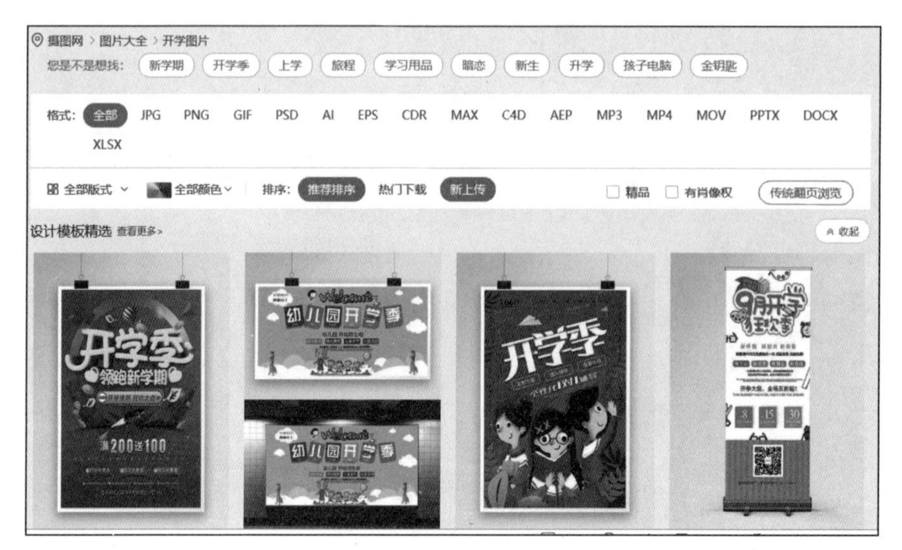

图 14-4　目标网页

```
<div class="list" data-w="450"data-h="300" data-id= "500383415"style="width:
    366px; height: 244px; display: block; overflow:hidden;">
<arel="nofollow"href="http://699pic.com/tupian-500383415.html"target="_blank"event-
    statistics="true"event-name="click"event-data="500383415*1*1"onclick="env.
    toDetail(500383415,265126,1);"title=" 明亮的校园教室><img alt="明亮的校园教室
    高清图片" title="明亮的校园教室图片下载"class="lazy" src="http:limg95.699pic.
    com/photo/5003813415.jpgwh300.jpg" dataoriginal="http://img95.699pic.com/
    photo/50038/3415. jpg_ wh300.jpg" width="450" height= "300"style-"display:_
    inline;"> #$0
</a>
```

每个图片都放在一个 class = list 的 div 里面，其中 src 和 data-original 中均为该图片的缩略图地址（通过 scrapy shell 命令可以看出）。

```
In [3]: response. xpath("//div/a/img').extract()
out[3 ]
['<img src=" 11 static. 699pic.com/images/common/logol.png.">'
'<img src= / / static.699pic. com/ images/ common/ logo2. png'
'<img alt="明亮的校园教室高清图片" title="明亮的校园教室图片下载" class="lazy" src=
    "http://static.699pic.com/images/blank.png" data-original=http://img95.699pic.
    com/photo/50038/3415.jpg_width=450" height="300">'
'<img alt="录取通知书高清图片" title= "录取通知书图片下载" class=" lazy" src="http://
    static.699pic.com/images/blank.png" data-original="http://img95.699pic.com/photo/
    500493656.jpg_wh300.jpg" width="533.31147540984" height="300">'
'<img alt=" 毕业季校园空荡荡的大学教室高清图片"title="毕业季校园空荡荡的大学教室图片下载"
    class="lazy" src="http://static.699pic.com/images/blank.png" data-original=
    "http://img95.699pic.com/photo/50038/3408.jpg_wh300.jpg" width= "449.96209249431"
    height="300">'
```

```
'<img alt="开学黑板高清图片" title= "开学黑板下载" class= "lazy" src= "http://
    static.699pic.com/images/blank.png" data-original= "http://img95.699pic.com/
    photo/50007/5918.jpg_wh300.jpg" width= "719.92888587877" height="300">'
'<img alt="开学季手拉手去上学的同学高清图片" title= "开学季手拉手去上学的同学图片下载
    "class="lazy" src=" http://static.699pic.com/images/blank.png" data-original=
    "http://img95.699pic.com/photo/50060/1665.jpg_wh300.jpg" width="450" height=
    "300">',
'<img alt= "老师您辛苦啦高清图片" title="老师您辛苦啦图片下载" class="lazy" src= "http://
    static.699pic.com/images/blank.png" data-original= "http://img95.699pic.com/
    photo/400368966.jpg_wh300.jpg" width="450" height="300">'
'<img alt="开学啦高清图片" title="开学啦图片下载" class= "lazy" src= "http://
    static.699pic.com/images/blank.png" data-original= "http://.img95.699pic.com/
    photo/50053/8521.jpg_wh300.jpg" width="445.08102574" heignt="300">'
```

下面来比较分析其中一张图片的缩略图地址和原图地址，缩略图地址为 http://img95.699pic.com/photo/50038/3415.jpg_wh300.jpg，原图地址为 http://seopic.699pic.com/photo/50038/3415.jpg_wh1200.jpg。通过查看若干图片的两个 URL，我们可以看出，将缩略图中的 "img95" 替换成 "seopic"，然后把 "wh_300" 替换成 "wh1200" 就变成了原图的 URL。接下来就可以通过以下命令行创建爬虫项目，如图 14-5 所示。

```
scrapy startproject picture
```

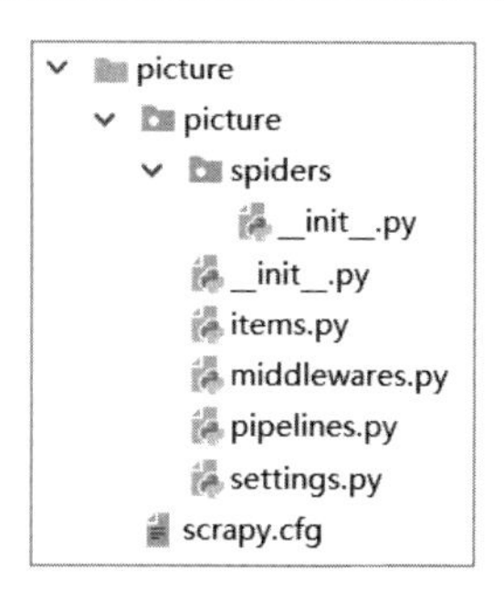

图 14-5　项目文件创建

首先，编写 items.py 文件，对默认 items.py 文件做如下修改（关键部分已给出注释）：

```
import scrapy
class PictureItem(scrapy.Item):
# 定义项目的字段
picurl = scrapy.Field()                  # 存储图片的地址
name = scrapy.Field()                    # 存储图片名以构造本地文件名
```

接着编写 pipelines.py 文件，对默认 pipelines.py 文件做如下修改（关键部分已给出注释）：

```
import urllib.request
class PicturePipeline(object):
def process_item(self, item, spider):
# 遍历item，并根据规律将缩略图URL变成原图的URL
for i in range(0,len(item["picurl"])):
url = item["picurl"][i]                  # 得到缩略图的URL
realurl = url.replace("img95","seopic") + ".jpg_wh1200.jpg"
```

```
name = item["name"][i]                                          # 得到图片的名字
localpath = "E://picture//" + name + ".jpg"                     # 将要保存到的本地路径
# print(realurl + " " + localpath)
urllib.request.urlretrieve(realurl,filename = localpath)# 将图片下载到本地
return itemimport scrapy
class PictureItem(scrapy.Item):
```

然后，修改配置文件 settings.py，将配置文件中关于 pipelines 的配置部分按如下方式修改，这样就可以开启使用 pipelines.py 文件了。

```
# 配置项目管道
# 参考网址https://doc.scrapy.org/en/latest/topics/item-pipeline.html
ITEM_PIPELINES = {
'picture.pipelines.PicturePipeline': 300,
}
```

为了避免服务器通过 Cookie 信息识别出爬虫，从而将我们的爬虫禁止，可以关闭使用 Cookie，将设置文件中的 COOKIES_ENABLED 修改如下：

```
# 禁用cookie（默认启用）
COOKIES_ENABLED = False
```

为了避免服务器的 robots.txt 文件限制我们的爬虫，可以在文件中设置不遵循 robots 协议进行爬取，我们将设置文件中的 ROBOTSTXT_OBEY 部分设置如下。

```
# 遵守robots.txt规则
ROBOTSTXT_OBEY = False
```

最后，按如下方式编写爬虫文件，关键部分的代码已给出注释。

```
        import scrapy
        import re
        from scrapy.http import Request
        from picture.items import PictureItem
        class PictureSpider(scrapy.Spider):
        name = "picture"                                # 爬虫的名字叫picture
        start_urls = [ 'http://699pic.com/tupian/kaixue.html']
                                                        # 目标网页的URL
        def parse(self, response):
            items = PictureItem()
            # 通过正则表达式找出所有图片缩略图的URL
            url = "(http://img95.699pic.com/photo/.*?/.*?).jpg_wh300.jpg"
            items["picurl"] = re.compile(url).findall(str(response.body))
                                                        # 匹配得到所有URL
           # 通过正则表达式找出所有图片的名字
           name = "http://img95.699pic.com/photo/.*?/(.*?).jpg_wh300.jpg"
           items["name"] = re.compile(name).findall(str(response.body))
                                                        # 匹配得到所有name
           yield items
           # 爬取从第2页到末页的所有图片列表页
           for i in range(2,52):
    nexturl = "http://699pic.com/sousuo-265126-0-" + str(i) + "-0-0-0.html"
yield Request(nexturl, callback=self.parse)
```

其中每一个列表页的网址都形如 http://699pic.com/sousuo-265126-0-2-0-0-0.html、http://699pic.com/sousuo-265126-0-3-0-0-0.html。

那么，nexturl 就可以通过改变其中的数字来不断地向后爬取网页，因此：

```
nexturl = "http://699pic.com/sousuo-265126-0-" + str(i) + "-0-0-0.html"
```

14.3　程序执行

通过以下命令行执行爬虫项目，结果如图 14-6 所示。

```
scrapy crawl picture
```

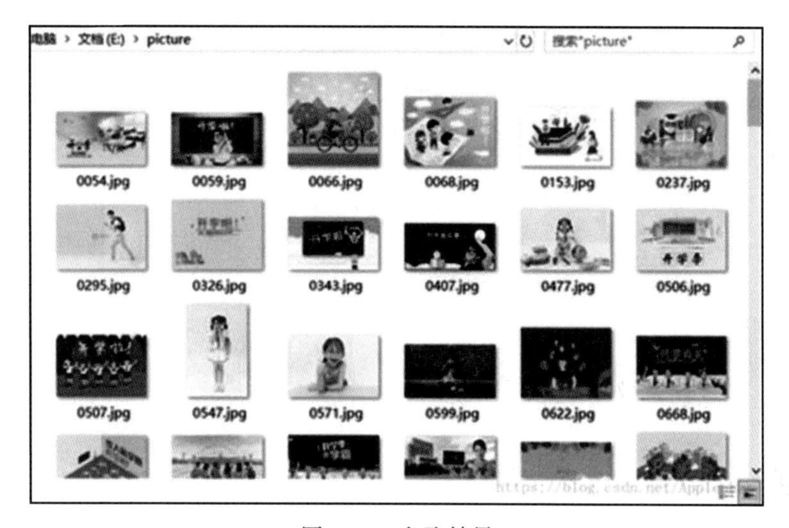

图 14-6　爬取结果

14.4　实战演练图片验证码

可以直接利用 TensorFlow 实现爬虫图片验证码识别，需要用到图像的相关处理方法，实现一个边缘检测算法来找出缺口的位置，而对于这种验证码，我们可以利用和原图对比检测的方式来识别缺口的位置，因为在没有滑动滑块之前，缺口并没有呈现。我们可以同时获取两张图片。设定一个对比阈值，然后遍历两张图片，找出相同位置像素 RGB 差距超过此阈值的像素点，那么此像素点的位置就是缺口的位置。验证码增加了机器轨迹识别，匀速运动、随机速度等方法都不能通过验证，只有完全模拟人的移动轨迹才可以通过验证。人的运动轨迹一般是先急加速再减速，我们需要模拟这个过程才能成功。

14.4.1　开发环境与工具

Anaconda3 指的是一个开源的 Python 发行版本，其包含了 conda、Python 等 180 多个科学包及其依赖项。Anaconda 是在 conda（一个包管理器和环境管理器）上发展出来的。在数据分析中，你会用到很多第三方的包，而 conda（包管理器）可以很好地帮助你在计算机上安装和管理这些包，包括安装、卸载和更新包。

14.4.2 Anaconda3 的安装

1. 下载并安装 Anaconda3

可从官网（https://www.anaconda.com/download/）下载安装，不过官网速度比较慢，不太推荐。推荐从清华镜像（https://mirrors.tuna.tsinghua.edu.cn/anaconda/archive/）下载，双击下载好的 Anaconda3-5.0.1-Windows-x86_64.exe 文件，会出现安装界面，点击 Next 即可，如图 14-7 所示。

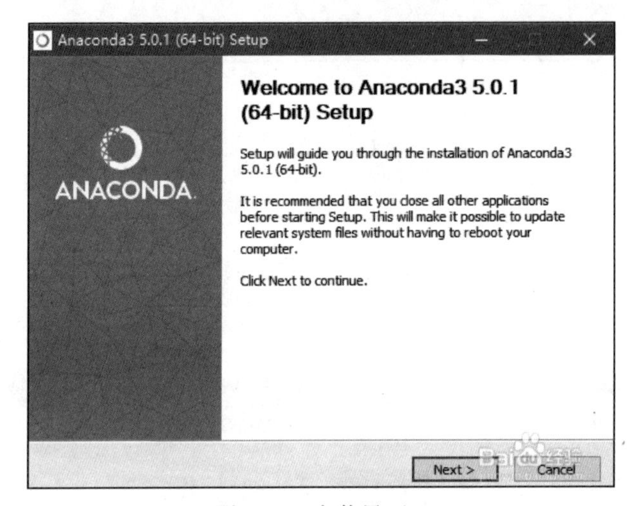

图 14-7 安装界面 1

点击 I Agree 按钮，如图 14-8 所示。

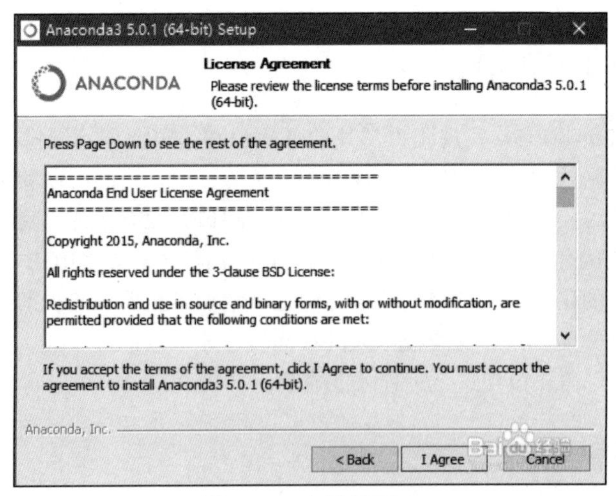

图 14-8 安装界面 2

点击 Next 按钮，如图 14-9 所示。

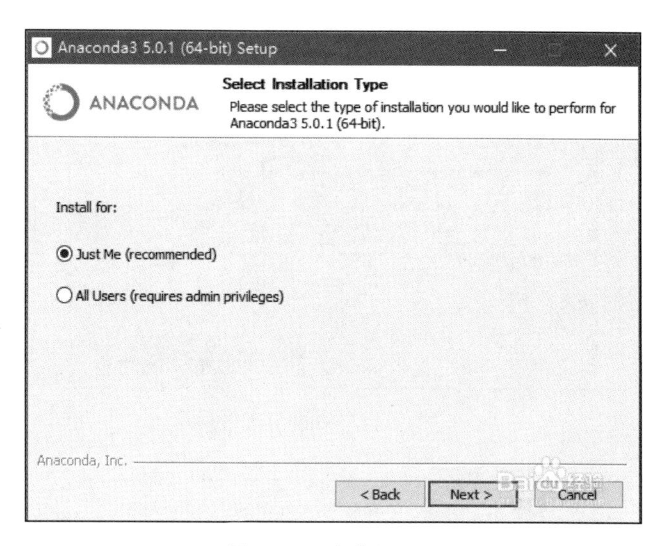

图 14-9　安装界面 3

对于选项 Just Me 和 All Users，只有当计算机有多个用户时才需要考虑这个问题。一般而言，一个计算机就一个用户，如果计算机有多个用户，则可选择 All Users，在这里直接选中 Just Me，继续点击 Next，如图 14-10 所示。

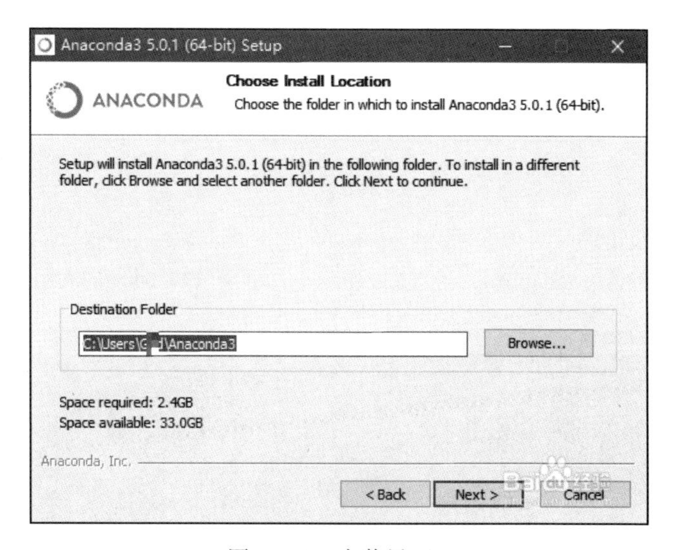

图 14-10　安装界面 4

接着便来到了 Advanced Options，所谓的“高级选项”。第一个是加入环境变量，第二个是默认使用 Python 3.6（直接按照默认的，当然，也可自己修改），点击“Install”，开始安装。

安装完成后点击 Finish，如图 14-12 所示。

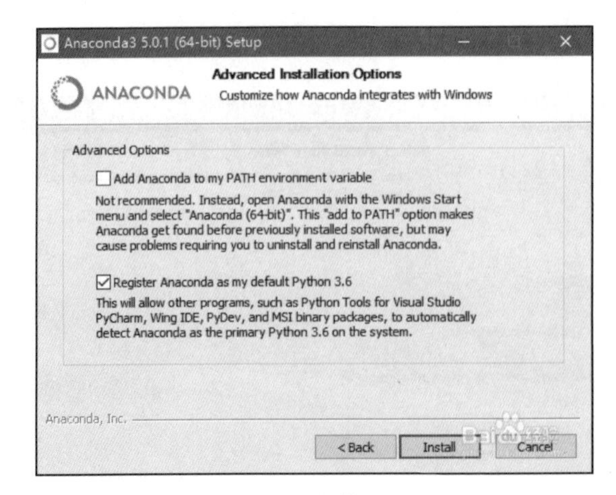

图 14-11 安装界面 5

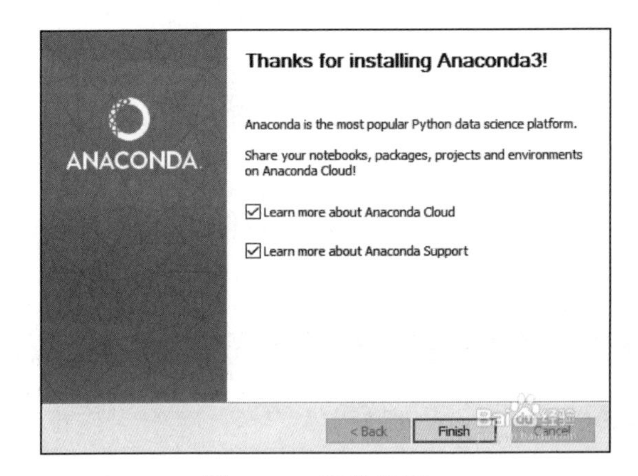

图 14-12 安装界面 6

2. 测试是否安装正确

在 cmd 命令下输入 conda info，若看到如图 14-13 所示的界面，则表示已安装成功。

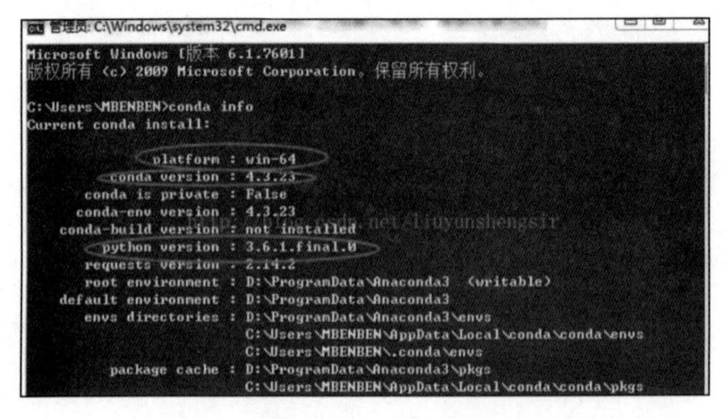

图 14-13 测试

如果提示 conda 不是内容命令，则说明在安装时未勾选配置环境变量的选项。接下来可手动配置系统环境变量。

3. 环境变量配置

可将相关路径添加到系统环境变量中，如图 14-14 所示。

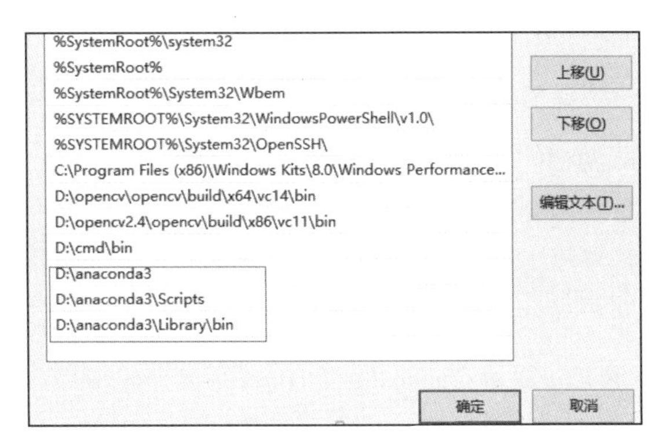

图 14-14　添加路径

路径添加好之后，按 Win+R 打开 cmd 窗口，在命令行输入 python 即可看到 Python 的版本，说明 Anaconda 安装完毕，如图 14-15 所示。

```
C:\WINDOWS\system32\cmd.exe - python
Microsoft Windows [版本 10.0.17134.590]
(c) 2018 Microsoft Corporation。保留所有权利。

C:\Users\MAWONLY>python
Python 3.7.1 (default, Dec 10 2018, 22:54:23) [MSC v.1915 64 bit (AMD64)] :: Anaconda, Inc. on win32
Type "help", "copyright", "credits" or "license" for more information.
>>> 
```

图 14-15　查看 Python 版本

4. 设置 Anaconda 镜像并加速下载包

使用 conda install 包名安装需要的 Python 非常方便，但是官方的服务器在国外，因此下载速度很慢，国内清华大学提供了 Anaconda 的仓库镜像，我们只需要配置 Anaconda 的配置文件，添加清华的镜像源，然后将其设置为第一搜索渠道即可在 cmd 命令行下分别执行以下命令。

```
conda config --add channels https://mirrors.tuna.tsinghua.edu.cn/anaconda/pkgs/
    free/c
conda config --set show_channel_urls yes
conda config --add channels https://mirrors.tuna.tsinghua.edu.cn/anaconda/
    cloud/conda-forge/`
conda config --add channels https://mirrors.tuna.tsinghua.edu.cn/anaconda/
    cloud/msys2/
```

配置完成后可以测试一下，安装第三方包的速度明显提高了。

5. 包管理

安装 Anaconda 之后，我们就可以很方便地管理安装包了。

6. 安装包

conda 的包管理功能和 pip 是一样的，当然选择 pip 来安装包也是没问题的。Anaconda3 环境虽然安装好了，但是并未安装 TensorFlow，安装命令如下：

```
conda install tensorflow
```

同时在该环境下安装 jupyter notebook、numpy、sklearn、pytesser、opencv 等模块。

```
# 安装 matplotlib
conda install matplotlib
conda install scikit-learn
conda install jupyter notebook
```

用 request 库爬虫抓取某一网站验证码（包含 1004 张验证码图片）并做好标注，数据集部分样例如图 14-16 所示。

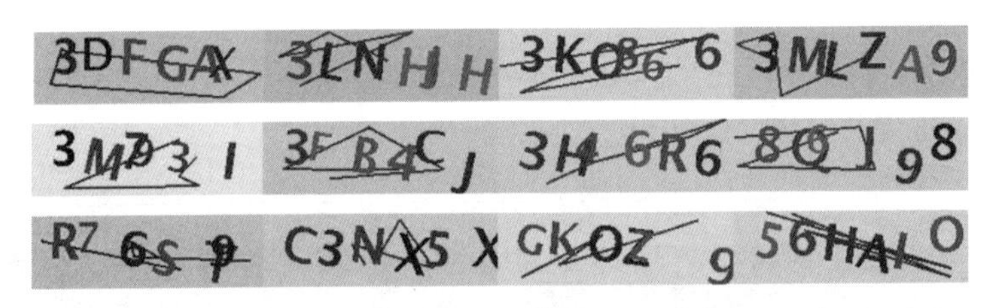

图 14-16 验证码

14.4.3 问题步骤

通过观察验证码可以得知：

- **验证码类型**：6 位验证码，有数字字母，分类较多。
- **验证码分割**：验证码字符位置随机、不固定，有些验证码字符甚至叠加在一起，而且出现的概率很高，基本占一半。如果进行图片切割，则会丧失一定的信息，识别精度也会很低，所以初步想法是，在较小标注样本的情况下，不进行图片分割，尝试使用迁移学习 VGG16 来进行验证码识别，看看是否能够提高精度。
- **噪声去除**：由于噪声的颜色有时候会和字母的颜色一样（或近似），因此不适合使用之前的那种方法。观察验证码，可根据点噪声方法来去噪。

14.4.4 解决步骤

1. 迁移学习

在训练集为 63 000 张图片的情况下进行去噪但不进行图片分割等预处理之后，可尝试使用迁移学习 VGG16，参考链接为 tensorflow vgg16，使用 CNN 进行 4 位验证码识别，结果效果不佳，验证码单个数字的准确率在 65% 左右，训练过程慢且对 GPU 要求较高。

2. KNN 分类

由于迁移学习调参过程复杂麻烦，而且使用的迁移模型较复杂、训练时间比较久，所以迟迟都没取得实质性的效果，没办法交任务，于是想着放弃那些重叠的验证码，尝试使用之前的验证码识别的方法来对图片进行分割，看看效果如何，大概做了一个小时之后，发现效果还行，准确度达 54%，但是对于 KNN 算法，注定训练集越多，训练得到的模型就会越大，大概 1GB，这样不仅模型过大占内存，而且预测效率也很低。

3. CNN 分类

考虑到存在的一些缺点，KNN 还有待改进，故而尝试编写 CNN 看看效果如何，由于时间紧，初步取了个模型，发现效果不错，训练得到的模型大小为 101MB，预测效率也高了好几倍，精度在 77% 左右。

14.4.5　图片预处理代码

图片去噪，将图片扩充为 224×224 像素。

1. 转化成灰度图

```
im = cv2.cvtColor(image, cv2.COLOR_BGR2GRAY)
```

2. 去除背景噪声

去除验证码干扰线的思想可参考 https://blog.csdn.net/lf666000/article/details/50075055。这里将给出本节所使用的去除背景噪声的方法。首先，认真观察我们的实验数据，发现根据线降噪方法来去除噪声是不可行的，因为我们的图片干扰线很粗，与数字差不多粗。接着再认真观察一下，单个数字的颜色都是单一的，那么是否可以根据颜色来区分呢？先转化成灰度图，再通过图像分割方法把图片分割一下，去除掉边框和部分噪声，这样就分成了 4 张图，然后统计每张图的灰度直方图（可设置 bin），找到直方图灰度第二多的颜色所对应的像素范围，即某一像素范围内像素数第二多所对应的像素范围（像素最多的应该是白色，空白处），取像素范围中位数 mode，然后保留（mode±biases）的像素。这样就可以将大部分噪声去除掉，如图 14-17 所示。

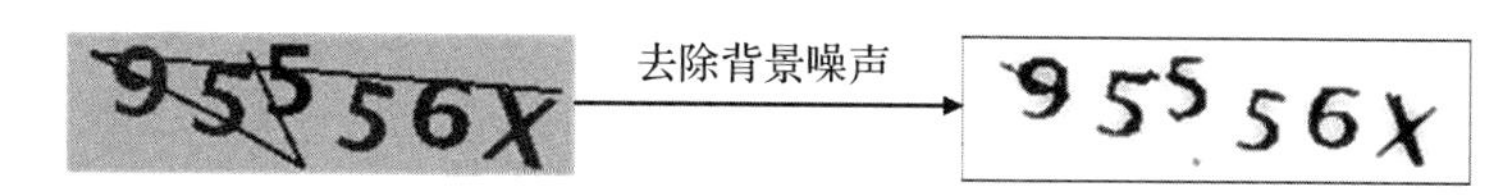

图 14-17　去除背景噪声

```
# -*- coding:utf-8 -*-
import cv2
import os
import numpy as np
import copy
'''
根据该像素周围点为黑色的像素数（包括本身）来判断是否把它归为噪声，
如果是噪声就将其变为白色
```

```
'''
'''
input:  img:二值化图
number: 若周围像素数为黑色的小于number个，则视其为噪声，并将其去掉，如
number=6便代表当一个像素周围9个点（包括本身）中黑色像素数小于6个时，就
将这个像素归为噪声
output: 返回去噪声的图像
'''
def del_noise(img,number):
height = img.shape[0]
width = img.shape[1]

img_new = copy.deepcopy(img)
for i in range(1, height - 1):
for j in range(1, width - 1):
    point = [[], [], []]
    count = 0
    point[0].append(img[i - 1][j - 1])
    point[0].append(img[i - 1][j])
    point[0].append(img[i - 1][j + 1])
    point[1].append(img[i][j - 1])
    point[1].append(img[i][j])
    point[1].append(img[i][j + 1])
        point[2].append(img[i + 1][j - 1])
    point[2].append(img[i + 1][j])
    point[2].append(img[i + 1][j + 1])
for k in range(3):
    for z in range(3):
    if point[k][z] == 0:
    count += 1
    if count <= number:
    img_new[i, j] = 255
    return img_new

if __name__=='__main__':
img_dir = './img_down_sets/corpus_manual/test'
img_name = os.listdir(img_dir)  # 列出文件夹下所有的目录与文件
kernel = np.ones((5, 5), np.uint8)
for i in range(len(img_name)):
path = os.path.join(img_dir, img_name[i])
image = cv2.imread(path)
name_list = list(img_name[i])[:6]
if '.' in name_list:
print("%s标签错误，请重新标签!" % img_name[i])
else:
name = ''.join(name_list)
# 灰度化
# print(image.shape)
grayImage = cv2.cvtColor(image, cv2.COLOR_BGR2GRAY)

# 二值化
result = cv2.adaptiveThreshold(grayImage, 255, cv2.ADAPTIVE_THRES H_GA USS IA
    N_C, cv2.THRESH_BINARY, 21, 1)
# 去噪声
img = del_noise(result, 6)
```

```
img = del_noise(img, 4)
img = del_noise(img, 3)
# 加滤波去噪
im_temp = cv2.bilateralFilter(src=img, d=15, sigmaColor=130, sigmaSpace=150)
im_temp = im_temp[1:-1,1:-1]
im_temp = cv2.copyMakeBorder(im_temp, 83, 83, 13, 13, cv2.BORDER_CONSTANT,
    value=[255])
cv2.imwrite('./img_down_sets/new_corpus/%s.jpg' %(name), im_temp)
print("%s %s.jpg"%(i,name))
print("图片预处理完成！")
```

14.4.6　图片切割

这里主要利用 OpenCV 实现对图片验证码的切割处理，原理是通过操作图像矩阵来获取或合并指定位置的图像，代码如下所示。

```
#-*-coding:utf-8 -*-
import cv2
import os

def cut_image(image, num, img_name):
# image = cv2.imread('./img/8.jpg')
im = cv2.cvtColor(image, cv2.COLOR_BGR2GRAY)
# im_cut_real = im[8:47, 28:128]

im_cut_1 = im[80:140, 23:57]
im_cut_2 = im[80:140, 53:87]
im_cut_3 = im[80:140, 83:117]
im_cut_4 = im[80:140, 113:147]
im_cut_5 = im[80:140, 143:177]
im_cut_6 = im[80:140, 173:207]

im_cut = [im_cut_1, im_cut_2, im_cut_3, im_cut_4, im_cut_5, im_cut_6]
for i in range(6):
    im_temp = im_cut[i]
    cv2.imwrite('./img_cut_train/'+str(num)+ '_' + str(i)+'_'+img_name[i]+'.
        jpg', im_temp)

if __name__ == '__main__':
img_dir = './new_corpus'
img_name = os.listdir(img_dir)  # 列出文件夹下所有的目录与文件
for i in range(len(img_name)):
        path = os.path.join(img_dir, img_name[i])
        image = cv2.imread(path)
        name_list = list(img_name[i])[:6]
        # name = ''.join(name_list)
        cut_image(image, i, name_list)
if i %2000==0:
print('图片%s分割完成' % (i))
print(u'*****图片分割预处理完成！*****')
```

14.4.7　KNN 训练

K 近邻（KNN，K-NearestNeighbor）分类算法是数据挖掘分类技术中最简单的方法之一。

所谓K近邻，就是K个最近的邻居的意思，说的是每个样本都可以用它最接近的K个邻居来代表。KNN算法的核心思想是，如果一个样本在特征空间中的K个最相邻的样本中的大多数属于某一个类别，则该样本也属于这个类别，并具有这个类别上样本的特征。由于KNN方法主要靠周围有限的邻近的样本，而不是靠判别类域的方法来确定所属类别的，因此对于图片的交叉或者重叠较多的图片验证码待分样本集来说，KNN方法较其他方法更为适合。

构建一个KNN分类器来进行图片验证码分类，代码如下所示。

```
    # -*-coding:utf-8-*-
    import numpy as np
    from sklearn import neighbors
    import os
    from sklearn.preprocessing import LabelBinarizer
    from sklearn.model_selection import train_test_split
    from sklearn.metrics import classification_report
    from sklearn.externals import joblib

    import cv2

    if __name__ == '__main__':
    # 读入数据
    data = []
    labels = []
    img_dir = './img_train_cut'
    img_name = os.listdir(img_dir)
    # number = ['0','1', '2','3','4','5','6','7','8','9']
    for i in range(len(img_name)):
path = os.path.join(img_dir, img_name[i])
# cv2读进来的图片是RGB三维的，转成灰度图，将图片转化成一维
image = cv2.imread(path)
im = cv2.cvtColor(image, cv2.COLOR_BGR2GRAY)
image = im.reshape(-1)
data.append(image)
y_temp = img_name[i][-5]
labels.append(y_temp)

# 标签规范化
y = LabelBinarizer().fit_transform(labels)

x = np.array(data)
y = np.array(y)

# 拆分训练数据与测试数据
x_train, x_test, y_train, y_test = train_test_split(x, y, test_size=0.2)

# 训练KNN分类器
clf = neighbors.KNeighborsClassifier()
clf.fit(x_train, y_train)

# 保存分类器模型
joblib.dump(clf, './knn.pkl')

# 测试结果打印
pre_y_train = clf.predict(x_train)
```

```
    pre_y_test = clf.predict(x_test)
    class_name = ['class0', 'class1', 'class2', 'class3', 'class4',
    'class5', 'class6', 'class7', 'class8', 'class9']
    print classification_report(y_train, pre_y_train, target_names=class_name)
    print classification_report(y_test, pre_y_test, target_names=class_name)

    # clf = joblib.load('knn.pkl')
    # pre_y_test = clf.predict(x)
# print pre_y_test
# print classification_report(y, pre_y_test, target_names=class_name)
```

14.4.8 CNN 加载数据

在 OpenCV 将图片验证码数据加载到 CNN，调用 CNN 训练的模型来分类图片之前，需要加载训练后的模型，代码如下所示。

```
    #-*-coding:utf-8 -*-
    import numpy as np
    import os
    import cv2

    def text2vec(labels):
    # 制作词典
    number = ['2', '3', '4', '5', '6', '7', '8', '9']
    alphabet = ['A', 'B', 'C', 'D', 'E', 'F', 'G', 'H', 'I', 'J', 'K', 'L',
        'M', 'N', 'O', 'P', 'Q', 'R', 'S', 'T', 'U','V', 'W', 'X','Y', 'Z']
    dictionary = number + alphabet
    vec = [0]*34
    for i in range(len(dictionary)):
    if dictionary[i] == labels:
    vec[i] = 1
    return vec

    def vec2text(index):
    # 制作词典
    number = ['2', '3', '4', '5', '6', '7', '8', '9']
    alphabet = ['A', 'B', 'C', 'D', 'E', 'F', 'G', 'H', 'I', 'J', 'K', 'L',
        'M', 'N', 'O', 'P', 'Q', 'R', 'S', 'T', 'U','V', 'W', 'X','Y', 'Z']
    dictionary = number + alphabet
    return dictionary[index]

    def load_data(img_dir):
    # 读入数据
    data = []
    labels = []
    img_name = os.listdir(img_dir)

    for i in range(len(img_name)):
path = os.path.join(img_dir, img_name[i])
# cv2读进来的图片是RGB三维的，转成灰度图，将图片转化成一维
image = cv2.imread(path,0)
data.append(image)
y_temp = img_name[i][-5]
        y_vec = text2vec(y_temp)
```

```
labels.append(y_vec)

# 标签规范化
x = np.array(data)
y = np.array(labels)
return x, y
#
# img_dir = './img'
# x, y = load_data(img_dir)
# print(x.shape)
# print(y.shape)
```

14.4.9 训练 CNN 模型

TensorFlow 很适合用来进行大规模数值计算，其中也包括实现和训练深度神经网格模型。本节利用 TensorFlow 实现 CNN 模型的训练与使用，代码如下所示。

```
# -*- coding:utf-8 -*-
import tensorflow as tf
import os
from sklearn.model_selection import train_test_split
import cv2
import numpy as np
from vec_text import text2vec,load_data
def weight_variable(shape):
initial = tf.truncated_normal(shape,stddev=0.001)
return tf.Variable(initial, name='w')
def bias_variable(shape):
initial = tf.constant(0.1,shape = shape)
return tf.Variable(initial, name='b')
def conv2d(x, W):
return tf.nn.conv2d(x,W,strides=[1,1,1,1],padding='SAME')

def max_pool(x):
return tf.nn.max_pool(x,ksize=[1,2,2,1],strides=[1,2,2,1],padding='SAME')
with tf.variable_scope("Input"):
x = tf.placeholder(tf.float32,[None,60,34],name='x')
x_image = tf.reshape(x,[-1,60,34,1])
y = tf.placeholder(tf.float32,[None,34],name='y')

with tf.variable_scope("Cnn_net"):
# 第一层：卷积层
with tf.variable_scope("conv_1"):
w_conv1 = weight_variable([3,3,1,32])
b_conv1 = bias_variable([32])
h_conv1 = tf.nn.relu(conv2d(x_image,w_conv1) + b_conv1)
h_pool1 = max_pool(h_conv1)
# 第二层：卷积层
with tf.variable_scope("conv_2"):
w_conv2 = weight_variable([5,5,32,64])
b_conv2 = bias_variable([64])
h_conv2 = tf.nn.relu(conv2d(h_pool1,w_conv2) + b_conv2)
h_pool2 = max_pool(h_conv2)
```

```
    # 第三层：全连接层
    with tf.variable_scope("full_connect"):
    w_fc1 = weight_variable([15*9*64, 1024])
    b_fc1 = weight_variable([1024])
    h_pool2_flat = tf.reshape(h_pool2, [-1,15*9*64])
    h_fc1 = tf.nn.relu(tf.matmul(h_pool2_flat , w_fc1)+b_fc1)
    # dropout
    with tf.variable_scope("dropout"):
    keep_prob = tf.placeholder(tf.float32)
    h_fc1_drop = tf.nn.dropout(h_fc1, keep_prob)
    # 第四层：softmax输出层
    with tf.variable_scope("softmax"):
    w_fc2 = weight_variable([1024,34])
    b_fc2 = bias_variable([34])
    y_out = tf.nn.softmax(tf.matmul(h_fc1_drop,w_fc2)+b_fc2,name="output")
    # 模型训练与评估
    # 计算交叉熵
    cross_entropy = -tf.reduce_sum(y * tf.log(tf.clip_by_value(y_out,1e-10,1.0)))
    # 使用Adam优化器以0.0001的学习率来进行微调
    train_step = tf.train.AdamOptimizer(2e-6).minimize(cross_entropy)
    # 判断预测标签和实际标签是否匹配
    correct_prediction = tf.equal(tf.argmax(y_out,1), tf.argmax(y,1))
    accuracy = tf.reduce_mean(tf.cast(correct_prediction, tf.float32))
    tf.summary.scalar('accuracy', accuracy)
    tf.summary.scalar('loss', cross_entropy)
    # 将标签转化为向量，输入'2'，输出数组[0,0,1,...,0]
    sess = tf.Session()
    sess.run(tf.global_variables_initializer())
    print('New_built')
    writer = tf.summary.FileWriter('./logs/cnn', sess.graph)
    merged = tf.summary.merge_all()
    # 保存模型
    def save(path='./models/cnn', step=1):
            saver = tf.train.Saver()
            saver.save(sess, path, write_meta_graph=False, global_step=step)
    img_dir = './img_cut_train'
    x_data, y_data = load_data(img_dir)
    # 拆分训练数据与测试数据
    x_train, x_test, y_train, y_test = train_test_split(x_data, y_data, test_
        size=0.003)
    for i in range(3000000):
            b_idx = np.random.randint(0, len(x_train), 100)
    #  print(x_train[b_idx].shape)
    #  train = sess.run(train_step,{x:x_train[b_idx],y:y_train[b_idx],keep_prob:0.75})
    #  print(sess.run(x_image,{x:x_train[b_idx]}).shape)
        train_loss, __ , train_merged= sess.run([cross_entropy, train_step,
            merged], {x: x_train[b_idx], y: y_train[b_idx], keep_prob: 0.5})
        if (i+1)%100==0:
    print(str(i+1),"train loss:",train_loss)
        if (i+1) % 1000 == 0:
accuracy_result,test_merged=sess.run([accuracy,merged],{x:x_test,y:y_test,keep_
    prob:1.0})
print(str(i+1),"test accuracy:",str(accuracy_result))
writer.add_summary(train_merged)
writer.add_summary(test_merged)
```

```
if accuracy_result > 0.96 and (i+1)%10000==0:
    save(step=i+1)
        writer.close()
        sess.close()
```

14.4.10 CNN 模型预测

使用前面训练好的 CNN 模型，对新的图片验证码进行预测。CNN 预测的代码如下所示。

```
import tensorflow as tf
from vec_text import load_data,vec2text
def predict_single(x_data, restore_from = './models/cnn-3085000'):
        def weight_variable(shape):
            initial = tf.truncated_normal(shape, stddev=0.001)
            return tf.Variable(initial, name='w')
        def bias_variable(shape):
            initial = tf.constant(0.1, shape=shape)
            return tf.Variable(initial, name='b')
        def conv2d(x, W):
            return tf.nn.conv2d(x, W, strides=[1, 1, 1, 1], padding='SAME')
        def max_pool(x):
return tf.nn.max_pool(x, ksize=[1, 2, 2, 1], strides=[1, 2, 2, 1], padding='SAME')
        with tf.variable_scope("Input"):
            x = tf.placeholder(tf.float32,[None,60,34],name='x')
            x_image = tf.reshape(x,[-1,60,34,1])
            y = tf.placeholder(tf.float32,[None,34],name='y')
        with tf.variable_scope("Cnn_net"):
            # 第一层：卷积层
            with tf.variable_scope("conv_1"):
w_conv1 = weight_variable([3,3,1,32])
b_conv1 = bias_variable([32])
h_conv1 = tf.nn.relu(conv2d(x_image,w_conv1) + b_conv1)
h_pool1 = max_pool(h_conv1)
# 第二层：卷积层
with tf.variable_scope("conv_2"):
w_conv2 = weight_variable([5,5,32,64])
b_conv2 = bias_variable([64])
h_conv2 = tf.nn.relu(conv2d(h_pool1,w_conv2) + b_conv2)
h_pool2 = max_pool(h_conv2)
# 第三层：全连接层
with tf.variable_scope("full_connect"):
w_fc1 = weight_variable([15*9*64, 1024])
              b_fc1 = weight_variable([1024])
h_pool2_flat = tf.reshape(h_pool2, [-1,15*9*64])
    h_fc1 = tf.nn.relu(tf.matmul(h_pool2_flat , w_fc1)+b_fc1)
# dropout
with tf.variable_scope("dropout"):
keep_prob = tf.placeholder(tf.float32)
h_fc1_drop = tf.nn.dropout(h_fc1, keep_prob)
# 第四层：softmax输出层
with tf.variable_scope("softmax"):
w_fc2 = weight_variable([1024,34])
b_fc2 = bias_variable([34])
y_out = tf.nn.softmax(tf.matmul(h_fc1_drop,w_fc2)+b_fc2,name="output")
```

```
# 模型训练与评估
y_vec = tf.argmax(y_out,1)
# 计算交叉熵
cross_entropy = -tf.reduce_sum(y * tf.log(tf.clip_by_value(y_out,1e-10,1.0)))
# 使用Adam优化器以0.0001的学习率来进行微调
train_step = tf.train.AdamOptimizer(2e-6).minimize(cross_entropy)
# 判断预测标签和实际标签是否匹配
correct_prediction = tf.equal(tf.argmax(y_out,1), tf.argmax(y,1))
accuracy = tf.reduce_mean(tf.cast(correct_prediction, tf.float32))
tf.summary.scalar('accuracy', accuracy)
tf.summary.scalar('loss', cross_entropy)
sess = tf.Session()
# 重载模型
saver = tf.train.Saver()
saver.restore(sess, restore_from)
y_predict = sess.run(y_vec,{x:x_data,keep_prob:1.0})     # 输出格式[1 2 8 9]
        y_predict_alpha = [vec2text(index) for index in y_predict]
                                                          # 用字典转换成字母
# print(y_predict_alpha)
sess.close()
    tf.reset_default_graph()
return y_predict_alpha
# 输入单数字图片，返回该图片对应的字符
# if __name__ == "__main__":
#  img_dir = './img_test'
#  x_data, y_data = load_data(img_dir)
#  predict_single(x_data, restore_from = './models/cnn-1139999')
```

14.5 调试运行

部分测试结果如图 14-18 所示。准确率为 54.183 266 932 270 91%，一共 1004 张验证码，544 张正确、460 张错误。

```
983 label:YG7DY8 predict:YG7DY8
984 label:YIL7HE predict:Y227HE     false
985 label:YJ3YO9 predict:YI3YG9     false
986 label:YLUZO9 predict:YLUZO9
987 label:YNR9T6 predict:Y2R9T6     false
988 label:YOAM78 predict:Y2AM78     false
989 label:YU5L3X predict:YU5L3X
990 label:YW6494 predict:YW6494
991 label:Z39IR8 predict:Z39I28     false
992 label:7539AN predict:Z5392N     false
993 label:Z5687N predict:Z5687N
994 label:Z63DM4 predict:Z63DM4
995 label:Z6B445 predict:Z62445     false
996 label:Z6YPH6 predict:Z62PH6     false
997 label:Z8URLQ predict:Z82RQO     false
998 label:Z97HU6 predict:Z97HU6
999 label:Z9L7QQ predict:Z9L7QQ
1000 label:Z9N76X predict:Z9N76K    false
1001 label:ZOF86H predict:ZOF86H
1002 label:ZP5LS3 predict:ZP52S3    false
1003 label:ZURH4E predict:ZURO22    false
```

图 14-18 测试结果

CNN 网络处理结果如图 14-19 所示。准确率为 77.390 438 247 011 96%，一共 1004 张验证码，777 张正确、227 张错误。

```
982 label:YF6A6H predict:YF6A6H
983 label:YG7DY8 predict:YG7DY8
984 label:YIL7HE predict:YIL7HE
985 label:YJ3YO9 predict:YJ3YC9        false
986 label:YLUZO9 predict:YLUZO9
987 label:YNR9T6 predict:YNR9T6
988 label:YOAM78 predict:YOAM74        false
989 label:YU5L3X predict:YU5L3X
990 label:YW6494 predict:YW6494
991 label:Z39IR8 predict:Z39IR8
992 label:Z539AN predict:Z539SN        false
993 label:Z5687N predict:Z5687N
994 label:Z63DM4 predict:Z63DM4
995 label:Z6B445 predict:Z63I45        false
996 label:Z6YPH6 predict:Z6YPH6
997 label:Z8URLQ predict:Z8URQQ        false
998 label:Z97HU6 predict:Z97HU6
999 label:Z9L7QQ predict:Z9L7QQ
1000 label:Z9N76X predict:Z9N76X
1001 label:ZOF86H predict:ZOF86H
1002 label:ZP5LS3 predict:ZP5LS3
1003 label:ZURH4E predict:ZUR46E       false
```

图 14-19　CNN 网络处理结果

14.6　本章小结

在本章中，我们以图片信息类爬虫项目为例，讲解了如何通过 urllib 模块和 Scrapy 框架实现图片爬虫项目。对要爬取的网页进行分析，首先要发现获取的内容的规律，总结出提取对应数据的表达式，并且发现不同图片列表页 URL 之间的规律，总结出自动爬取各页的方式。编写好项目对应的 items.py、pipelines.py 和 settings.py 等文件。缩略图和原图 URL 之间是有一定规律的，这需要我们自己去分析与总结，同时掌握该项目中的 urllib.request.urlretrieve 方法。

练习题

1. 在进行验证码识别时，图像分割与迁移学习的区别是什么？
2. 图片验证码识别的一般步骤是什么？
3. 图片预处理过程主要包括哪些步骤？
4. 在实现图片爬虫项目前需要做的准备工作有哪些？

练习题答案

第 1 章

1.

1）脚本式编程。

将如下代码拷贝至 hello.py 文件中：

```
print ("Hello, Python!");
```

通过以下命令执行该脚本：

```
$ python ./hello.py
Hello, Python!
```

2）利用 Python 自带的 python.exe。

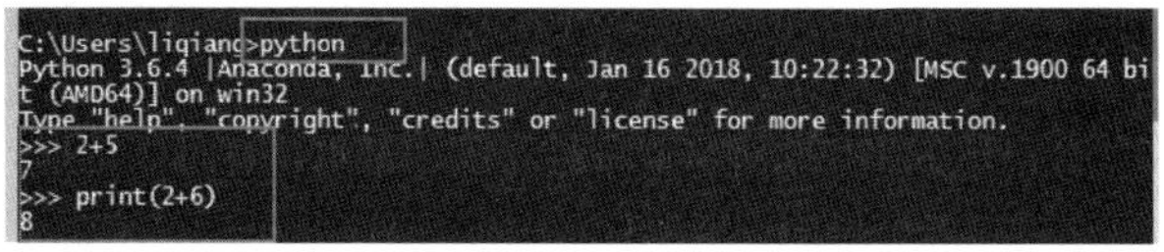

```
C:\Users\liqiang>python
Python 3.6.4 |Anaconda, Inc.| (default, Jan 16 2018, 10:22:32) [MSC v.1900 64 bi
t (AMD64)] on win32
Type "help", "copyright", "credits" or "license" for more information.
>>> 2+5
7
>>> print(2+6)
8
```

2. 位：计算机的计算单位，代表 0 或者 1。字节：一字节相当于 8 位。

3. 单行注释：#

   多行注释：""" 开始　　""" 结束

4. gouguoqi

   Gouguoqi

第 2 章

1. 网络爬虫（又被称为网页蜘蛛、网络机器人，在 FOAF 社区中，更经常地称为网页追逐者）是一种按照一定的规则，自动抓取万维网信息的程序或者脚本。

2.

1）首先在互联网中选出一部分网页，以这些网页的链接地址作为种子 URL；

2）将这些种子 URL 放入待抓取的 URL 队列中，爬虫从待抓取的 URL 队列依次读取；

3）将 URL 通过 DNS 解析；

4）把链接地址转换为网站服务器对应的 IP 地址；

5）网页下载器通过网站服务器对网页进行下载；

6）下载的网页为网页文档形式；

7）对网页文档中的 URL 进行抽取；

8）过滤掉已经抓取的 URL；

9）对未进行抓取的 URL 继续循环抓取，直至待抓取 URL 队列为空。

3. 聚焦爬虫技术类型、通用爬虫技术类型、增量爬虫技术类型、深层网络爬虫技术类型。

4. 深度优先遍历策略、广度优先遍历策略、Partial PageRank 策略、大站优先策略、反向链接数策略、OPIC 策略。

第 3 章

1. 主要包含四个模块：

urllib.request	发送 http 请求
urllib.error	处理请求过程中出现的异常
urllib.parse	解析 URL
urllib.robotparser	解析 robots.txt 文件

2. urlparse 出来的结果：

```
ParseResult(scheme='http', netloc='www.baidu.com', path='/s', par
ams=", query='username=Python', fragment=")
```

3.

```
import requests
r = requests.get("https://www.sina.com/favicon.ico")
with open('favicon.ico', 'wb') as f:
f.write(r.content)
```

4. 运行结果如下：

```
<class 'lxml.etree._ElementTree'>
['class-0', 'class-1', 'class-2', 'class-3', 'class-4']
```

第 4 章

1.

```
import re
s1="""1\n12\n995\n9999\n102\n02\n003\n4d"""
regex=re.compile('(?<![0-9])[0-9]{1,3}(?!\w)')
t=regex.findall(s1)
print(t)
```

2.

```
import re
s2="""192.168.1.150\n0.0.0.0\n255.255.255.255\n17.16.52.100\n172.16.0.100\
n400.400.999.888\n001.022.003.000\n257.257.255.256"""
```

```
regex=re.compile('(((?:25[0-5])|(?:24[0-9])|(?:1\d{2})|(?:[0-9]{1,2}))\.){3}
    (((?:25[0-5])|(?:1\d{2})|(?:[0-9]{1,2})))')
t1=regex.finditer(s2)
for i in t1:
    print(s2[i.start():i.end()])
```

3.

```
s4="""
test@hot-mail.com
v-ip@magedu.com
web.manager@magedu.com.cn
super.user@google.com
a@w-a-com
"""
import re
regex=re.compile(".*@.*\.(?:(com)|(cn))")
t4=regex.finditer(s4)
for i in t4:
    print(s4[i.start():i.end()])
```

4.

```
import re
# 正则表达式，|元字符表示选择"或"
# character = 'bat|bit|but|hat|hit|hut'    # 方法一
# character = '[bh][aiu]t'                  # 方法二
character = '(b|h)(a|i|u)t'                 # 方法三
# 测试数据
data = 'bat'
data1 = 'bit'
data2 = 'but'
data3 = 'hat'
data4 = 'hit'
data5 = 'hut'
# 测试开始
m = re.match(character, data)
m1 = re.match(character, data1)
m2 = re.match(character, data2)
m3 = re.match(character, data3)
m4 = re.match(character, data4)
m5 = re.match(character, data5)
if m is not None:
    print("data与character匹配成功，结果为:")
    print(m.group())
if m1 is not None:
    print("data1与character匹配成功，结果为:")
    print(m1.group())
if m2 is not None:
    print("data2与character匹配成功，结果为:")
    print(m2.group())
if m3 is not None:
    print("data3与character匹配成功，结果为:")
    print(m3.group())
if m4 is not None:
```

```
    print("data4与character匹配成功，结果为:")
    print(m4.group())

if m5 is not None:
    print("data5与character匹配成功，结果为:")
    print(m5.group())
```

第 5 章

1.

1）预处理

2）灰度化

3）二值化

4）去噪

5）分割

6）识别

2. format 定义了图像的格式，如果图像不是从文件打开的，那么该属性值为 None。具体的示例如下：

```
from PIL import Image
im = Image.open("E:\mywife.jpg")
print(im.format) ## 打印出格式信息
im.show()
```

可以看到 format 结果为"JPEG"。

```
C:\Users\Administrator\Anaconda3\python.exe E:/pythoncharm_test/test_2.py
JPEG
Process finished with exit code 0
```

3. 准确性高、稳定性强、适用性高、简单易用、应用广泛。

4. 要获取验证码动态匹配码，首先定义一个 get_si_code() 函数，它会进入注册页面，从 HTML 代码中用 re.search 方法获取 si_code_reg 的值，最后返回这个值。

第 6 章

1. 需要保存会话时，选中需要保存的会话，单击 Save 按钮，选择保存路径，下次需要的时候打开即可。

2. 在 Fiddler 左下角黑色命令行中输入 > 400；符合的 session 会出现蓝色选中状态。

3. 断点功能分为以下两种类型：请求时断点和响应时断点。

4. 在 Fiddler 左下角黑色命令行中输入 = 404。

第 7 章

1. 两种存储数据的方法：存储在文件中和存储在数据库中。1）存储在文件中，包括 TXT 文件、CSV 文件和 JSON 文件；2）存储在数据库中，包括 MySQL 数据库和 MongoDB 数据库。

2.

1）用 open() 函数打开文件，并新建一个文件对象 file，接着写入文本，然后关闭这个文件；

```
file = open('unfo.txt','a',encoding='utf-8')
file.write('Hello world!')
file.write('\n')
file.close( )
```

2）将获得的文件存储到 TXT 文件。

```
def save_as_txt(list):
filename = 'info.txt'
with open(filename,'a',encoding='utf-8')as file:
file.write('\n'.join(list))
```

3. 关系数据库将数据保存在不同的表中，而不是将所有数据放在一个大仓库内，这样就增加了写入和提取速度，数据的存储也比较灵活。

4.

```
where = {'name':'Abc'}
res = p.find_one(where)
res['age'] = 25
result = p.update(where, res)  # 推荐使用update_one()或update_many()
print(result)
```

第 8 章

1.

网页分析及爬取字段

爬取字段

标题--title

图片url--images

产品介绍--describe

产品名--name

价格--price

网页分析

我把这个页面作为起始 URL 地址 https://www.jd.com/allSort.aspx。

电子书刊	电子书 网络原创 数字杂志 多媒体图书
音像	音乐 影视 教育音像
英文原版	少儿 商务投资 英语学习与考试 文学 传记 励志
文艺	小说 文学 青春文学 传记 艺术
少儿	少儿 0-2岁 3-6岁 7-10岁 11-14岁
人文社科	历史 哲学 国学 政治/军事 法律 人文社科 心理学 文化 社会科学
经管励志	经济 金融与投资 管理 励志与成功
生活	生活 健身与保健 家庭与育儿 旅游 烹饪美食
科技	工业技术 科普读物 建筑 医学 科学与自然 计算机与互联网 电子通信
教育	中小学教辅 教育与考试 外语学习 大中专教材 字典词典
港台图书	艺术/设计/收藏 经济管理 文化/学术 少儿

奶粉	婴幼奶粉 孕妈奶粉
营养辅食	益生菌/初乳 米粉/菜粉 果泥/果汁 DHA 宝宝零食 钙铁锌/维生素 清火/开胃 面条/粥
尿裤湿巾	婴儿尿裤 拉拉裤 婴儿湿巾 成人尿裤
喂养用品	奶瓶奶嘴 吸奶器 暖奶消毒 儿童餐具 水壶/水杯 牙胶安抚 围兜/防溅衣 辅食料理机 食物存储
洗护用品	宝宝护肤 洗发沐浴 奶瓶清洗 驱蚊防晒 理发器 洗澡用具 婴儿口腔清洁 洗衣液/皂 日常护理 座便器
童车童床	婴儿推车 餐椅摇椅 婴儿床 学步车 三轮车 自行车 电动车 扭扭车 滑板车 婴儿床垫
寝居服饰	婴儿外出服 婴儿内衣 婴儿礼盒 婴儿鞋帽袜 安全防护 家居床品 睡袋/抱被 爬行垫
妈妈专区	妈咪包/背婴带 产后塑身 文胸/内裤 防辐射服 孕妈装 孕期营养 孕妇护肤 待产护理 月子装 防溢乳垫

此网页所需的每个商品类别均为静态页面，所以直接提取即可进到列表页。

我们需要的所有内容均在这个网页上。但是很不幸，我们要爬取的字段全部都是 JS 渲染出来的，所以要请出 Selenium 了。下面给出相关代码及解析。

创建 Scrapy 爬虫项目的操作在此不再赘述。我们直接进入主题，首先我们编写 items。

```
import scrapy

class JdspiderItem(scrapy.Item):
    small_classify_url = scrapy.Field()
    small_classify = scrapy.Field()
    title = scrapy.Field()
    images = scrapy.Field()
    describe = scrapy.Field()
    price = scrapy.Field()
    name = scrapy.Field()
```

创建我们要爬取的字段，small_classify_url 和 small_classify 是临时加上去的，也可以不用，接着编写 spider。

```
import scrapy
from jdspider.items import JdspiderItem
class ProjectSpider(scrapy.Spider):
    name = 'project'
    allowed_domains = ['jd.com']
    start_urls = ['https://www.jd.com/allSort.aspx']
    def parse(self, response):
        # 大分类
        big_classify = response.xpath("//div[@class='list']//dl")
```

```
        for classify in big_classify:
            item = JdspiderItem()
            item["small_classify"] = classify.xpath(".//dd/a/text()").extract_
                first()
            item["small_classify_url"] = classify.xpath(".//dd/a/@href").extract_
                first()
            item["small_classify_url"] = "https://list.jd.com" + item["small_
                classify_url"]
            yield scrapy.Request(
                item["small_classify_url"],
                callback=self.good_list,
                meta={"item": item}
            )
    def good_list(self, response):
        item = response.meta["item"]
        list = response.xpath("//div[@id='plist']/ul[1]/li")
        for li in list:
            # 标题
            item["title"] = li.xpath(".//div[@class='ps-wrap']/ul [1]/li[1]/
                a/@title/text()").extract_first()
            # 图片URL
            item["images"]=li.xpath(".//*[@id='plist']/ul/li/div/div[1]/a/
                img/@src"). extract_first()
            # 商品描述
            item["describe"]=li.xpath(".//div[@class='p-name']/a/em/text()").
                extract_first()
            # 价格None
            item["price"] = li.xpath(".//div[@class='p-price']/strong/i/text()").
                extract_first()
            # 店铺名
            item["name"] = li.xpath(".//div[@class='p-shop']/span/a").extract_
                first()
            # 图片
            print(item)
```

这边调用 meta 参数传递字典，最后编写 middlewars。

```
import scrapy
from selenium import webdriver
import time

class SeleniumMiddleware(object):
    def process_request(self, request, spider):
        self.driver = webdriver.Chrome()
        self.driver.get(request.url)
        self.driver.set_window_size(1920, 1080)
        time.sleep(2)
        html = self.driver.page_source
        self.driver.quit()
        return scrapy.http.HtmlResponse(url=request.url, body=html.encode('utf-8'),
            encoding='utf-8',
                                        request=request)
```

首先构造浏览器请求，然后发送请求打开网址，获取源码即可；最后打开 settings 中的相关组件。

user_agent：

```
18  # Crawl responsibly by identifying yourself (and your website) on the user-agent
19  USER_AGENT = 'Mozilla / 5.0(Windows NT 10.0;Win64;x64) AppleWebKit / 537.36(KHTML, likeGecko) Chrome '/ 75.0.3770.100Safa
20
```

爬虫机器人：

```
22  # Obey robots.txt rules
23  ROBOTSTXT_OBEY = False
24
```

中间件：

```
55  # See https://doc.scrapy.org/en/latest/topics/download
56  DOWNLOADER_MIDDLEWARES = {
57      'jdspider.middlewares.SeleniumMiddleware': 543,
58  }
```

Items：

```
67  # See https://doc.scrapy.org/en/latest/topics/item-pip
68  ITEM_PIPELINES = {
69      'jdspider.pipelines.JdspiderPipeline': 300,
70  }
```

自此 Scrapy 的京东全站爬虫就完成了。

2.

从初始 URL 开始，调度器会将其交给下载器，下载器向网络服务器发送服务请求进行下载，得到响应后将下载的数据交给爬虫，爬虫会对网页进行分析，分析出来的结果有两种：一种是需要进一步抓取的链接，这些链接会被传回调度器；另一种是需要保存的数据，它们则被送到项目管道，Item 会定义数据格式，最后由 Pipeline 对数据进行清洗、去重等处理，继而存储到文件或数据库。

（1）Scrapy 引擎

引擎负责控制数据流在系统内所有组件中的流动，并在相应动作发生时触发事件。此组件相当于爬虫的“大脑”，是整个爬虫的调度中心。

（2）调度器

调度器从引擎接收请求并将其压入队列，以便在引擎再次请求的时候返回。初始的爬取 URL 和后续在页面中获取的待爬取的 URL 将放入调度器中，等待爬取。同时调度器会自动去除重复的 URL（如果特定的 URL 不需要去重，那么也可以通过设置实现，如 POST 请求的 URL）。

（3）下载器

下载器负责获取页面数据并提供给引擎，而后提供给爬虫。

（4）爬虫

爬虫负责处理所有响应，从中分析提取数据，获取 Item 字段需要的数据，并将需要跟进的 URL 提交给引擎，再次进入调度器。

（5）项目管道

项目管道负责处理被爬虫提取出来的 Item。典型的处理有清理、验证及持久化（例如存取到数据库中）。当页面被爬虫解析所需的数据存入 Item 后，将被发送到项目管道，并经过几个特定的次序来处理其数据，最后存入本地文件或数据库。

（6）下载器中间件

下载器中间件是位于引擎和下载器之间的特定钩子（specific hook），用于处理下载器传递给引擎的响应。其提供了一个简便的机制，通过插入自定义代码来扩展 Scrapy 功能。通过设置下载器中间件可以实现爬虫自动更换 user-agent、IP 等功能。

（7）爬虫中间件

爬虫中间件是在引擎和爬虫之间的特定钩子，用于处理爬虫的输入（response）和输出（items 及 requests）。其提供了一个简便的机制，通过插入自定义代码来扩展 Scrapy 功能。

3.

1）shelp()：输出一系列可用的对象和函数。

2）fetch(request_or_url)：从给定的 URL 或既有的请求对象中重新生成响应对象，并更新原有的相关对象。

3）view(response)：使用浏览器打开原有的响应对象（换句话说就是 HTML 页面）。

4.

1）spider_name：Spider 名称、字符串类型、必传参数。如果传递的 Spider 名称不存在，则返回 404 错误。

2）url：爬取链接、字符串类型，若起始链接没有定义则必须要传递这个参数。如果传递了该参数，那么 Scrapy 会直接用该 URL 生成 Request，而忽略 start_requests() 方法和 start_urls 属性的定义。

3）callback：回调函数名称、字符串类型、可选参数。如果传递了该参数，那么便会使用此回调函数处理，否则会默认使用 Spider 内定义的回调函数。

4）max_requests：最大请求数量、数值类型、可选参数。它定义了 Scrapy 执行请求的 Request 的最大限制，如定义为 5，则表示最多只执行 5 次 Request 请求，其余的则会被忽略。

5）start_requests：代表是否要执行 start_requests 方法，其为布尔类型、可选参数。Scrapy 项目中如果定义了 start_requests() 方法，那么项目启动时会默认调用该方法。但是在 Scrapyrt 中就不一样了，Scrapyrt 默认不执行 start_requests() 方法，如果要执行，则需要将 start_requests 参数设置为 true。

5.

1）spider_name：Spider 名称、字符串类型、必传参数。如果传递的 Spider 名称不存在，则返回 404 错误。

2）max_requests：最大请求数量、数值类型、可选参数。它定义了 Scrapy 执行请求的 Request 的最大限制，如定义为 5，则表示最多只执行 5 次 Request 请求，其余的则会被忽略。

3）request：Rcquest 配置、JSON 对象、必传参数。通过该参数可以定义 Request 的各个参数，必须指定 URL 字段来指定爬取链接，其他字段可选。

第 9 章

1.

多线程：有不止一个线程的进程称为多线程。

开启多线程的优点和缺点：提高界面程序响应速度。通过使用线程，可以将需要大量时间完成的流程在后台启动单独的线程完成，从而提高前台界面的响应速度。通过在一个程序内部同时执行多个流程，可以充分利用 CPU 等系统资源，从而最大限度地发挥硬件的性能，提高效率。当程序中的线程数量比较多时，系统将花费大量的时间进行线程的切换，这反而会降低程序的执行效率。但是，相对于优势来说，劣势还是很有限的，所以现在的项目开发中，多线程编程技术得到了广泛的应用。

2.

1）name：线程名。

2）ident：线程的标识符。

3）daemon：表示是否是守护线程。

3.

1）创建 Thread 的实例，传给它一个函数。

2）创建 Thread 的实例，传给它一个可调用的类的实例。

3）派生 Thread 的子类，并创建子类的实例。

4.

多线程都是在同一个进程中运行的。因此对于进程中的全局变量，所有线程都是共享的，这就造成了一个问题，因为线程执行的顺序是无序的，所以有可能会造成数据错误，为了解决这个问题，Threading 提供了一个 Lock 类，这个类可以在某个线程访问某个变量时加锁，其他线程此时不能进来，直到当前线程处理完并把锁释放后，其他线程才能进来处理。

5.

队列使用了 1 个线程互斥锁（pthread.Lock()）以及 3 个条件变量（pthread.condition()）来保证线程安全。

1）self.mutex 互斥锁：任何获取队列的状态（empty()、qsize() 等），或者修改队列的内容的操作（get、put 等）都必须持有该互斥锁。共有两种操作：require 获取锁，release 释放锁。同时该互斥锁被三个共享变量同时享有，即操作 conditiond 时的 require 和 release 也就是操作了该互斥锁。

2）self.not_full 条件变量：当队列中有元素添加后，会通知（notify）其他等待添加元素的线程，唤醒等待获取（require）互斥锁，或者有线程从队列中取出一个元素后，会通知其他线程唤醒以等待获取互斥锁。

3）self.not_empty 条件变量：线程添加数据到队列中后，会调用 self.not_empty.notify() 通知其他线程，唤醒等待获取互斥锁后，读取队列。

4）self.all_tasks_done 条件变量：消费者线程从队列中 get 到任务后，任务处理完成，当所有队列中的任务处理完成后，会使调用 queue.join() 的线程返回，表示队列中中任务已处理完毕。

第 10 章

1. AJAX 即 Asynchronous Javascript And XML（异步 JavaScript 和 XML），是一种创建交互式网页应用的网页开发技术。通过在后台与服务器进行少量数据交换，AJAX 可以使网页实现异步更新，即可以在不重新加载整个网页的情况下，对网页的某部分进行更新。

2.

1）直接分析 AJAX 调用的接口，然后通过代码请求这个接口；

2）使用 Selenium+ChromeDriver 模拟浏览器行为来获取数据。

方 式	优 点	缺 点
分析接口	直接可以请求到数据；不需要做一些解析工作；代码量少、性能高	分析接口比较复杂，特别是一些通过 js 混淆的接口，要有一定的 js 功底；容易被发现是爬虫
Selenium	直接模拟浏览器的行为；浏览器能请求到的，使用 Selenium 也能请求到；爬虫更稳定	代码量多、性能低

3.

有以下两种方式可以查询提交表单的字段。

1）通过查询源代码的 form 标签、input 标签。

form 标签中的 action 属性代表请求的 URL，input 标签下的 name 属性代表提交参数的 KEY；代码参考如下：

```
import  requests
url="https://www.douban.com/accounts/login"    # action属性
params={
   "source":"index_nav",                       # input标签下的name
   "form_email":"xxxxxx",                      # input标签下的name
   "form_password":"xxxxxx"                    # input标签下的name
}
html=requests.post(url,data=params)
print(html.text)
```

2）通过浏览器的 Network 项查询。

在浏览器中点击右键→检查→选择 Network，此时显示加载了文件，选择加载的第一个文件：选中后，查看 Headers 字段下的数据，会发现请求的 URL，也会发现字段参数。

4. Cookie 指为了辨别用户身份，某些网站进行 session 跟踪而储存在用户本地终端上的数据（通常经过加密）。

第 11 章

1. 主从分布式爬虫由两部分组成：Master 控制节点和 Slave 爬虫节点。

1）Master 控制节点负责 Slave 节点任务调度、URL 管理、结果处理。

2）Slave 爬虫节点负责本节点爬虫调度、HTML 下载管理、HTML 内容解析管理。

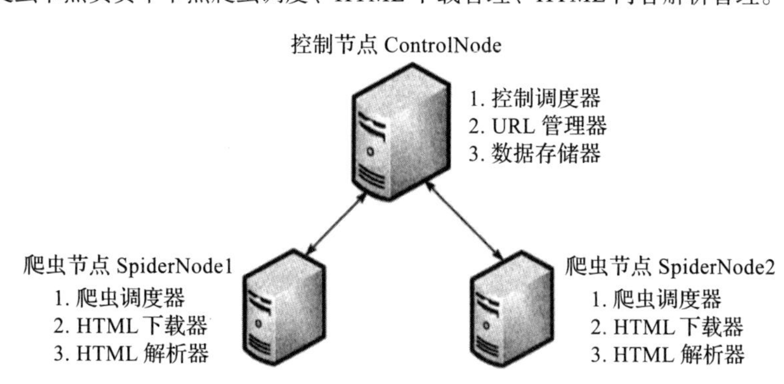

2. Master将任务（未爬取的URL）分发下去，Slave通过Master的URL管理器领取任务（URL）并独自完成对应任务（URL）的HTML内容下载、内容解析，解析出来的内容包含目标数据和新的URL，这个工作完成后Slave将结果（目标数据+新URL）提交给Master的数据提取进程（属于Master的结果处理），该进程会完成两个任务，即提取出新的URL交于URL管理器、提取目标数据交于数据存储进程；Master的URL管理进程在收到URL后进行验证（是否已爬取过）并处理（未爬取的添加进待爬URL集合，已爬取的则添加进已爬URL集合），然后Slave循环从URL管理器获取任务、执行任务、提交结果等。
3. Scrapy是一个通用的爬虫框架，但是不支持分布式；而Scrapy-redis为更方便地实现Scrapy分布式爬取而提供了一些以redis为基础的组件（仅有组件）。Scrapy-redis在Scrapy的架构上增加了redis，基于redis的特性拓展了四种组件：
   - ❑ Scheduler
   - ❑ Duplication Filter
   - ❑ Item Pipeline
   - ❑ Base Spider
4.
   1）充分利用多台机器的带宽速度爬取数据。
   2）充分利用多台机器的IP爬取。
5.
   1）request之前是放在内存中的，现在两台服务器则需要对队列进行集中管理。
   2）去重也要进行集中管理。

第12章

1. 代码如下：

```
def get_html(url):
    """获取源码html"""
    try:
    r = requests.get(url=url, timeout=10)
        r.encoding = r.apparent_encoding
        return r.text
    except:
        print("获取失败")
def get_data(html, goodlist):
    """使用re库解析商品名称和价格
    tlist:商品名称列表
    plist:商品价格列表"""
    tlist = re.findall(r'\"raw_title\"\:\".*?\"', html)
    plist = re.findall(r'\"view_price\"\:\"[\d\.]*\"', html)
    for i in range(len(tlist)):
        title = eval(tlist[i].split(':')[1])        # eval()函数简单说就是用于去掉字符串
                                                      的引号
        price = eval(plist[i].split(':')[1])
        goodlist.append([title, price])
```

2. 商品名称和商品价格分别是以 "raw_title":" 名称 " 和 "view_price":" 价格 " 这样的键值对的形式来展示的。直接用正则表达式提取关键字信息即可获得信息。通过下面这个 demo，看看是如何解析商品信息的。

```
# coding:utf-8
import requests
import re
goods = '水杯'
url = 'https://s.taobao.com/search?q=' + goods
r = requests.get(url=url, timeout=10)
html = r.text
tlist = re.findall(r'\"raw_title\"\:\".*?\"', html)        # 正则提取商品名称
plist = re.findall(r'\"view_price\"\:\"[\d\.]*\"', html)  # 正则提取商品价格
print(tlist)
print(plist)
print(type(plist)) print('第一个商品的键值对信息: ', tlist[0])
a = tlist[0].split(':')[1]
# 使用split()方法，以":"为切割点将商品的键值分开，提取值，即商品名称
print('第一个商品的名称', a)
print(type(a))                              # 查看a的类型
b = eval(a)                                 # 使用eval()函数，去掉字符串的引号
print('把商品名称去掉引号后', b)            # 查看去掉引号后的效果
print(type(b))                              # 查看b的类型
```

3. 调用 page_source 属性获取页码的源代码，构造 PyQuery 解析对象，接着提取商品列表，使用的 CSS 选择器是 #mainsrp-itemlist.items.item，它会匹配整个页面的每个商品。匹配结果是多个，所以又对它进行了一次遍历，用 for 循环对每个结果分别进行解析，每次循环把它赋值为 item 变量，每个 item 变量都是一个 PyQuery 对象，再调用它的 find() 方法，传入 CSS 选择器，就可以获取单个商品的特定内容。

第 13 章

1. B/S（Brower/Server，浏览器 / 服务器）模式又称 B/S 结构，是 Web 兴起后的一种网络结构模式。Web 浏览器是客户端最主要的应用软件。B/S 架构采取浏览器请求、服务器响应的工作模式。
2. 在爬虫过程中，如果不设置请求头，那么频繁请求服务器可能会造成客户端 IP 被服务器端封闭等后果。
3. 若想以 CSV 文件的形式来存储爬取的结果，则需要借助 Python 中的 csv 模块。首先，可使用 Numpy 模块将列表整合成矩阵的形式；接着调用 csv.writer，将矩阵写入 CSV 文件中。需要注意的是，编码形式为“utf8-sig”，否则汉字容易出现乱码的情况。
4. AJAX（Asynchronous Javascript And XML，异步 JavaScript 和 XML）是一种在无须重新加载整个网页的情况下，能够更新部分网页的技术，用于创建快速动态网页。它的价值在于，通过在后台与服务器进行少量数据交换就可以使网页实现异步更新。这意味着可以在不重新加载整个网页的情况下对网页的某部分进行更新，一方面减少了网页重复内容的下载，一方面又节省了流量。

第 14 章

1. 验证码字符位置随机、不固定，有些验证码字符甚至叠加在一起，而且出现的概率很高，基本占一半。如果进行图片切割，则会丧失一定的信息，识别精度也会很低，所以初步想法是，在较小标注样本的情况下，不进行图片分割，尝试使用迁移学习来进行验证码识别。
2. 主要过程可以分解为三个步骤：图片预处理、字符分割和字符识别。
3. 图片预处理是为接下来的机器学习或模板匹配阶段做准备的，指通过彩色去噪、灰度化、二值化、底色统一、干扰点清理等过程，得到比较干净的图片数据。
4.

1）对要爬取的网页进行分析，发现要获取的内容的规律，总结出提取对应数据的表达式，并且发现不同图片列表页 URL 之间的规律，总结出自动爬取各页的方式；

2）创建 Scrapy 爬虫项目；

3）编写好项目对应的 items.py、pipelines.py、settings.py 文件。

4）创建并编写项目中的爬虫文件，爬取当前列表页面的所有原图片，以及自动爬取各图片列表页。

推荐阅读

《Python数据分析与挖掘实战（第2版）》

本书是Python数据分析与挖掘领域的公认的事实标准，第1版销售超过10万册，销售势头依然强劲，被国内100余所高等院校采用为教材，同时也被广大数据科学工作者奉为经典。

作者在大数据挖掘与分析等领域有10余年的工程实践、教学和创办企业的经验，不仅掌握行业的最新技术和实践方法，而且洞悉学生和老师的需求与痛点，这为本书的内容和形式提供了强有力的保障，这是本书第1版能大获成功的关键因素。

全书共13章，分为三个部分，从技术理论、工程实践和进阶提升三个维度对数据分析与挖掘进行了详细的讲解。

《Python数据分析与数据化运营（第2版）》

这是一本将数据分析技术与数据使用场景深度结合的著作，从实战角度讲解了如何利用Python进行数据分析和数据化运营。

畅销书全新、大幅升级，第1版近乎100%的好评，第2版不仅将Python升级到了最新的版本，而且对具体内容进行了大幅度的补充和优化。作者是有10余年数据分析与数据化运营的资深大数据专家，书中对50余个数据工作流知识点、14个数据分析与挖掘主题、4个数据化运营主题、8个综合性案例进行了全面的讲解，能让数据化运营结合数据使用场景360° 落地。

推荐阅读

O'REILLY
原书第2版
利用Python
进行数据分析
Python for Data Analysis: Data Wrangling with Pandas, NumPy, and IPython
Wes McKinney 著
徐敬一 译

Get Start with the Intelligent Data Analysis by Python3
Python3智能数据分析
快速入门

Python Practice of Data Analysis and Mining
Python数据分析
与挖掘实战

R Data Analysis and Data Mining
R语言数据分析
与挖掘实战

MATLAB Data Analysis and Data Mining
MATLAB数据分析
与挖掘实战

电商数据分析
与数据化运营
刘振华 / 著
Data Analysis
and Data Operation
for E-commerce

Python数据分析
与数据化运营

The Art of Game Analytics
游戏数据分析的艺术

Data Science with Python
Technical Detail and Business Practice
Python数据科学
技术详解与商业实践